"十四五"职业教育国家规划教材

住房和城乡建设部"十四五"规划教材

全国住房和城乡建设职业教育教学指导委员会规划推荐教材

市政工程识图与 CAD

（第三版）

汤建新　程　群　主　编

孔　玲　郭　雅　副主编

中国建筑工业出版社

图书在版编目（CIP）数据

市政工程识图与CAD / 汤建新，程群主编；孔玲，郭雅副主编. -- 3版. -- 北京：中国建筑工业出版社，2023.9

"十四五"职业教育国家规划教材　住房和城乡建设部"十四五"规划教材　全国住房和城乡建设职业教育教学指导委员会规划推荐教材

ISBN 978-7-112-28819-9

Ⅰ. ①市… Ⅱ. ①汤… ②程… ③孔… ④郭… Ⅲ. ①市政工程－工程制图－识图－高等学校－教材 ②市政工程－计算机辅助设计－AutoCAD软件－高等学校－教材 Ⅳ. ①TU99

中国国家版本馆CIP数据核字（2023）第103669号

"十四五"职业教育国家规划教材
住房和城乡建设部"十四五"规划教材
全国住房和城乡建设职业教育教学指导委员会规划推荐教材

市政工程识图与CAD（第三版）

汤建新　程　群　主编
孔　玲　郭　雅　副主编

*

中国建筑工业出版社出版、发行（北京海淀三里河路9号）
各地新华书店、建筑书店经销
北京科地亚盟排版公司制版
北京市密东印刷有限公司印刷

*

开本：787毫米×1092毫米　1/16　印张：36¼　字数：778千字
2024年12月第三版　　2024年12月第一次印刷
定价：78.00元（附配套数字资源及赠教师课件）（含习题集）
ISBN 978-7-112-28819-9
（41258）

版权所有　翻印必究
如有内容及印装质量问题，请与本社读者服务中心联系
电话：（010）58337283　　QQ：2885381756
（地址：北京海淀三里河路9号中国建筑工业出版社604室　邮政编码：100037）

本书根据《道路工程制图标准》GB 50162—92 等制图标准编写，以 AutoCAD 为绘图工具，介绍市政工程识图与制图的基本原理和方法。

根据职业教育的要求及特点，本书以学做一体、任务驱动为指导思想进行编写。全书分为 4 个部分共 17 个项目，内容包括 AutoCAD 绘制市政工程图的基本技能、形体的表达与绘制、市政工程图识读与绘制、图纸打印与图形输出。在"市政工程图识读与绘制"部分，以典型城市道路和桥梁为例，详细介绍了识读与绘制市政工程施工图所需掌握的内容、方法和步骤。为适应教学信息化的要求，作者按照任务制作了大量教学视频，扫描书中二维码即可获得配套视频。全书内容精练、图文并茂，注重制图技能训练，可操作性强，体现"岗课赛证"相融通。本书还配套编写了《市政工程识图与 CAD 习题集》。

本书可作为职业院校市政工程技术、道路桥梁工程技术、工程造价等相关专业市政工程识图与 CAD 的教材，也可作为土建行业公路工程、桥梁工程技术人员的培训教材。

为了更好地支持相应课程的教学，我们向采用本书作为教材的教师提供课件，有需要者可与出版社联系。建工书院：http://edu.cabplink.com，邮箱：jckj@cabp.com.cn，2917266507@qq.com，电话：（010）58337285。

责任编辑：聂　伟　陈　桦
责任校对：张　颖

出版说明

党和国家高度重视教材建设。2016年，中办国办印发了《关于加强和改进新形势下大中小学教材建设的意见》，提出要健全国家教材制度。2019年12月，教育部牵头制定了《普通高等学校教材管理办法》和《职业院校教材管理办法》，旨在全面加强党的领导，切实提高教材建设的科学化水平，打造精品教材。住房和城乡建设部历来重视土建类学科专业教材建设，从"九五"开始组织部级规划教材立项工作，经过近30年的不断建设，规划教材提升了住房和城乡建设行业教材质量和认可度，出版了一系列精品教材，有效促进了行业部门引导专业教育，推动了行业高质量发展。

为进一步加强高等教育、职业教育住房和城乡建设领域学科专业教材建设工作，提高住房和城乡建设行业人才培养质量，2020年12月，住房和城乡建设部办公厅印发《关于申报高等教育职业教育住房和城乡建设领域学科专业"十四五"规划教材的通知》（建办人函〔2020〕656号），开展了住房和城乡建设部"十四五"规划教材选题的申报工作。经过专家评审和部人事司审核，512项选题列入住房和城乡建设领域学科专业"十四五"规划教材（简称规划教材）。2021年9月，住房和城乡建设部印发了《高等教育职业教育住房和城乡建设领域学科专业"十四五"规划教材选题的通知》（建人函〔2021〕36号）。为做好"十四五"规划教材的编写、审核、出版等工作，《通知》要求：（1）规划教材的编著者应依据《住房和城乡建设领域学科专业"十四五"规划教材申请书》（简称《申请书》）中的立项目标、申报依据、工作安排及进度，按时编写出高质量的教材；（2）规划教材编著者所在单位应履行《申请书》中的学校保证计划实施的主要条件，支持编著者按计划完成书稿编写工作；（3）高等学校土建类专业课程教材与教学资源专家委员会、全国住房和城乡建设职业教育教学指导委员会、住房和城乡建设部中等职业教育专业指导委员会应做好规划教材的指导、协调和审稿等工作，保证编写质量；（4）规划教材出版单位应积极配合，做好编辑、出版、发行等工作；（5）规划教材封面和书脊应标注"住房和城乡建设部'十四五'规划教材"字样和统一标识；（6）规划教材应在"十四五"期间完成出版，逾期不能完成的，不再作为《住房和城乡建设领域学科专业"十四五"规划教材》。

住房和城乡建设领域学科专业"十四五"规划教材的特点，一是重点以修订教育部、住房和城乡建设部"十二五""十三五"规划教材为主；二是严格按照专业标准规范要求编写，体现新发展理念；三是系列教材具有明显特点，满足不同层次和类型的学校专业教学要求；四是配备了数字资源，适应现代化教学的要求。规划教材的出版凝聚了作者、主审及编辑的心血，得到了有关院校、出版单位的大力支持，教材建设管理过程有严格保障。希望广大院校及各专业师生在选用、使用过程中，对规划教材的编写、出版质量进行反馈，以促进规划教材建设质量不断提高。

住房和城乡建设部"十四五"规划教材办公室

2021 年 11 月

第三版前言

1. 保持原教材的体系、结构，体现以工作（学习）任务引领的教学方式，内容精练、图文并茂。

2. 教材前两版的 CAD 制图使用的软件为 AutoCAD2014 版，随着软件版本的不断升级和功能的增强，AutoCAD 将快速创建图形、轻松共享设计资源、高效管理设计成果等功能不断扩展和深化。因此，本教材第三版采用 AutoCAD 2021 版更新教材中相关制图内容，同时配套更新了教材中的视频微课资源。

3. 将课程思政元素有机融入教材内容。在相关任务的学习目标、任务小结中增加了质量意识、标准意识、遵纪守规、敬业奉献、工匠精神等思政元素；增加了建设成就、工匠轶事等模块，以体现国家建设成就，深化爱国主义、社会主义教育，培植爱党报国情操；体现了艰苦奋斗、敢于斗争、科技自立自强、大国工匠精神；体现了推动绿色发展，形成绿色低碳的生产方式的精神。

4. 进一步强化制图识图技能训练，体现"岗课赛证"相融通。结合中国图学学会土木与建筑类 CAD 技能一级考试、全国职业院校建筑 CAD 技能大赛及"1+X"建筑工程识图职业技能等级标准的相关要求，在习题册中增加了部分技能训练性习题、提高篇习题、综合训练模块，以体现实践项目基本技能夯实基础、综合训练融会贯通的系统性学习过程。综合实训任务的设计体现课程思政、操作技巧灵活运用、技能水平综合提高、团队交流与合作、"岗课赛证"融通等训练要素。

5. 为进一步发挥本教材的"学材"功能，在教材及习题册相关部分添加了必要的操作流程或具体绘制步骤，以方便学生更好地进行自学。

本教材第三版由上海建设管理职业技术学院副教授汤建新、教授程群任主编，北京财贸职业学院副教授孔玲、广州市市政职业学校高级讲师郭雅任副主编，参编人员还有：上海建设管理职业技术学院讲师陈肖云、辽宁城市建设职业技术学院副教授张铁成。具体编写分工如下：项目1～项目5、项目9由汤建新编写，项目14、项目16由程群编写，项目6～项目8、项目17由孔玲编写，项目10～项目12由郭雅编写，项目13由张铁成编写，项目15由陈肖云编写。

上海建设管理职业技术学院为制作信息化教学资源提供了大力支持，在此表示特别感谢！

第二版前言

《市政工程识图与CAD》由全国住房城乡建设职业教育教学指导委员会组织编写，出版发行4年来，受到职业院校师生欢迎。

随着我国教学信息化飞速发展，为适应教学实际需要，进一步发挥该书的"教材"和"学材"的双重功效。应广大读者的要求，对全书进行了一次修订和完善。除了订正原书的疏漏之处，还吸收了一些新的教学成果，充实该教材的内容，丰富该教材的形态。

对于本教材的再版，作以下几点说明：

1. 保持原教材的体系、结构，体现以工作（学习）任务引领的教学方式。

2. 为适应教学信息化的要求，构建立体化、多维度学习方式，作者按照工作（学习）任务，精心制作了大量教学视频，学生扫描二维码即可获得该任务配套的视频资源。信息化教学资源的添加，方便了学生课前、课后的自主学习，延伸了课堂，丰富了学习方式，充分发挥了"学材"功能。

3. 对"项目15　道路排水工程施工图识读与绘制"做了整体修改，更有利于该部分内容的学习。主要包括两方面：一是在图纸概况部分，增加了国家标准图集中常见的检查井和雨水口两个常见附属构筑物的结构详图。二是增加了道路排水管道平面图和道路排水工程纵断面图的绘制两个学习活动。

本书第二版由上海市城市建设工程学校（上海市园林学校）高级讲师汤建新、程群主编，参编人员有北京财贸职业学院建筑工程管理学院高级讲师孔玲、广州市市政职业学校讲师郭雅、辽宁城市建设职业技术学院副教授张铁成、上海市城市建设工程学校（上海市园林学校）讲师陈肖云。其中，项目15由陈肖云编写，其余部分编写分工与第一版相同。

第二版中视频教学资源由汤建新、程群主持制作。在此，特别感谢上海市城市建设工程学校（上海市园林学校）对制作信息化教学资源提供的大力支持，也非常感谢参与视频制作的教师们的辛勤付出。

第一版前言

随着计算机应用的普及,在市政工程行业,市政工程图的绘制方式已经由传统的尺规手工绘图转变为计算机软件绘图。AutoCAD 是由美国 Autodesk 公司开发的一个计算机绘图软件,是目前世界上应用最广的 CAD 软件之一,在城市规划、建筑、道路与桥梁、机械等行业得到了广泛应用。

本书根据最新的标准、规范编写,以形成识读与绘制市政工程(城市道路、城市桥梁、道路排水)施工图的能力为主线,本着"够用、实用"为原则,以工作(学习)任务为引领,展开学习和训练。本书以 AutoCAD 软件作为绘图工具,直接应用于投影原理的学习及绘制市政工程图的能力形成过程,实现 CAD 绘图软件应用与市政工程制图有机融合。

本书以 AutoCAD2014 为平台,内容包括 4 个部分,共 17 个项目。在掌握基本的绘图软件应用能力和投影原理知识的基础上,依据《道路工程制图标准》GB 50162—92 等制图标准,以典型市政工程项目为载体,详细介绍了城市道路、道路排水、城市桥梁工程图的识读与绘制方法。

本书编写人员均具有多年的市政工程设计及市政工程制图、识图教学经验。本书由高级讲师、国家一级注册结构工程师汤建新[上海市城市建设工程学校(上海市园林学校)]担任主编,高级讲师程群[上海市城市建设工程学校(上海市园林学校)]、讲师(工程师)郭雅(广州市市政职业学校)担任副主编,参编人员还有高级讲师孔玲(北京城市建设学校)、讲师任井华[上海市城市建设工程学校(上海市园林学校)]、副教授张铁成(辽宁城市建设职业技术学院)。具体编写分工如下:项目1~项目5、项目9由汤建新编写,项目14、项目16由程群编写,项目10~项目12由郭雅编写,项目6~项目8、项目17由孔玲编写,项目15由任井华编写,项目13由张铁成编写。

限于编者水平及经验,书中难免有不当之处,恳请广大读者提出宝贵意见。

目　录

第一部分　AutoCAD 绘制市政工程图的基本技能

项目 1　AutoCAD 的基本操作 ··········002

任务 1.1　AutoCAD 的启动与退出 ··················002
任务 1.2　选择 AutoCAD 工作空间 ··················006
任务 1.3　AutoCAD 文件管理 ··················010
任务 1.4　命令输入方式 ··················015
任务 1.5　绘图环境的设置 ··················021
任务 1.6　精确绘图工具的使用 ··················024
任务 1.7　图形显示控制 ··················031
任务 1.8　目标对象的选择 ··················033

项目 2　基本图形的绘制 ··········037

任务 2.1　AutoCAD 坐标的认识和坐标输入 ··················037
任务 2.2　用直线命令绘制图形 ··················043
任务 2.3　用圆命令绘制图形 ··················045
任务 2.4　用椭圆命令绘制图形 ··················049
任务 2.5　用圆弧命令绘制图形 ··················052
任务 2.6　用矩形命令、圆环命令绘制图形 ··················057
任务 2.7　用多边形命令绘制图形 ··················059
任务 2.8　用多段线命令绘制图形 ··················061
任务 2.9　用多线命令绘制和编辑图形 ··················065

任务 2.10　用点的绘制命令绘制图形 ··· 072

任务 2.11　用图案填充命令绘制图形 ··· 076

项目 3　基本图形的编辑 ·· 084

任务 3.1　改变图形位置（移动、旋转）·· 084

任务 3.2　复制图形（复制、镜像、偏移、阵列）·· 090

任务 3.3　改变图形形状（修剪、延伸、倒角、圆角、分解、删除、打断、合并）··· 105

任务 3.4　改变图形尺寸（缩放、拉伸）·· 118

任务 3.5　使用夹点编辑图形 ··· 124

任务 3.6　使用"特性"选项板编辑图形 ·· 128

项目 4　对象特性及图层设置 ·· 130

任务 4.1　线型、线宽、颜色的设置和修改 ·· 130

任务 4.2　图层的设置与对象管理·· 141

项目 5　创建文字（数字）·· 149

任务 5.1　设置文字样式 ·· 149

任务 5.2　创建单行文字 ·· 157

任务 5.3　创建多行文字 ·· 161

任务 5.4　编辑文字 ··· 167

项目 6　尺寸标注 ·· 172

任务 6.1　创建尺寸标注样式 ··· 172

任务 6.2　线性尺寸标注（线性标注、对齐标注、基线标注、连续标注）············· 187

任务 6.3　径向尺寸标注（半径标注、直径标注）·· 192

任务 6.4　角度和弧长标注 ·· 194

任务 6.5　引线标注 ·· 196
任务 6.6　尺寸标注的编辑 ·· 202

项目 7　图块的创建与编辑 ·· 206

任务 7.1　创建、插入图块 ·· 206
任务 7.2　创建、插入带属性的图块 ·· 212
任务 7.3　编辑图块属性 ·· 216

项目 8　查询功能的应用 ·· 221

任务 8.1　查询距离、半径、角度及点的坐标 ·· 221
任务 8.2　查询图形的面积及周长 ·· 227

第二部分　形体的表达与绘制

项目 9　投影的基本知识 ·· 232

任务 9.1　投影的概念和分类 ·· 232
任务 9.2　点的投影图识读与绘制 ·· 239
任务 9.3　直线投影图识读与绘制 ·· 244
任务 9.4　平面投影图识读与绘制 ·· 253

项目 10　形体投影图识读与绘制 ··· 261

任务 10.1　基本形体投影图识读与绘制 ·· 261
任务 10.2　组合体投影图识读与绘制 ·· 275

项目 11　轴测图识读与绘制 ························· 283

　　任务 11.1　轴测投影的基本知识 ························· 283
　　任务 11.2　正等轴测图识读与绘制 ························· 286

项目 12　剖面图和断面图的识读与绘制 ························· 292

　　任务 12.1　剖面图的识读与绘制 ························· 292
　　任务 12.2　断面图的识读与绘制 ························· 300

第三部分　市政工程图识读与绘制

项目 13　市政 CAD 绘图环境设置 ························· 306

　　任务 13.1　选择图幅、填写标题栏 ························· 306
　　任务 13.2　市政 CAD 绘图环境的设置 ························· 309

项目 14　道路工程图识读与绘制 ························· 318

　　任务 14.1　分析道路工程施工图的概况 ························· 318
　　任务 14.2　道路平面图识读与绘制 ························· 331
　　任务 14.3　道路纵断面图识读与绘制 ························· 348
　　任务 14.4　道路横断面图识读与绘制 ························· 360
　　任务 14.5　路基路面施工图识读与绘制 ························· 370

项目 15　道路排水工程施工图识读与绘制 ························· 381

　　任务 15.1　分析道路排水工程施工图的概况 ························· 381
　　任务 15.2　道路排水工程平面图的识读及绘制 ························· 394

任务 15.3　道路排水工程纵断面图的识读及绘制……399

项目 16　桥梁工程图识读与绘制　405

任务 16.1　分析桥梁施工图的概况……405
任务 16.2　桥梁总体布置图识读……419
任务 16.3　桥梁钢筋结构图识读与绘制……425
任务 16.4　桥梁构件施工图识读……435

第四部分　图纸打印与图形输出

项目 17　图纸打印与图形输出　450

任务 17.1　图形的输入和输出……450
任务 17.2　图纸空间打印出图……458

参考文献……466

二维码索引

码 1-1	AutoCAD 的启动与退出	002
码 1-2	选择 AutoCAD 工作界面	006
码 1-3	AutoCAD 文件管理	010
码 1-4	命令输入方式	015
码 1-5	绘图环境的设置	021
码 1-6	精确绘图工具的使用（上）	024
码 1-7	精确绘图工具的使用（下）	024
码 1-8	图形显示控制	031
码 1-9	目标对象的选择	033
码 2-1	AutoCAD 坐标的认识和坐标输入（上）	037
码 2-2	AutoCAD 坐标的认识和坐标输入（下）	038
码 2-3	用直线命令绘制图形（上）	043
码 2-4	用直线命令绘制图形（下）	043
码 2-5	用圆命令绘制图形	045
码 2-6	用椭圆命令绘制图形	049
码 2-7	用圆弧命令绘制图形	052
码 2-8	用矩形命令、圆环命令绘制图形	057
码 2-9	用多边形命令绘制图形	059
码 2-10	用多段线命令绘制图形	061
码 2-11	用多线命令绘制和编辑图形（上）	065
码 2-12	用多线命令绘制和编辑图形（下）	065
码 2-13	用点的绘制命令绘制图形	072
码 2-14	用图案填充命令绘制图形	076
码 3-1	改变图形位置	084
码 3-2	复制图形（上）	090
码 3-3	复制图形（下）	091

码 3-4　改变图形形状（上）……………………………………………………………………105
码 3-5　改变图形形状（下）……………………………………………………………………105
码 3-6　改变图形尺寸……………………………………………………………………………118
码 3-7　使用夹点编辑图形………………………………………………………………………124
码 3-8　使用"特性"选项板编辑图形……………………………………………………………128
码 4-1　线型、线宽、颜色的设置和修改………………………………………………………130
码 4-2　图层的设置与对象管理（上）…………………………………………………………141
码 4-3　图层的设置与对象管理（下）…………………………………………………………141
码 5-1　设置文字样式……………………………………………………………………………149
码 5-2　创建单行文字……………………………………………………………………………157
码 5-3　创建多行文字……………………………………………………………………………161
码 5-4　编辑文字…………………………………………………………………………………167
码 6-1　创建尺寸标注样式………………………………………………………………………172
码 6-2　线性尺寸标注……………………………………………………………………………187
码 6-3　径向尺寸标注……………………………………………………………………………192
码 6-4　角度和弧长标注…………………………………………………………………………194
码 6-5　引线标注（上）…………………………………………………………………………196
码 6-6　引线标注（下）…………………………………………………………………………196
码 6-7　尺寸标注的编辑…………………………………………………………………………202
码 7-1　创建、插入图块（上）…………………………………………………………………206
码 7-2　创建、插入图块（下）…………………………………………………………………206
码 7-3　创建、插入带属性的图块………………………………………………………………212
码 7-4　编辑图块属性……………………………………………………………………………216
码 8-1　查询距离、半径、角度及点的坐标……………………………………………………221
码 8-2　查询图形的面积及周长（上）…………………………………………………………227
码 8-3　查询图形的面积及周长（下）…………………………………………………………227
码 9-1　投影的概念和分类………………………………………………………………………232
码 9-2　点的投影图识读与绘制…………………………………………………………………239
码 9-3　直线的投影图识读与绘制………………………………………………………………244
码 9-4　平面的投影图识读与绘制………………………………………………………………253
码 10-1　基本形体投影图识读与绘制…………………………………………………………261
码 10-2　叠加型组合体投影图的识读与绘制…………………………………………………275
码 10-3　切割型组合体投影图的识读与绘制…………………………………………………276

码 10-4　混合型组合体投影图的识读与绘制··276
码 11-1　轴测图的识读与绘制··283
码 12-1　剖面图的识读与绘制··292
码 12-2　断面图的识读与绘制··300
码 13-1　选择图幅、填写标题栏··306
码 13-2　市政 CAD 绘图环境的设置··310
码 14-1　识读道路平面图··331
码 14-2　道路平面图绘制··336
码 14-3　绘制道路纵断面图··351
码 14-4　识读道路标准横断面图··360
码 14-5　绘制道路标准横断面图··365
码 14-6　绘制道路施工横断面图··373
码 14-7　识读路面结构设计图··376
码 15-1　识读道路排水工程平面图··394
码 15-2　绘制道路排水管道平面图··396
码 15-3　识读道路排水工程纵断面图··399
码 15-4　绘制道路排水工程纵断面图··402
码 16-1　钢筋结构图绘制··431
码 16-2　桩基钢筋结构图绘制··443
码 17-1　模型空间打印出图··458
码 17-2　图纸空间（布局）打印出图··458

PART ONE  第一部分

AutoCAD 绘制市政工程图的基本技能

项目 1　AutoCAD 的基本操作

项目概述

AutoCAD 是由 Autodesk 公司开发的计算机辅助绘图软件，经过不断完善，现已成为国际上广泛使用的绘图工具之一，本项目将学习 AutoCAD 的基本操作方法。

本项目的任务：
- AutoCAD 的启动与退出
- 选择 AutoCAD 工作空间
- AutoCAD 文件管理
- 命令输入方式
- 绘图环境的设置
- 精确绘图工具的使用
- 图形显示控制
- 目标对象的选择

任务 1.1　AutoCAD 的启动与退出

任务描述

AutoCAD 为用户提供了多种启动与退出软件的方法，掌握这些方法后可以方便地打开与关闭 AutoCAD。

码 1-1　AutoCAD 的启动与退出

学习活动 1.1.1　启动 AutoCAD

学习目标

1. 熟练掌握双击桌面的快捷方式图标启动 AutoCAD 的方法；
2. 了解其他启动方法。

活动描述

采用多种方法启动 AutoCAD。

任务实施

AutoCAD 为用户提供了以下几种启动软件的方法和技巧。

方法一：双击桌面上 AutoCAD 的快捷方式图标。

1. 当在计算机上成功安装 AutoCAD 2021 后，系统会在计算机的桌面上创建一个快捷方式图标，如图 1-1 所示。双击该图标，即可启动 AutoCAD。

2. 启动后，即可进入 AutoCAD "开始"界面，如图 1-2 所示。从"创建"页面中，可以访问"快速入门"和"最近使用的文档"。在"快速入门"中点击"开始绘制"，可以从默认样板开始一个新图形，默认文件名为"Drawing1.dwg"，如图 1-3 所示。也可从"样板"下拉列表中选择所需样板。

图 1-1　启动快捷图标

图 1-2　AutoCAD 2021 "开始"界面

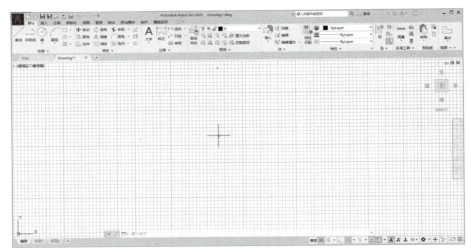

图 1-3 文件名为"Drawing1.dwg"新图形

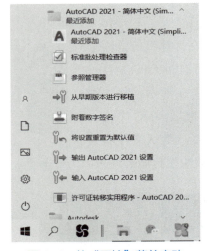

图 1-4 从"开始"菜单启动 AutoCAD

在"最近使用的文档"中，可以查看和打开最近使用的图形，还可以通过 按钮将图形固定到列表。

在"了解"页面中，提供了 AutoCAD 2021 的"新增功能""入门视频""提示"及其他"联机资源"。

方法二：在"开始"菜单中选择程序子菜单中的 AutoCAD 程序项。

单击"开始"菜单，然后选择"程序"→"AutoCAD 2021- 简体中文（Simplified Chinese）"选项，如图 1-4 所示，启动 AutoCAD，即可进入如图 1-2 所示的 AutoCAD 界面。

方法三：双击与 AutoCAD 相关联的后缀名为"dwg"的图形文件。

直接双击使用 AutoCAD 软件建立的后缀名为"dwg"的图形文件，即启动 AutoCAD 软件并打开该图形文件。

学习活动 1.1.2　退出 AutoCAD

学习目标

1. 熟练掌握一种退出 AutoCAD 的方法；
2. 了解其他退出 AutoCAD 的方法。

活动描述

在完成绘图工作并保存文件后,我们还需要将 AutoCAD 应用程序退出。本活动中,将采用 AutoCAD 提供的多种方法和技巧退出 AutoCAD。

任务实施

方法一:单击"关闭"按钮 ×

1. 在 AutoCAD 的工作界面标题栏右侧,单击"关闭"按钮 ×。

2. 在关闭文件或退出 AutoCAD 应用程序之前,如果有未保存的文件,AutoCAD 将弹出如图 1-5 所示的提示对话框。

图 1-5 AutoCAD 提示对话框

3. 若选择"是"按钮或直接按 Enter 键,对于先前保存过的图形文件,则直接退出程序;若保存新图形文件时系统则弹出"图形另存为"对话框,在该对话框中用户可以设置保存图形文件的文件名称和路径,如图 1-6 所示,单击"保存"按钮,文件存盘后退出 AutoCAD。

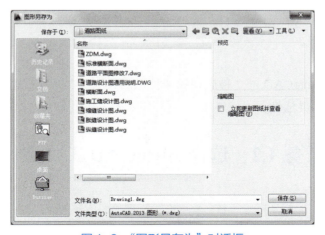

图 1-6 "图形另存为"对话框

若在提示对话框中单击"否"按钮,将放弃存盘,并退出 AutoCAD;若单击"取消"按钮,将返回到原 AutoCAD 的绘图界面。

方法二:执行"文件"菜单的"退出"命令或者按"Ctrl+Q"键,退出 AutoCAD。若用户没有保存当前的图形文件,系统仍会弹出如图 1-5 所示的提示。

方法三:双击工作界面标题栏左侧的"菜单浏览器" ▲ 按钮,或者按"Alt+F4"键,也可安全退出 AutoCAD,如图 1-7 所示。

方法四：单击"应用程序" 按钮，弹出下拉菜单，如图 1-8 所示，依次选择"关闭"→"当前图形（或所有图形）"，点击"退出 Autodesk AutoCAD 2021"按钮则退出程序。

图 1-7　双击控制图标退出程序　　图 1-8　菜单浏览器下拉菜单

任务小结

本任务介绍了 AutoCAD 的 3 种启动和 4 种退出方法，熟练掌握这些启动和退出方法，可以提高软件操作的灵活性。

任务 1.2　选择 AutoCAD 工作空间

任务描述

绘图前，需要设置合适的工作空间，创建符合要求的工作界面。本任务主要是认识"草图与注释"工作界面并掌握其组成元素及主要功能。

码 1-2
选择 AutoCAD
工作界面

学习支持

AutoCAD 2021 的工作空间

工作空间也称为工作环境，包括菜单、工具栏、选项板和功能区面板，将它们进行编组和组织来创建一个基于任务的绘图环境。AutoCAD 2021 为用户提供了"草图与注释""三维基础""三维建模"3 种工作空间界面。默认状态下打开的是"草图与注释"工作空间,如图 1-3 所示;"三维基础""三维建模"工作空间主要用于三维建模与渲染等操作,并提供相关的三维操作工具。

切换工作界面的方法:单击"快速访问栏"中的工作空间控件,弹出工作空间下拉列表,如图 1-9 所示,从中选择所需的绘图工作空间名称就可以切换到相应的工作空间。

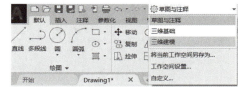

图 1-9 工作空间下拉列表

任务实施

选择"草图与注释"工作空间,其界面主要由应用程序按钮、快速访问工具栏、标题栏、功能区选项卡、功能区面板、命令行提示区、应用程序状态栏等组成,如图 1-10 所示。

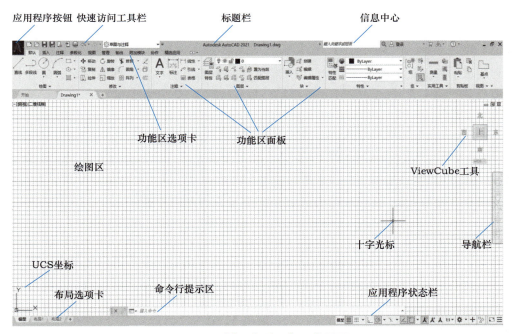

图 1-10 "草图与注释"工作界面

1. 标题栏

标题栏位于工作界面的最上方,用来显示 AutoCAD 的程序名称和当前打开的文件名称。若是刚启动 AutoCAD,未打开已有的图形文件,则默认显示新建的"Drawingl.dwg"图形文件。单击位于标题栏右侧的按钮,可分别实现窗口的最小化、还原/最大化以及关闭 AutoCAD 等操作。

2. 功能区面板

功能区由许多面板组成。它为与当前工作空间相关的命令提供了一个单一、简洁的放置区域。功能区包含了设计绘图的绝大多数命令，只要单击面板上的按钮就可以激活相应命令。切换功能区选项卡上不同的标签，AutoCAD 显示不同的面板，如图 1–11 所示。

图 1–11　功能区面板

3. 绘图区

绘图区类似于手工绘图时的图纸，是绘制与编辑图形的工作区域，绘图区域可以随意扩展。在绘图区中有十字光标、坐标系图标。

当光标位于绘图区时为十字形状，十字线的交点为光标的当前位置。AutoCAD 的光标用于绘图、选择对象等操作。

坐标系图标通常位于绘图区的左下角，表示当前绘图使用的坐标系的形式以及坐标方向等。

利用水平和垂直滚动条，可以使图纸沿水平或垂直方向移动，即平移绘图窗口中所显示的内容。

> **说明**：绘图时，为使绘图区尽可能大一些，可以单击应用程序状态栏右下角的"全屏显示"按钮 或按"Ctrl+O"组合键，激活全屏显示命令。利用全屏显示命令，可以使屏幕上只显示标题栏、应用程序状态栏和命令窗口，从而扩大绘图窗口；再次单击"全屏显示"按钮或按"Ctrl+O"组合键，恢复原来的界面设置。

4. 命令行提示区

命令行提示区是用户和 AutoCAD 进行对话的重要窗口，显示用户从键盘、菜单或功能区图标按钮中输入的命令内容，又称为命令窗口。输入命令后，命令窗口会提示用户一步一步地进行选项的设定和参数的输入，命令执行过程中，命令窗口会给出下一步操作的提示信息，如选项的设定和参数的输入，如图 1–12 所示。

图 1–12　命令行提示区

默认设置显示两行命令，若调节命令的显示行数，可以将光标移至命令窗口和绘图窗口的分界线，当出现拉伸标记时，拖动光标可以调节显示行数。

命令行中记录了 AutoCAD 启动后所用过的全部命令及提示信息。如果要查看命令窗口中已经运行过的命令，可以按功能键"F2"进行切换，AutoCAD 将弹出文本窗口。

5. 应用程序状态栏

AutoCAD 界面的最下部是应用程序状态栏，如图 1–13 所示。它显示了当前十字光标所在位置的三维坐标、AutoCAD 绘图辅助工具的切换按钮和其他一些辅助工具按钮，包括模型空间与布局空间的切换按钮、工作空间的切换按钮等。单击切换按钮，可以在这些绘图辅助工具的"ON"和"OFF"状态之间切换。模型 / 布局选项卡用于实现模型空间与图纸空间的切换。

> **注意**：若在应用程序状态栏中未找到某项图标按钮，可在应用程序状态栏尾部单击"自定义"按钮 ≡，打开自定义选项卡后选择该选项，即可在应用程序状态栏中显示对应的图标按钮。

图 1–13　应用程序状态栏

6. 快速访问工具栏

快速访问工具栏位于应用程序窗口顶部左侧，包含最常用操作的快捷按钮，方便用户使用；系统默认显示"新建""打开""保存""另存为""从 Web 和 Mobile 中打开""保存到 Web 和 Mobile""打印""放弃"和"重做"9 个快捷按钮，用户还可点击快速访问工具栏的右侧下拉按钮 ，选择添加、删除和重新定位命令，如图 1–14 所示。

图 1–14　快速访问工具栏

任务小结

AutoCAD 的工作界面是进行工程制图的工作环境，熟悉 AutoCAD 工作界面的设置、组成元素及其主要功能，可以有效提高绘图效率。

技能拓展

菜单栏

菜单栏是 AutoCAD 的主菜单，单击主菜单会弹出该菜单对应的下拉菜单，在下拉菜单中几乎包含了 AutoCAD 的所有命令，单击需要执行操作的相应命令，就会执行该项命令，如图 1-15 所示。默认状态下，AutoCAD 2021 没有显示菜单栏，用户根据需要可通过以下设置显示菜单栏：在"快速访问工具栏"下拉列表中选择"显示菜单栏"，如图 1-14 所示，菜单栏即可显示在"快速访问工具栏"下面一行。

图 1-15 菜单栏

任务 1.3 AutoCAD 文件管理

任务描述

通过本任务的学习，能运用 AutoCAD 2021 提供的多种方式创建新文件，打开已有的图形文件及保存文件。

码 1-3
AutoCAD
文件管理

学习活动 1.3.1 创建新图

学习目标

熟练创建新的图形文件。

活动描述

创建一个新的图形文件。

学习支持

启动 AutoCAD 后，如果用户需要创建新的图形文件，可调用"新建"命令（new），选择一个适合的样板文件，建立新文件。

调用"新建"命令的常用方式有 3 种：
- 菜单：单击应用程序按钮→" 新建"→"图形"。
- 工具栏：单击"快速访问"工具栏中"新建"图标 。
- 命令行：键盘输入 new（输入命令后按 Enter 键确认，下同）。

任务实施

调用"新建"命令后，弹出"选择样板"对话框，如图 1-16 所示。

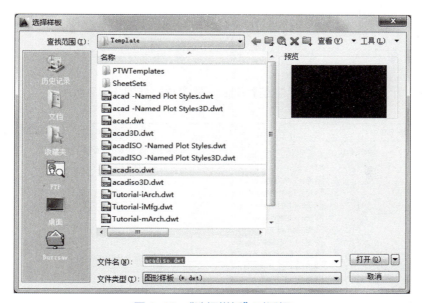

图 1-16 "选择样板"对话框

在"名称"栏中选择某一样板文件，如图 1-16 所示，选择"acadiso.dwt"，这时在右侧的"预览"框中将显示出该样板的预览图像，单击"打开"按钮，以该样板文件作为样板的新图形文件就创建好了，AutoCAD 自动为其命名为"Drawing×.dwg"，其中 × 为新建文件个数的自动编号。

学习活动 1.3.2　打开已有图形文件

学习目标

熟练打开已有的图形文件。

活动描述

打开一个已有的图形文件。

学习支持

用户可使用"打开"命令在 AutoCAD 中打开已有的图形文件,调用"打开"命令的常用方式有 3 种:

- 下拉菜单:选择"文件"→"打开"命令。
- 工具栏:单击"快速访问"工具栏或"标准"工具栏中"打开"图标 。
- 命令行:键盘输入 open。

任务实施

调用"打开"命令后,弹出"选择文件"对话框,如图 1-17 所示。

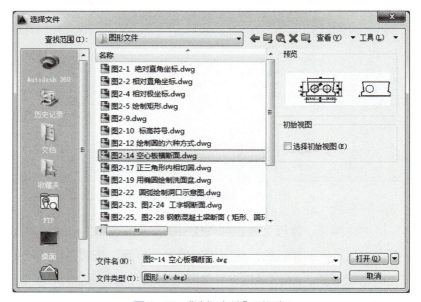

图 1-17　"选择文件"对话框

方法一：在"查找范围"下拉列表中选择图形文件夹，在"名称"栏中选择相应文件，此时，在"文件名"下拉列表中显示已选定需要打开的文件名，单击 打开(O) 按钮或在"名称"栏中直接双击文件名，打开该文件。

方法二：打开存放文件的文件夹，选择文件，在不启动 AutoCAD 的情况下，直接双击该文件，系统将自动启动 AutoCAD 并打开该文件。

学习活动 1.3.3 保存图形文件

学习目标

熟练掌握图形文件的保存。

活动描述

绘制一个简单的二维对象，以文件名"练习 1-1.dwg"保存在桌面上。

学习支持

保存图形文件

对于绘制的或修改的图形，我们要将其以一定的文件格式保存在磁盘中。AutoCAD 提供了多种方法和格式来保存图形文件。

1. 调用"保存"命令

常用的调用方式有 3 种：

- 菜单：单击应用程序按钮→"保存"。
- 工具栏：单击"快速访问"工具栏中"保存"图标。
- 命令行：键盘输入 qsave。

2. 调用"另存为"命令

若当前图形文件已经命名存盘，但想更改文件名或保存路径（即保存为一个新的文件），可以调用"另存为"命令，调用方式有 3 种：

- 菜单：单击应用程序按钮→"另存为"。
- 工具栏：单击"快速访问"工具栏中"另存为"图标。
- 命令行：键盘输入 saveas。

任务实施

1. 绘制简单的二维对象

（1）启动 AutoCAD，系统自动新建名为"Drawingl.dwg"的图形文件。

（2）单击"默认"选项卡→"绘图"面板→"直线"按钮，此时命令区提示如下：

> 命令：_line 指定第一点：　　（移动十字光标在绘图区任意位置单击鼠标，拾取一点）
> 指定下一点或 [放弃（U）]：
> 　　　　　　（移动鼠标在绘图区连续单击，画出简单图形，如图1-18所示）

图1-18　直线命令绘制的简单图形

2. 保存图形

（1）调用"保存"命令。

对新建的文件在第一次保存时，系统将弹出"图形另存为"对话框，如图1-19所示，要求用户指定文件的保存文件名称、类型和路径，单击"保存"按钮，文件以默认的  文件类型存储。通过选择"文件类型"下拉列表框，在弹出的列表中可以选择其他文件类型格式来存盘，如图1-20所示。

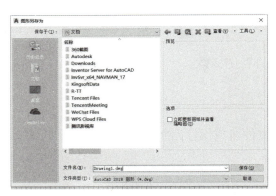

图1-19　"图形另存为"对话框

图1-20　保存文件类型

（2）在"保存于"下拉列表框中选择保存路径"桌面"，并在"文件名"下拉列表框中输入文件名为"练习1-1.dwg"，在"文件类型"下拉列表中选择 AutoCAD 2013/LT2013 图形（*.dwg），单击 保存(S) 按钮，即可按照要求保存图形文件，此时"标题栏"中文件名变为 Autodesk AutoCAD 2021　C:\Users\ji...\练习1-1.dwg 。

> 说明：图形文件一旦保存，以后调用"保存"命令，将直接覆盖此文件，不再弹出对话框。

3. 另存图形

（1）调用"另存为"命令，系统同样弹出如图 1-19 所示的"图形另存为"对话框。

（2）按照用户要求更改文件名或保存路径，单击 保存(S) 按钮。

任务小结

在 AutoCAD 中，绘图成果都是以图形文件的形式存在的，对于图形文件的创建、打开、关闭、保存等基本操作应十分熟练。为避免因意外断电、死机或程序出现致命错误等问题而导致文件突然关闭，必须养成随时存盘的良好习惯，以减小损失。

任务 1.4　命令输入方式

任务描述

命令是用户绘制或编辑图形而进行的某个操作，AutoCAD 提供了多种命令输入方式，要熟练地使用 AutoCAD 绘图，就必须正确、灵活地使用各种输入命令的方式和方法。

码 1-4
命令输入方式

学习支持

在图形绘制和编辑中，输入命令的常用方式有 3 种：

- 选择"功能区选项卡"→单击"功能区面板"中命令按钮。

> 说明：将光标放置在某命令图标按钮上短暂停留，系统会出现该命令名称、定义及简要功能说明，还可以按 F1 键获得更多帮助。

- 命令行中键盘输入命令。

命令的输入方法是鼠标输入和键盘输入，绘图时一般是两种设备结合使用，利用键盘输入命令和参数，利用鼠标执行菜单栏和工具栏中的命令。

- 选择菜单栏中下拉菜单的命令。

1. 功能区面板命令输入

功能区面板由若干图标按钮组成，每个图标按钮分别代表一个命令。在选择执行某个命令时，将光标移动到屏幕顶部相应的功能区选项卡（此时光标由"十"字形变成箭头状），单击"功能区选项卡"→"功能区面板"中的图标按钮可以执行相应的命令，如图 1-21 所示的是"默认"选项卡中各功能面板，有"绘图""修改""注释"等，如单击"默认"选项卡→"绘图"面板→"直线"图标，即可执行绘制直线命令，命令行提示如下：

> 命令：_line 指定第一点：

图 1-21 "默认"选项卡各功能面板

在使用 AutoCAD 功能面板中的命令时，应注意以下几点：

（1）功能面板名称旁有小三角▼按钮，表示该面板中还有下拉命令，单击▼按钮，则展开显示该面板中的其他命令按钮，如图 1-22 所示为"绘图"面板中的命令。

（2）若某个命令图标旁有小三角▼按钮，则表示该命令有下拉选项，可将光标移动到该选项上，单击鼠标左键则选择该选项。如图 1-23 所示为"默认"选项卡→"绘图"面板→"圆弧"图标下拉选项。

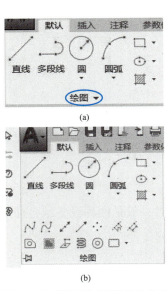

图 1-22 "绘图"面板中的命令
（a）展开前；（b）展开后

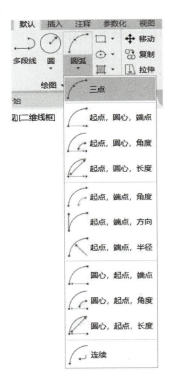

图 1-23 "圆弧"命令下拉选项

2. 键盘输入命令

命令窗口的底部行称为命令行，可以直接在命令行中的"命令："提示符下，通过键盘输入命令名（英文名），并按 Enter 键或空格键来执行。例如，在"命令："提示符下输入"line"，按 Enter 键或空格键，命令行提示如下：

> 命令：line
> 指定第一点：

3. 命令的响应

激活命令后，需要根据命令提示作出回应以完成命令，比如需要输入坐标值、选取对象、选择命令选项等，可通过键盘、鼠标进行响应，一般有命令行输入、动态输入、右键快捷菜单输入 3 种方式。

示例：当执行"矩形（rectang）"命令时，可以通过以下方式进行命令的响应。

（1）命令行输入

> 命令：_rectang　　　　　　　　　　　　　　　　　　　　（输入绘制圆的命令 rectang）
> 指定第一个角点或 ［倒角（C）/标高（E）/圆角（F）/厚度（T）/宽度（W）］：

激活命令后，可以在命令行中根据命令提示，进行操作，命令提示中 ［ ］内为命令选项，可用键盘输入其文字后面括号中的字母后按回车键或空格键来确认；也可将光标移至某选项，单击鼠标左键选择该选项。

（2）动态输入

"动态输入"是在光标附近提供了一个命令界面，以帮助用户专注于绘图区域。

启用或关闭"动态输入"功能的方法如下：

- 应用程序状态栏："动态输入"按钮。
- 功能键：F12。

启用"动态输入"功能后，默认状态下，键盘输入的内容将会显示在十字光标附近，同时系统还会给出所有含有输入字母的命令提示，如图 1-24（a）所示；激活命令后，可以在十字光标旁的提示小窗口中直接输入数值或参数，如图 1-24（b）(d) 所示；可以在动态窗口"指定第一个角点或"的提示下，使用键盘上的"↓"键调出菜单选项进行选择，如图 1-24（c）所示；动态窗口中出现的提示及命令选项与命令行中提示内容同步。AutoCAD 的动态输入工具，使得响应命令变得更加直接，界面变得更加友好。

（3）右键快捷菜单

AutoCAD 还提供了上下文跟踪菜单即右键菜单，利用这些菜单可以快捷地完成绘图操作，对于不同的命令及在命令执行过程中，快捷菜单显示的内容不同。如已激活"矩形

rectang"命令后,在绘图区单击鼠标右键,弹出快捷菜单,从中可以快速选择一些与当前操作相关的选项或命令,如图 1-25 所示。

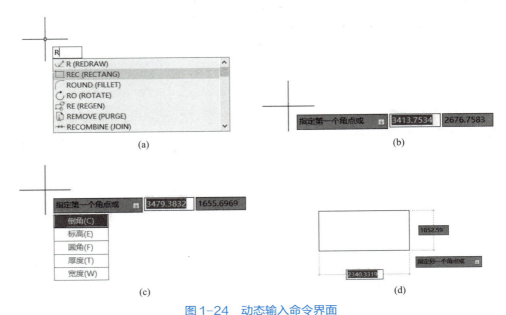

图 1-24　动态输入命令界面

（a）动态输入"矩形（rectang）"命令；（b）输入"矩形（rectang）"命令回车后显示信息；
（c）动态输入窗口中的选项菜单；（d）指针输入、标注输入和命令提示

4. 命令的重复、终止与撤销

（1）若在一个命令执行完毕后欲再次重复执行该命令,可在命令行中的"命令"提示下直接按 Enter 键或空格键即可。也可在绘图区中单击鼠标右键,在弹出的快捷菜单中选择"重复执行上一个命令"；利用右键快捷菜单中"最近的输入"还可以快速调用最近使用过的命令。

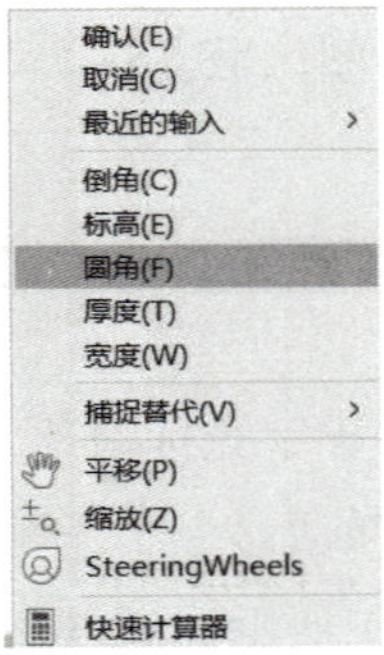

图 1-25　鼠标右键快捷菜单

（2）用"undo"命令（u 命令）或"放弃"按钮 ⇦ 或快捷键"Ctrl+Z"撤消前面执行的一条或多条命令。撤消前面执行的命令后,还可以通过"redo"或"mredo"命令或"重做"按钮 ⇨ 或快捷键"Ctrl+Y"来恢复前面执行的命令。

（3）在命令执行的任何时刻都可以用 Esc 键取消和终止命令的执行。

学习活动　绘制空心板横断面示意图

学习目标

1. 掌握命令的 2 种输入方式。

2. 了解有关命令执行的相关操作。

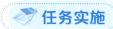 活动描述

采用不同方式输入命令，绘制如图 1-26 所示空心板横断面示意图，图中尺寸不需标注。

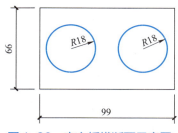

图 1-26　空心板横断面示意图

任务实施

1. 功能区面板命令输入

命令：_rectang　　　　　　　　（"默认"选项卡→单击"绘图"面板中"矩形▭"命令按钮）
指定第一个角点或 ［倒角（C）/标高（E）/圆角（F）/厚度（T）/宽度（W）］:
　　　　　　　　　　　　　（在绘图区空白区域任意位置单击鼠标左键确定矩形的第一点）
指定另一个角点或 ［面积（A）/尺寸（D）/旋转（R）］: D
　　　　　　　　　　　　　　　　　　（键盘输入"D"或鼠标单击"尺寸（D）"选项）
指定矩形的长度<99.0000>：99　　　　　　　　　　　　　　　　（键盘输入矩形长度）
指定矩形的宽度<66.0000>：66　　　　　　　　　　　　　　　　（键盘输入矩形宽度）
指定另一个角点或 ［面积（A）/尺寸（D）/旋转（R）］:
　　　　　　　　　（可在第一个角点的上下左右任意位置点击确定矩形另一个角点方向）

2. 命令行输入命令

命令：_circle　　　　　　　　　　　　　　　　　（在命令行中键盘输入 circle）
指定圆的圆心或 ［三点（3P）/两点（2P）/切点、切点、半径（T）］:
　　　　　　　　　　　　　　　　（移动光标在矩形内合适位置确定左圆的圆心位置）
指定圆的半径或 ［直径（D）］<1.8000>：18　　（输入圆的半径，回车结束绘圆命令）
命令：mirror　　　　　　　　　　　　（在命令行用键盘输入"镜像"命令 mirror）
选择对象：　　　　　　　　　　　　　　　　　　　　　　　（选择已绘制的左圆）
指定镜像线的第一点：
　　　　　　　　　（按 F3 键，打开"对象捕捉"，移动光标，捕捉矩形上边中点）
指定镜像线的第二点：　　　　　　　　　　　　　（移动光标，捕捉矩形下边中点）
要删除源对象吗？［是（Y）/否（N）］<N>：　　　　　　　　　（回车，结束命令）

任务小结

在 AutoCAD 中,命令是 AutoCAD 绘制与编辑图形的核心。功能面板中按钮、键盘等命令输入方式都是相互对应的,可以选择单击某个功能面板中按钮命令,或在命令行中输入命令来执行相应命令,同时熟练使用动态输入及右键快捷菜单中相关命令及选项,可以使激活命令、响应命令变得更加快捷、高效。

本任务中使用的相关命令"矩形 rectang""圆 circle""镜像 mirror"的具体用法详见项目 2。

知识链接

命令别名

AutoCAD 为很多命令都提供了缩写名称(又称命令别名),在命令行中也可直接输入缩写名称,表 1-1 列出了常用的部分命令别名,熟练掌握它们,可以大大提高输入效率。

AutoCAD 中常用命令别名举例　　　　　表 1-1

命令别名	命令名	功能
L	LINE	直线
C	CIRCLE	圆
A	ARC	圆弧
CO	COPY	复制
M	MOVE	移动
O	OFFSET	偏移
MI	MIRROR	镜像
TR	TRIM	修剪
EX	EXTEND	延伸
Z	ZOOM	视图缩放

技能拓展

菜单命令输入

还可以在如图 1-15 所示菜单栏中,选择下拉菜单中的相应命令。在选择执行某个命令时,将光标移动到屏幕顶部相应的菜单栏区域(此时光标由十字形变成箭头状),例如:单击"绘图"菜单,此时会弹出一个下拉式菜单,列出了所有绘图命令。

在使用 AutoCAD 菜单中的命令时，应注意以下几点：

（1）若某个菜单项右边有小三角"▶"按钮，则表示该选项有子菜单，将光标移动到该菜单选项上，然后单击鼠标左键选择相应选项。

（2）若某个菜单项右边有省略标记"…"，则表示选择该选项，即可打开一个对话框；命令呈现灰色，表示该命令在当前状态下不可使用。

任务 1.5 绘图环境的设置

任务描述

在使用 AutoCAD 新建了一个图形文件后，绘图之前首先应该对绘图界限、绘图单位等进行合理设置，以方便绘图，通常将此过程称之为"设置绘图环境"，绘图环境的正确设置是工程图样绘制的前提和基础。

码 1-5
绘图环境
的设置

学习活动 1.5.1　设置图形界限

学习目标

根据实际的绘图需要，熟练设置图形界限。

活动描述

将绘图区域大小设定为 A4 图纸（210mm×297mm）。

学习支持

设置图形界限即设置绘图区域的大小，相当于手工制图时选择图纸大小。图形界限可以用"limits"命令进行设置，调用方式有 2 种：
- 下拉菜单：单击菜单栏中的"格式"→"图形界限"；
- 命令行：键盘输入 limits。

任务实施

命令：limits　　　　　　　　　　　　　　　　　　　　（调用设置"图形界限"命令）

```
重新设置模型空间界限：
指定左下角点或［开（ON）/关（OFF）］＜0.0000，0.0000＞：
                            （设置绘图区域左下角坐标，通常直接回车默认尖括号内的坐标）
指定右上角点＜420.0000，297.0000＞：297，210    （键盘输入绘图区域右上角坐标）
命令：z                                         （键盘输入zoom命令的缩写名）
ZOOM
指定窗口的角点，输入比例因子（nX或nXP），或者
［全部（A）/中心（C）/动态（D）/范围（E）/上一个（P）/比例（S）/窗口（W）/
对象（O）］＜实时＞：a                                    （输入a选项）
正在重生成模型。
```

学习活动 1.5.2　设置图形单位

学习目标

熟练设置图形的长度单位、角度单位、角度的方向以及精度等参数。

活动描述

利用 AutoCAD 绘制工程图样时，任何图形对象按照一定的单位和精度进行绘制和测量，在新建一个图形文件时需要首先设置绘图单位。在绘图过程中，绘图单位可以根据用户的需要随时更改。

学习支持

调用设置绘图单位命令的方式通常有 3 种：
- 命令行：键盘输入"units"（或 un）。
- 应用程序菜单：选择"图形实用工具"→" "。
- 下拉菜单：单击菜单栏中的"格式"→"单位"。

任务实施

1. 打开"图形单位"对话框

选择上述任一方式输入命令，弹出"图形单位"对话框，如图 1-27 所示。在"图形单位"对话框中可以设置长度、角度的"类型""精度"等选项。

2. 设置"长度"单位

"类型"下拉列表框中可以设置长度单位的格式类型。AutoCAD 提供了 5 种长度单位类型："分数""工程""建筑""科学""小数"。

在"精度"下拉列表框中，可以设置长度单位的显示精度。

在工程制图中，通常长度的类型设置为"小数"，精度设置为"0"，精确到整数位。

确定了长度的"类型"和"精度"后，AutoCAD 在状态栏的左下角将按所设置的类型和精度显示光标所在位置的点坐标。

图 1-27 "图形单位"对话框

3. 设置"角度"单位

"类型"下拉列表中可以设置角度单位的格式类型。AutoCAD 也提供了 5 种角度单位类型："百分度""度/分/秒""弧度""勘测单位""十进制度数"。工程制图中通常采用"十进制度数"的长度单位类型。

"精度"下拉列表框中，可以设置角度单位的显示精度。

"顺时针"复选框可以设置角度测量方向是否为顺时针，选中时为顺时针，不选则为逆时针。默认设置为逆时针。

在工程制图中，通常角度的类型设置为"十进制度数"，精度按照实际绘图需要进行设置，精度通常设置为"0"；角度测量方向为逆时针，即不选"顺时针"复选框。

4. 设置"方向"

在"图形单位"对话框底部单击"方向"按钮，弹出"方向控制"对话框，如图 1-28 所示。

在工程制图中通常采用 AutoCAD 的默认设置，正东方向为起始角度 0°角的方向，逆时针方向为角度增加的正方向。

5. 设置"插入时的缩放单位"

用于设置插入图形对象或块时，所采用的量测单位，包括：无单位、英寸、英尺、英里、毫米、厘米等。

在工程制图中通常将插入比例中用于缩放插入内容的单位设置为"毫米"。若插入时不按指定单位缩放，可选择"无单位"。

图 1-28 "方向控制"对话框

任务小结

图形界限和图形单位的设置是绘图前的准备工作，合理设置才能保证后续任务正确进行。通过图形界限设置可以对所绘制的图形进行区域限定；通过"图形单位"对话框可以设置图形的长度单位、角度单位、角度的方向以及精度等参数。

任务 1.6 精确绘图工具的使用

任务描述

AutoCAD 提供了多种绘图工具，灵活运用这些辅助工具，可以满足准确、快捷的绘图要求。本任务通过绘制简单图形掌握对象捕捉、对象捕捉追踪、极轴跟踪及正交等精确绘图工具的使用。

码 1-6
精确绘图工具
的使用（上）

学习支持

常用的精确绘图工具按钮以图标的形式位于状态栏中，包括"捕捉""栅格""正交""对象捕捉""对象追踪""极轴追踪"等，如图 1-29 所示。在状态栏中单击图标，即可启用或关闭相应绘图功能。

码 1-7
精确绘图工具
的使用（下）

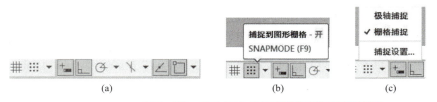

图 1-29 状态栏上的精确绘图辅助工具按钮

（a）图标按钮；（b）将光标放置图标处的提示；（c）点击图标后 ▼ 按钮的下拉选项

1. 正交绘图

在绘图的过程中，经常需要绘制水平直线和垂直直线。启用"正交"功能时，画线或移动对象只能沿水平方向或垂直方向移动光标，因此只能画平行于坐标轴的正交线段。

启用或关闭"正交"功能的方法如下：

- 状态栏：单击 按钮。
- 功能键：F8。
- 命令行：输入 ortho。

2. 对象捕捉

"对象捕捉"是 AutoCAD 提供的最为重要的绘图辅助工具之一。在绘图过程中，启用"对象捕捉"功能后，当执行某个绘图命令，系统提示输入点时，光标移动到已绘图形对象的某个几何特征点（如圆心、切点、线段或圆弧的端点、中点、垂足等）附近时，可以自动精确定位到这些点上，同时系统会显示标记和提示，从而迅速而准确地绘制图形。

对象捕捉有自动对象捕捉和临时对象捕捉两种方式。

（1）自动对象捕捉模式

启用或关闭"对象捕捉"功能的方法如下：
- 状态栏：单击"对象捕捉"按钮 □（关闭状态）或 □（启用状态）。
- 功能键：F3。

启用"对象捕捉"后，自动捕捉方式可以通过以下 2 种方法进行设置：
- 单击下拉菜单"工具"→"绘图设置"。
- 在状态栏将光标放置在"对象捕捉"按钮 □ 上，单击鼠标右键或单击下拉箭头 ▼，在弹出的快捷菜单中选择相关选项或"对象捕捉设置"，如图 1-30 所示。

在弹出的"草图设置"对话框"对象捕捉"选项卡中，勾选"启用对象捕捉（F3）"复选框，如图 1-31 所示。在"对象捕捉模式"选区中列出了 14 种模式，用户可以根据需求选择一种或多种捕捉模式，将鼠标光标停留在某选项上时，会显示该选项的定义说明；单击某项的复选框，显示符号 ☑，表示该项被选中（再单击该项，即放弃选择）。 全部选择 和 全部清除 两个按钮分别用于选取所有模式或清除所有已选择的模式。

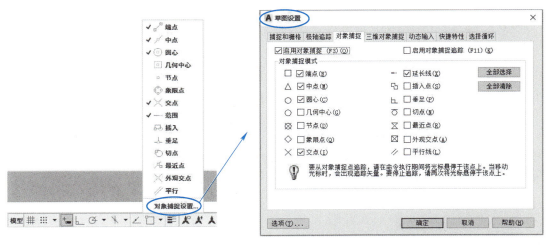

图 1-30 "对象捕捉"快捷菜单　　图 1-31 "对象捕捉"选项卡

设置完毕后，当移动光标靠近对象的捕捉位置时，相关的捕捉模式图标会显示在该对象上，此图标被称为自动捕捉标志。所设置的捕捉模式在绘图中始终起作用，直至关闭

"对象捕捉"模式。

（2）临时对象捕捉模式

当执行某个绘图命令，系统提示输入点时，也可以通过临时对象捕捉模式，捕捉对象上某个几何特征点。

临时对象捕捉的启动可以从快捷菜单中选取。按住 Shift 键或 Ctrl 键，同时在绘图区内单击鼠标右键，弹出"对象捕捉"快捷菜单，如图 1-32 所示，从中选择需要的捕捉方式，再把光标移到要捕捉对象的特征点附近，即可捕捉到相应的对象特征点。

> **说明**：临时对象捕捉功能中，每使用一次对象捕捉都必须重新启动捕捉功能，一旦在图形中选择了一个点，该对象捕捉模式将会关闭。

图 1-32 "对象捕捉"快捷菜单

3. 栅格和捕捉

"捕捉"用于设定鼠标指针移动的间距。"栅格"是在屏幕上显示的点状图案，是一些定位置的小点，其作用就像坐标纸，用它可以提供直观的距离和位置参照，但是它不能被打印输出；"捕捉"可以限制十字光标按预定义的间距移动。

启用或关闭"栅格"功能的方法如下：

- 状态栏：单击"栅格"按钮 。
- 功能键：F7。

启用或关闭"捕捉"功能的方法如下：

- 状态栏：单击"捕捉"按钮 。
- 功能键：F9。

启用"捕捉"和"栅格"后，在"草图设置"对话框中选择"捕捉和栅格"选项卡，如图 1-33 所示，可以对"捕捉"和"栅格"的间距和类型进行设置。

> **注意**：捕捉与对象捕捉不同：捕捉是将绘图光标锁定在栅格点上，无论是否执行绘图命令，启用"捕捉"功能后捕捉将一直有效，对象捕捉只能在绘图命令执行中有效，捕捉点为已绘图形上的特殊点。

4. 极轴追踪

"极轴追踪"是按事先给定的角度增量，通过临时的对齐路径（在角度增量处显示出虚线路径）进行追踪，用于绘制指定的角度图线。

启用或关闭"极轴追踪"功能的方法如下：

- 状态栏：单击状态栏中"极轴追踪"按钮 。

- 功能键：F10。

启用"极轴追踪"功能后，在"草图设置"对话框中选择"极轴追踪"选项卡，可以进行极轴角的设置，如图1-34所示。

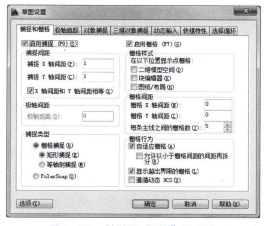

图1-33 "捕捉和栅格"选项卡

图1-34 "极轴追踪"选项卡

"极轴角设置"选项组：

（1）设置增量角

在增量角的列表框中选择一个增量角后，系统将沿与增量角成整倍数的方向上指定点的位置。例如，增量角设为45°，系统将沿着0°、45°、90°、135°……方向指定目标点的位置。

（2）设置附加角

若"增量角"列表中没有所需要的角，如"33°"，则可以选中"附加角"选框，单击"新建"按钮，输入所需要的角度。附加角只对设置的单一角度有效，不能呈整数倍增加，且只能追踪一次。

另外，还可以在应用程序状态栏中的"极轴追踪"按钮 上单击鼠标右键，在弹出的快捷菜单中，选择某个角度值，即可设置相应的极轴追踪角度，如图1-35所示。

图1-35 状态栏中设置极轴追踪角度

注意：正交模式和极轴追踪模式不能同时打开，若一个打开，另一个将自动关闭。

5. 对象捕捉追踪

对象捕捉追踪按与对象的某种特定关系来追踪，这种特定的关系确定了一个用户事先并不知道的角度。也就是说，如果事先知道要追踪的方向（角度），则使用极轴追踪；如果用户事先不知道具体的追踪方向（角度），但知道与其他对象的某种关系（如相交），则用对象捕捉追踪。极轴追踪和对象捕捉追踪可以同时使用。

启用或关闭"对象捕捉追踪"功能的方法如下：

- 状态栏：单击状态栏中"对象捕捉追踪"按钮。
- 功能键：F11。

说明：

（1）对象追踪必须与对象捕捉同时工作，也就是在追踪对象捕捉到点之前，必须先打开对象捕捉功能。

（2）将光标移到一个参考点处，显示捕捉符号时，不能单击鼠标左键（单击则该点被拾取），此时该参考点就会显示一个"+"号，表示该点已被捕捉设置为对象追踪的参考点，在图形上最多可以获得7个临时参考追踪点，由这些参考追踪点构成水平、垂直或某种角度方向的临时追踪路径。如图 1-36 所示，绘制一个圆，通过对象追踪方式指定矩形中心为圆心位置。

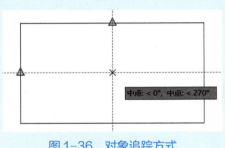

图 1-36　对象追踪方式

学习活动　绘制钢桁架

学习目标

1. 熟练掌握对象捕捉、对象捕捉追踪、极轴跟踪及正交等精确绘图方法。
2. 熟练掌握动态输入、快捷菜单的使用方法。

活动描述

应用端点捕捉、中点捕捉、交点捕捉、正交、极轴追踪与对象捕捉追踪等功能绘制如图 1-37 所示钢桁架。

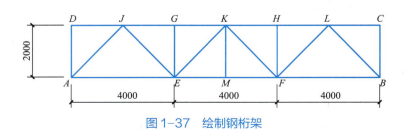

图 1-37　绘制钢桁架

任务实施

1. 设置绘图界限
- 调用"limits"命令设置图形界限为"30000×15000";
- 在命令行中输入 zoom 命令,回车后选择"全部(A)"选项,显示图形界限。

2. 设置捕捉模式
- 调出"草图设置"对话框,选择"对象捕捉"选项卡;
- 选择"端点""交点"和"中点"三种捕捉模式(或点击 全部选择 按钮);
- 选中"启用对象捕捉"复选框和"启用对象捕捉追踪"复选框;
- 单击"确定"按钮。

3. 设置极轴追踪
- 调出"草图设置"对话框,选择"极轴追踪"选项卡;
- 勾选"启用极轴追踪(F10)"复选框;
- 在"极轴角设置"选项区中将"增量角"设置为 90;
- 单击"确定"按钮。

4. 绘制轮廓线

单击"默认"选项卡→"绘图"面板→"直线"按钮,命令行提示如下:

> 命令:_line 指定第一点:
>   (移动十字光标,在绘图区适当位置,用鼠标左键单击确定 A 点)
> 指定下一点或[放弃(U)]:<正交开>12000
> (启用"正交"功能,移动光标到 A 点右方,此时光标只能沿水平方向移动,输入 12000,确定 B 点)
> 指定下一点或[放弃(U)]:2000
> (移动光标到 B 点上方,此时光标只能沿垂直方向移动,输入距离 2000,确定 C 点)
> 指定下一点或[闭合(C)/放弃(U)]:12000
>   (移动光标到 C 点左方,输入距离 12000,确定 D 点)
> 指定下一点或[闭合(C)/放弃(U)]:c (输入 c,闭合图形并退出命令)

绘制的图形如图 1-38 所示。

5. 绘制桁架内部杆件

再次调用"直线"命令,命令行提示如下:

图 1-38 绘制轮廓线

命令：line　　　　　　　　　　　　　　　　　　　　（回车，重复调用上一次"直线"命令）

指定第一个点：4000

（将鼠标悬停在 A 点上，出现端点捕捉框，水平向右移动光标，当出现 0°追踪路径时，输入 4000，确定 E 点）

指定下一点或［放弃（U）］：　　　　　　　　　　　（沿垂直向上方向捕捉交点 G）

指定下一点或［放弃（U）］：　　　　　　　　　　　（回车，结束命令）

命令：　　　　　　　　　　　　　　　　　　　　　（回车，重复调用上一次"直线"命令）

LINE 指定第一点：4000（将鼠标悬停在 E 点上，出现端点捕捉框，水平向右移动光标，当出现 0°追踪路径时，输入 4000，确定 F 点）

指定下一点或［放弃（U）］：　　　　　　　　　　　（沿垂直向上方向捕捉交点 H）

指定下一点或［放弃（U）］：　　　　　　　　　　　（回车，结束命令）

命令：　　　　　　　　　　　　　　　　　　　　　（回车，重复调用上一次"直线"命令）

命令：_line 指定第一点：　　　　　　　　　　　　（捕捉端点 A 点）

指定下一点或［放弃（U）］：_m2p 中点的第一点：中点的第二点：

（按下 Shift+鼠标右键，出现快捷菜单，选择"两点之间的中点"命令，分别捕捉 D 点和 G 点，此时实际捕捉到了 DG 的中点 J）

指定下一点或［放弃（U）］：　　　　　　　　　　　（捕捉端点 E 点）

　　　　　　　　　　　　　　　　（同样方法绘制直线 EK、KF、FL、LB，结束命令）

命令：line　　　　　　　　　　　　　　　　　　　（回车，重复调用上一次"直线"命令）

指定第一个点：　　　　　　　　　　　　　　　　　（捕捉直线 AB 的中点 M）

指定下一点或［放弃（U）］：　　　　　　　　　　　（捕捉 K 点，按"Esc"键结束命令）

绘图结果如图 1-39 所示。

6. 保存文件

以"钢桁架.dwg"为文件名保存文件。

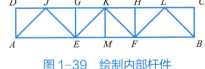

图 1-39　绘制内部杆件

🔵 任务小结

利用 AutoCAD 软件精确绘图辅助工具是实现精准绘制工程图纸的常用方法。本任务综合应用正交、极轴追踪、对象捕捉及对象捕捉追踪等功能，保证了绘图的精确性，在练习中可灵活运用。

任务 1.7　图形显示控制

任务描述

图形显示控制可方便查看和绘制图形。当用户操作软件时,界面经常需要移动或放大(缩小)范围。AutoCAD 提供了"缩放"和"平移"视图的功能,利用这些功能,可以任意地改变图形的显示比例与显示位置,以便观察和绘制图形。本任务中,用户使用缩放和平移命令或使用鼠标滚轮任意调整图形显示范围。

码 1-8
图形显示控制

> 说明:图形显示控制只是对图形在屏幕上视图进行缩放和平移,并不改变图形的实际大小和相对位置。

学习活动　对打开的图形文件进行显示控制

学习目标

1. 熟练掌握使用鼠标对图形进行平移和缩放。
2. 熟练掌握 zoom 命令和 pan 命令。
3. 熟练掌握工具栏中的缩放和平移工具。

活动描述

打开一图形文件,对图形显示进行平移和各种缩放控制。

任务实施

1. 缩放视图

缩放视图可以通过缩放命令"zoom"来实现。调用视图"缩放"命令的方式有 3 种:

• 命令行:键盘输入 zoom(或 z)。可根据需要在命令行中选择不同的选项进入相应的视图缩放功能。

• 导航栏:单击缩放功能按钮的下拉按钮,在弹出的下拉列表中选择相应缩放功能,如图 1-40 所示。

• 下拉菜单:"视图"→"缩放"→选择子菜单中某选项,如图 1-41 所示。

图1-40 导航栏缩放下拉列表

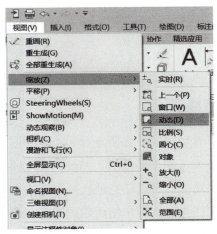

图1-41 视图"缩放"子菜单

视图"缩放"命令中常用选项的功能说明见表1-2。

视图"缩放"命令各选项的功能说明　　　　　　　　　表1-2

选项类型	图标按钮	功能说明	使用频率
全部		显示图形界限区域和整个图形范围（由两者中尺寸较大者决定）	常用
范围		显示整个图形范围，使其最大限度地充满屏幕（与图形界限无关）	常用
比例		以指定的比例因子显示图形范围。系统提供了2种缩放方式： （1）相对于当前视图的比例进行缩放，输入方式为n×； （2）相对于图纸空间单位的比例进行缩放，输入方式为n×P。 例如，输入0.5×使屏幕上的每个对象显示为原大小的二分之一	一般
中心		显示由中心点和高度（或缩放比例）所定义的范围	较少
窗口		显示由两个对角点所确定的矩形窗口内的部分	常用
动态		在屏幕上动态地显示一个视图框，以确定显示范围	较少
上一个		显示前一个视图，最多可恢复此前的10个视图	常用
实时		光标变成一个放大镜形状，按住鼠标左键垂直向上移动放大显示，垂直向下移动缩小显示	常用
放大/缩小		相当于指定比例因子为2×/0.5×	较少
缩放对象		缩放为显示对象的内容	较少

2. 平移视图

当在图形窗口中不能显示所有的图形时，就需要进行图形平移操作，以便查看视图中的其他部分。调用"平移"命令的常用方法有 4 种：
- 命令行：键盘输入 pan（或缩写 p）。
- 导航栏：单击"平移"按钮。
- 下拉菜单：单击菜单栏中的"视图"→"平移"→"实时"。
- 右键快捷菜单：单击鼠标右键，在弹出的快捷菜单中选择"平移"命令。

执行"平移"命令后，光标指针变成手形，在绘图区按住左键并拖动鼠标，图形将随光标移动，可以使用平移功能将图形调整到需要的显示位置。按 Esc 键或 Enter 键，可退出"平移"命令。

> **注意**：当进行"平移"时，并没有实际移动对象，只是改变了界面的显示位置。

3. 操作鼠标滚轮控制图形显示

操作鼠标滚轮可以直接对图形进行平移和缩放，常用的有以下 4 种操作（表 1-3）。

滚轮的操作与功能 表 1-3

操作	功能
鼠标滚轮向后滚动	缩小图形显示
鼠标滚轮向前滚动	放大图形显示
按住鼠标滚轮并拖动	实时平移图形显示
双击鼠标滚轮	实现"范围缩放"功能，整个图形充满绘图区域

任务小结

图形显示控制的方式多样，认真比较不同控制方式的特点，熟练使用常用的图形显示控制方式，能为高效绘图打下坚实基础。大部分情况下，都是使用鼠标滚轮控制绘图界面的显示，也可以使用绘图区右侧的导航栏平移、缩放。

任务 1.8　目标对象的选择

任务描述

在 AutoCAD 中需要对绘制的对象进行编辑修改，要编辑的对象只有被选择后才能进行编辑。所选择的图像构成一个集合，称为选择集。选择对象、构建选择集的方法灵活多样，本任务学习 3 种常用的选择方法：单击对象选择、窗口选择及交叉窗口选择。

码 1-9
目标对象的选择

学习活动　灵活运用多种选择方法对目标对象进行选择

绘制如图 1-42（a）所示图形或任意打开一图形文件，对多种图元选择方法的特点进行比较。

学习目标

熟练掌握单击对象选择、窗口选择、窗交选择及栏选。

活动描述

采用多种方法选择图元对象、构建选择集；灵活应用各种选择方法，提高绘图效率。

任务实施

执行编辑命令有两种方法：
- 先输入编辑命令，在"选择对象"提示下，再选择编辑对象。
- 先选择对象，所有选择的对象以夹点状态显示，再输入编辑命令。

AutoCAD 用亮显的状态表示被选择的对象，这些对象就构成选择集。选择集可以包含单个对象，也可以包含复杂的对象编组。构成选择集的方式有 4 种：单击对象选择、窗口选择、窗交选择和栏选。

1. 单击对象选择

调用某编辑命令，如复制命令 copy，当在命令行提示"选择对象："时，绘图区出现矩形拾取框，将拾取框放在需选对象上，单击鼠标左键即可选中该对象，被选中对象呈亮显状态，如图 1-42（a）所示，圆形被选中。用户可以选择一个对象后结束选择对象，也可以继续逐个选择多个对象。

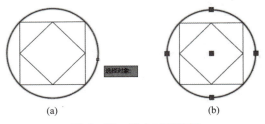

图 1-42　单击对象选择

> 提示：如果是先选择对象，后调用编辑命令，则被选中的对象上将出现控制点（夹点）。如图 1-42（b）所示，此方式适合构成选择集的对象较少的情况。

2. 窗口选择

当需要选择的对象较多时，可以使用窗口选择方式。操作方式如下：

单击鼠标左键选择第一对角点，将光标自左向右（左上右下或左下右上）拖动，以一个实线、蓝色的矩形选择框方式拉出窗口来选择图形，再次单击鼠标左键确定另一个对角点，完成选择对象。如图1-43（a）所示为自左上向右下拖动光标的操作。

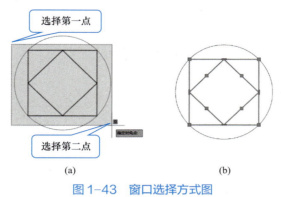

图1-43 窗口选择方式图

（a）框选范围；（b）被选中的对象

提示：只有完全包含在选择框内的对象才会被选中，如图1-43（b）所示，矩形及菱形被选中，圆形未被选中。

3. 窗交选择

窗交选择与窗口选择方式操作方法类似，不同的是用光标自右向左（右下左上或右上左下）拖拉出一个虚线、绿色的矩形窗口选择框，如图1-44（a）所示。在窗口内部及与窗口相交的对象都将被加入到选择集，如图1-44（b）所示为自右下向左上拖动光标的操作。

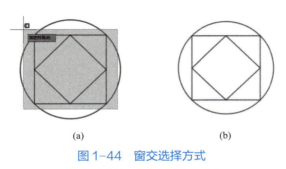

图1-44 窗交选择方式

（a）框选范围；（b）被选中的对象

4. 栏选

调用某编辑命令后，当命令行提示"选择对象："时，输入 f 后按回车键，根据命令行提示，指定若干点来定义一条路径（栅栏），栅栏穿过的图元均被选中，如图 1-45 所示。

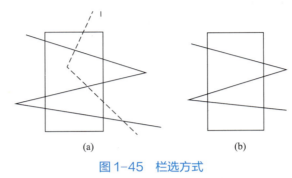

图 1-45　栏选方式
（a）栏选路径；（b）被选中的对象

在选择完图形对象后，可能需要从选择集中删除多选的对象，操作方式有 2 种：
- 按住 Shift 键单击要从选择集中删除的对象。
- 在命令行"选择对象："提示下，输入 r，然后选择要删除的对象。

任务小结

选择对象是对象编辑修改的前提。灵活运用选择对象的方法能达到事半功倍的效果。本任务主要学习了单击对象选择、窗口选择、窗交选择和栏选 4 种选择方式，注意窗口选择（正选）和窗交选择方式（反选）的区别。AutoCAD 中还有手动窗口选择、右键快捷菜单中选择类似对象、快速选择对话框等构建选择集的方法，读者可自行深入学习。

项目 2 基本图形的绘制

项目概述

在工程图中,任何图形都可以分解为一些基本图形元素,如点、线、矩形、圆、图案填充等。通过本项目的学习,能够掌握 AutoCAD 的基本绘图命令的使用方法,绘制基本二维图形。

本项目的任务:
- AutoCAD 坐标的认识和坐标输入
- 用直线命令绘制图形
- 用圆命令绘制图形
- 用椭圆命令绘制图形
- 用圆弧命令绘制图形
- 用矩形命令、圆环命令绘制图形
- 用多边形命令绘制图形
- 用多段线命令绘制图形
- 用多线命令绘制和编辑图形
- 用点的绘制命令绘制图形
- 用图案填充命令绘制图形

任务 2.1 AutoCAD 坐标的认识和坐标输入

任务描述

使用 AutoCAD 绘制图形时,需要精确定位绘制图形,一般是通过在 AutoCAD 提供的坐标系统下,采用坐标输入的方法进

码 2-1 AutoCAD 坐标的认识和坐标输入(上)

行定位。

通过本任务的学习，理解 AutoCAD 系统使用的坐标概念：笛卡尔坐标和极坐标。在两种坐标系中熟练使用绝对坐标和相对坐标形式进行数据输入。

码 2-2　AutoCAD 坐标的认识和坐标输入（下）

学习支持

1. 平面坐标系

（1）笛卡尔坐标系（直角坐标）

笛卡尔坐标系有 3 个轴，即 X、Y 和 Z 轴。笛卡尔坐标系使用直角坐标，输入坐标值时，需要指定沿 X、Y 和 Z 轴相对于坐标系原点（0，0，0）或者其他点的距离及其方向（正或负）。在二维平面制图中，可以省去 Z 轴的距离和方向（Z 轴坐标值始终为 0），即原点坐标为（0，0）。绘图时，只需指定沿 X 轴和 Y 轴的坐标值，X 轴右方向为正方向，Y 轴上方向为正方向。

（2）极坐标系

极坐标系中使用极坐标，是用距离和角度确定点的位置，角度为该点与原点或前一点的连线和 X 轴的夹角，AutoCAD 中默认以 X 轴的正方向为 0°，逆时针为角度正方向。如果距离值为正，则代表与方向相同，为负则代表与方向相反。

2. 坐标

在直角坐标和极坐标中又可分为绝对坐标和相对坐标两种形式。常用的坐标输入包括如下 4 种形式：

（1）绝对直角坐标

绝对坐标，表示以当前坐标系的原点（0，0）为基点。绝对直角坐标输入使用点的坐标值（X、Y）是相对于原点而确定的。

如：（30，-40）表示 X 方向与原点距离为 30，Y 方向与原点距离为 -40，如图 2-1 所示。

（2）相对直角坐标

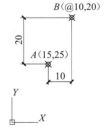

图 2-1　绝对直角坐标

相对坐标是以前一个输入点为输入坐标的参照点，取它的位移增量。相对直角坐标输入时在输入坐标值前加一个"@"符号，即"@ΔX，ΔY"。

如上一个输入点 A 的坐标为（15，25），现输入 B 点坐标 "@10，20"，则表示该 B 点相对于 A 点的坐标值为（10，20），即 B 点相对于 A 点的 ΔX=10，ΔY=20，B 点相对于坐标原点的坐标值为（25，45），如图 2-2 所示。

（3）绝对极坐标

绝对极坐标采用（长度<角度）的方式表达，如 A 点坐标为 50<

图 2-2　相对直角坐标

45，表示该点到坐标原点的距离为 50，该点与原点的连线与 X 轴的正向夹角为 45°。如图 2-3 所示。

（4）相对极坐标

相对极坐标在坐标值前加一个"@"符号，即（@ 长度＜角度），如在绘制 A 点后，输入 B 点坐标（@30＜60），则表示要输入的点 B 与前一点 A 的距离为 30，点 B 与前一点 A 的连线与 X 轴正向的夹角为 60°，如图 2-4 所示。

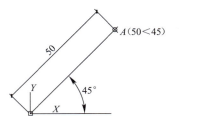
图 2-3　绝对极坐标

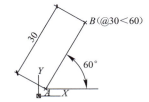
图 2-4　相对极坐标

学习活动 2.1.1　绘制矩形

学习目标

1. 掌握 AutoCAD 二维绘图的两种坐标系——笛卡尔坐标和极坐标。
2. 熟练使用绝对坐标和相对坐标进行数据输入。

活动描述

采用绝对直角坐标、相对直角坐标、绝对极坐标、相对极坐标输入方法绘制如图 2-5 所示的矩形。

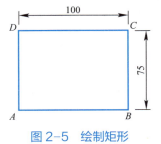
图 2-5　绘制矩形

任务实施

方法一：采用绝对直角坐标
（1）开始一张新图

```
命令：limits                                （输入设置图形界线命令，回车）
指定左下角点或［开（ON）/关 OFF］＜0.0000，0.0000＞：
                                            （直接回车，接受尖括号中默认值）
指定右上角点＜420.0000，297.0000＞：         （直接回车，接受尖括号中默认值）
命令：z                                     （输入缩放命令，回车）
ZOOM
```

指定窗口角点，输入比例因子（nX 或 nXP）或 [全部（A）/中心（C）/动态（D）/范围（E）/上一个（P）/比例（S）/窗口（W）] <实时>：a　　（选择全部缩放方式）
正在重生成模型。

（2）绘制图形

绝对直角坐标如图 2-6 所示。

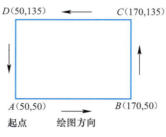

图 2-6　绝对直角坐标

命令：line　　　　　　　　　　　　　　　　　　　　（输入绘制直线命令，回车）
指定第一点：50，50　　　　　　　　　　　　　　　　（输入 A 点坐标，回车）
指定下一点或 [放弃（U）]：170，50　　　　　　　　　（输入 B 点坐标，回车）
指定下一点或 [闭合（C）/放弃（U）]：170，135　　　（输入 C 点坐标，回车）
指定下一点或 [闭合（C）/放弃（U）]：50，135　　　 （输入 D 点坐标，回车）
指定下一点或 [闭合（C）/放弃（U）]：C　　　　　　（回车，闭合图形，结束命令）

方法二：采用相对直角坐标

相对直角坐标如图 2-7 所示。

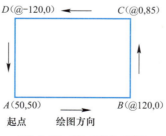

图 2-7　相对直角坐标

命令：line　　　　　　　　　　　　　　　　　　　　（输入绘制直线命令，回车）
指定第一点：50，50　　　　　　　　　　　　　　　　（输入 A 点坐标，绝对直角坐标）
指定下一点或 [放弃（U）]：@120，0　　　（输入 B 点相对于 A 点坐标，相对直角坐标）

指定下一点或 [闭合（C）/放弃（U）]：@0，85
（输入 C 点相对于 B 点坐标，相对直角坐标）
指定下一点或 [闭合（C）/放弃（U）]：@-120，0
（输入 D 点相对于 C 点坐标，相对直角坐标）
指定下一点或 [闭合（C）/放弃（U）]：C　　　（回车，闭合图形，结束命令）

方法三：采用相对极坐标

相对极坐标如图 2-8 所示。

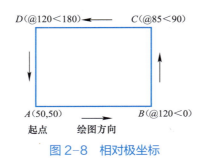

图 2-8　相对极坐标

命令：line　　　　　　　　　　　　　　　　　（输入绘制直线命令，回车）
指定第一点：50，50　　　　　　　　　　　　（输入 A 点坐标，绝对直角坐标）
指定下一点或 [放弃（U）]：@120<0　（输入 B 点相对于 A 点坐标，相对极坐标）
指定下一点或 [闭合（C）/放弃（U）]：@85<90
（输入 C 点相对于 B 点坐标，相对极坐标）
指定下一点或 [闭合（C）/放弃（U）]：@120<180
（输入 D 点相对于 C 点坐标，相对极坐标）
指定下一点或 [闭合（C）/放弃（U）]：C　　　（回车，闭合图形，结束命令）

学习活动 2.1.2　绘制如图 2-9 所示图形

学习目标

1. 进一步掌握 AutoCAD 二维绘图的两种坐标系——笛卡尔坐标和极坐标。
2. 综合使用绝对坐标和相对坐标形式进行数据输入。

活动描述

综合采用绝对直角坐标、相对直角坐标、相对极坐标输入方法绘制如图 2-9 所示图形。

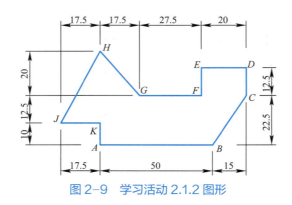

图 2-9　学习活动 2.1.2 图形

任务实施

1. 开始一张新图

| 命令：limits | （输入设置图形界线命令，回车） |

指定左下角点或 [开（ON）/ 关 OFF] <0.0000, 0.0000>

（直接回车，接受尖括号中默认值）

指定右上角点 <420.0000, 297.0000>：200, 100　　（设置图幅 200×100，回车）

命令：z　　（输入缩放命令，回车）

ZOOM

指定窗口角点，输入比例因子（nX 或 nXP）或 [全部（A）/ 中心（C）/ 动态（D）/ 范围（E）/ 上一个（P）/ 比例（S）/ 窗口（W）] <实时>：a

（选择全部缩放方式）

正在重生成模型。

2. 绘制图形

命令：line　　（绘制直线）

指定第一点：45, 55　　（输入 A 点绝对坐标）

指定下一点或 [放弃（U）]：@50<0　　（输入 B 点相对极坐标）

指定下一点或 [闭合（C）/ 放弃（U）]：@15, 22.5　　（输入 C 点相对直角坐标）

指定下一点或 [闭合（C）/ 放弃（U）]：@12.5<90　　（输入 D 点相对极坐标）

指定下一点或 [闭合（C）/ 放弃（U）]：@20<-180　　（输入 E 点相对极坐标）

指定下一点或 [闭合（C）/放弃（U）]：@12.5<-90	（输入 F 点相对极坐标）
指定下一点或 [闭合（C）/放弃（U）]：@27.5<180	（输入 G 点相对极坐标）
指定下一点或 [闭合（C）/放弃（U）]：@-17.5，2	（输入 H 点相对直角坐标）
指定下一点或 [闭合（C）/放弃（U）]：@-17.5，-32.5	（输入 J 点相对直角坐标）
指定下一点或 [闭合（C）/放弃（U）]：@17.5<0	（输入 K 点相对极坐标）
指定下一点或 [闭合（C）/放弃（U）]：C	（闭合图形，回车，结束命令）

任务小结

利用坐标定位是 AutoCAD 精确绘图的基本技能，尤其经常会利用相对坐标来确定点的位置，准确理解 AutoCAD 坐标概念，熟练使用相对直角坐标和相对极坐标显得非常重要。

任务 2.2　用直线命令绘制图形

任务描述

运用"直线（line）"命令绘制图形。

码 2-3　用直线命令绘制图形（上）

学习支持

绘制直线

直线是工程图形中最基本、最常见的图元，line 命令是 AutoCAD 中使用最频繁的命令之一。绘制一条直线时必须确定这条直线两个端点的坐标，或者确定该直线的一个端点以及方向和角度。

码 2-4　用直线命令绘制图形（下）

调用"直线（line）"命令的方式有 3 种：

- 功能区：单击"默认"选项卡→"绘图"面板→"直线"图标按钮 。
- 命令行：输入 line（l）。（说明：括号内为该命令的缩写命令，输入命令后按回车键确认，下同）
- 下拉菜单：选择"绘图"→"直线"。

调用绘制"直线"命令后，执行过程如下：

命令：line	（输入绘制直线命令）
指定第一点：	（输入直线段起点坐标，或用鼠标拾取起点）
指定下一点或 [放弃（U）]：	

（输入线段的终点，或用鼠标拾取终点。输入 U 表示放弃前面的输入；鼠标右击"确认"或按 Enter 键，结束本步骤）

指定下一点或 [闭合（C）/放弃（U）]：

（输入线段的终点，若要闭合图形则输入 C，结束命令）

说明：绘制直线时，除用输入坐标的方法精确定点外，还经常使用"对象捕捉"来捕捉特定的点；还可配合使用"对象追踪""极轴追踪"等辅助绘图功能来保证绘图的精确、快速。

学习活动　绘制标高符号

学习目标

1. 掌握绘制直线命令 line 的操作和绘制方法。
2. 灵活运用点的坐标准确绘制图形。

活动描述

运用"直线（lme）"命令绘制如图 2-10 所示的标高符号。

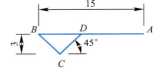

图 2-10　标高符号

说明：本项目各任务中，图形尺寸供绘制图形用，不需注写。

任务实施

命令：line　　　　　　　　　　　　　　　　　　　　（输入绘制直线命令）
指定第一点：100，100　　　　　　　　　　　　　　（输入直线段起点 A 点坐标）
指定下一点或 [放弃（U）]：@-15，0　　　　　　　（输入线段 AB 终点 B 坐标）
指定下一点或 [闭合（C）/放弃（U）]：@3，-3　　（输入线段 BC 终点 C 点坐标）
指定下一点或 [闭合（C）/放弃（U）]：@3，3
　　　　（输入线段 CD 终点 D 点坐标，鼠标右击"确认"或按 Enter 键，结束命令）

任务小结

在能利用坐标定位绘制直线的基本要求下，熟练利用正交模式、对象捕捉、极轴追踪等精确绘图辅助工具和方法能大大提高绘制直线的效率。

知识链接

构造线是在屏幕上生成的向两端无限延长的射线。其主要用作绘图时的辅助线。当绘制多视图时,为了保持投影联系,可先画出若干条构造线,再以构造线为基准线画图。利用该工具可以绘制水平线、竖直线、任意角度线、角平分线和偏移线。

调用构造线(xline)命令的方式有 3 种:
- 功能区:单击"默认"选项卡→"绘图"面板下拉菜单→"构造线"图标按钮 。
- 命令行:输入 xline(xl)。
- 下拉菜单:选择"绘图"→"构造线"。

任务 2.3 用圆命令绘制图形

任务描述

运用"圆(circle)"命令绘制圆形。

码 2-5 用圆命令绘制图形

学习支持

1. 绘制圆

在工程制图中除了大量地使用直线外,圆、圆弧、圆环及椭圆等曲线也是出现较多的几何元素。AutoCAD 提供了强大的曲线绘制功能。

调用"圆(circle)"命令的方法有 3 种:
- 功能区:单击"默认"选项卡→"绘图"面板→"圆"图标按钮 。
- 命令行:circle(c)。
- 下拉菜单:选择"绘图"→"圆"。

在命令行输入"circle"命令后,执行过程如下:

命令:_circle 指定圆的圆心或[三点(3P)/两点(2P)/相切、相切、半径(T)]:

依次单击"默认"选项卡→"绘图"面板→"圆"命令的下拉选项,系统提供了 6 种绘圆方式,如图 2-11、图 2-12 所示。

实际绘图过程中,根据给定的已知条件选择合适的方式:

(1)圆心、半径(R)——已知圆心和半径;

(2)圆心、半径(D)——已知圆心和半径;

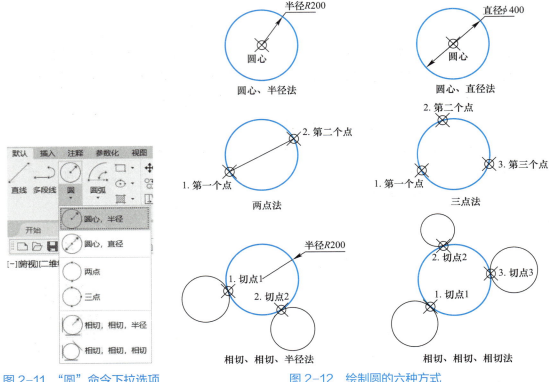

图 2-12　绘制圆的六种方式

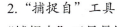

图 2-11　"圆"命令下拉选项

(3) 两点 (2) ——已知圆周上直径两端点；

(4) 三点 (3) ——已知圆周上任意 3 点；

(5) 相切、相切、半径 (T) ——已知与圆相切的两个圆和圆的半径；

(6) 相切、相切、相切 (A) ——已知与圆相切的 3 个圆。

2. "捕捉自"工具

"捕捉自"工具是用来确定偏移参考点一定距离的一个特定点位置。

在执行某个绘图命令，需确定下一特定位置点时，调用"捕捉自"工具的方法为：

• 按住"Shift"键，同时单击鼠标右键，弹出快捷菜单，如图 2-13 所示，选择"自 (F)"。

调用"捕捉自"工具后，命令行提示：

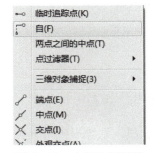

图 2-13　右键快捷菜单

_from 基点：<偏移>：　　　　　（捕捉某参考点，输入相对于该点的下一点坐标）

学习活动 2.3.1　绘制空心板横断面

学习目标

1. 进一步熟练使用坐标输入、直线命令。
2. 会使用"捕捉自"工具辅助绘图。
3. 会使用 circle 命令绘制图形。

活动描述

绘制如图 2-14 所示空心板横断面图，图中所示尺寸仅供绘图用，不需标注。

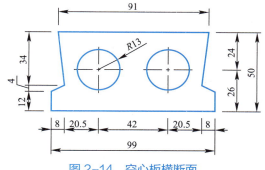

图 2-14　空心板横断面

任务实施

1. 绘制空心板外轮廓

按照图 2-14 中尺寸，使用坐标输入、"直线（line）"命令绘制空心板外轮廓，如图 2-15 所示。绘制过程略。

图 2-15　空心板横断面外轮廓

2. 用"圆心、半径（R）"绘制圆

命令：_ circle 指定圆的圆心或 [三点（3P）/两点（2P）/相切、相切、半径（T）]：
命令：_ CIRCLE 指定圆的圆心或 [三点（3P）/两点（2P）/相切、相切、半径（T）]：
_ from 基点：

（按住 Shift 键，点击鼠标右键，弹出如图 2-13 所示快捷菜单，选择"　自(F)"，鼠标点击图 2-15 中的 A 点）

<偏移>：@28.5,26　　　　　　　（输入左圆孔圆心相对于 A 点的相对坐标）
命令：指定圆的半径或 [直径（D）] <13.0000>：13

（输入圆孔半径回车，结束命令）

同样方法绘制右圆孔，完成空心板断面图的绘制。

学习活动 2.3.2　绘制相切圆

学习目标

1. 进一步熟练使用坐标输入、直线命令。
2. 会使用"相切、相切、半径（T）""相切、相切、相切（A）"的方式绘制图形。

活动描述

绘制如图 2-16 所示图形，正三角形内相切圆，图中所示尺寸仅供绘图用，不需标注。

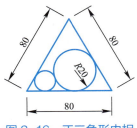

图 2-16　正三角形内相切圆

任务实施

1. 绘制正三角形

按照图 2-16 中尺寸，使用坐标输入、"直线（line）"命令绘制正三角形，绘制过程略。

2. 用"相切、相切、半径（T）"绘制大圆

```
命令：c
CIRCLE                                         （调用绘制"圆"的命令）
命令：_circle 指定圆的圆心或 [三点（3P）/两点（2P）/相切、相切、半径（T）]：t
                                        [选择"相切、相切、半径（T）"选项]

指定对象与圆的第一个切点：
（将光标放在大圆与三角形右侧边切点大致位置，系统自动识别切点位置，出现切点符
                    号后点击鼠标左键或回车确定，如图 2-17a 所示）

指定对象与圆的第二个切点：
（将光标放在大圆与三角形底边切点大致位置，系统自动识别切点位置，出现切点符号
                    后点击鼠标左键或回车确定，如图 2-17b 所示）

指定圆的半径 <9.9219>：20　（输入大圆半径值，如图 2-17c 所示，自动退出命令）
```

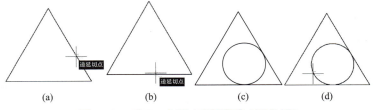

图 2-17　"正三角形内相切圆"绘制过程

3. 用"相切、相切、相切（A）"绘制小圆

在下拉菜单中选择"绘图"/"圆"，选择"相切、相切、相切（A）"。

> 命令：_circle
> 指定圆的圆心或［三点（3P）/两点（2P）/切点、切点、半径（T）］_3p 指定圆上的第一个点：_tan 到
> 　（将光标放在小圆与大圆切点大致位置，系统自动识别两圆相切的位置后，点击鼠标左键或回车确定，如图2-17d所示）
> 指定圆上的第二个点：_tan 到
> 　（将光标放在小圆与三角形底边切点大致位置，系统自动识别两圆相切的位置后，点击鼠标左键或回车确定）
> 指定圆上的第三个点：_tan 到
> 　（将光标放在小圆与三角形左侧边切点大致位置，系统自动识别两圆相切的位置后，点击鼠标左键或回车确定，系统自动退出命令）

任务小结

在熟知绘制圆的6种方式前提下，如何利用给定的已知条件选择合适的方式，是绘制圆的关键，本任务的学习活动中练习了3种绘制圆的方式，其余方式，读者可自行练习。

任务 2.4　用椭圆命令绘制图形

任务描述

1. 掌握调用椭圆命令 ellipse 的方式。
2. 掌握绘制椭圆的常用方法。

码 2-6　用椭圆命令绘制图形

学习支持

绘制椭圆

调用"椭圆（ellipse）"命令的方式有3种：

- 功能区：单击"默认"选项卡→"绘图"面板→"椭圆"图标按钮 ⬭。
- 命令行：输入 ellipse。

- 下拉菜单：选择"绘图"→"椭圆"。

命令执行过程如下：

命令：_ellipse
指定椭圆的轴端点或 [圆弧（A）/中心点（C）]：　　　　（选择绘制椭圆的方式）

在"绘图"面板→"椭圆"图标按钮的下拉选项中，系统提供了与命令行中对应的3种选项，如图2-18所示。

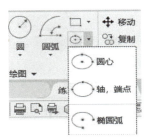

图2-18 "椭圆"命令下拉选项

（1）"中心点（C）"——确定椭圆的中心点、一条轴的端点和另一条轴的长度。

命令：_ellipse
指定椭圆的轴端点或 [圆弧（A）/中心点（C）]：c　　　（选择输入中心点方式）
指定椭圆弧的中心点：　　　　（拾取点或输入坐标确定椭圆中心点）
指定轴的端点：　　　　（确定一条轴端点）
指定另一条半轴长度或 [旋转（R）]：　　　（输入或者用光标选择另一条半轴长度）

（2）"轴端点"——确定一条轴的两个端点和另一条轴的长度。

命令：_ellipse
指定椭圆的轴端点或 [圆弧（A）/中心点（C）]：（拾取点或输入坐标确定一个轴端点）
指定轴的另一个端点：　　　　（确定一条轴的另一个端点）
指定另一条半轴长度或 [旋转（R）]：　　　（输入或者用光标选择另一条半轴长度）

（3）"圆弧（A）"——当输入"a"时，表示绘制的是圆弧。

学习活动　绘制洗面盆

学习目标

1. 掌握椭圆命令 ellipse 的使用方法。

2. 进一步熟练使用"对象捕捉"精确定点。
3. 熟悉使用"动态输入"模式。

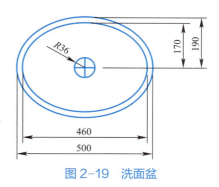

活动描述

用"椭圆（ellipse）""圆（circle）""直线（line）"等命令绘制如图 2-19 所示洗面盆。

图 2-19　洗面盆

任务实施

1. 调用"圆""直线"命令，绘制洗面盆的中心漏水孔

命令：_circle 指定圆的圆心或 [三点（3P）/两点（2P）/相切、相切、半径（T）]：
（在绘图区任意取一点作为圆心）
指定圆的半径或 [直径（D）]<2.5258>36　　（输入漏水孔半径，回车，结束命令）

调用"直线"命令，采用"对象捕捉"方式绘制漏水孔"十字"线，如图 2-20（a）所示。

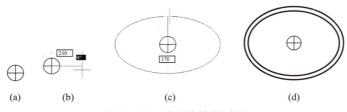

图 2-20　洗面盆绘制过程

2. 调用"椭圆"命令，绘制洗面盆轮廓

命令：_ellipse
指定椭圆的轴端点或 [圆弧（A）/中心点（C）]：c　　（选择输入中心点方式）
指定椭圆弧的中心点：　　（捕捉漏水孔圆心）
指定轴的端点：230
　　（按 F8 键打开正交绘图模式，按 F12 键打开动态输入模式，拖动鼠标向右确定椭圆长轴方向为水平方向。在命令行中输入 230，或输入端点的坐标 @230，0，回车，如图 2-20b 所示）
指定另一条半轴长度或 [旋转（R）]：170
　　（输入长度，回车，结束命令，如图 2-20c 所示）

同样方法绘制外侧椭圆,完成图形绘制,如图 2-20(d)所示。

任务小结

绘制椭圆及椭圆弧都是利用"椭圆(ellipse)"命令,本任务仅设置了绘制椭圆的学习情景,在此基础上,读者可自行练习绘制椭圆弧。

任务 2.5　用圆弧命令绘制图形

任务描述

掌握运用圆弧命令 arc 绘制图形。

码 2-7　用圆弧命令绘制图形

学习支持

绘制圆弧

调用"圆弧(arc)"命令的方式有 3 种:

- 功能区:单击"默认"选项卡→"绘图"画板→"圆弧"图标按钮 。
- 命令行:输入 arc(a)。
- 下拉菜单:选择"绘图"→"圆弧"。

命令执行过程如下:

> 命令:_arc 指定圆弧的起点或 [圆心(C)]:
> 指定圆弧的第二个点或 [圆心(C) 端点(E)]:
> 指定圆弧的端点:

在"绘图"面板→"圆弧"图标按钮下拉选项中,系统提供了 11 种绘圆弧方式,如图 2-21 所示。

实际绘图过程中,根据给定的已知条件选择合适的方式。下面通过其中 2 种常用的绘制方式说明圆弧命令的用法。

(1)"起点、端点、角度(N)"——已知圆弧的起点、端点及圆弧对应的圆心角。

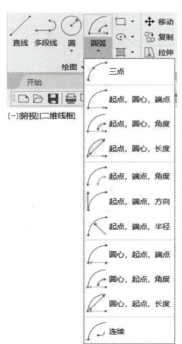

图 2-21　"圆弧"命令下拉选项

命令：_arc 指定圆弧的起点或 [圆心（C）]： （输入圆弧起点）
指定圆弧的端点： （输入圆弧的端点）
指定圆弧的圆心或 [角度（A）/方向（D）/半径（R）]：_a 指定包含角：
（输入角度值，结束命令）

（2）"起点、圆心、端点（S）"——已知圆弧的起点、圆心及端点。

命令：_arc 指定圆弧的起点或 [圆心（C）]：c （选择指定圆心方式）
指定圆弧的圆心： （输入圆心坐标或捕捉）
指定圆弧的起点： （输入圆弧起点）
指定圆弧的端点或 [角度（A）/弦长（L）]： （输入圆弧端点）

学习活动 2.5.1　绘制洞口示意图

学习目标

掌握运用圆弧命令 arc 绘制图形。

活动描述

用"圆弧（arc）""直线（line）"命令绘制如图 2-22 所示洞口，图中尺寸、字母、中心线不需标注。

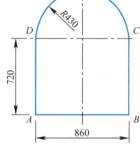

图 2-22　洞口示意图

任务实施

1. 调用"直线"命令 line 绘制洞口下部（DABC 部分）

命令：line （输入绘制直线命令）
指定第一点： （在绘图区合适位置单击鼠标指定第一点 D）
指定下一点或 [放弃（U）]：720
（打开正交模式，将鼠标向下移至垂直方向，输入长度，回车，完成线段 DA 的绘制）
指定下一点或 [闭合（C）/放弃（U）]：860
（将鼠标向右移至水平方向，输入长度值，回车，完成线段 AB 的绘制）
指定下一点或 [闭合（C）/放弃（U）]：720
（将鼠标向上移至垂直方向，输入长度值，回车，完成线段 BC 的绘制）
指定下一点或 [闭合（C）/放弃（U）]： （回车，结束命令）

2. 调用"圆弧"命令 arc 绘制洞口弧拱

命令：_arc
圆弧创建方向：逆时针　　　　　　　　　　　　　（按住 Ctrl 键可切换方向）
指定圆弧的起点或 [圆心（C）]：　　　　　　　　　　　　　　　（捕捉 C 点）
指定圆弧的第二个点或 [圆心（C）/端点（E）]：e
　　　　　　　　　　　　　　　　　（选择指定"端点"方式，捕捉 D 点）
指定圆弧的端点：　　　　　　　　　　　　　　　　　　　　　　（捕捉 D 点）
指定圆弧的圆心或 [角度（A）/方向（D）/半径（R）]：_a 指定包含角：180
　　　　　　　（选择指定"角度"方式，输入角度值 180，系统自动退出命令）

说明：洞口圆弧的绘制还可以使用绘制圆弧命令的"起点、圆心、端点（S）"的方式，读者可自行练习。

学习活动 2.5.2　绘制工字钢断面

学习目标

1. 熟练使用"圆弧（arc）""直线（line）"命令绘制图形。
2. 掌握"连续法"作图方法。

活动描述

用"圆弧（arc）""直线（line）"命令绘制如图 2-23 所示工字钢断面。

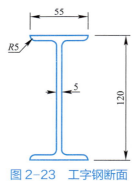

图 2-23　工字钢断面

学习支持

连续法作图

在绘制好一段圆弧（或直线）后，紧接着需要绘制一段新的圆弧（或直线）与上一段圆弧（或直线）相切时，可采用连续法。

在执行下一个"直线（line）"命令绘制一段直线与上一段圆弧相切时，当命令行中提示"LINE 指定第一点："时，直接按"Enter"键回车，这时，新直线将自动捕捉上一段圆弧的端点为起点，并以上一段圆弧终点处的切线方向为新直线的方向，这时只需指定新直线的长度。

同样，在执行下一个"圆弧（arc）"命令绘制一段与上一段圆弧或直线相切时，当命令行中提示"ARC 指定圆弧的起点或 [圆心（C）]："时，直接按"Enter"键回车，这时，新圆弧将以上一段圆弧或直线的端点为起点，并以上一段圆弧终点处的切线方向或直线的方向为新圆弧起点处的切线方向，这时只需指定新圆弧的终点。此功能与"菜单/绘图/圆弧/继续"命令功能相同。

任务实施

1. 设置图幅 420×297
（1）使用 limits 命令设置图形界限。
（2）使用"zoom/all"命令，重新生成模型。
2. 绘制图形
（1）绘制上方的水平线，长度为 27.5。

命令：line
指定第一点：　　　　　　　　　　　　　　　（在绘图区合适位置任意拾取一点为起点）
指定下一点或 [放弃（U）]：27.5　　　（打开正交模式画水平线，输入长度，退出命令）

（2）用起点、圆心、角度法绘制左侧的圆弧。

命令：_arc 指定圆弧的起点或 [圆心（C）]：　　　　　　　　（捕捉水平线段的左端点）
指定圆弧的第二个点或 [圆心（C）/端点（E）]：c　　　　　（选择输入圆心方式）
指定圆弧的圆心：@5, 0　　　　　　　　（圆心在起点右侧 5 个长度单位）
指定圆弧的端点或 [角度（A）/弦长（L）]：a　　　　　（选择输入角度方式）
指定包含角：90　　　　（输入角度值和方向，逆时针旋转角度为正值，退出命令）

（3）用连续法绘制一条长度为 15 的水平线，直线自动与前一段圆弧相切于端点。

命令：line
line 指定第一点：　　　　（采用连续法，直接回车，系统自动捕捉上一段圆弧端点）
直线长度：15　　　　　　　（光标移至右侧，绘制水平线，输入直线长度）
指定下一点或 [放弃（U）]：　　　　　　　　　　　　　（回车，结束命令）

（4）用连续法绘制第 2 个圆弧，圆弧自动与前一段直线相切于端点。

命令：_arc
指定圆弧的起点或 [圆心（C）]：
　　　　　　　　　　　（采用连续法，直接回车，系统自动捕捉上一段直线端点）

指定圆弧的端点：@5，-5　　　　　　　　　　　（输入圆弧端点坐标，回车退出命令）

（5）用连续法绘制一条长度为 50 的竖直线，直线自动与前一段圆弧相切于端点。

命令：line
line 指定第一点：　　　　　　（采用连续法，直接回车，系统自动捕捉上一段圆弧端点）
直线长度：50　　　　　　　　（光标移至下侧，绘制竖直线，输入直线长度）
指定下一点或 [放弃（U）]：　　　　　　（回车，结束命令，如图 2-24a 所示）

（6）用"镜像"命令 mirror 复制左半部分（"镜像"命令 mirror 的用法见项目 3）。

命令：mirror
选择对象：　　　　　　　　　　（选择全部图形，点击鼠标右键确认）
指定镜像线的第一点：　　　　　　（选择图形的右上方端点，如图 2-24b 所示）
指定镜像线的第二点：　　　　　　（在正交方式下在下侧任意点击）
要删除源对象吗 [是（Y）/否（N）]：<N>
　　　　　　（直接回车，选择默认状态，保留源对象。结束命令，如图 2-24c 所示）

（7）重复使用"镜像"命令 mirror 复制下半部分，完成图形绘制，如图 2-23 所示。

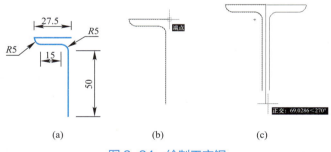

图 2-24　绘制工字钢

任务小结

绘制圆弧的方式较多，实际绘图过程中，分析给定的已知条件，选择合适的方式是绘制圆弧的关键。运用连续法可提高作图效率。

任务 2.6　用矩形命令、圆环命令绘制图形

任务描述

运用"矩形（rectang）""圆环（donut）"命令绘制图形。

码 2-8　用矩形命令、圆环命令绘制图形

学习活动　绘制钢筋混凝土梁的断面图

学习目标

熟练使用"矩形（rectang）""圆环（donut）"命令绘制图形。

活动描述

用"矩形（rectang）""圆环（donut）"命令绘制如图 2-25 所示钢筋混凝土梁断面图。

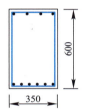

图 2-25　钢筋混凝土梁断面

学习支持

1. 绘制矩形

调用"矩形（rectang）"命令的方式有 3 种：

- 功能区：单击"默认"选项卡→"绘图"面板→"矩形"图标按钮 ▭。
- 命令行：输入 rectang（rec）。
- 下拉菜单：选择"绘图"→"矩形"。

命令执行过程如下：

> 命令：rectang
> 指定第一个角点或 [倒角（C）/标高（E）/圆角（F）/厚度（T）/宽度（W）]：
> （指定矩形角点位置）
> 指定另一个角点或 [面积（A）/尺寸（D）/旋转（R）]：（指定矩形另一个角点位置）

2. 绘制圆环

圆环是由两个半径不同的同心圆组成的封闭环状图形。要创建圆环，要指定它的内外直径和圆心。通过指定不同的中心点，可以继续创建具有相同直径的多个副本。要创建实

内径0.8，外径1

内径0，外径1

图 2-26　圆环

心圆，可将内径值指定为 0，如图 2-26 所示。

调用绘制圆环（donut）命令的方式有 2 种：
- 下拉菜单：选择"绘图"→"圆环"。
- 命令行：输入 donut（do）

命令执行过程如下：

命令：donut
指定圆环的内径<0.5000>：　　　　　　　　　　　　　　　　　　（输入圆环内径）
指定圆环的外径<0.5000>：　　　　　　　　　　　　　　　　　　（输入圆环外径）
指定圆环的中心点或<退出>：　　　　　　　　　　　　　　　　　（输入圆环圆心）
指定圆环的中心点或<退出>：　　　　　　　　　（可重复上一步，回车结束命令）

任务实施

1. 调用"矩形（rectang）"命令绘制梁的轮廓

命令：_rectang
指定第一个角点或 [倒角（C）/标高（E）/圆角（F）/厚度（T）/宽度（W）]：
　　　　　　　　　　　　　　　　　　（在绘图区适当位置指定矩形角点位置）
指定另一个角点或 [面积（A）/尺寸（D）/旋转（R）]：@350，-550
　　　　　　　　　　　　　　（指定矩形另一个角点坐标，结束命令，如图 2-27a 所示）

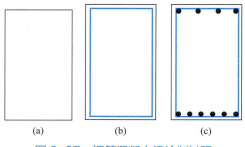

图 2-27　钢筋混凝土梁绘制过程

2. 调用"矩形（rectang）"命令绘制箍筋

回车，重复调用"矩形"命令。

命令：_rectang
指定第一个角点或 [倒角（C）/标高（E）/圆角（F）/厚度（T）/宽度（W）]：w

（选择设置线宽）
指定矩形的线宽<0.0000>：8　　　　　　　　　　　　　　　（设置线宽值）
指定第一个角点或［倒角（C）/标高（E）/圆角（F）/厚度（T）/宽度（W）］：_from 基点：<偏移>@20，-20
　　（按 Shift 键，点击鼠标右键，选择"自（F）"，捕捉矩形左上角点，输入偏移点坐标）
指定另一个角点或［面积（A）/尺寸（D）/旋转（R）］：_from 基点：<偏移>@-20，20
　　（使用"自捕捉"方式，捕捉矩形右下角点，输入偏移点坐标，如图 2-27b 所示）

3. 调用"圆环"命令绘制纵筋

命令：_donut
指定圆环的内径<0.0000>：0　　　　　　　　　　（圆环内径为 0，圆环为实心）
指定圆环的外径<15.0000>：20　　　　　　　　　　　　　　　（输入圆环外径）
指定圆环的中心点或<退出>：　　　　　（在图形合适位置处，指定圆环的中心点）
　　　　　　　　　　　　　　　　（同样方法绘制其他纵筋，如图 2-27c 所示）

🖉 任务小结

用"直线（iine）"命令和"矩形（rectang）"命令均可以绘制矩形，应注意两者的区别：用"直线（iine）"命令绘制的矩形每条边为一对象，共 4 个对象；而 AutoCAD 将用"矩形（rectang）"命令绘制的矩形视为一个整体，其效果与采用"多段线 piine"命令绘制的矩形相同（见任务 2.8）。

任务 2.7　用多边形命令绘制图形

📋 任务描述

运用"多边形（polygon）"命令绘制图形。

码 2-9　用多边形命令绘制图形

学习支持

绘制多边形

调用"多边形（polygon）"命令的方式有 3 种：

- 功能区：单击"默认"选项卡→"绘图"面板→"矩形"图标下拉按钮→"多边形"图标按钮⬠。
- 命令行：输入 polygon（pol）。
- 下拉菜单：选择"绘图"→"多边形"。

命令执行过程如下：

```
命令：pol
POLYGON 输入边的数目<4>：                （输入边的数目，默认值为4）
指定正多边形的中心点或 [边（E）]：        （指定正多边形中心点或调用边长参数）
输入选项 [内接于圆（I）/外切于圆（C）]<I>：              （选择选项）
指定圆的半径：
```

系统提供了 3 种绘制多边形的方法：

- 内接于圆：多边形的定点均位于假想圆的弧上，需要指定边数和半径，如图 2-28（a）所示。
- 外切于圆：多边形的各边与假想圆相切，需要指定边数和半径，如图 2-28（b）所示。
- 指定边长：用指定多边形任意边的起点和端点绘制多边形，如图 2-28（c）所示。

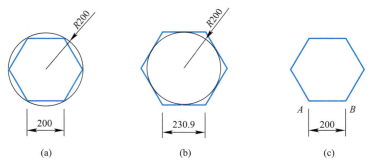

图 2-28　绘制多边形的 3 种方法
（a）内接于圆；（b）外切于圆；（c）指定边长

学习活动　绘制正六边形

学习目标

熟练使用"多边形（polygon）"命令绘制图形。

活动描述

用"多边形（polygon）"命令绘制如图 2-29 所示形心位于（100，100），边长为 300 的正六边形。

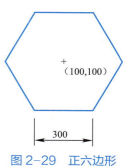

图 2-29　正六边形

任务实施

```
命令：pol                                              （调用多边形命令）
POLYGON 输入侧面数<4>：6                                （输入边的数目）
指定正多边形的中心点或［边（E）］：100，100              （在绘图区适当位置拾取一点）
输入选项［内接于圆（I）/外切于圆（C）］<I>：            （直接回车，选择内接于圆的方式）
指定圆的半径：300                                      （输入多边形边长即内接圆半径值，回车）
```

任务小结

正确理解和选择"内接于圆（I）/外切于圆（C）"方式是本任务的重点。

任务 2.8　用多段线命令绘制图形

任务描述

运用"多段线（pline）"命令绘制图形。

码 2-10　用多段线命令绘制图形

学习支持

1. 绘制多段线

多段线是由宽窄相同或不同的多段直线或圆弧组成，如图 2-30（a）所示。这些直线和弧线作为一个整体，如果用鼠标单击任意一段直线或弧线时将选择整个多段线，如

图 2-30 (b) 所示。多段线的线条可以设置成不同的线宽。多段线在工程制图中应用很广。

图 2-30　多段线

调用"多段线（pline）"命令的方式有 3 种：

- 功能区：单击"默认"选项卡→"绘图"面板→"多段线"图标按钮 。
- 命令行：pline（pl）。
- 下拉菜单：选择"绘图"→"多段线"。

命令执行过程如下：

命令：_ pline
指定起点：
当前线宽为 0.0000
指定下一个点或 [圆弧（A）/半宽（H）/长度（L）/放弃（U）/宽度（W）]：

2. 编辑多段线

利用"多段线编辑（pedit）"命令可以对已绘制的多段线进行各种编辑，也可以将直线、圆弧等转化为多段线。同时既可以为整个多段线设置统一的宽度，也可以分别控制各个线段的宽度。

调用"多段线编辑（pedit）"命令的方式通常有 3 种：

- 功能区：单击"默认"选项卡→"修改"面板下拉按钮→"编辑多段线"图标按钮。
- 命令行：pedit（pe）。
- 下拉菜单：选择"修改"→"对象"→"多段线"。

命令执行过程如下：

命令：PEPEDIT 选择多段线或 [多条（M）]：　　　　　　（选择要编辑的多段线）
输入选项 [闭合（C）/合并（J）/宽度（W）/编辑顶点（E）/拟合（F）/样条曲线（S）/非曲线化（D）/线型生成（L）/反转（R）/放弃（U）]：（选择编辑方式的选项）

在使用 pedit 命令时，若选定的对象不是多段线，系统会提示"选定的对象不是多段线，是否将其转换为多段线？"，只有将选定的对象转换为多段线后，才可以继续执行多段线的编辑。

学习活动 2.8.1　绘制箭头符号

学习目标

熟练使用"多段线（pline）"命令绘制直线。

活动描述

用"多段线（pline）"命令绘制如图 2-31 所示箭头符号。

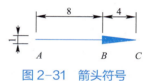

图 2-31　箭头符号

任务实施

1. 绘制线段（AB 段）

```
命令：_ pline
指定起点：                           （在屏幕上合适位置指定一点 A 作为直线段起点）
当前线宽为 0.0000
指定下一个点或 [圆弧（A）/半宽（H）/长度（L）/放弃（U）/宽度（W）]：8
     （打开正交方式，鼠标移向 A 点右方，输入线段长度值，回车，完成 AB 段绘制）
```

2. 绘制箭头（BC 段）

```
指定下一点或 [圆弧（A）/闭合（C）/半宽（H）/长度（L）/放弃（U）/宽度（W）]：w
                                                     （选定设置线宽选项）
指定起点宽度<0.0000>：1              （输入箭头尾部宽度值，回车或按空格）
指定端点宽度<0.0000>：0              （输入箭头端部宽度值，回车或按空格）
指定下一点或 [圆弧（A）/闭合（C）/半宽（H）/长度（L）/放弃（U）/宽度（W）]：4
     （鼠标移向 B 点右方，输入箭头长度值，回车，结束命令，完成 BC 段箭头绘制）
```

学习活动 2.8.2　绘制"门洞"图样

学习目标

熟练使用"多段线（pline）"命令绘制直线及圆弧。

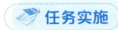

用"多段线(pline)"命令绘制如图 2-32 所示门洞图样。

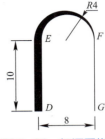

图 2-32 门洞图样

1. 绘制直线段(DE 段)

命令：pl
PLINE
指定起点： （在屏幕上合适位置指定一点作为直线段起点 D）
当前线宽为 0.0000
指定下一个点或 [圆弧(A)/半宽(H)/长度(L)/放弃(U)/宽度(W)]：w
指定起点宽度<0.0000>：1 （输入箭头尾部宽度值，回车或按空格）
指定端点宽度<1.0000>： （直接回车或按空格）
指定下一个点或 [圆弧(A)/半宽(H)/长度(L)/放弃(U)/宽度(W)]：10
　（打开正交方式，鼠标移向 D 点上方，输入线段长度值，回车，完成 DE 段绘制，如图 2-33a 所示）

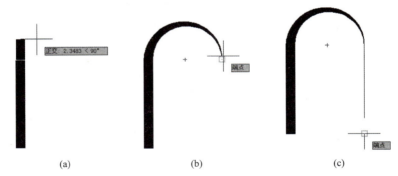

图 2-33 "门洞图样"绘制过程
(a)绘制直线段 DE；(b)绘制圆弧段 EF 段；(c)绘制直线段 FG 段

2. 绘制圆弧段(EF 段)

指定下一点或 [圆弧(A)/闭合(C)/半宽(H)/长度(L)/放弃(U)/宽度(W)]：a
　　　　　　　　　　　　　　　　　　　　（选择绘制圆弧方式）
指定圆弧的端点或
[角度(A)/圆心(CE)/闭合(CL)/方向(D)/半宽(H)/直线(L)/半径(R)/

第二个点（S）/放弃（U）/宽度（W）]：w　　　　　　　　（选择设置多段线宽度方式）
指定起点宽度<1.0000>：　　　　　　（圆弧E点处宽度为1，直接回车或按空格）
指定端点宽度<1.0000>：0　　　　（输入圆弧F点处宽度值0，回车或按空格）
指定圆弧的端点或
[角度（A）/圆心（CE）/闭合（CL）/方向（D）/半宽（H）/直线（L）/半径（R）/
第二个点（S）/放弃（U）/宽度（W）]：8
（鼠标移向E点右方，输入圆弧直径值8，回车，完成圆弧EF段绘制，如图2-33b所示）

3. 绘制直线段（FG段）

[角度（A）/圆心（CE）/闭合（CL）/方向（D）/半宽（H）/直线（L）/半径（R）/
第二个点（S）/放弃（U）/宽度（W）]：L　　　　（选择绘制直线方式，回车或按空格）
指定下一点或[圆弧（A）/闭合（C）/半宽（H）/长度（L）/放弃（U）/宽度
（W）]：10
　　　　　　　　（鼠标移向F点下方，输入直线段长10，回车，完成直线段FG段绘制，
　　　　　　　　　　　　　　　　　　　　　　　　　　　　如图2-33c所示）
指定下一点或[圆弧（A）/闭合（C）/半宽（H）/长度（L）/放弃（U）/宽度
（W）]：　　　　　　　　　　　　　　　　　　　　　　　　（回车结束命令）

任务小结

多段线的应用较广，应熟练使用"多段线（pl）"命令绘制带有宽度及宽度变化的线段。

任务2.9　用多线命令绘制和编辑图形

任务描述

1. 掌握"多线（mline）"命令的操作和多线绘制方法。
2. 用多线编辑工具对多线进行编辑。

码2-11　用多线命令绘制和编辑图形（上）　　码2-12　用多线命令绘制和编辑图形（下）

学习支持

绘制与编辑多线

多线是一种由多条平行线组成的组合对象。平行线之间的间距和数目均可以调整，多线内的直线线型可以相同也可以不同。在建筑制图中，多线常用于绘制墙体、窗图例等平行线对象。在绘制多线前需要对多线样式进行设置，然后用设置好的样式绘制多线。

1. 设置多线样式

调用"多线样式"命令的方法如下：

- 下拉菜单："格式"→"多线样式"。
- 命令行：mlstyle。

系统执行该命令后，打开如图 2-34 所示"多线样式"对话框。

在该对话框中单击"新建"按钮，打开"创建新的多线样式"对话框，可以创建新多线样式，如图 2-35 所示。在"新建式名"栏输入新样式名，如"240墙"，然后按"继续"按钮，在打开的"新建多线样式"对话框中可设置多线样式的元素特性，如图 2-36 所示，可单击"添加"按钮，设置偏移值来增加线条，确定线条位置，也可设置线条的颜色和线型，还可以设置多线对象的封口、填充等特性。

图 2-34 "多线样式"对话框　　图 2-35 "创建新的多线样式"对话框

其中，"图元"列表框中列举了当前多线样式中线条元素及其特性，包括线条元素相对于多线中心线的偏移量、线条颜色和线型。如果要增加多线中线条的数目，可单击"添加"按钮，在"图元"列表中将加入一个偏移量为 0 的新线条元素；通过"偏移"文本框设置线条元素的偏移量；在"颜色"下拉列表中设置当前线条的颜色；单击"线型"按钮，使用打开的"线型"对话框设置线条元素的线型。如果要删除某一线条，可在"图元"列表框中选中该线条元素，然后单击"删除"按钮即可。

图 2-36 "新建多线样式"对话框

2. 绘制多线

调用"多线（mline）"命令的方式有：

- 下拉菜单：选择"绘图"→"多线"。
- 命令行：mline（ml）。

命令执行过程如下：

命令：_mline
当前设置：对正=上，比例=20.00，样式=STANDARD　　　　　（说明当前多线设置）
指定起点或［对正（J）/比例（S）/样式（ST）］：　　　　　（指定起点）
指定下一点：
指定下一点或［放弃（U）］：
　　　　　　　（继续指定下一点或输入 U 放弃前一段的绘制，回车结束命令）
指定下一点或［闭合（C）/放弃（U）］：
　　　　　　　（继续指定下一点，输入 C 则闭合线段，回车结束命令）

在执行命令后，提示"当前设置：对正=上，比例=20.00，样式=STANDARD"，说明当前的绘图格式是对正方式为上，比例为 20.00，多线样式为标准型（STANDARD）；第二行为绘制多线的三个选项"对正（J）/比例（S）/样式（ST）"，三个选项的含义为：

（1）"对正（J）"：指定多线的对正方式，控制将要绘制的多线相对于十字光标的位置。当命令行出现"指定起点或［对正（J）/比例（S）/样式（ST）］："提示信息时，输入 J，则命令行将显示"输入对正类型［上（T）/无（Z）/下（B）］<上>："提示信息。"上（T）"选项表示当从左向右绘制多线时，多线最顶端的线将随着光标移动，如

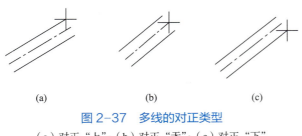

图 2-37 多线的对正类型

(a) 对正"上"；(b) 对正"无"；(c) 对正"下"

图 2-37 (a) 所示；"无（Z）"选项表示绘制多线时，多线的中心线将随着光标移动，如图 2-37 (b) 所示；"下（B）"选项表示当从左向右绘制多线时，多线上最底端的线将随着光标移动，如图 2-37 (c) 所示。

（2）"比例（S）"：指定所绘制的多线的宽度，控制要绘制的多线的宽度是在样式中所设定的原始宽度的倍数。

（3）"样式（ST）"：指定绘制的多线的样式，默认为标准（STANDARD）型。当命令行显示"输入多线样式名或 [?]："提示信息时，可以直接输入已有的多线样式名，也可以输入"?"，显示已定义的多线样式。

3. 编辑多线样式

调用"多线编辑"命令的方法如下：

• 下拉菜单："修改"→"对象"→"多线"，如图 2-38 所示。

• 命令行：mledit。

系统执行该命令后，弹出如图 2-39 所示"多线编辑工具"对话框。

图 2-38 编辑"多线"菜单

图 2-39 "多线编辑工具"对话框

该对话框列出了 12 种多线编辑工具，可以创建或修改多线模式。单击选择某个示例图形，然后单击"确定"按钮，就可以调用该项编辑功能。

学习活动　绘制某建筑平面图墙体线

学习目标

1. 熟练使用"多线（mline）"命令绘制图形。
2. 熟练使用"多线编辑（mledit）"命令编辑多线。

活动描述

用"多线样式（mlstyle）""多线（mline）""多线编辑（mledit）""直线（line）"命令绘制如图 2-40 所示房屋平面图。

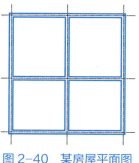

图 2-40　某房屋平面图

任务实施

1. 设置多线样式

调用"多线样式（mlstyle）"命令，新建一"240 墙"的多线样式，其余元素均采用默认设置。将"240 墙"的多线样式"置为当前"。

> 说明：采用默认设置，"图元"列表框中列举了当前多线样式中有 2 条实线，相对于多线中心偏移量分别为 0.5 和 -0.5，即由此两条实线组成的多线线宽为 1。

2. 绘制图形

（1）用"直线（line）"命令、"center"线型绘制如图 2-41（a）所示墙的轴线。

> 提示：绘制墙轴线时，可利用"捕捉自"工具来确定相邻轴线的位置；较方便的方法是使用项目 3 中将要学习的"偏移（offset）"命令来偏移复制。

> 说明：图中点的代号 *A*、*B*、*C*、*D* 等是为方便绘图说明所作的标注，绘图时，不必标出。

（2）调用"多线（mline）"命令，设置多线特性，绘制外墙，如图 2-41（b）所示。
（3）继续绘制内部横墙和纵墙。捕捉 *B* 点与 *J* 点，完成 *BJ* 段的绘制；捕捉 *F* 点与 *H* 点，完成 *FH* 段的绘制，如图 2-41（c）所示。

命令：_mline

```
当前设置：对正=上，比例=20.00，样式=240 墙        （说明当前多线设置）
指定起点或［对正（J）/比例（S）/样式（ST）］：j    （设置多线对正方式）
输入对正类型［上（T）/无（Z）/下（B）］＜上＞z      （选择中心对正方式）
当前设置：对正=无，比例=20.00，样式=240 墙        （说明当前多线设置）
指定起点或［对正（J）/比例（S）/样式（ST）］：s    （设置多线线宽比例因子）
输入多线比例＜20.00＞：240    （多线样式中设置线宽为1，现绘制线宽=1×240=240）
当前设置：对正=无，比例=240.00，样式=240 墙       （说明当前多线设置）
指定起点或［对正（J）/比例（S）/样式（ST）］：              （捕捉A点）
指定下一点：                                              （捕捉C点）
指定下一点或［放弃（U）］：                                （捕捉D点）
指定下一点或［放弃（U）］：                                （捕捉E点）
指定下一点或［闭合（C）/放弃（U）］：（捕捉A点或输入c闭合线段，回车结束命令）
```

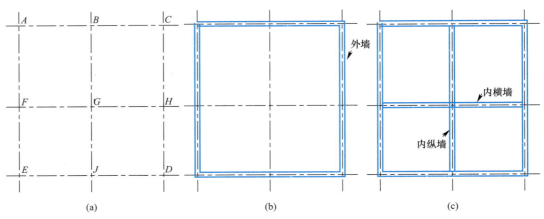

图 2-41 "房屋平面图"绘制过程

（a）绘制轴线；（b）绘制外墙；（c）绘制内墙

3. 编辑图形

（1）编辑角点 A

点击下拉菜单："修改"→"对象"→"多线"。调用"多线编辑"命令，弹出"多线编辑工具"对话框。

单击"角点结合"图标，命令提示行出现以下内容：

```
命令：_mledit
选择第一条多线：                           （选择第一条多线，如图 2-42a 所示）
选择第二条多线：                           （选择第二条多线，如图 2-42b 所示）
```

选择第一条多线或［放弃（U）］: （回车，结束命令）

编辑效果如图2-42（c）所示。

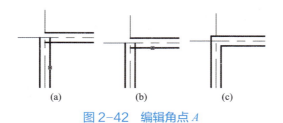

图2-42　编辑角点 *A*

（a）选择第一条多线；（b）选择第二条多线；（c）编辑效果

（2）编辑T形交点 *B*

继续调用"多线编辑"命令，在"多线编辑工具"对话框中点击"T形合并"图标。

命令：_mledit
选择第一条多线： （选择第一条多线，如图2-43a所示）
选择第二条多线： （选择第二条多线，如图2-43b所示）
选择第一条多线或［放弃（U）］: （回车，结束命令）

编辑效果如图2-43（c）所示。

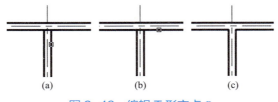

图2-43　编辑T形交点 *B*

（a）选择第一条多线；（b）选择第二条多线；（c）编辑效果

用同样方法编辑其他T形交点 *F*、*J*、*H*。

（3）编辑十字交点

继续调用"多线编辑"命令，在"多线编辑工具"对话框中点击"十字合并"图标。

命令：_mledit
选择第一条多线： （选择第一条多线，如图2-44a所示）
选择第二条多线： （选择第二条多线，如图2-44b所示）
选择第一条多线或［放弃（U）］: （回车，结束命令）

编辑效果如图2-44（c）所示。

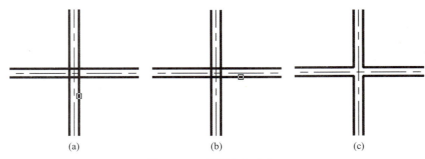

图 2-44　编辑十字交点 G

（a）选择第一条多线；（b）选择第二条多线；（c）编辑效果

完成图形编辑，如图 2-40 所示。

任务小结

用多线绘制建筑平面图中的墙体等构件非常方便，应熟练掌握本任务的知识和技能，尤其需熟练设置多线样式线宽、绘制时比例因子及对正方式。

任务 2.10　用点的绘制命令绘制图形

任务描述

1. 掌握"点（point）"命令的操作和绘制方法。
2. 使用"定数等分点（divide）""定距等分点（mesure）"命令创建等分点。

码 2-13　用点的绘制命令绘制图形

学习支持

绘制点

在绘图过程中，点通常作为精确绘图的辅助对象，可用作绘图时的参考点，待绘制完其他图形后一般可直接删除或冻结这些点所在的图层。绘制"点"可以通过"单点""多点""定数等分""定距等分"4 种方法。在建筑制图中，就绘制点的本身而言，并没有很大的实际意义，但它是绘图的重要辅助工具，尤其是"定数等分"和"定距等分"，相当于手工绘图的分规工具，可将对象按指定的数目或指定长度等分。

通常给定位置直接绘制点时，绘制出的点很小，在默认状态下，在绘图区中显示不出来。因此，为了能够使图形中的点具有很好的可见性，能同其他图形区分开，需要对点的大小、样式进行设置。

1. 设置点样式

设置点样式的命令方式有 3 种：

• 功能区：单击"默认"选项卡→"实用工具"面板→"点样式"图标按钮。

• 下拉菜单：选择"格式"→"点样式"。

• 命令行：ddptype。

调用命令后，弹出"点样式"对话框，如图 2-45 所示，系统提供了 20 种点的样式以供选择。点的大小也可自行设置，我们可以根据需要进行选择。

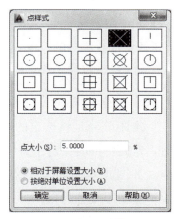

图 2-45 "点样式"对话框

2. 绘制点

调用"点（point）"命令的方式有 3 种：

• 功能区：单击"默认"选项卡→"绘图"面板下拉按钮→"多点"图标按钮。

• 下拉菜单：选择"绘图"→"点"→"单点"或"多点"。

• 命令行：point（po）。

命令执行过程如下：

> 命令：_ point
> 当前点模式：PDMODE=0   PDSIZE=0
> 指定点：   （指定点的位置或输入点的坐标）

> 说明："单点"命令每次绘制一个点后自动退出命令；"多点"命令执行一次可以绘制多个点，按"Esc"键退出命令。

3. 绘制定数等分点

定数等分点是通过分点将线段、圆弧、圆、多段线等某个图形对象按指定数目分成间距相等的几个部分，但该操作并不是把对象实际等分成若干个单独对象，仅仅是在对象上标明定数等分的位置，作为作图的几何参照点。如图 2-46 所示，分点将长 100 的直线 5 等分。

调用定数等分点命令的方法如下：

• 功能区：单击"默认"选项卡→"绘图"面板→"定数等分"图标按钮。

• 下拉菜单：选择"绘图"→"点"→"定数等分"。

• 命令行：divide（div）。

命令执行过程如下：

命令：_divide
选择要定数等分的对象：
输入线段数目或[块(B)]： （指定要等分的段数，回车结束命令）

4. 绘制定距等分点

定距等分是将选定的对象按照指定的长度进行划分标记，定距等分不一定将对象等分。定距等分时，对于直线、圆弧和非闭合的多段线，等分的起点是距离选择点最近的端点。如图 2-47 所示，分点将长 88.67 的圆弧自左端开始定距（弧长为 20）进行等分，直至不够定距等分为止。

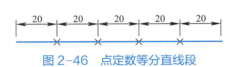

图 2-46　点定数等分直线段

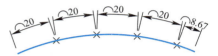

图 2-47　点定距等分圆弧段
（自弧线左端定距等分）

调用定距等分点命令的方法如下：
- 功能区：单击"默认"选项卡→"绘图"面板→"定距等分"图标按钮。
- 下拉菜单：选择"绘图"→"点"→"定距等分"。
- 命令行：measure（me）。

命令执行过程如下：

命令：_measure
选择要定距等分的对象： （选择需等分的对象，根据需要选择对象的不同端点）
指定线段长度或[块(B)]： （指定距离，回车结束命令）

学习活动　绘制图纸会签栏

学习目标

1. 熟练设置"点"的样式。
2. 了解"定数等分（divide）"和"定距等分（measure）"命令的区别。
3. 能熟练使用"定数等分（divide）"和"定距等分（measure）"命令进行点的绘制。

活动描述

用"直线（line）""定数等分（divide）"或"定距等分（measure）"命令绘制如图 2-48

所示图纸会签栏，图中文字及尺寸不需标注。

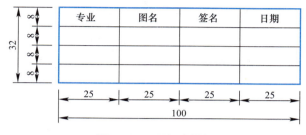

图 2-48　图纸会签栏

任务实施

1. 用"直线（line）"命令绘制会签栏外框

命令：line
指定第一点：　　　　　　　　　　　　　　　　　　（在绘图区适当位置输入起点）
指定下一点或［放弃（U）］：100
　　　　　　　　　　　　（打开正交模式，光标水平向右，输入水平长度，回车）
指定下一点或［闭合（C）/放弃（U）］：32　　（光标垂直向下，输入垂直长度，回车）
指定下一点或［闭合（C）/放弃（U）］：100　　（光标水平向左，输入水平长度，回车）
指定下一点或［闭合（C）/放弃（U）］：c　　　　　　　　　　（闭合图形，退出命令）

2. 用"定数等分（divide）"命令等分外框水平段和垂直段

（1）设置点样式。

在"默认"选项卡→"实用工具"面板中单击"点样式"图标按钮，在弹出的"点样式"对话框中选择合适样式。

（2）调用"定数等分（divide）"命令定数等分图形对象。

命令：_divide
选择要定数等分的对象：　　　　　　　　　　　　　　　（选择左侧竖直线段）
输入线段数目或［块（B）］：4
　　　　　　　　　（将对象等分成4段，回车结束命令，结果如图2-49a所示）

（3）继续调用"定数等分（divide）"命令按图形要求等分其他3条线段，如图2-49（b）所示。

（4）用直线连接对应等分点，如图2-49（c）所示。

（5）删除等分点，或将点样式改为系统默认的样式，完成图形，如图2-49（d）所示。

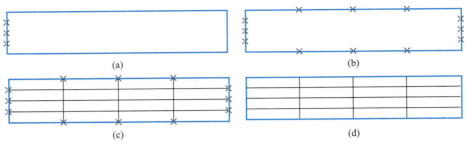

图 2-49 会签栏绘制过程

（a）定数等分竖直线段；（b）定数等分其他线段；（c）用直线连接对应等分点；（d）删除等分点

任务小结

工程制图中经常要进行线段等分，应熟练掌握 AutoCAD 中设置点的样式、应用"定数等分（divide）"或"定距等分（measure）"命令进行点的绘制和线段定数或定距等分。

任务 2.11　用图案填充命令绘制图形

任务描述

1. 掌握"图案填充（hatch）"命令的操作和图案填充的绘制方法。
2. 掌握"编辑图案填充（hatchedit）"命令的操作和图案填充的编辑方法。

码 2-14　用图案填充命令绘制图形

学习支持

图案填充是使用一种图案来填充图形某一区域。在建筑工程图中，可用填充图案表达剖切的断面区域，根据断面材料的不同，而采用不同的图例样式进行图案填充。图案填充被广泛应用于建筑立面、剖面和详图绘制中。

1. 图案填充

（1）调用"图案填充（hatch）"命令的方式有 3 种：

- 功能区：单击"默认"选项卡→"绘图"面板→"图案填充"图标按钮 。
- 命令行：输入 hatch（h）。
- 下拉菜单：选择"绘图"→"图案填充"。

调用命令后，AutoCAD 的功能区出现了"图案填充创建"上下文选项卡，如图 2-50 所示。

说明：上下文选项卡只有在激活某个命令时才会在功能区出现针对这个命令的选项卡；当该命令结束时，对应的上下文选项卡随之消失。

图 2-50 "图案填充创建"上下文选项卡

在"图案填充创建"选项卡中有：边界、图案、特性、原点、选项 5 个功能面板，单击"选项"面板中的对话框启动器按钮，弹出"图案填充和渐变色"对话框，如图 2-51 所示。在"图案填充"选项卡中包含 6 方面的内容：类型和图案、角度和比例、图案填充原点、边界、选项和继承特性，其内容和功能与如图 2-50 所示的"图案填充创建"选项卡一致。在"图案填充和渐变色"对话框的右下角有 按钮，单击这个按钮，对话框右边出现孤岛信息，如图 2-52 所示。

（2）图案填充的几个基本概念

1）图案边界

进行图案填充时，首先要确定填充的边

图 2-51 "图案填充和渐变色"对话框 1

界。可以作为边界的对象只能是直线、双向射线、单向射线、多段线、样条曲线、圆弧、圆、椭圆、椭圆弧、面域等对象，或用这些对象定义的块。

2）孤岛

在进行图案填充时，把位于总填充区域内的封闭区域称为孤岛，如图 2-53 所示。

2. 编辑填充的图案

调用"图案填充编辑"命令的方法如下：

• 功能区：单击"默认"选项卡→"修改"面板→"编辑图案填充"图标按钮。

• 命令行：hatchedit（he）。

• 单击鼠标左键选中需编辑的填充图案，激活在"图案填充编辑器"上下文选项卡；或当选中需编辑的填充图案后，单击鼠标右键，在弹出的快捷菜单中选择"图案填充编辑"，弹出"图案填充编辑"对话框。

• 下拉菜单：选择"修改"→"对象"→"图案填充"。

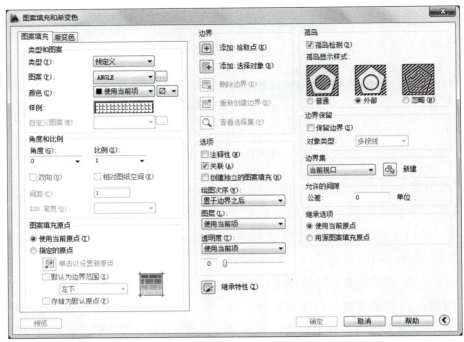

图 2-52 "图案填充和渐变色"对话框 2

图 2-53 孤岛的概念

调用命令后,命令行提示:

命令:_hatchedit
选择关联填充对象: (点取填充对象)

在弹出的"图案填充编辑器"上下文选项卡或"图案填充编辑"对话框中,可以对已填充的图案进行编辑,修改设置。

说明:"图案填充编辑器"上下文选项卡(图 2-54)与"图案填充创建"上下文选项卡中内容基本相同;"图案填充编辑"对话框中内容与"图案填充和渐变色"对话框基本相同。

项目2 基本图形的绘制 079

(a)

(b)

图 2-54 图案填充编辑

(a)"图案填充编辑器"上下文选项卡；(b)"图案填充编辑"对话框

学习活动 拱涵断面图案填充

学习目标

1. 熟练设置图案填充的特性。
2. 熟练创建和编辑图形的填充图案。

活动描述

如图 2-55 所示为一拱涵断面图，应用"图案填充（hatch）"命令绘制材料图例符号，将普通砖背景色设为砖红色、毛石背景色设为浅灰色、素混凝土背景色设为深灰色。

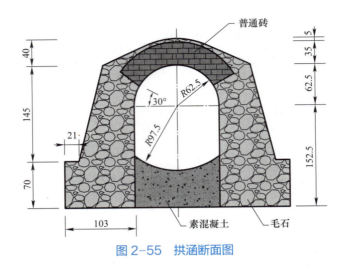

图 2-55 拱涵断面图

任务实施

1. 绘制基础剖面外轮廓线和中心轴线

综合运用"直线（line）""圆弧（arc）"等命令按图中尺寸绘制图形，如图 2-56 所示。

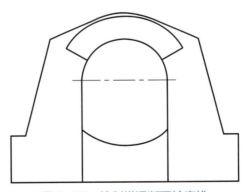

图 2-56 绘制拱涵断面轮廓线

2. 绘制材料图例

调用"图案填充（hatch）"命令，命令行显示：

> 命令：hatch
> 拾取内部点或 [选择对象（S）/删除边界（B）]：

在如图 2-57 所示的"图案填充创建"上下文选项卡中进行相关设置。

图 2-57 "图案填充创建"上下文选项卡

（1）在"图案"面板中，选择"AR-B816" 作为填充图案。

（2）在"特性"面板中，把"角度"设为 0，在"图案填充比例" 栏中将比例设为 0.05，"背景色" 设置为砖红色（153，27，30）。

（3）在"选项"面板中保持"创建独立的图案填充"按钮 默认的关闭状态，不创建独立的图案填充；保持"关联"按钮默认的开启状态。

（4）在"边界"面板中单击"拾取点" 按钮，将光标放在拱顶需要填充普通砖图案的区域内，单击鼠标左键（对称轴两侧分别拾取），此时出现图案填充的预览效果，若图案填充不正确，可在"图案填充创建"上下文选项卡中重新设置有关特性，如调整填充"比例"等；若接受图案填充效果，按回车键或空格键结束命令，如图 2-58 所示。

（5）继续调用"图案填充（hatch）"命令，在"图案"面板中选择"AR-CONC" 作为填充图案。在"特性"面板→"图案填充比例" 栏中设置合适比例，"背景色" 设置为深灰色（99，100，102）；单击"边界"面板→"拾取点" 按钮，在需要填充"素混凝土"图案的区域边界内任意单击鼠标左键，观察图案填充效果，按空格键退出命令，完成"素混凝土"图案填充，如图 2-59 所示。

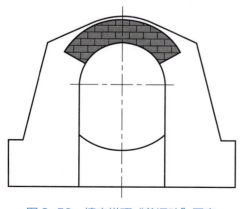

图 2-58 填充拱顶"普通砖"图案

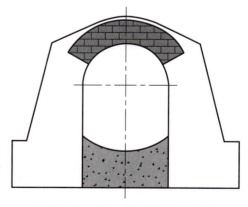

图 2-59 填充"素混凝土"图例

（6）继续调用"图案填充（hatch）"命令，同样方法填充"毛石" 图案，背景色为浅灰色（199，200，202），填充比例根据图案效果自定；选择需要填充的区域边界，完成

"毛石"图案填充。

（7）若需要对已经绘制好的图案填充进行再编辑，可以在激活的"图案填充编辑器"上下文选项卡和"图案填充编辑"对话框中调整相关设置。

任务小结

市政工程制图中需经常绘制材料的图例符号，应熟练使用图案填充及编辑命令完成材料图例等图案填充。"图案填充"命令中相关设置内容较多，本任务中学习了常用的选项设置，读者可根据需要进行深入学习。

知识链接

"图案填充和渐变色"对话框中"孤岛"选项组内容介绍。

"孤岛"选项组

如图 2-60 所示，在"孤岛"选项组中，若启用"孤岛检测"复选框，可利用孤岛调整图案，在"孤岛显示样式"中包含 3 种不同填充方式。

图 2-60 "孤岛"选项组

（1）"普通"方式：从最外边界向里填充图案，遇到内部对象与之相交时，断开填充图案，直到遇到下一次相交时再继续填充。

（2）"外部"方式：最外边向里填充图案，遇到与之相交的内部边界时断开图案而不再继续画。

（3）"忽略"方式：该方式忽略边界内的所有孤岛对象，所有内部结构都被填充图案覆盖。

> **注意**：文字对象被视为孤岛，如果打开了孤岛检测，选择"普通""外部"显示样式，则在文字周围留出一个矩形空间，如图2-61所示。

图2-61 文字对象视为孤岛

项目 3 基本图形的编辑

项目概述

在用 AutoCAD 绘制市政工程图过程中，经常需要对绘制的图形对象进行修改和编辑。通过本项目的学习，可以熟练应用 AutoCAD 常用编辑命令进行二维平面图形的修改和编辑，提高绘图效率。

本项目的任务：
- 改变图形位置（移动、旋转）
- 复制图形（复制、镜像、偏移、阵列）
- 改变图形形状（修剪、延伸、倒角、圆角、分解、删除、打断、合并）
- 改变图形尺寸（缩放、拉伸）
- 使用夹点编辑图形
- 利用"特性"选项板编辑图形

任务 3.1 改变图形位置（移动、旋转）

任务描述

改变图形的位置是指在不改变图形对象形状和大小的基础上，改变对象的坐标值。本任务中利用 AutoCAD 提供的"移动"和"旋转"命令改变图形对象位置。

码 3-1 改变图形位置

学习活动 3.1.1　使用移动命令创建一字墙圆管涵立面图

学习目标

熟练运用"移动（move）"命令改变图形对象位置。

活动描述

绘制如图 3-1 所示一字墙圆管涵立面图，图中文字及尺寸不需标注。

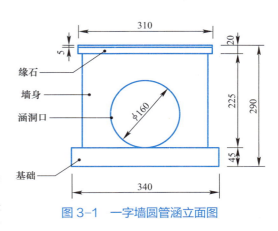

图 3-1　一字墙圆管涵立面图

学习支持

移动对象

移动是将当前图形文件中选定的对象从当前位置移动到另一个位置，移动对象的命令是移动命令（move），移动命令可以精确地把图形对象移动到不同的位置，而图形对象的大小和形状不改变。

调用"移动（move）"命令的方式有 3 种：

- 功能区：单击"默认"选项卡→"修改"面板→"移动"图标按钮 ✥。
- 命令行：输入 move（或 m）。
- 下拉菜单："修改"→"移动"。

使用移动命令时，需要在图形对象上指定移动的基点。所谓基点，就是移动中的参照基准点，通常选择对象的一些几何特征点，如圆心、中点、端点等。图形对象的移动位移由基点和移动的目标点位置确定。

任务实施

提示：如图 3-1 所示一字墙圆管涵立面由基础、墙身、缘石和涵洞口 4 部分组成。绘制时，可先绘制各部分，再使用移动命令进行编辑组合。

1. 根据图 3-1 中尺寸，分别绘制基础、墙身、缘石和涵洞口 4 部分

调用"圆（circle）""矩形（rec）""直线（line）"命令绘制，如图 3-2（a）所示，绘制过程略。

2. 移动"墙身"到"基础"

命令：_move　　　　　　　　　　　　　　　　　　　　　　（调用移动命令）
选择对象：找到 1 个　　　　　　　　　　　　　　　　　（鼠标点击墙身矩形）
选择对象：　　　　　　　　　　　　　　　　　（按下回车键或点击鼠标右键）
指定基点或 [位移（D）]＜位移＞：　　　（选中矩形底边中点，如图 3-2b 所示）
指定第二个点或＜使用第一个点作为位移＞：
　　　　　　　　　　　（移动光标至基础矩形中点，如图 3-2c 所示，点击鼠标左键，结束命令）

同样方法调用"移动（move）"命令，将其余部分移动到组合图形中，具体绘图过程如图 3-2 所示。

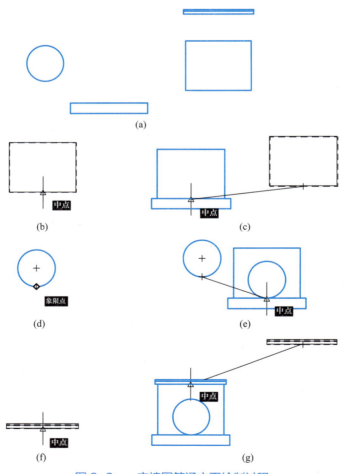

图 3-2　一字墙圆管涵立面绘制过程

（a）分别绘制一字墙圆管涵立面图 4 个部分；（b）选择墙身矩形，以底边中点为移动基点；（c）移动墙身矩形到基础矩形上边中点；（d）选择涵洞口圆下象限点为移动基点；（e）移动涵洞口圆到基础矩形上边中点；（f）选择缘石矩形下边为移动基点；（g）移动缘石矩形到墙身矩形上边中点

学习活动 3.1.2　旋转箭头符号

学习目标

熟练运用"旋转（rotate）"命令改变图形对象位置。

活动描述

绘制如图 3-3（a）所示箭头符号（图中尺寸不需标注），运用旋转命令（rotate）将其旋转至图 3-3（b）（c）的位置。

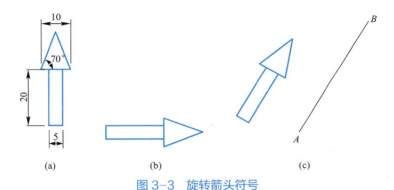

图 3-3　旋转箭头符号

（a）旋转前；（b）旋转箭头方向向东；（c）旋转箭头与直线 AB 平行

学习支持

旋转对象

旋转命令是将选定的图形对象绕着指定的基点旋转指定的角度。

调用旋转命令 rotate 的方式有 3 种：

- 功能区：单击"默认"选项卡→"修改"面板→"旋转"图标按钮 ⟳。
- 命令行：输入 rotate（或 ro）。
- 下拉菜单："修改"→"旋转"。

旋转对象时，需要指定基点位置和旋转角度值，默认状态下，角度正值为逆时针旋转。

任务实施

1. 按图中尺寸绘制箭头符号

（1）调用"矩形（rec）"命令绘制矩形，绘制过程略。

（2）调用"直线（line）"命令绘制三角形。

命令：line　　　　　　　　　　　　　　　　　　　　　　　　　　（调用"直线"命令）
指定第一点：　　　　　　　　　　　　　（在绘图区合适位置单击鼠标，指定第一个点）
指定下一点或 [放弃（U）]：＜正交开＞10
　　　　　　　　　　　（按F8键，打开"正交"模式，向右移动光标，输入直线长度值）
指定下一点或 [放弃（U）]：＜70　　　　　（输入下一段直线与 X 轴正向夹角值）
角度替代：70　　　　　　　　　　　　　　　　　　　　　　　　　　（固定直线角度）
指定下一点或 [放弃（U）]：＜对象捕捉追踪开＞
（按F11键，打开"对象捕捉追踪"模式，光标捕捉第一条直线中点后，向上移动光标，
屏幕出现捕捉追踪垂直虚线及追踪交点符号，如图3-4a所示后，点击鼠标右键）
指定下一点或 [闭合（C）/放弃（U）]：c　　（输入c，闭合三角形，自动退出命令）

2. 移动"三角形"到"矩形"组合成"箭头"符号

命令：m MOVE　　　　　　　　　　　　　　　　　　　（输入m，调用"移动"命令）
选择对象：指定对角点：找到 3 个　　　　　　　　　　　　　　（框选三角形三条边）
选择对象：　　　　　　　　　　　　　　　　　　　　　（按回车键或点击鼠标右键）
指定基点或 [位移（D）] ＜位移＞：　　　　　　　　　　　（选中三角形底边中点）
指定第二个点或＜使用第一个点作为位移＞：
　　　　　　　　　　（移动光标，捕捉矩形上边中点，如图3-4b所示，点击鼠标左键，结束命令）

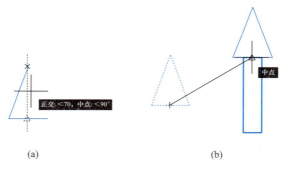

图 3-4　绘制箭头
（a）绘制三角形；（b）移动三角形至矩形顶部

3. 旋转"箭头"符号
（1）旋转箭头方向向东（-90°）

```
命令: ro                                              （输入 ro，调用"旋转"命令）
ROTATE
UCS 当前的正角方向：ANGDIR=逆时针   ANGBASE=0
                                        （旋转角度逆时针为"+"，顺时针为"-"）
选择对象：指定对角点：找到 4 个                    （窗口选择"箭头"符号）
选择对象：                                                （按回车键）
指定基点：                          （选中"箭头"底部中点，如图 3-5 所示）
指定旋转角度，或 [复制（C）/参照（R）] <0>：-90
                                      （输入旋转角度得到图 3-3b，退出命令）
```

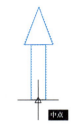

图 3-5　捕捉箭头底部中点

（2）旋转箭头与指定直线平行

```
命令: ro                                         （回车，重复调用"旋转"命令）
ROTATE
UCS 当前的正角方向：ANGDIR=逆时针   ANGBASE=0
                                        （旋转角度逆时针为"+"，顺时针为"-"）
选择对象：指定对角点：找到 4 个                    （窗口选择"箭头"符号）
选择对象：                                                （按回车键）
指定基点：                          （选中"箭头"底部中点，如图 3-5 所示）
指定旋转角度或 [复制（C）/参照（R）] <0>：r     （输入 r，选择"参照"选项）
指定参照角<90>：指定第二点：   （先后捕捉箭头底部中点和箭头顶点）
指定新角度或 [点（P）] <59>：_par 到
（按住 Shift 键或 Ctrl 键，同时在绘图区内单击鼠标右键，弹出对象捕捉快捷菜单，如图
3-6 所示，从中选择 // 平行线(L)捕捉方式，将光标移到直线 AB 上，出现"平行"符号，
如图 3-7a 所示；再移动光标到平行直线 AB 的大约位置，出现平行位置追踪线，如图
3-7b 所示，单击鼠标，完成图形旋转，效果如图 3-3c 所示）
```

图 3-6 "对象捕捉"快捷菜单

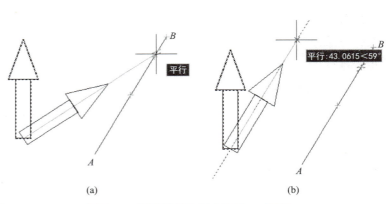

图 3-7 旋转箭头与指定直线 AB 平行

> **说明**：在旋转命令执行过程中，"指定旋转角度或［复制（C）/参照（R）］"提示中选项含义：
>
> "复制（C）"选项：在旋转的同时对旋转的对象进行复制，保留源对象在原来位置。此选项不常用。
>
> "参照（R）"选项：通过在绘图区指定当前的绝对旋转角度（参考角度或单击两个点指定角度方向）改变为所需的新角度（目的角度或单击两个点指定角度方向）来旋转对象。

任务小结

"移动"和"旋转"命令能快速、准确地改变图形位置。使用"移动"命令，选择合适的移动基点可以更方便、准确地移动对象；"旋转"命令中应注意旋转角度正负值的规定。

任务 3.2　复制图形（复制、镜像、偏移、阵列）

任务描述

工程图纸中，经常会重复出现同一图形对象。本任务中，利用 AutoCAD 的"复制""镜像""偏移"和"阵列"等命令，可

码 3-2　复制图形（上）

以将图形对象进行快速复制，创建出与原对象相同或相似的图形，避免重复绘制，提高绘图效率。

学习活动 3.2.1 "复制"和"镜像"命令绘制台阶踏步

码 3-3 复制图形（下）

学习目标

熟练运用"复制（copy）"和"镜像（mirror）"命令复制图形对象。

活动描述

运用"复制（copy）""镜像（mirror）"命令绘制如图 3-8（b）（c）所示台阶踏步，台阶尺寸如图 3-8（a）所示。

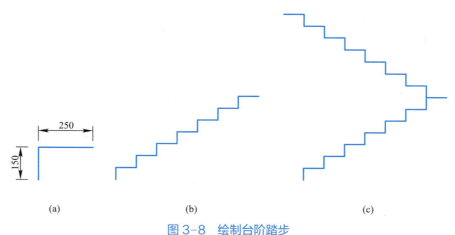

图 3-8　绘制台阶踏步
（a）踏步尺寸；（b）单跑台阶；（c）双跑转角台阶

学习支持

1. 复制对象

复制对象是将图中选定的对象复制到图中的其他位置。调用"复制（copy）"命令的方式有 3 种：

- 功能区：单击"默认"选项卡→"修改"面板→"复制"图标按钮 。
- 命令行：输入 copy（或 co、cp）。
- 下拉菜单："修改"→"复制"。

2. 镜像对象

镜像对象是将选定的对象按照指定的镜像线（对称轴）进行对称复制。调用"镜像

（mirror）"命令的方式有 3 种：
- 功能区：单击"默认"选项卡→"修改"面板→"镜像"图标按钮⚠。
- 命令行：输入 mirror（或 mi）。
- 下拉菜单："修改"→"镜像"。

任务实施

1. 绘制单级台阶

调用"直线（line）"命令，按照图 3-8（a）所示尺寸绘制单级台阶，绘制过程略。

2. 绘制单跑台阶

```
命令：_copy                                                （调用复制命令）
选择对象：                                              （窗口选择单击台阶）
选择对象：指定对角点：找到 2 个                                  （按回车键）
当前设置：复制模式=多个
指定基点或 [位移（D）/模式（O）] <位移>：
                            （捕捉台阶 A 点作为复制对象的基点，如图 3-9a 所示）
指定第二个点或 [阵列（A）] <使用第一个点作为位移>：
（捕捉台阶 B 点作为复制对象的目标点，如图 3-9b 所示，单击鼠标左键，完成第二级
台阶的绘制）
指定第二个点或 [阵列（A）] <使用第一个点作为位移>：
              （按同样方法继续捕捉新的目标点，复制 6 次，完成 7 级单跑台阶的绘制）
```

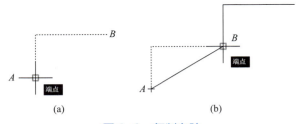

图 3-9　复制台阶

（a）选择要复制的对象，指定复制基点；（b）选择复制目标点

技能提高：此例中，当命令行提示"指定第二个点或 [阵列（A）] <使用第一个点作为位移>："时，可选择"阵列（A）"选项进行阵列复制，绘图效率更高。命令执行过程如下：

指定第二个点或 [阵列（A）] <使用第一个点作为位移>：a（输入 a，选择阵列模式）
输入要进行阵列的项目数：7　　　　　（输入 7，阵列项目数包括被选中的原始对象）
指定第二个点或 [布满（F）]：
　　（捕捉台阶 B 点作为复制对象的目标点，如图 3-10 所示，单击鼠标左键，完成 7 级台阶的绘制）
指定第二个点或 [阵列（A）/退出（E）/放弃（U）] <退出>：*取消*
　　　　　　　　　　　　　　　　　　　　　　　　　　（按 Esc 键退出命令）

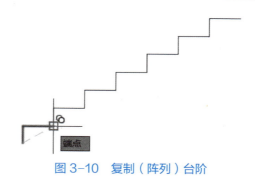

图 3-10　复制（阵列）台阶

3. 绘制双跑转角台阶

（1）镜像复制已绘制的单跑台阶

命令：_mirror　　　　　　　　　　　　　　　　　　　　（调用"镜像"命令）
选择对象：　　　　　　　　　　　　　　　　　　　　（窗口选择单跑台阶）
选择对象：指定对角点：找到 14 个　　　　　　　　　　　　　　（按回车键）
指定镜像线的第一点：　　　　　（在单跑台阶的右侧合适位置上端捕捉一点）
指定镜像线的第二点：<正交 开>
　　　　　（打开"正交"模式，向下拖动鼠标到任意点，单击左键，如图 3-11 所示）
要删除源对象吗？[是（Y）/否（N）] <N>：
（按回车键，采取默认值，不删除源对象，自动退出命令。如需删除源对象，可输入 y）

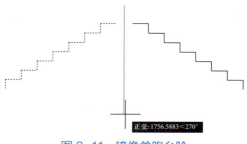

图 3-11　镜像单跑台阶

（2）移动镜像复制的台阶，完成双跑转角台阶的绘制

命令：_move　　　　　　　　　　　　　　　　　　　　（调用"移动"命令）
选择对象：指定对角点：找到 14 个　　　　　　　　　（选择镜像复制的台阶）
选择对象：
指定基点或［位移（D）］＜位移＞：　　　　　（选择移动基点，如图 3-12 所示）
指定第二个点或＜使用第一个点作为位移＞：
　　　　（选择移动目标点，如图 3-12 所示，单击鼠标左键，退出命令，完成图形绘制）

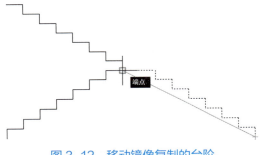

图 3-12　移动镜像复制的台阶

说明：在"镜像"命令中，镜像线无需画出来，只要确定镜像线的两个端点即可（图 3-11）。

学习活动 3.2.2　"偏移"命令绘制钢筋混凝土板的钢筋结构平面图

学习目标

熟练运用"偏移（offset）"命令复制图形对象。

活动描述

运用"偏移（offset）"命令绘制钢筋混凝土板的钢筋结构平面图（图中粗线表示钢筋），如图 3-13 所示。

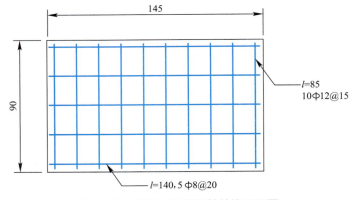

图 3-13　混凝土板的钢筋结构平面图

学习支持

偏移对象

"偏移（offset）"命令用于平行复制图形对象，用该方法可以复制生成平行直线、等距曲线、同心圆等。可偏移的对象必须是单一对象，包括直线、曲线、圆弧、圆、椭圆、矩形、正多边形等，如图3-14所示（图中加粗部分表示源对象，其实际线宽与偏移复制的对象线宽相同）。

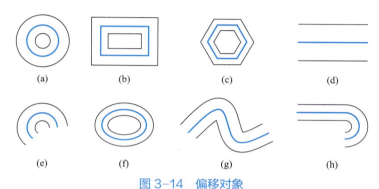

图3-14　偏移对象

（a）圆的偏移；（b）矩形的偏移；（c）正多边形的偏移；（d）直线的偏移；（e）圆弧的偏移；（f）椭圆的偏移；（g）样条曲线的偏移；（h）圆弧的偏移

调用"偏移（offset）"命令的方式有3种：

- 功能区：单击"默认"选项卡→"修改"面板→"偏移"图标按钮。
- 命令行：输入 offset（或 o）。
- 下拉菜单："修改"→"偏移"。

任务实施

1. 绘制混凝土板的轮廓及纵、横向单根钢筋

调用"直线（line）"命令，按照图3-13所示尺寸，绘制145×90矩形及纵向和横向单根钢筋，如图3-15（a）所示。

2. 偏移复制钢筋

（1）绘制纵向钢筋

```
命令：_offset                                （调用"偏移"命令）
当前设置：删除源=否　图层=源　OFFSETGAPTYPE=0
指定偏移距离或［通过（T）/删除（E）/图层（L）］<通过>：20　（偏移距离为20）
```

> 选择要偏移的对象，或 [退出（E）/放弃（U）] <退出>：（选择需偏移的纵向钢筋）
> 指定要偏移的那一侧上的点，或 [退出（E）/多个（M）/放弃（U）] <退出>：
> 　　　　（向上移动光标，屏幕出现偏移预览图像，如图 3-15b 所示，单击鼠标左键）
> 选择要偏移的对象，或 [退出（E）/放弃（U）] <退出>：
> 　　　　（继续选择偏移复制的第二根钢筋，重复以上操作，共偏移复制 4 条纵向钢筋）
> 选择要偏移的对象，或 [退出（E）/放弃（U）] <退出>：　　（按空格键退出命令）

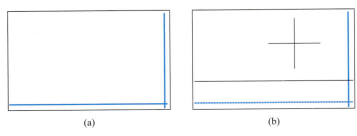

图 3-15　偏移复制步骤
（a）绘制源对象钢筋；（b）选择对象后指定偏移方向

（2）绘制横向钢筋

按回车键，重复调用"偏移（offset）"命令，向左偏移复制横向钢筋，偏移距离为 15。

> 说明：
> 1）在输入偏移距离时，既可直接输入距离，也可用光标在屏幕上拾取两点，以两点间的距离作为偏移距离。
> 2）选择"通过（T）"选项，可指定偏移对象通过某特定点。

学习活动 3.2.3 "矩形阵列"命令绘制窗立面

学习目标

熟练运用"阵列（array）"命令（矩形）复制图形对象。

活动描述

如图 3-16 所示，运用"阵列（array）"命令（矩形）复制窗立面。

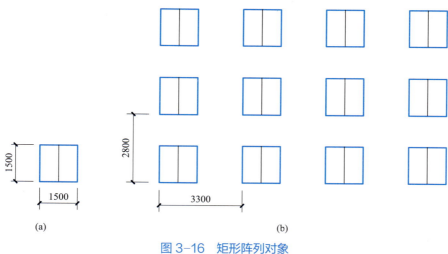

图 3-16 矩形阵列对象
(a) 需阵列复制对象；(b) 阵列效果

学习支持

阵列对象

阵列命令是将选定的对象按照矩形、环形或路径排列的方式进行对象复制，适用于具有一定排列规则的图形对象的多重复制。在 AutoCAD 2021 中阵列的方式有：矩形、路径或环形 3 种。

（1）调用"阵列（array）"命令的方式有 3 种：

• 功能区：单击"默认"选项卡→"修改"面板→"矩形阵列"图标按钮 或下拉列表中的 路径阵列 、 环形阵列 。

• 命令行：输入 array（或 ar）并按回车键，在选择了阵列对象后，根据提示选择采用的阵列方式，即矩形（R）、路径（PA）、环形（PO）（又称"极轴"）。

• 下拉菜单："修改"→"阵列"→选择"矩形阵列""路径阵列""环形阵列"。

（2）"矩形阵列"命令中主要参数的含义

• "行数"：X 方向为行。

• "列数"：Y 方向为列。

• "行间距"或"行偏移"：指定从每个对象的相同位置测量的每行之间的距离，如图 3-16 所示。输入正值，则向上（Y 轴正向）复制对象，负值则向下（Y 轴负向）复制对象。

• "列间距"或"列偏移"：指定从每个对象的相同位置测量的每列之间的距离，如图 3-17 所示。输入正值，则向右（X 轴正向）复制对象，负值则向左（X 轴负向）复制对象。

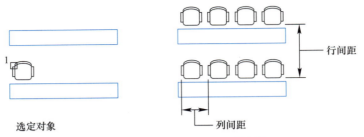

图 3-17　行间距与列间距的取值

> 说明："行间距""列间距"两者均可以在绘图区拾取两点作为行偏移或列偏移的间距。

（3）阵列命令中选择夹点进行编辑

在"矩形阵列"命令执行过程中，选择阵列对象后，出现带有夹点的动态预览图形，通过鼠标点击相关夹点可以设置行数、行间距、列数、列间距等参数；通过拖动阵列夹点可以增加或减小阵列中行和列的数量和间距。夹点的主要功能如图 3-18 所示。

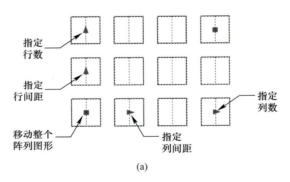

(a)

(b)

图 3-18　"矩形阵列"命令绘制窗立面

（a）选择夹点进行编辑；（b）"阵列创建"上下文选项卡设置

某些夹点可进行多个操作。当夹点处于选定状态（并变为红色），可以按 **Ctrl** 键来循环浏览这些选项。命令提示将显示当前操作。

> 说明：利用夹点编辑图形的功能详见任务 3.5。

任务实施

1. 绘制窗图样

新建文件,调用"矩形(rec)""直线(line)"命令,按图3-16(a)中尺寸绘制单个窗图样,图中尺寸供绘图用,不需标注。

2. 阵列图形

命令:ar　　　　　　　　　　　　　　　　　　　　(输入ar,调用阵列命令)
ARRAY
选择对象:找到2个　　　　　　　　　　　　　　　　　　　　(选择圆环)
选择对象:　　　　　　　　　　　　　　(点击鼠标右键结束选择对象)
输入阵列类型[矩形(R)/路径(PA)/极轴(PO)]<极轴>:r
　　　　　　　　　　　　　　　　　　　　　　(选择"矩形(R)"方式)
　　(以上步骤可单击"修改"面板→"矩形阵列"图标按钮,调用"矩形阵列"命令)
类型=矩形　关联=是
选择夹点以编辑阵列或[关联(AS)/基点(B)/计数(COU)/间距(S)/列数(COL)/行数(R)/层数(L)/退出(X)]<退出>:
　　(系统按默认参数显示带有夹点的动态预览,选择"指定列数"夹点,如图3-18a所示)
列数
指定列数:4　　　　　　　　　　　　　　　　　　　　　　(输入列数)
选择夹点以编辑阵列或[关联(AS)/基点(B)/计数(COU)/间距(S)/列数(COL)/行数(R)/层数(L)/退出(X)]<退出>:
　　　　　　　　　　　　　　(选择"指定列间距"夹点,如图3-18a所示)
列间距
指定列之间的距离:3300　　　　　　　　　　　　　　　　(输入列间距)
选择夹点以编辑阵列或[关联(AS)/基点(B)/计数(COU)/间距(S)/列数(COL)/行数(R)/层数(L)/退出(X)]<退出>:
　　　　　　　　　　　　　　　(选择"指定行数"夹点,如图3-18a所示)
行数
指定行数:3　　　　　　　　　　　　　　　　　　　　　　(输入行数)
选择夹点以编辑阵列或[关联(AS)/基点(B)/计数(COU)/间距(S)/列数(COL)/行数(R)/层数(L)/退出(X)]<退出>:
　　　　　　　　　　　　　　(选择"指定行间距"夹点,如图3-18a所示)
行间距

> 指定行之间的距离：2800　　　　　　　　　　　　　（输入行间距）
> 选择夹点以编辑阵列或 [关联（AS）/ 基点（B）/ 计数（COU）/ 间距（S）/ 列数（COL）/ 行数（R）/ 层数（L）/ 退出（X）] < 退出 >：
> 　　　　　　（屏幕出现阵列效果预览，如接受阵列效果，单击鼠标右键，结束命令）

3. 阵列编辑

若要对已经确认的阵列对象进行再编辑（阵列关联的状态下），有以下方法：

（1）单击任意一个阵列对象，在弹出的"阵列"编辑上下文选项卡中进行编辑修改，如图3-19（a）所示，"阵列"编辑上下文选项卡与"阵列创建"上下文选项卡除"选项"面板外内容基本相同。也可通过夹点功能进行相应编辑。

（2）双击任意一个阵列对象，在弹出的"快捷特性"对话框中进行编辑修改，如图3-19（b）所示。

（3）选中阵列对象，单击鼠标右键弹出"右键快捷菜单"→"阵列"。

> 说明：
> • "环形阵列""路径阵列"的编辑方法与此相同。
> • 单击"阵列创建"上下文选项卡→"特性"面板→"关联"按钮是用来指定阵列中的对象是关联的还是独立的。"关联"按钮开启状态下，创建的各阵列项目作为一个图元对象，类似于块（见项目7）；使用关联阵列，可以通过编辑特性和源对象在整个阵列中快速传递更改。"关联"按钮关闭状态下，创建的各阵列项目作为独立对象，更改一个项目不影响其他项目。

图 3-19　阵列编辑
（a）"阵列"编辑上下文选项卡；（b）"快捷特性"对话框

学习活动 3.2.4 "环形阵列"命令绘制混凝土灌注桩断面

学习目标

熟练运用"阵列(array)"命令(环形)复制图形对象。

活动描述

运用"阵列(array)"命令(环形)绘制混凝土灌注桩断面图,如图 3-20 所示。

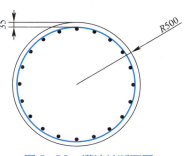

图 3-20 灌注桩断面图

学习支持

环形阵列是以指定的圆心为基点,在其周围作圆形或一定角度的扇面形式复制对象,故环形阵列需指定阵列的圆心,再根据需要指定复制的项目数、环形阵列的角度或各项目之间的角度等。

任务实施

1. 绘制同心圆

调用"圆(circle)"命令在绘图区按照图中尺寸分别绘制半径为 500 和 465 的同心圆,给定内圆的线宽为 0.3(线宽设置的具体操作见项目 4)。

2. 绘制"钢筋断面"圆环

调用"圆环(do)"命令,设置圆环内径为 0,外径为 30,放置在靠近内圆上象限点的合适位置,如图 3-21 所示。

图 3-21 绘制同心圆和圆环

3. 阵列复制"钢筋断面"圆环

命令:ar	(输入 ar,调用"阵列"命令)
ARRAY	
选择对象:找到 1 个	(选择圆环)
选择对象:	(点击鼠标右键结束选择对象)
输入阵列类型[矩形(R)/路径(PA)/极轴(PO)]<极轴>:po	
	(选择"极轴(PO)"方式,即"环形"方式)
类型=极轴　关联=是	

指定阵列的中心点或［基点（B）/旋转轴（A）］：

（捕捉同心圆圆心，功能区出现"阵列创建"上下文选项卡，以下设置也可在该选项卡内进行）

选择夹点以编辑阵列或［关联（AS）/基点（B）/项目（I）/项目间角度（A）/填充角度（F）/行（ROW）/层（L）/旋转项目（ROT）/退出（X）］＜退出＞：i

（输入 i，选择"项目（I）"选项）

输入阵列中的项目数或［表达式（E）］＜6＞：20（输入阵列中的"钢筋断面"圆环数）

选择夹点以编辑阵列或［关联（AS）/基点（B）/项目（I）/项目间角度（A）/填充角度（F）/行（ROW）/层（L）/旋转项目（ROT）/退出（X）］＜退出＞：f

（输入 f，选择"填充角度（F）"选项）

指定填充角度（+＝逆时针、-＝顺时针）或［表达式（EX）］＜360＞：

（输入需填充的角度。本例中，直接回车，接受默认值 360）

选择夹点以编辑阵列或［关联（AS）/基点（B）/项目（I）/项目间角度（A）/填充角度（F）/行（ROW）/层（L）/旋转项目（ROT）/退出（X）］＜退出＞：

（屏幕出现阵列效果预览，如接受预阵列效果，单击鼠标右键，结束命令）

说明：

（1）arraypolar 环形阵列命令中其他选项。

1）"填充角度（F）"选项可指定环形阵列所对应的圆心角度，默认值为 360°，对象沿整个圆周分布。可以沿逆时针或顺时针方向复制对象，阵列方向由输入的填充角度值决定（正值为逆时针、负值为顺时针）。

2）"旋转项目（ROT）"选项可设定阵列图形对象是否旋转。

（2）指定环形阵列的中心点：可以输入中心点坐标，或者在绘图区捕捉中心点。

学习活动 3.2.5 "路径阵列"命令绘制行道树

学习目标

熟练运用"阵列（array）"命令（路径）复制图形对象。

活动描述

运用"阵列（array）"命令（路径）绘制行道树（间距为 5），如图 3-22 所示，图中尺寸不需标注。

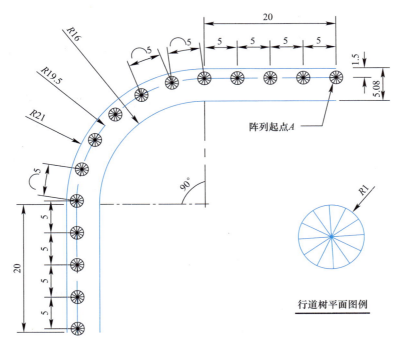

图 3-22 绘制行道树

学习支持

路径阵列是沿着指定的曲线路径,以定数等分或定距等分的方式复制对象,故路径阵列需要指定阵列的路径曲线,以及沿着路径阵列的方向、项目数、间距等。

任务实施

1. 绘制人行道、行道树位置线

调用"多段线(pl)""偏移(offset)"命令,按图 3-22 所示尺寸绘制人行道、行道树位置线。绘制过程略,结果如图 3-23 所示。

2. 绘制"行道树平面图例"

调用"圆(circle)""直线(line)""环形阵列"命令,按图 3-22 在绘图区合适位置绘制行道树平面图例。绘制过程略,结果如图 3-24 所示。

图 3-23 人行道转弯段

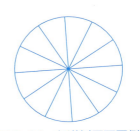

图 3-24 行道树平面图例

3. 阵列复制行道树平面图例

命令: ar　　　　　　　　　　　　　　　　　　　　　　（输入 ar，调用"阵列"命令）
ARRAY
选择对象：找到 2 个　　　　　　　　　　　（选择如图 3-24 所示行道树平面图例）
选择对象：　　　　　　　　　　　　　　　　（点击鼠标右键结束选择对象）
输入阵列类型［矩形（R）/路径（PA）/极轴（PO）］＜极轴＞: pa
　　（选择"路径（PA）"方式，功能区出现"阵列创建"上下文选项卡，以下设置也可在该选项卡内进行）
类型=极轴　关联=是
选择路径曲线：　　　（选择行道树位置线右端，系统将以端点 A 作为阵列起点）
选择夹点以编辑阵列或［关联（AS）/方法（M）/基点（B）/切向（T）/项目（I）/行（R）/层（L）/对齐项目（A）/Z方向（Z）/退出（X）］＜退出＞: b
　　　　　　　　　　　　　　　　　　　　（输入"b"，选择"基点（B）"选项）
指定基点或［关键点（K）］＜路径曲线的终点＞:
　　　　　　　　　　　　　　　　　　　（捕捉"行道树平面图例"符号圆心）
选择夹点以编辑阵列或［关联（AS）/方法（M）/基点（B）/切向（T）/项目（I）/行（R）/层（L）/对齐项目（A）/Z方向（Z）/退出（X）］＜退出＞: m
　　　　　　　　　　　　　　　　　　　　（输入"m"，选择"方法（M）"选项）
输入路径方法［定数等分（D）/定距等分（M）］＜定距等分＞:
　　　　　　　　　　　　　　　　　　　　　　（选择"定距等分（M）"选项）
选择夹点以编辑阵列或［关联（AS）/方法（M）/基点（B）/切向（T）/项目（I）/行（R）/层（L）/对齐项目（A）/Z方向（Z）/退出（X）］＜退出＞: i
　　　　　　　　　　　　　　　　　　　　（输入"i"，选择"项目（I）"选项）
指定沿路径的项目之间的距离或［表达式（E）］＜3.0081＞: 5
　　　　　　　　　　　　　　　　　　　　　　　　（输入行道树中心间距值）
最大项目数=15
指定项目数或［填写完整路径（F）/表达式（E）］＜15＞:　（回车，接受最大项目数）
选择夹点以编辑阵列或［关联（AS）/方法（M）/基点（B）/切向（T）/项目（I）/行（R）/层（L）/对齐项目（A）/Z方向（Z）/退出（X）］＜退出＞:
　　　　　　（屏幕出现阵列效果预览，如接受阵列效果，单击鼠标右键，结束命令）

【任务总结】

AutoCAD 中用于复制图形的"复制""偏移""镜像""阵列"等编辑命令，能方便地将目标对象复制到新的位置。熟练掌握各种命令的功能及操作方法，根据绘制图形的特点，灵活选择相应复制图形的命令，可以提高绘图速度。

任务 3.3 改变图形形状（修剪、延伸、倒角、圆角、分解、删除、打断、合并）

【任务描述】

绘制图形时，需要经常对已绘制图形的形状进行改变，本任务中利用 AutoCAD 提供的剪切、延伸、倒角、圆角、分解、删除、打断、合并等编辑命令来改变图形的形状。

码 3-4 改变图形形状（上）

学习活动 3.3.1 "修剪"和"延伸"命令编辑图形

码 3-5 改变图形形状（下）

【学习目标】

1. 熟练运用"修剪（trim）"和"延伸（extend）"命令编辑图形。
2. 熟悉"修剪（trim）"和"延伸（extend）"命令之间的切换。

【活动描述】

运用"修剪（trim）"和"延伸（extend）"命令编辑如图 3-25（a）所示图形，修改后效果如图 3-25（b）所示。

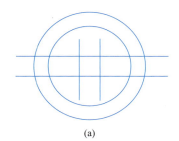
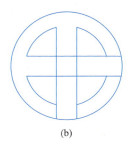

图 3-25 "修剪"和"延伸"对象
（a）修改前；（b）修改后

学习支持

在绘图过程中，常常需要修剪和延伸图形对象到指定的边界线，用户可以利用"修剪"命令通过边界把图形对象剪短，也可以利用"延伸"命令把图形对象延长到边界。

1. 修剪对象

"修剪（trim）"命令可将指定对象沿着默认的边界或指定的某个边界将多余的部分修剪掉，被修剪的对象包括直线、多线、圆弧、开放的二维多段线等。

调用"修剪（trim）"命令的方式有 3 种：

- 功能区：单击"默认"选项卡→"修改"面板→"修剪"图标按钮 ✂ 修剪。
- 命令行：输入 trim（或命令缩写 tr）。
- 下拉菜单："修改"→"修剪"。

启用"修剪"命令后，命令执行如下：

命令：_TRIM
当前设置：投影=UCS，边=无，模式=快速
选择要修剪的对象，或按住 Shift 键选择要延伸的对象或
[剪切边（T）/窗交（C）/模式（O）/投影（P）/删除（R）]：

2. 延伸对象

"延伸（extend）"命令可将指定的对象延伸到默认的边界或指定的边界，被延伸的对象包括直线、多线、圆弧、开放的二维多段线等。

调用"延伸（extend）"命令的方式有 3 种：

- 功能区：单击"默认"选项卡→"修改"面板→"修剪"按钮旁的下拉按钮 ✂ 修剪→"延伸"按钮 ⟶ 延伸。
- 命令行：输入 extend（或命令缩写 ex）。
- 下拉菜单："修改"→"延伸"。

启用"延伸"命令后，命令执行如下：

命令：EXTEND
当前设置：投影=UCS，边=无，模式=快速
选择要延伸的对象，或按住 Shift 键选择要修剪的对象或
[边界边（B）/窗交（C）/模式（O）/投影（P）]：

说明：

（1）AutoCAD 2021 中，"修剪（trim）"/"延伸（extend）"命令默认状态下，"快速"模式会选择所有潜在的边界，而不必要先为需修剪/延伸的对象选择边界，即选择需修剪/延伸的对象直接进行修剪/延伸。

"修剪（trim）"命令中，如要指定特定的修剪边界，可选择"剪切边（T）"选项，然后选择边界；"延伸（extend）"中，如要指定特定的延伸边界，可选择"边界边（B）"选项，然后选择边界。指定修剪或延伸的边界的对象可以是直线、圆弧、圆、多段线、椭圆、样条曲线、面域、图块、文字和射线等。

（2）在选择要修剪或延伸的对象的提示下，按住"Shift"键可以方便地在修剪命令和延伸命令之间切换。

（3）默认状态下，修剪或延伸命令的边界模式为不延伸，即只有被修剪对象或待延伸对象延伸后必须与边界相交，命令才能执行；用户可以根据需要选择"边（E）"选项调整边界模式为延伸。

任务实施

1. 调用"圆（circle）""直线（line）"命令绘制图 3-25（a）所示的图形
2. 延伸对象

```
命令：_extend                                          （调用"延伸"命令）
当前设置：投影=UCS，边=无，模式=快速
选择要延伸的对象，或按住 Shift 键选择要修剪的对象或
[边界边（B）/窗交（C）/模式（O）/投影（P）]：
                [如图 3-26a 所示，在"2"线上端左侧单击鼠标左键后松开]
指定下一个栏选点或 [放弃（U）]：
                （移动光标至"1"线上端右侧后，再次单击鼠标左键，即采用两点
                  栏选的方式，选中的对象自动延伸至内圆作为默认的边界）
选择要延伸的对象，或按住 Shift 键选择要修剪的对象或
[边界边（B）/窗交（C）/模式（O）/投影（P）/放弃（U）]：b
                            [选择"边界边（B）"选项，确定指定边界]
当前设置：投影=UCS，边=无，模式=快速
选择边界边 ...            [选择外圆，作为延伸边界，如图 3-26b 所示]
选择对象或<全部选择>：找到 1 个            （回车，结束选择边界）
选择对象：
```

选择要延伸的对象，或按住 Shift 键选择要修剪的对象或
[边界边（B）/窗交（C）/模式（O）/投影（P）]：c

             [输入 c，选择"窗交（C）"选择模式]

指定第一个角点：   [自左下右上指定窗交窗口第一个角点，如图 3-26c 所示]

选择要延伸的对象，或按住 Shift 键选择要修剪的对象或
[边界边（B）/窗交（C）/模式（O）/投影（P）/放弃（U）]：指定对角点：

    （指定窗交窗口对角点，完成"1""2"线下端延伸至指定的外圆边界）

选择要延伸的对象，或按住 Shift 键选择要修剪的对象或
[边界边（B）/窗交（C）/模式（O）/投影（P）/放弃（U）]：

             [回车，结束命令，延伸效果如图 3-26d 所示]

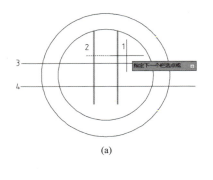
(a)

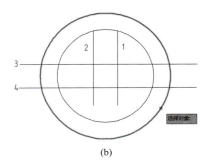
(b)

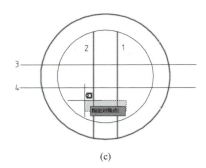
(c)

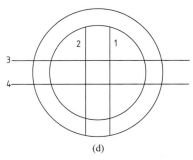
(d)

图 3-26　延伸对象

（a）延伸"1""2"线上端到默认边界；（b）选择指定的延伸边界；
（c）窗交选择"1""2"线下端，延伸到指定边界；（d）延伸效果

3．修剪对象

命令：_trim   （调用"修剪"命令）

当前设置：投影=UCS，边=无，模式=快速

选择要修剪的对象,或按住 Shift 键选择要延伸的对象或
[剪切边(T)/窗交(C)/模式(O)/投影(P)/删除(R)]:
　　　　　　　　[如图 3-27a 所示,在"4"线右端下侧单击鼠标左键后松开]
指定下一个栏选点或[放弃(U)]:
　　　　　　　(移动光标至"3"线右端上侧后,再次单击鼠标左键,即采用
　　　　　　　两点栏选的方式,选中的对象自动修剪至外圆作为默认的边界)
选择要修剪的对象,或按住 Shift 键选择要延伸的对象或
[剪切边(T)/窗交(C)/模式(O)/投影(P)/删除(R)/放弃(U)]:t
　　　　　　　　　　　　　[选择"剪切边(T)"选项,确定指定边界]
当前设置:投影=UCS,边=无,模式=快速
选择剪切边 ...　　　　　　(选择内圆,作为修剪边界,如图 3-27b 所示)
选择对象或<全部选择>:找到 1 个　　　　　　(回车,结束选择边界)
选择对象:
选择要修剪的对象,或按住 Shift 键选择要延伸的对象或
[剪切边(T)/窗交(C)/模式(O)/投影(P)/删除(R)]:
　　　　　　　　　　　　　(栏选"3""4"直线右端,栏选第一点)
指定下一个栏选点或[放弃(U)]:(栏选第二点,选中的对象自动延伸至内圆作为默
认的边界,如图 3-27c 所示,按空格键结束命令)
命令:TRIM　　　　　　　　(再次按空格键,继续调用"修剪"命令)
当前设置:投影=UCS,边=无,模式=快速
选择要修剪的对象,或按住 Shift 键选择要延伸的对象或
[剪切边(T)/窗交(C)/模式(O)/投影(P)/删除(R)]:
　　　　(依次单击拾取要修剪的圆弧段后,按空格键退出命令。完成图形编辑)

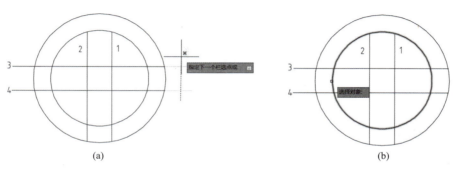

图 3-27　修剪对象(一)
(a)修剪"3""4"直线左端到默认边界;(b)选择指定的修剪边界

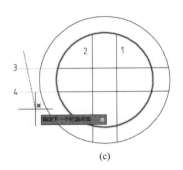 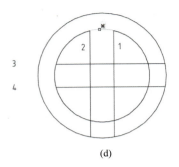

图 3-27 修剪对象（二）

（c）修剪"3""4"直线右端到指定边界；（d）修剪圆弧段

学习活动 3.3.2 "倒角"和"圆角"命令绘制空心板断面

学习目标

熟练运用"倒角（chamfer）"和"圆角（fillet）"命令修改图形相接处形状。

活动描述

运用"倒角（chamfer）"和"圆角（fillet）"等命令绘制如图 3-28 所示空心板断面图，图中尺寸不需标注。

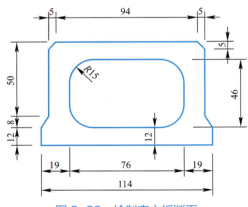

图 3-28 绘制空心板断面

学习支持

利用 AutoCAD "倒角"或"圆角"命令能够快速地以平角或圆角的连接方式修改图形相接处的形状。

1. 倒角

利用"倒角（chamfer）"命令能够以平角的方式连接两个不平行的对象（即两条相交于一点或可以相交于一点的直线）。

调用"倒角（chamfer）"命令的方式有 3 种：

- 功能区：单击"默认"选项卡→"修改"面板→"圆角"按钮旁的下拉按钮→"倒角"图标按钮。
- 命令行：输入 chamfer（或命令缩写 cha）。
- 下拉菜单："修改"→"倒角"。

2. 圆角

利用"圆角（fillet）"命令通过一指定半径的圆弧光滑地（即与对象相切）连接两个对象，可以倒圆角的对象包括圆弧、直线和圆等。

调用"圆角"（fillet）命令的方式有 3 种：

- 功能区：单击"默认"选项卡→"修改"面板→"圆角"按钮。
- 命令行：fillet（或命令缩写 f）。
- 下拉菜单："修改"→"圆角"。

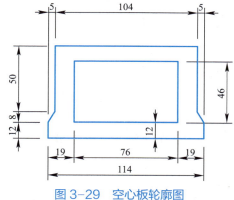

图 3-29　空心板轮廓图

1. 绘制空心板断面轮廓图（图 3-29）

图中尺寸不需标注，绘制过程略。

2. 给外轮廓倒平角

命令：_chamfer　　　　　　　　　　　　　　　　　　　　　　（调用"倒角"命令）
（"修剪"模式）当前倒角距离 1=10.0000，距离 2=10.000
选择第一条直线或 [放弃（U）/多段线（P）/距离（D）/角度（A）/修剪（T）/方式（E）/多个（M）]：d　　　　　　　　　　　　　　　（选择"距离（D）"选项）
指定第一个倒角距离<10.0000>：5　　　　　　　　　　（输入第一个倒角距离）
指定第二个倒角距离<5.0000>：（本例中第二个倒角距离同第一个倒角距离，直接回车）
选择第一条直线或 [放弃（U）/多段线（P）/距离（D）/角度（A）/修剪（T）/方式（E）/多个（M）]：
　　　　　　　　（在靠近外轮廓上边左上角点处单击鼠标左键，如图 3-30a 所示）
选择第二条直线，或按住 Shift 键选择要应用角点的直线：
　　　　　　　　（在靠近外轮廓左边左上角点处单击鼠标左键，如图 3-30b 所示）

倒角效果如图 3-30（c）所示。重复调用"倒角"命令，对外轮廓右上角点进行倒角，效果如图 3-30（d）所示。

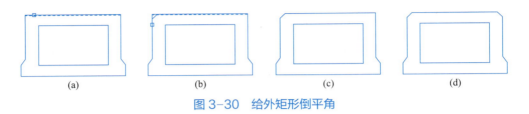

图 3-30　给外矩形倒平角

3. 给内孔倒圆角

命令：_ fillet　　　　　　　　　　　　　　　　　　　　　　（调用"圆角"命令）
当前设置：模式=修剪，半径=0.0000
选择第一个对象或 [放弃（U）/多段线（P）/半径（R）/修剪（T）/多个（M）]：r
　　　　　　　　　　　　　　　　　　　　　　　　　　　（选择"半径（R）"选项）
指定圆角半径<0.0000>：15
　　　　　　　　　　　　　　　　　　　　　　　　　　　　　　（输入圆角半径）
选择第一个对象或 [放弃（U）/多段线（P）/半径（R）/修剪（T）/多个（M）]：
　　　　　　（在靠近矩形上边左上角点处单击鼠标左键，如图 3-31a 所示）
选择第二个对象，或按住 Shift 键选择要应用角点的对象：
　　　　　　（在靠近内矩形左边左上角点处单击鼠标左键，如图 3-31b 所示）

圆角效果如图 3-31（c）所示。重复调用"圆角"命令，依次对内矩形其他角点进行圆角，效果如图 3-31（d）所示。

图 3-31　给内矩形倒圆角

学习活动 3.3.3　"分解""删除"命令编辑图样

学习目标

1. 熟练运用"分解（explode）"命令分解组合对象。
2. 熟练运用"删除（erase）"命令删除错误或多余对象。

活动描述

1. 运用"多边形（pol）"命令任意绘制一正五边形，如图 3-32（a）所示。
2. 删除正五边形底边，如图 3-32（b）所示。

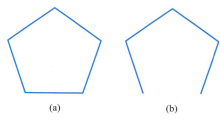

图 3-32　编辑正五边形
（a）正五边形；（b）删除正五边形底边

学习支持

1. 分解对象

AutoCAD 创建的图形对象中，有很多以整体形式出现的组合对象，如用"矩形（rec）"命令创建的矩形、用"多边形（pol）"命令绘制的多边形、多段线、图块、尺寸标注、图案填充等。绘图编辑中，只要选中了组合对象中的某一个点或某一条边就会选中整个对象。若要对组合对象中某些部位或元素进行编辑，则需要"分解（explode）"命令将组合对象分解为多个单一的对象。

调用"分解（explode）"命令的方式有 3 种：

- 功能区：单击"默认"选项卡→"修改"面板→"分解"图标按钮。
- 命令行：explode（或命令缩写 ex）。
- 下拉菜单："修改"→"分解"。

2. 删除对象

绘制图形时，经常会出现一些辅助图形、多余图形或一些错误图线等需要及时删除，这时可以用"删除"命令进行删除，调用"删除（erase）"命令的方式有 3 种：

- 功能区：单击"默认"选项卡→"修改"面板→"删除"图标按钮。
- 命令行：erase（或命令缩写 e）。
- 下拉菜单："修改"→"删除"。

任务实施

1. 绘制多边形

（1）调用"多边形（pol）"命令，任意绘制一正五边形。

（2）光标选择正五边形任一条边，夹点显示正五边形作为一整体对象各条边均被选中，如图 3-33（a）所示。此时无法单独删除正五边形的底边。

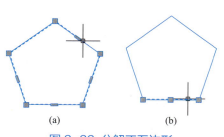

图 3-33　分解正五边形
（a）分解前；（b）分解后

2. 分解正五边形

命令：_explode　　　　　　　　　　　　　　　　　（调用"分解"命令）
选择对象：找到 1 个　　　　　　　　　　　（用光标点击正五边形任一条边）
选择对象：　　　　　　　　　　　　　　　　　　　（回车，退出命令）

3. 删除正五边形底边

分解后的正五边形，从外观上看，没有任何变化。

（1）光标选择分解后的正五边形底边，夹点显示仅选中需要删除的底边，如图 3-33（b）所示。

（2）调用"删除（E）"命令删除选中的底边。

命令：_erase　　　　　　　　　　　　　　　　　　（调用"删除"命令）
选择对象：找到 1 个　　　　　　　　　（选择分解后的正五边形底边）
选择对象：　　　　　　　　　　　　（回车，结束命令，效果如图 3-32b 所示）

> **说明：**
> （1）分解命令只能用于图块、多段线、尺寸标注、矩形等组合对象。
> （2）图形对象被分解后，其特性可能会发生变化，如具有宽度属性的多段线、多边形、矩形被分解后，其宽度属性将丢失。

【相关技能】

恢复对象

1. 放弃

绘图过程中经常会出现误操作，将有用的图形删除了或者绘制了错误的图形需要回到绘制前的状态。AutoCAD 提供了几种方式来让用户返回到前一步或者前几步的状态。

可撤销最近一次操作有：

- 功能区：单击"默认"选项卡→"修改"面板→"放弃"图标按钮⤺。
- 快捷键：Ctrl+Z。
- 命令行：输入 U，可以输入任意次，每使用一次后退一步，直到图形与当前编辑任务开始时一样为止。

可以返回到前几步的操作有：

- 命令行：输入 undo。
- 下拉菜单："编辑（E）"→"放弃（U）"。

2. 重做

若是放弃过头了，可以采用"重做"命令，调用"重做"命令的方式有：
- 功能区：单击"默认"选项卡→"修改"面板→"重做"图标按钮 。
- 命令行：输入 redo。
- 下拉菜单："编辑（E）"→"重做（R）"。
- 快捷键：Ctrl+Y。

学习活动 3.3.4 "打断"和"合并"命令编辑图样

学习目标

1. 熟练运用"打断（break）"和"打断于点"命令打断对象。
2. 熟练运用"合并（join）"命令合并对象。

活动描述

1. 如图 3-34（a）所示，一直线长 3600，要求按图 3-34（b）中所示尺寸进行编辑。
2. 将如图 3-35（a）所示圆编辑成如图 3-35（b）所示圆弧。

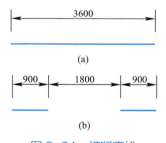

图 3-34 打断直线
（a）打断前；（b）打断后

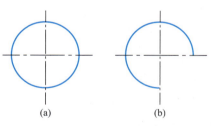

图 3-35 打断圆（圆弧）
（a）打断前；（b）打断后

学习支持

1. 打断对象

"打断（break）"命令分为两种，一种是将对象在指定的两个点间的线段删除，可以打断的对象包括直线、矩形、圆弧、圆、多段线等。另一种是执行"打断于点"命令，在某点处打断所选对象，将所选对象分成两部分，但无间隙。可以"打断于点"的对象包括直线、开放的多段线和圆弧，不能在一点打断闭合的对象如圆。

（1）调用"打断（break）"命令的方式有 3 种：

- 功能区：单击"默认"选项卡→"修改"面板→"打断"图标按钮。
- 命令行：输入 break（或命令缩写 br）。
- 下拉菜单："修改"→"打断"。

（2）调用"打断于点"命令的方式：
- 功能区：单击"默认"选项卡→"修改"面板→"打断于点"图标按钮。

2. 合并对象

合并时将两个对象合并为一个完整的对象，也可以使用圆弧和椭圆弧创建完整的圆和椭圆。可以合并的对象包括直线、多段线、圆弧、椭圆弧等。调用"合并（join）"命令的方式有 3 种：

- 功能区：单击"默认"选项卡→"修改"面板→"合并"图标按钮。
- 命令行：输入 join（或命令缩写 j）。
- 下拉菜单："修改"→"合并"。

任务实施

1. 打断直线

（1）用"直线"命令绘制一长为 3600 的直线。

（2）两点间打断直线。

```
命令：_break 选择对象：              （调用"打断"命令，用光标点击已绘制的直线）
指定第二个打断点或 [第一点（F）]: f     （输入 f，重新选择第一点）
指定第一个打断点：_from 基点：
（按住 Shift 键，单击鼠标右键，在快捷菜单中选择"自捕捉"，捕捉直线右端点为基点）
<偏移>：@900，0                                          （输入偏移坐标）
指定第二个打断点：@1800，0
                （输入第二断点相对于第一断点的相对坐标，回车，结束命令）
```

打断效果如图 3-34（b）所示。

> 说明：默认状态下，如果不特别指定第一个打断点，则在"选择对象"时光标点击的点作为打断的第一点。一般根据绘图需要，重新选择第一点。

2. 打断圆（圆弧）

（1）用"圆"命令绘制一任意半径的圆。

（2）两点间打断圆

```
命令：_break 选择对象：                （调用"打断"命令，用光标点击已绘制的圆）
指定第二个打断点或［第一点（F）］：f                    （输入 f，选择第一点）
指定第一个打断点：                               （捕捉圆下象限点）
指定第二个打断点：                    （捕捉圆右象限点，回车，结束命令）
```

> 说明：执行"打断"命令打断圆时，将沿着逆时针打断第一点和第二点之间的圆弧。

3. 合并直线

将步骤 1 中打断的直线，重新合并成一直线。

```
命令：_join                                      （调用"合并"命令）
选择源对象或要一次合并的多个对象：找到 1 个
                                （用光标点击左段直线，如图 3-36a 所示）
选择要合并的对象：找到 1 个，总计 2 个 （用光标点击右段直线，如图 3-36b 所示）
选择要合并的对象：                                        （回车）
2 条直线已合并为 1 条直线
```

(a)　　　　　　　　(b)

图 3-36　合并直线

（a）选择源对象；（b）选择要合并到源的直线

4. 合并圆弧

将步骤 2 中打断的圆，重新合并成一闭合圆。

```
命令：_join                                      （调用"合并"命令）
选择源对象或要一次合并的多个对象：找到 1 个       （用光标点击圆弧任意位置）
选择要合并的对象：                                    （点击鼠标右键）
选择圆弧，以合并到源或进行［闭合（L）］：l            （选择"闭合"选项）
已将圆弧转换为圆
```

【任务总结】

本任务中的修剪、延伸、圆角、倒角、分解、删除、打断、合并等基本编辑命令能快捷改变图形形状，在绘制工程图中经常使用。通过不断练习，进一步理解和熟练应用各命令中的选项功能，能有效提高绘图效率。

【技能提高】

"合并（join）"命令可以一次选择多个要合并的对象，合并多个对象时，无需指定源对象。

（1）合并多条共线线段可生成为一条直线对象，线段之间可以有间隙也可以重叠。如在本任务中合并两条有间隙的共线线段，也可如下操作：

命令：_join　　　　　　　　　　　　　　　　　　　　　　　　（调用"合并"命令）
选择源对象或要一次合并的多个对象：指定对角点：找到 2 个
　　　　　　　　　　　　　　　　　　　　　　　（窗交方式同时选择两条有间隙的线段）
选择要合并的对象：　　　　　　　　　　　　　　　　　（按空格键，结束选择对象）
2 条直线已合并为 1 条直线　　　　　　　　　　　　　　（完成合并，并退出命令）

（2）二维平面中，"合并"命令可以将多个连续（无间隙）非共线直线、圆弧、多段线生成为多段线对象。如图 3-37（a）所示，合并前首尾相连的 2 条直线 1 条圆弧，合并后 3 个对象已转换为 1 条多段线，如图 3-37（b）所示。

命令：_join　　　　　　　　　　　　　　　　　　　　　　　　（调用"合并"命令）
选择源对象或要一次合并的多个对象：指定对角点：找到 3 个
　　　　　　　　　　　　　　　　　　　　　　　　（窗交方式同时选择 2 条直线 1 条圆弧）
选择要合并的对象：　　　　　　　　　　　　　　　　　（按空格键，结束选择对象）
3 个对象已转换为 1 条多段线　　　　　　　　　　　　　（完成合并，并退出命令）

图 3-37　一次合并多个对象
（a）合并前 3 个对象，选中中间线段；（b）合并后单选任意位置

任务 3.4　改变图形尺寸（缩放、拉伸）

【任务描述】

绘制图形时，常常需要改变已绘制图形的大小。本任务中利用 AutoCAD 提供的比例缩放、拉伸等编辑命令快捷、准确地改变图形尺寸。

码 3-6　改变图形尺寸

学习活动 3.4.1 "缩放"命令缩放矩形

学习目标

1. 掌握"缩放（scale）"命令的操作方法。
2. 熟练按指定的比例或参照尺寸放大或缩小图形。

活动描述

1. 绘制如图 3-38 所示矩形，图中尺寸不需标注。
2. 运用"缩放（scale）"命令编辑图 3-38，缩放后的效果如图 3-39 所示。

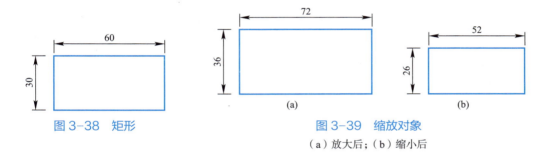

图 3-38 矩形　　　　图 3-39 缩放对象
（a）放大后；（b）缩小后

学习支持

"缩放（scale）"命令能够将选定的对象按设定的比例在 X、Y、Z 三个方向均匀地放大或缩小。

调用"缩放（scale）"命令的方式有 3 种：

- 功能区：单击"默认"选项卡→"修改"面板→"缩放"图标按钮。
- 命令行：输入 scale（或命令缩写 sc）。
- 下拉菜单："修改"→"缩放"。

任务实施

1. 调用"矩形（rec）"命令绘制如图 3-38 所示矩形
2. 放大对象（按指定比例缩放）

```
命令：sc                                （调用"缩放"命令）
scale 找到 1 个                （光标点击矩形任一边，选择需要放大的矩形）
```

指定基点： （选择矩形左下角点A，如图3-40所示）
指定比例因子或［复制（C）/参照（R）］＜1.0000＞：72/60　　（放大72/60=1.2倍）

放大效果如图3-39（a）所示。

3. 缩小对象（按参照长度缩放）

命令：sc　　　　　　　　　　　　　　　　　　　　　　　（调用"缩放"命令）
scale 找到1个　　　　　　　　　　　（光标点击矩形任一边，选择需要放大的矩形）
指定基点：　　　　　　　　　　　　　（选择矩形左下角点A，如图3-40所示）
指定比例因子或［复制（C）/参照（R）］＜1.0000＞：r（选择"参照"方式缩放对象）
指定参照长度＜60.0000＞：　　　　　　　　　　　（点选矩形底边左端点A）
指定第二点：　　　　　　　　　　　　　　　　　　（点选矩形底边的右端点）
指定新的长度或［点（P）］＜52.0000＞：52　　　　（输入指定缩放尺寸）

缩小效果如图3-39（b）所示。

图3-40　选择图形放大的基点

说明：

"缩放"命令执行过程中，命令行提示信息"指定比例因子或［复制（C）/参照（R）］"中选项意义：

（1）比例因子

按指定的比例放大选定对象的尺寸。大于1的比例因子使对象放大，介于0～1之间的比例因子使对象缩小。还可以拖动光标使对象变大或变小。

（2）复制（C）

图形缩放后，源对象保留。

（3）参照（R）

按参照长度和指定的新长度缩放所选对象。

指定参照长度＜1＞：指定缩放选定对象的起始长度。

指定新的长度或［点（P）］：指定将选定对象缩放到的最终长度，或输入p，使用两点来定义长度。

学习活动 3.4.2 "拉伸"命令改变"窗立面图"尺寸

学习目标

1. 掌握"拉伸（stretch）"命令的操作方法。
2. 了解"工具选项板"及其调用方法。

活动描述

运用"拉伸（stretch）"命令改变窗立面图尺寸，如图 3-41 所示。

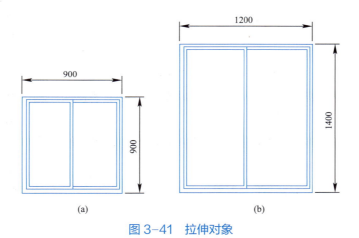

图 3-41 拉伸对象
（a）拉伸前；（b）拉伸后

学习支持

拉伸对象

运用"拉伸（stretch）"命令采用交叉窗口（自右向左）的方式选取图形中的一部分进行某个方向的拉伸或压缩，通过改变端点的位置来快速改变图形尺寸，但在选择窗口外的图形部分不会有任何改变。

调用"拉伸（stretch）"命令的方式有 3 种：

- 功能区：单击"默认"选项卡→"修改"面板→"拉伸"图标按钮。
- 命令行：输入 stretch（或命令缩写 s）。
- 下拉菜单："修改"→"拉伸"。

任务实施

1. 调用 AutoCAD"工具选项板"窗立面图形

（1）在功能区单击"视图"选项卡→"选项板"面板→"工具选项板"图标按钮 （或按"Ctrl+3"快捷键），弹出"工具选项板"，如图 3-42 所示。

（2）如图 3-42 所示，在"建筑"选项卡→公制样例→"铝窗（立面图）"图标上按住鼠标左键并将其拖放到绘图区，绘图区出现"铝窗（立面图）"图块。

（3）调用"分解（explode）"命令分解"铝窗（立面图）"图块。

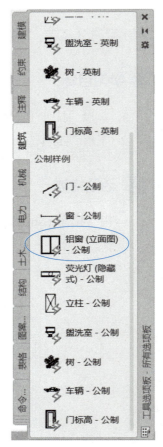

图 3-42　工具选项板

> 说明：
>
> （1）图块是若干个单一对象的组合对象，AutoCAD 中将一个图块视为一个整体对象。图块的用法在项目 7 中具体讲解。
>
> （2）文本、圆、椭圆、图块等没有端点的实体，是不能被拉伸的。所以在本例执行拉伸前，须将"铝窗（立面图）"图块分解为若干个组成图块的单一对象。

2. 拉伸对象

命令：_ stretch	（调用"拉伸"命令）
以交叉窗口或交叉多边形选择要拉伸的对象…	
选择对象：指定对角点：找到 5 个	（用窗交方式选择窗的右部，如图 3-43a 所示）
选择对象：	（单击鼠标右键，结束选择对象）
指定基点或 [位移（D）]＜位移＞：	（单击鼠标左键，任意选择一点作为基点）
指定第二个点或＜使用第一个点作为位移＞：＜正交 开＞150	
（打开"正交"模式，将鼠标向右侧移动，输入 150，拉伸效果如图 3-43b 所示）	
命令：_ stretch	（回车，重复调用"拉伸"命令）
以交叉窗口或交叉多边形选择要拉伸的对象…	
选择对象：指定对角点：找到 5 个	（用窗交方式选择窗的左部，如图 3-43c 所示）
选择对象：	（单击鼠标右键，结束选择对象）
指定基点或 [位移（D）]＜位移＞：	（单击鼠标左键，任意选择一点作为基点）

指定第二个点或<使用第一个点作为位移>: 150
（在"正交"模式下，将鼠标向左侧移动，输入150，拉伸效果如图3-43d所示）
命令：_stretch （回车，重复调用"拉伸"命令）
以交叉窗口或交叉多边形选择要拉伸的对象…
选择对象：指定对角点：找到8个 （用窗交方式选择窗的上部，如图3-43e所示）
选择对象： （单击鼠标右键，结束选择对象）
指定基点或[位移(D)]<位移>: （单击鼠标左键，任意选择一点作为基点）
指定第二个点或<使用第一个点作为位移>: 500
（在"正交"模式下，将鼠标向上侧移动，输入500，拉伸效果如图3-43f所示）

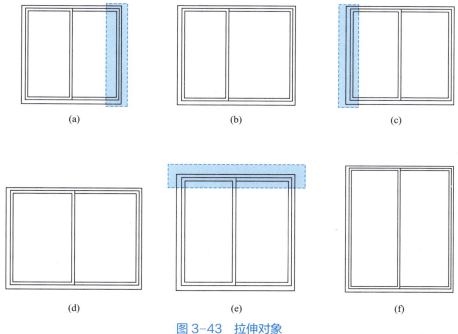

图 3-43 拉伸对象

（a）框选窗右部；（b）向右拉伸150；（c）框选窗左部；（d）向左拉伸150；
（e）框选窗上部；（f）向上拉伸500

注意："拉伸"命令选择对象时必须采用交叉窗口（自右向左）方式，若采用窗口方式（自左向右），窗口内所选对象只能被平移。

任务小结

在工程制图中经常使用"缩放""拉伸"编辑命令来改变图形尺寸。"缩放"命令中重点理解"参照"选项的意义,熟练掌握其使用方法;"拉伸"命令中应注意选择对象的方法和部位。

任务 3.5 使用夹点编辑图形

任务描述

AutoCAD 中提供了丰富的图形编辑功能,本任务中利用 AutoCAD 提供的夹点编辑图形的功能对简单图形对象进行拉伸、移动、比例缩放、旋转等编辑。

码 3-7 使用夹点编辑图形

学习活动　使用夹点编辑功能拉伸、缩放矩形

学习目标

1. 了解夹点编辑图形的功能与操作方法。
2. 熟练使用夹点编辑功能对图形进行相应编辑。

活动描述

使用夹点编辑功能,将如图 3-44(a)所示矩形修改为如图 3-44(b)(c)所示矩形。

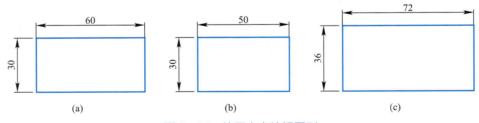

图 3-44　使用夹点编辑图形
(a)编辑前矩形;(b)拉伸矩形;(c)缩放矩形

学习支持

1. 夹点编辑功能

夹点是指图形对象上可以控制对象位置、大小的关键点。在不执行任何命令而直接选择图形对象时,会在图形对象上显示出一些蓝色(系统预设)的小方框和矩形框,这些小方框和矩形框就是所选中对象的夹点，如图 3-45 所示。利用夹点功能可以灵活快速地实现图形对象的拉伸、移动、旋转等编辑。

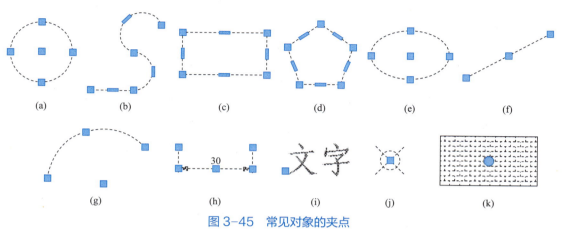

图 3-45　常见对象的夹点

（a）圆；（b）多段线；（c）矩形；（d）正多边形；（e）椭圆；（f）直线；
（g）圆弧；（h）尺寸标注；（i）文字；（j）点；（k）填充图案

2. 启用夹点功能

在不执行任何命令而直接选择图形对象时，会显示对象的夹点。在进行夹点编辑操作中，夹点会显示不同的颜色。

（1）没有选择任何夹点时，夹点呈现蓝色。

（2）将光标移动到某夹点上，该夹点呈悬浮状态，颜色变为粉红色，同时显示能对该夹点进行编辑操作的列表，供用户选择，在打开动态输入状态下，还会显示有关尺寸信息，如图 3-46（a）所示。

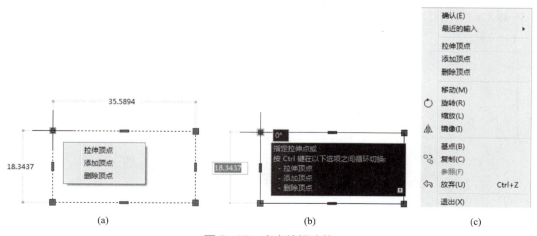

图 3-46　夹点编辑功能

（3）单击某夹点，该夹点呈选中状态，颜色变成紫红色，同时打开夹点编辑功能，可以对图形对象进行拉伸、移动、旋转等编辑。默认状态下，将执行"拉伸"操作，如图3-46（b）所示。要执行其他编辑功能，可单击鼠标右键，弹出夹点编辑的快捷菜单，如图3-46（c）所示，单击相应菜单命令就可以进入编辑状态，根据命令行或动态输入框中提示进行操作。

有些图形对象可以直接利用夹点进行移动，只需要将光标放置在移动夹点上，点击鼠标左键，所选对象将会以该夹点为基点随着鼠标一起移动，当移动到目标位置上，单击鼠标左键，完成对象移动。利用夹点移动对象示例如图3-47所示。

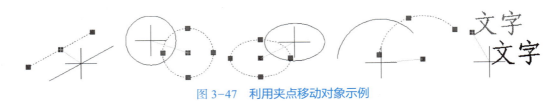

图3-47 利用夹点移动对象示例

注意：不是所有的对象都可以直接使用夹点移动。

任务实施

1. 调用"矩形（rec）"命令绘制30×60的矩形

如图3-44（a）所示，图中尺寸不需标注。

2. 利用夹点拉伸矩形

（1）选择矩形，显示矩形夹点，夹点呈蓝色，将光标放在矩形右侧边中间夹点上，该夹点颜色变为粉红色，同时出现操作选择框，移动光标，选择"拉伸"选项，如图3-48（a）所示。

(a)　　　　　　　　　　　　　　(b)

图3-48 使用夹点拉伸矩形

说明：可用鼠标左键单击矩形右侧边中间夹点，也可直接调用默认的"拉伸"操作。

（2）根据命令行中提示进行操作。

命令：
拉伸 （选择"拉伸"选项）
指定拉伸点：<正交 开>10
（打开"正交"模式，光标向左移动，输入10，如图3-48b所示）
（回车，完成命令操作，矩形长边缩短10个绘图单位，拉伸效果如图3-44b所示）

3. 使用夹点缩放矩形

单击矩形左下角方形夹点，夹点变为红色，命令行中出现命令提示。

命令：
拉伸 （系统默认"拉伸"选项）
指定拉伸点或 [基点（B）/复制（C）/放弃（U）/退出（X）]：_scale
（单击鼠标右键，弹出快捷菜单，选择"缩放"选项，如图3-49所示）
比例缩放
指定比例因子或 [基点（B）/复制（C）/放弃（U）/参照（R）/退出（X）]：1.2
（输入缩放比例 72/60=1.2）

系统将以所选夹点为基点（也可重新选择基点），缩放图形，效果如图3-44（c）所示。

任务小结

夹点编辑功能虽然没有"复制""比例缩放""拉伸"等编辑命令的功能强大，但对于简单图形的一般编辑，具有调用迅速、使用方便的优势，熟练掌握夹点编辑的方法无疑多了一个简单快捷的图形编辑工具。

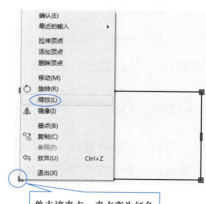

图3-49 夹点编辑快捷菜单

任务 3.6　使用"特性"选项板编辑图形

📋 任务描述

"特性"选项板是 AutoCAD 提供的一个功能非常强大的编辑工具，可以很方便地查询和修改选择对象的特性，如对象的颜色、线型、线宽及图层等，还可以修改对象的几何特性。本任务中初步了解"特性"选项板的功能及编辑图形的方法。

码 3-8　使用"特性"选项板编辑图形

学习活动　利用"特性"选项板修改圆的半径

📘 学习目标

1. 了解"特性"选项板的功能。
2. 利用"特性"选项板编辑图形特性。

📗 活动描述

利用"特性"选项板将如图 3-50（a）所示圆的半径 30 修改为 40，如图 3-50（b）所示。

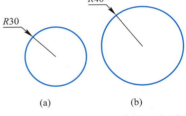

图 3-50　利用"特性"选项板修改圆半径

📙 学习支持

"特性"选项板是 AutoCAD 提供的一个功能非常强大的编辑工具，可以很方便地查询和修改选择对象的特性，如对象的颜色、线型、线宽及图层等，还可以修改对象的几何特性。

调用"特性"选项板的方式有以下几种：

- 功能区：单击"默认"选项卡→"特性"面板中右下角"特性"选项板激活按钮 ⬈。
或单击"视图"选项卡→"选项板"面板→"特性"选项板图标按钮 ▣。
- 命令行：输入 Properties（pr）。
- 键盘：Ctrl+1。
- 先选择对象，然后右击，在弹出的快捷菜单中选择"特性"。
- 下拉菜单：选择"修改"→"特性"或"工具"→"选项板"→"特性"。

任务实施

1. 绘制一半径 $R=30$ 的圆
2. 利用"特性"选项板修改圆半径

（1）选择 $R=30$ 的圆，调用"特性"选项板，如图 3-51 所示。

（2）在"特性"选项板中"几何图形"特性中修改圆对象的"半径"值为 40，当半径值修改后，图形会立即更新，如图 3-52 所示。

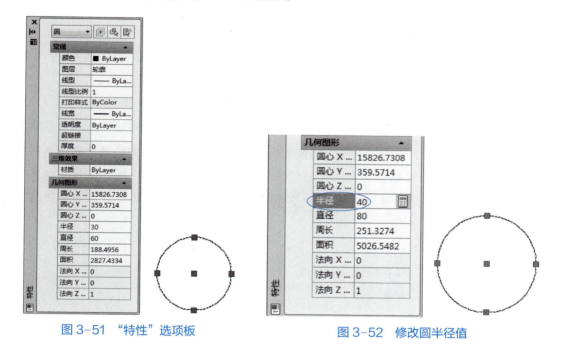

图 3-51　"特性"选项板　　　　　　图 3-52　修改圆半径值

> **说明**：通过"特性"选项板还可以修改对象的颜色、图层、线型、线宽等特性，可在后续的学习中逐渐熟悉其用法。打开"快捷特性"对话框后，即可以对显示的相关图形特性进行修改。

任务小结

在 AutoCAD 绘制工程图中，经常会利用"特性"选项板修改对象的各种特性。本任务中通过修改圆的半径，初步了解"特性"选项板的功能及使用方法，在后续的学习中，会不断利用其丰富的编辑功能来设置和查询对象特性。

项目 4 对象特性及图层设置

项目概述

AutoCAD 绘图时，为了满足工程图样的绘制需要和更清晰的显示，通常会赋予图形对象一定的特性，例如：用不同的线宽代表不同的构件、用不同的颜色表示不同的内容。因而每个图形对象都具有相应的特性。例如：一条直线的特性有图层、颜色、线型、透明度和长度等。本项目主要学习如何设置和改变对象的特性以及如何使用"图层"来组织和管理图形文件中的对象。

本项目的任务有：
- 线型、线宽、颜色的设置和修改
- 图层的设置与对象管理

任务 4.1 线型、线宽、颜色的设置和修改

任务描述

一般对象的特性包括图层、颜色、线型、线宽和透明度，而对象的线型、线宽和颜色是对象的基本特性。线型是指图形基本元素中线条的组成和显示方式，如实线、虚线和点画线等。线宽是指线条的宽度。工程图样中，不同类型的图形对象需采用不同的图线，因此需要设置对象的线型、线宽和颜色来增强图形的表达力。

码 4-1 线型、线宽、颜色的设置和修改

本任务中的主要内容：
- 学习工程制图规范中关于图线的相关规定。
- 在 AutoCAD 中设置和修改对象的线型、线宽和颜色。

- 养成根据国家相关制图标准进行规范绘图的意识和能力。

学习支持

1. 制图规范关于图线的相关规定

在《道路工程制图标准》GB 50162—92 中，关于图线（线型、线宽）的规定如下：

（1）线宽。图线的宽度 b，宜从 2.0mm、1.4mm、1.0mm、0.7mm、0.5mm、0.35mm、0.25mm、0.18mm、0.13mm 线宽系列中选取。每张图上的图线线宽不宜超过 3 种。每个图样，应根据复杂程度与比例大小，先选定基本线宽 b，再选用表 4-1 中相应的线宽组。

线 宽 组 合　　　　　　　　　　　　　　　　表 4-1

线宽类别	线宽系列（mm）				
b	1.4	1.0	0.7	0.5	0.35
$0.5b$	0.7	0.5	0.35	0.25	0.25
$0.25b$	0.35	0.25	0.18（0.2）	0.13（0.15）	0.13（0.15）

注：表中括号内的数字为代用的线宽。

（2）线型。工程图中常用线型、线宽及用途应符合表 4-2 中的规定。

图线的线型、线宽及用途　　　　　　　　　　　　表 4-2

名称	线型	线宽	一般用途
加粗粗实线	——————	（1.4～2.0）b	图框线、路线设计线、地坪线等
粗实线	——————	b	可见轮廓线、钢筋线
中粗实线	——————	$0.5b$	较细的可见轮廓线、钢筋线
细实线	——————	$0.25b$	尺寸线、剖面线、引出线、图例线、原地面线
粗虚线	- - - - - -	b	地下管道或规划管线
中粗虚线	- - - - - -	$0.5b$	不可见轮廓线
细虚线	- - - - - -	$0.25b$	道路纵断面图中竖曲线的切线
粗点画线	—·—·—·—	b	特殊要求的线
中粗点画线	—·—·—·—	$0.5b$	地界线
细点画线	—·—·—·—	$0.25b$	中心线、对称线、轴线等
粗双点画线	—··—··—	b	规划红线
中粗双点画线	—··—··—	$0.5b$	特殊要求的线
细双点画线	—··—··—	$0.25b$	假想轮廓线、规划道路中线、地下水位线
折断线	—–/\—–	$0.25b$	断开界线
波浪线	～～～～	$0.25b$	断开界线

（3）图纸的图框线和标题栏线，可采用表 4-3 的线宽。

图框线、标题栏线的宽度（mm）　　　　　　　　表 4-3

幅面代号	图框线	标题栏外框线	标题栏分格线
A0、A1	1.4	0.7	0.25
A2、A3、A4	1.0	0.7	0.25

（4）相交图线的绘制应符合下列规定：

1）虚线与虚线或虚线与实线相交时，应是线段相交，相交处不应留空隙，如图 4-1（a）所示。

2）实线的延长线为虚线时，不得与实线相接，应留空隙，如图 4-1（b）所示。

3）点画线的两端不应是点。点画线与点画线或点画线与其他线相交时，交点应设在线段处，如图 4-1（c）所示。

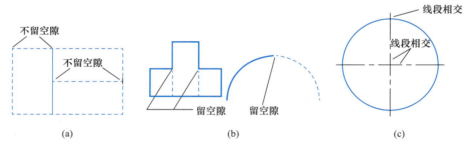

图 4-1　图线相交的画法

图 4-2　"默认"选项卡→"特性"面板

2. 设置对象的特性

在 AutoCAD 中，可以利用"默认"选项卡→"特性"面板来设置、查看或改变对象特性。如图 4-2 所示，"特性"面板默认状态下有 4 个下拉列表，分别控制对象的颜色、线宽、线型和打印样式。颜色、线型、线宽的默认设置都是"Bylayer"，即"随层"，表示当前的对象特性跟随图层特性。

（1）设置线型

AutoCAD 绘图中，线型设置的操作包括：加载线型、设置当前线型和设置线型比例。

1）加载线型

当新建一图形文件时，在"特性"面板的"线型"下拉列表中可以看出，如图 4-3 所示，系统默认线型只有 Continuous（连续），若要使用其他线型，则需要加载线型。加载线型的简捷方法为：在"线型"下拉列表中选择"其他…"选项，弹出"线型管理器"对话框，如图 4-4 所示。

图 4-3 "特性"面板—"线型"下拉列表

图 4-4 "线型管理器"对话框

单击"线型管理器"上的"加载"按钮，弹出"加载或重载线型"对话框，如图 4-5 所示。在"加载或重载线型"对话框中，选择一个或多个需加载的线型，如选择"CENTER"，然后单击"确定"按钮，选择的线型就被添加到"线型管理器"对话框的线型列表中了，如图 4-6（a）所示。

图 4-5 "加载或重载线型"对话框

(a)   (b)

图 4-6 设置当前线型

单击"线型管理器"对话框的"确定"按钮，完成线型加载。

2）设置当前线型

当前线型即绘制图形时所采用的线型。当前线型显示在"特性"面板的"线型"下拉列表框中。

当前线型的设置步骤为：在"线型管理器"对话框的线型列表中，选择某一线型（如CENTER）后，单击"当前"按钮，再单击"确定"按钮，完成当前线型的设置。此时，"特性"工具栏的"线型控制"框将显示所选线型为当前线型，如图4-6（b）所示。

设置当前线型更为简捷的方法是：在"特性"面板的"线型"下拉列表直接选择已经加载的线型。

3）设置线型比例

AutoCAD绘图中，如果绘制的线条不能正确反映线型时，如虚线、中心线等显示仍为实线，则说明线型比例设置不当，需要调整线型比例。

设置线型比例的操作步骤如下：

① 打开"线型管理器"对话框，单击"显示细节"按钮 显示细节(D) ，对话框展开，显示"详细信息"选项区，如图4-7所示。

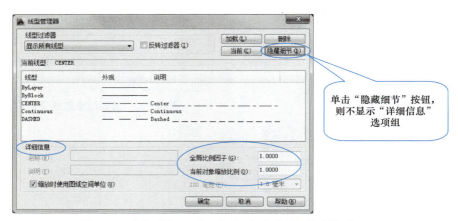

图4-7 "线型管理器"对话框中的"详细信息"选项区

② 在"全局比例因子"和"当前对象缩放比例"文本框中输入数值。

默认状态下，AutoCAD使用的全局和当前对象比例因子均为1.0。"全局比例因子"可修改图形中所有现有的和新建对象的线型比例；"当前对象缩放比例"将设置随后新建对象的线型比例，该比例因子是相对于全局比例因子而言的，最终的比例是全局比例因子与该对象缩放比例因子的乘积。

说明：线型比例的值越小，每个绘图单位中，画出的重复图案越多，如图4-8所示为不同线型比例的比较。

③单击"确定"按钮，完成线型比例的设置。

图 4-8 不同线型比例的比较

（2）设置线宽

线宽是指线条在打印输出时的宽度，一旦线宽设置后，则以后创建的对象都将采用此线宽，直至选择新的线宽。线宽可以显示在屏幕上，也可输出到图纸上。

设置线宽的简捷方法是：在"默认"选项卡→"特性"面板→"线宽"下拉列表中，选择当前的线宽，如图4-9所示。

在"线宽"下拉列表中可供选择的线宽值为0.00～2.11mm，从中选择对象需要的线宽，单击"确定"按钮，完成线宽设置。

线宽设置完毕后，软件界面下方状态栏中的"显示/隐藏线宽"按钮 可以控制屏幕上是否显示图形对象的线宽。

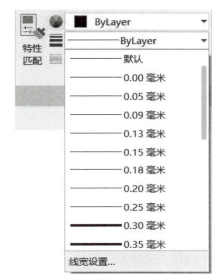

图 4-9 "特性"面板的"线宽"下拉列表

（3）设置颜色

绘制图形时，可以为不同的对象设置不同的颜色，以表示不同的组件、功能和区域。

设置颜色的简捷方法是：在"默认"选项卡→"特性"面板→"颜色"下拉列表中，选择需要的彩色，如图4-10所示。

在"颜色"下拉列表中选择" 更多颜色…"选项，系统弹出"选择颜色"对话框，如图4-10（b）所示。

在"选择颜色"对话框中，选择一种颜色作为当前颜色，如"黄色"，单击"确定"按钮完成颜色设置。

设置当前颜色（如"黄色"）后，在绘图区创建的对象均采用该颜色，直至选择新的颜色。

3. 修改对象的特性

在绘图中，常常需要对已创建对象的线型、线宽和颜色等特性进行更改。

（1）更改整个图层对象的线型、线宽或颜色。

在"图层特性管理器"中进行修改，具体内容见任务 4.2。

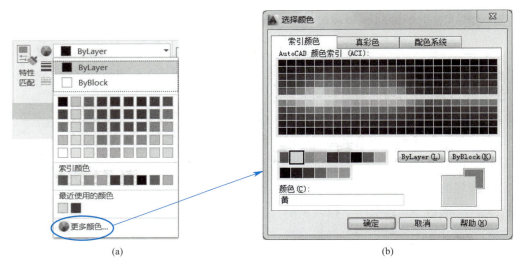

图 4-10　设置颜色
（a）"颜色"下拉列表；（b）"选择颜色"对话框

（2）更改单个或若干个对象的线型、线宽或颜色。

• 选择需要修改的图形对象，在"特性"面板中的"对象颜色""线型""线宽"下拉列表中选择需要重新设置的颜色、线型或线宽。

• 选择需要修改的图形对象，按"Ctrl+1"键，在弹出的"特性"选项板中，选择相应的特性进行更改。

（3）将选定对象的特性应用到其他对象。

使用"特性匹配"命令可以将选定对象的特性应用到其他对象，即将源对象的特性复制到相应的目标对象上。

调用"特性匹配"命令的方式有：

• 功能区：单击"默认"选项卡→"特性"面板→"特性匹配"图标按钮。

• 命令行：输入 matchprop（ma）。

• 下拉菜单：选择"修改"→"特性匹配"。

激活"特性匹配"命令后，根据命令提示选择源对象，此时光标变成"格式刷"形式，用格式刷光标选择需要修改特性的目标对象。此时源对象的特性就应用到目标对象上了，可应用的特性类型包含图层、颜色、线型、线型比例、线宽、透明度等。

项目 4　对象特性及图层设置　137

学习活动　绘制桥梁桩基图

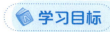

熟练设置和修改图形对象的线型、线宽、颜色。

活动描述

绘制桥梁桩基图，如图 4-11 所示，图中尺寸、文字不需标注。

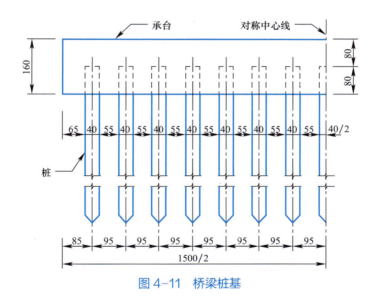

图 4-11　桥梁桩基

按表 4-4 设置图线特性。

图 线 特 性　　　　　　　　　　　表 4-4

图线	线型	线宽	颜色
轮廓线	粗实线	0.35	白
虚线	细虚线	0.13	蓝
轴线	细点画线	0.13	红
折断线	细实线	0.13	青

任务实施

因桥梁桩基图形左右对称，图 4-11 中绘制了左半部分。桥梁桩基分为桩和承台两部分，可先分别绘制承台和群桩，然后按照图中尺寸关系组合完成图形。

1. 新建一文件，图形界限 4200×2970

2. 加载线型

新建文件中，默认状态下，线型只有实线"Continuous"，需加载"虚线""点画线"线型。

（1）单击功能区"特性"面板→"线型"下拉框→"其他"选项，打开"线型管理器"对话框。

（2）单击"加载"按钮，在"加载或重载线型"对话框中选择"CENTER""DASHED"线型，单击"确定"按钮，"线型管理器"对话框中新增了"CENTER""DASHED"线型。

3. 绘制承台

图 4-12　承台轮廓线特性设置

（1）设置图形特性，在"特性"工具栏中分别设置承台轮廓线的颜色、线型和线宽，如图 4-12 所示。

（2）调用"直线（line）"命令绘制承台轮廓线，如图 4-13 所示。

> 提示：可单击状态栏上"显示/隐藏线宽"按钮，打开或隐藏线宽显示。

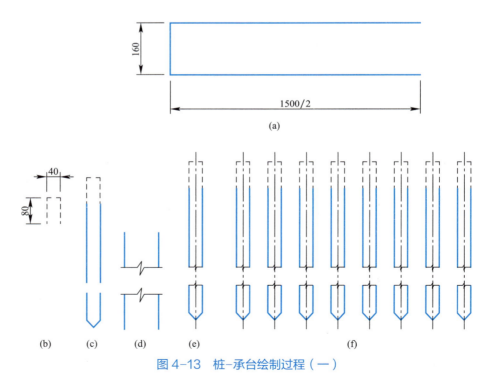

图 4-13　桩-承台绘制过程（一）

（a）绘制承台轮廓线；（b）绘制单桩上部虚线；（c）绘制单桩下部轮廓线；（d）绘制折断线；
（e）绘制桩轴线；（f）绘制群桩

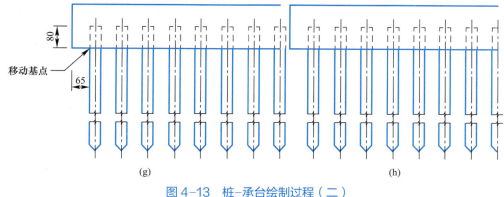

图 4-13 桩-承台绘制过程（二）

（g）移动群桩到承台；（h）整理图形

> 提示：可单击状态栏上"线宽"按钮，打开或隐藏线宽显示。

4. 绘制单桩

（1）绘制单桩上部虚线（桩嵌入承台）部分。在"特性"面板中分别设置虚线的颜色、线型和线宽，如图 4-14 所示。

（2）按图中尺寸绘制图形。调用"直线（line）"命令绘制桩上部虚线，如图 4-13（b）所示。

（3）绘制单桩下部轮廓线。图线特性设置同承台轮廓线，调用"直线（line）"命令绘制桩下部轮廓线，桩长及截断位置自定，如图 4-13（c）所示。

图 4-14 桩上部虚线特性设置

（4）绘制折断线。在"特性"面板中分别设置折断线的颜色、线型和线宽，如图 4-15 所示。用"直线（line）"命令绘制折断线，如图 4-13（d）所示。

（5）绘制单桩轴线。在"特性"面板中分别设置轴线的颜色、线型和线宽，如图 4-16 所示。用"直线（line）"命令绘制轴线，如图 4-13（e）所示。

图 4-15 折断线特性设置

（6）绘制群桩。调用"阵列（ar）——矩形"命令，绘制群桩，如图 4-13（f）所示。

（7）移动群桩到承台。调用"移动（m）"命令，移动群桩到承台，如图 4-13（g）所示。

图 4-16 轴线特性设置

> 提示：移动群桩时，可采用第一根桩虚实线交接点为移动基点，采用"自捕捉"方式确定目标点。

(8)整理图形。调用"拉伸(str)""修剪(tr)""删除(e)"等命令编辑对称轴线处图线,如图4-13(h)所示。

5. 修改对象特性

如果在绘制虚线或点画线时,屏幕上显示效果不正确或不理想,可输入"lt",调出"线型管理器"对话框,调整"全局比例因子"或"当前对象比例因子"。也可以选择需修改的图形对象,按"Ctrl+1"键,打开"特性"选项板,调整线型比例,如图4-17所示。在"特性"选项板中,还可以修改对象的线型、线宽、颜色等特性。

图4-17 在"特性"选项板中修改线型比例

注意:在"特性"选项板中显示的线型比例为当前对象缩放比例,是相对于全局比例因子而言的。

6. 保存图形文件,文件名为"桥梁桩基"

任务小结

工程制图规范中,对图线的线型、线宽及交接方式都做了明确规定。绘制图形时,应严格按照规范的相关规定,养成规范意识。

在AutoCAD中,设置及修改对象的线型、线宽、颜色等可通过命令行输入相应命令,更为方便的是使用"特性"功能面板中的"对象颜色""线型""线宽"下拉列表,还可以使用"特性"工具选项板来编辑图线的有关特性。

任务 4.2　图层的设置与对象管理

🔖 任务描述

在 AutoCAD 中，"图层"工具可用于对图形对象进行组织和管理。绘制复杂工程图形时，可建立若干个图层，将相关的图形对象放在同一层中，实现了图形的分层管理，便于图形的使用和修改。

本任务主要的内容：
- 使用图层管理图形对象。
- 了解图层特性管理器的功能及如何管理图形对象。

码 4-2　图层的设置与对象管理（上）

码 4-3　图层的设置与对象管理（下）

📖 学习支持

1. 图层的概念

每一个图层类似于一张透明的胶片，可以在其上绘制不同的对象。将一个完整的工程图样分解成若干个性质相关的图形单元（如：轴线、轮廓线、尺寸标注、文字），这些图形单元分别绘制在不同的图层上，同一图层中的对象默认情况下都具有相同的颜色、线型、线宽等对象特征，可以透过一个或多个图层看到下面其他图层上绘制的对象，如图 4-18 所示，这样通过图层的叠加组合成一个完整的工程图样。

图 4-18　图层的概念

2. 图层的设置与管理

（1）图层特性管理器

在 AutoCAD 中，"图层特性管理器"是管理图层的主要工具，它可以增加图层、设置图层特性及管理图层。调用"图层特性管理器"对话框的方法有 3 种：

- 功能区：单击"默认"选项卡→"图层"面板→"图层特性"按钮 。
- 命令行：输入 Layer（或 la）。
- 下拉菜单：单击菜单栏"格式"→"图层…"。

执行命令后，弹出"图层特性管理器"对话框，如图 4-19 所示，在该对话框中，列出了图层的名称、状态等图层特性。该对话框中的主要功能见表 4-5。

说明：

- 系统会自动生成"0"图层，"0"图层的缺省颜色是"白色"，缺省线型是 Continuous（连续线），缺省线宽是"默认"。
- "0"图层既不能删除，也不能重命名，但可以修改其颜色、线型、线宽等特性。
- 除"0"图层外，有时系统会自动生成"Defpoints"层，该层缺省设置为不可打印层。

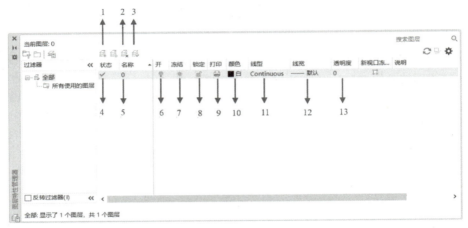

图 4-19 "图层特性管理器"对话框

"图层特性管理器"对话框主要功能　　　　　　　　　　表 4-5

序号	选项	功能和操作	说明
1	"新建图层"按钮	单击此按钮，创建一个新图层，可在"名称"栏中输入新的图层名称，并按 Enter 键	第一次新建图层的颜色、线型和线宽等属性将自动继承 0 图层的特性；随后新建图层，若选中某个图层后执行新建图层，新建的图层将会继承该图层的属性。 在图层列表中单击任意一个图层名称，并按 Enter 键，也可新建一个图层
2	"删除图层"按钮	单击此按钮，删除选定图层	当前图层、0 图层、依赖外部参照的图层或包含对象的图层不能被删除
3	"置为当前"按钮	单击此按钮，将选定图层设置为当前图层。AutoCAD 将在当前图层上绘制图形	双击图层"状态"图标或"名称"也可将该图层置为当前

续表

序号	选项	功能和操作	说明
4	"状态"图标 ✔ 或 ▱	✔ 表示为当前图层。 ▱ 表示图层为空闲图层，双击某图层"状态"图标可将该图层置为当前图层	
5	"名称"栏	显示图层名称。已命名的图层，可单击两次名称，重新命名图层	
6	"图层打开/关闭"按钮 💡 或 💡	💡 表示图层打开状态。 💡 表示图层关闭状态。 单击此按钮可打开或关闭选定图层	关闭图层后，该图层上的对象不被显示，也不会被打印，但其会与图形一起重新生成，同时在编辑对象选择物体时，该图层会被选择
7	"图层解冻/冻结"按钮 ☀ 或 ❄	☀ 表示图层解冻状态。 ❄ 表示图层冻结状态。 单击此按钮可冻结或解冻选定图层	冻结图层后可加快缩放、平移等命令的执行，同时处在该图层的所有对象不再显示，既不能被打印，也不能被编辑
8	"图层锁定/解锁"按钮 🔓 或 🔒	🔓 表示图层锁定状态。 🔒 表示图层解锁状态。 单击此按钮可解锁或锁定选定图层	锁定图层后，该图层可显示和打印，也可在图层创建新的对象，但是不能被选择和编辑
9	"打印"特性图标 🖨 或 🖨	🖨 表示图层中对象可打印（默认状态）。 🖨 表示图层中对象不可打印。 单击该图标可设置或更改该图层图形对象是否可打印	在绘图过程中为了绘图方便，会设置一些辅助图层，而在出图的时候，这些图层是不需要打印的。在这种情况下，可以关闭其打印状态
10	图层颜色	显示图层颜色及名称。 更改与图层关联的颜色；单击某一图层的颜色小方框或颜色名称，弹出"选择颜色"对话框，如图4-20所示	

续表

序号	选项	功能和操作	说明
10	图 4-20 "选择颜色"对话框	在"选择颜色"对话框中选择相应的颜色,单击"确定"按钮,可设置或更改选定图层颜色特性	
11	图层线型 图 4-21 "选择线型"对话框 图 4-22 "加载或重载线型"对话框	显示图层线型名称。 更改与图层关联的线型;单击任一图层的线型名称,弹出"选择线型"对话框,如图4-21所示 当新建一图形文件时,默认状态下只有"Continuous"一种线型,需根据绘图需要加载其他线型。 在"选择线型"对话框中,单击"加载"按钮,弹出"加载或重载线型"对话框,如图4-22所示,用户可以从"可用线型"列表框中选择所需要加载的线型,单击"确定"按钮,返回"选择线型"对话框,完成线型加载。 在"已加载的线型"列表框中选择一种线型,然后单击"确定"按钮,完成线型的设置	
12	图层线宽	显示图层线宽。 更改与图层关联的线宽;单击某图层的线宽图标,如 —— 0.30mm,弹出"线宽"对话框,如图4-23所示	

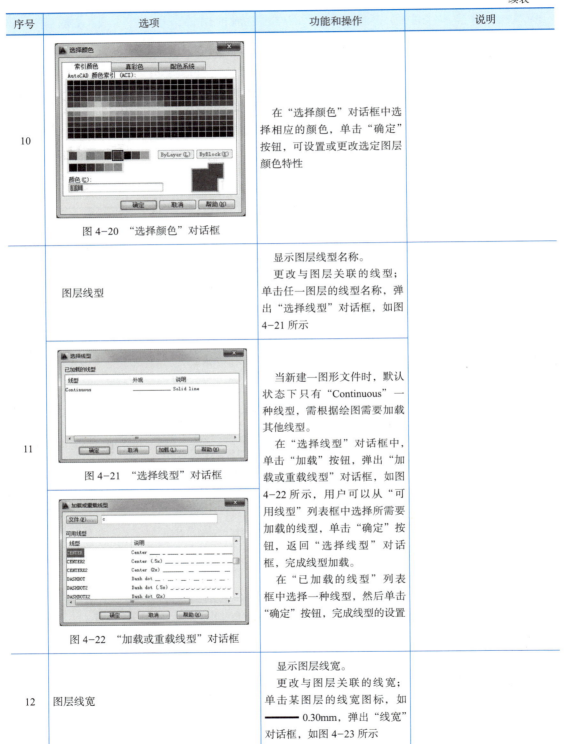

续表

序号	选项	功能和操作	说明
12	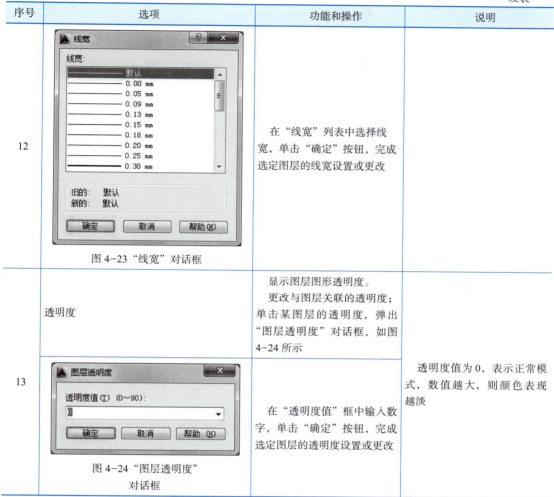图 4-23 "线宽"对话框	在"线宽"列表中选择线宽，单击"确定"按钮，完成选定图层的线宽设置或更改	
13	透明度	显示图层图形透明度。更改与图层关联的透明度；单击某图层的透明度，弹出"图层透明度"对话框，如图 4-24 所示	透明度值为 0，表示正常模式，数值越大，则颜色表现越淡
	图 4-24 "图层透明度"对话框	在"透明度值"框中输入数字，单击"确定"按钮，完成选定图层的透明度设置或更改	

（2）功能区"图层"面板→"图层控制"下拉列表

单击"默认"选项卡→"图层"面板→"图层控制"下拉列表，将显示图形文件中的图层，如图 4-25 所示。

"图层控制"下拉列表的主要功能：

• 在绘图区选择某对象，则图层控制列表将显示该对象所属的图层名称。

• 改变对象所在图层。未执行任何命令时，选中该对象，在"图层控制"下拉列表中选择将要放置该对象的图层名，然后按 Esc 键，则将选择对象转换到了该图层。

• 在"图层控制"下拉列表中选择某图层名，将该图层置为当前。

• 在"图层控制"下拉列表中可以改变图层的状态，如打开/关闭，冻结/解冻，锁定/解锁，设置颜色。

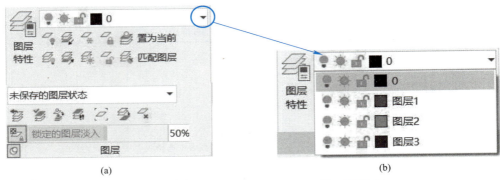

图 4-25 "图层"面板和"图层控制"下拉列表
（a）"图层"面板；（b）"图层控制"下拉列表

学习活动　设置和管理图层

学习目标

1. 能熟练使用"图层特性管理器"来创建新图层，设置图层的颜色、线型和线宽。
2. 能熟练使用"图层特性管理器"和"图层控制"下拉列表控制图层状态。
3. 能熟练使用"图层控制"下拉列表修改图形对象所在图层。

活动描述

1. 按表 4-6 设置图层及有关特性。

图 层 特 性　　　　　　　　　　　　　　　　表 4-6

图层	线型	线宽	颜色
轮廓线	Continuous	0.35	白
虚线	Dashed	0.13	蓝
轴线	Center	0.13	红
折断线	Continuous	0.13	青

2. 将任务 4.1 中保存的"桥梁桩基"中的图形对象分别放入相应图层中。利用"图层特性管理器"和"图层"下拉列表来控制图层状态。

任务实施

1. 新建和设置图层

（1）单击"默认"选项卡→"图层"面板→"图层特性"图标按钮，打开"图层特性管理器"对话框。在"图层特性管理器"对话框中,系统会自动生成"0"层,"0"层的缺省颜色是"白色",缺省线型是"Continuous(连续线)",缺省线宽是"默认"。

(2)单击"新建图层"按钮。新的图层以临时名称"图层 1"显示在列表中,并继承"0"层的特性。

(3)为新建图层命名。单击"图层 1"2 次,修改层名称为"轮廓线"。

(4)设置为"轮廓线"层有关特性。

- 设置图层颜色。采用默认的颜色"白色"。
- 设置线型。采用默认的连续线型"Continuous"。
- 设置线宽。单击"线宽"图标,在弹出的"线宽"对话框中选择线宽 0.35mm。

(5)再次单击"新建图层"按钮,新建图层"图层 2",修改图层名称为"虚线"。

(6)设置为"虚线"层有关特性。

- 设置图层颜色。单击图层颜色,在"索引颜色"选项卡中选择"蓝色"作为"虚线"层的图线颜色。
- 设置线型。单击"虚线"图层中线型选项,在"选择线型"对话框中单击"加载"按钮,在"加载或重载线型"对话框中选择"Dashed"线型,单击"确定"按钮,将线型"Dashed"加入线型库中,选择"Dashed",单击"确定"按钮,将"中心线"层线型设置为"Dashed"。
- 设置线宽。单击"线宽"图标,在弹出的"线宽"对话框中选择线宽 0.13mm。

(7)再次单击"新建图层"按钮,重复以上步骤,创建其他图层,如图 4-26 所示。

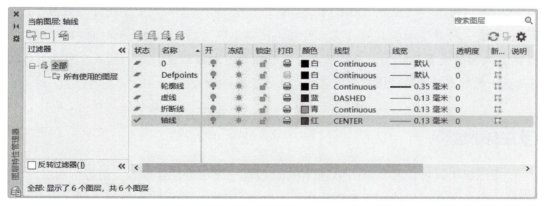

图 4-26 "图层特性管理器"中新建及设置图层

(8)关闭"图层特性管理器"。

(9)在"图层"面板→"图层控制"下拉列表上,单击下拉箭头显示图层控制列表。新建的图层将出现在列表里,位于默认图层"0"和"Defpoints"的下方,如图 4-27 所示。

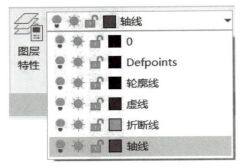

图 4-27 "图层控制"下拉列表中的新建图层

2. 将图形对象放置在相应图层，修改图层特性

（1）选择"粗实线"绘制的对象，单击"图层"面板中的"图层控制"下拉列表，选择"轮廓线"层，按"Esc"退出对象选择，此时用"粗实线"绘制的图形对象就修改到了"轮廓线"图层上了。将"特性"面板中的"颜色""线型""线宽"均设置为"ByLayer"（即"随层"）。

（2）按照上述步骤，分别选择相应图形对象，将其放到对应的图层中。

（3）将"虚线"图层颜色改成"洋红"，观察图形变化，位于该图层上的图形对象（虚线）颜色均变为"洋红"色。

3. 控制图层状态

通过"图层"面板或者"图层特性管理器"对话框，实现以下操作：

（1）打开或关闭"轮廓线"图层，观察图中用粗实线绘制的桩及承台的轮廓线是否显示，能否被编辑。

（2）冻结或解冻"虚线"图层，观察图中用虚线绘制的桩嵌入承台部分是否显示，能否被编辑。

（3）锁定和解锁"轴线"图层，观察图中用点画线绘制的轴线是否可显示，能否被选择和编辑。

比较："特性"面板和"图层特性管理器"对话框都能对线型、线宽、颜色进行设置与修改。"特性"面板是对选定的对象（可以是不同图层中的多个对象）进行线型、线宽、颜色的设置与修改；而"图层特性管理器"对话框是对同一图层中对象特性为 ByLayer 的所有对象进行线型、线宽、颜色的设置与修改。

任务小结

使用图层工具可以对复杂图形进行有效管理。"图层特性管理器"是进行图层设置和管理的主要工具，可以使用它来创建图层，重命名图层，设置当前图层，指定图层特性，打开和关闭图层，冻结和解冻图层，锁定和解锁图层等。"图层控制"面板是图层操作的另一个便捷工具，可用来切换当前图层、修改对象图层及控制图层状态等。

项目 5 创建文字（数字）

项目概述

文字（数字）标注是市政工程制图的重要组成部分。一般地，市政工程图中，设计、施工说明、图名和比例以及标题栏等都需要用文字（数字）注写具体内容。

本项目任务：
- 设置文字样式
- 创建单行文字
- 创建多行文字
- 编辑文字

任务 5.1　设置文字样式

任务描述

使用 AutoCAD 创建文字，首先需创建文字样式。本任务的主要内容有：

1. 学习工程制图标准有关字体书写的要求。
2. 根据工程制图规范要求设置文字（数字）属性，包括字体文件、字型、字高、字体的宽度系数等参数。
3. 利用 Style 命令创建新的文字样式，也可以修改已有的文字样式。

码 5-1　设置文字样式

学习支持

1. 工程制图字体的规定

工程图样中的字体一般包括汉字、字母和数字，《道路工程制图标准》GB 50162—92、

《房屋建筑制图统一标准》GB/T 50001—2017 及《技术制图 字体》GB/T 14691—93 中对工程图纸上字体及书写方法都有具体规定,图纸上所需书写的文字、数字、字母、符号等应做到笔画清晰、字体端正、排列整齐,标点符号清楚正确。

工程图样中字体的高度即为字号,字高尺寸系列为 2.5mm、3.5mm、5mm、7mm、10mm、14mm、20mm,如采用 Ture Type 字体,字高系列为 3mm、4mm、6mm、8mm、10mm、14mm、20mm。汉字的字高不得小于 3.5mm,字母和数字的字高应不小于 2.5mm。当采用更大的字体时,其字高应按 $\sqrt{2}$ 的倍数递增。

(1)汉字

图样及说明中的汉字,宜采用长仿宋体字,并应采用国家正式公布的简化字。长仿宋体高宽比宜为 0.7,且应符合表 5-1 的规定。大标题、图册封面、地形图等的汉字,也可书写成其他字体,但应易于辨认,其宽高比宜为 1。

长仿宋体字体的高宽关系(mm)   表 5-1

字号(字高)	20	14	10	7	5	3.5
字宽	14	10	7	5	3.5	2.5

(2)字母与数字

图纸中使用字母和数字,宜采用拉丁字母、阿拉伯数字和罗马数字。图样及说明中的字母、数字宜优先采用 Ture Type 字体中的 Roman 字型,大写字母的宽度宜为字高的 2/3;小写字母的高度应以 b、f、h、p、g 为准,字宽宜为字高的 1/2,a、m、n、o、e 的字宽宜为上述小写字母高度的 2/3。

在同一册图样中,数字和字母可以按需要写成直体或斜体,直体笔画的横与竖应成 90°;斜体字字头向右倾斜,与水平基准线成 75°。数字、字母与汉字同行书写时,宜写成直体,采用小一号或二号。字体书写示例如图 5-1 所示。

当图中有需要说明的事项时,宜在每张图的右下角、图标上方加以叙述。该部分文字应采用"注"标明,"注"字应写在叙述事项的左上角。每条注的结尾应标以句号。

说明事项需要划分层次时,第一、二、三层的编号应分别用阿拉伯数字、带括号的阿拉伯数字及带圆圈的阿拉伯数字标注。

当表示数量时,应采用阿拉伯数字书写。如三千零五十毫米应写成 3050mm,三十二小时应写成 32h。分数不得用数字与汉字混合表示。如五分之一应写成 1/5,不得写成 5 分之 1。不够整数位的小数数字,小数点前应加 0 定位。

(3)图样中字体使用

一般图形中的文字及数字可选择较小的字体;图名、标题应选择大些的字体。表 5-2 推荐了一些字体常用大小的使用范围,供参考。

图 5-1　字体书写示例

图样中字体的使用　　　　　　　　　　　　表 5-2

图样中的使用范围	推荐使用的字号
尺寸、标高	3.5
详图引出的文字说明 图名右侧的比例数字 剖视、断面名称代号 图标中的文字 一般文字说明	3.5、5
表格的名称 图名	5、7
各种图的标题 图标中的文字	7、10
大标题或封面标题	14、20

2. AutoCAD 中设置文字样式

AutoCAD 中提供了"文字样式"对话框，通过这个对话框可以创建工程图样中所需要的文字样式，或是对已有的文字样式进行编辑。

调出"文字样式"对话框的方式有 3 种：

- 功能区：单击"默认"选项卡→"注释"面板→"文字样式"图标按钮 A。
  或单击"注释"选项卡→"文字"面板→"文字样式"按钮 。
- 命令行：输入 style（st）。

- 下拉菜单：选择"格式"→"文字样式"。

执行命令后，系统弹出"文字样式"对话框，如图 5-2 所示。

对话框包括以下几项内容：

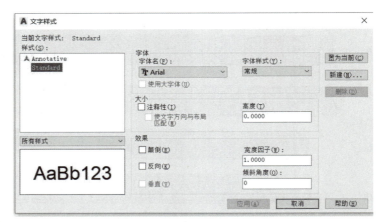

图 5-2 "文字样式"对话框

（1）当前文字样式

对话框中显示当前的文字样式为"Standard"，是系统默认的字体样式，对应的字体是"Arial"，高度为 0，宽度因子为 1，Standard 字体样式不能被删除。

（2）"样式"列表框

"样式"列表框内显示当前图形文件中所用的字体样式，可以选择要使用或编辑的文字。

（3）"字体"选项区

"字体"选项区用于改变文字样式的字体。

"字体名"下拉列表框中列出了当前系统中所有可用的字体，在 AutoCAD 中可以使用两种类型的文字：AutoCAD 专用的形（SHX）字体和 Windows 自带的 True Type 字体。形（SHX）字体文件的后缀是"shx"，Ture Type 字体的后缀是"ttf"；工程制图中常用的形字体有"gbenor.shx""gbeitc.shx"，前者是正体，后者是斜体。当在"字体名"下拉列表框中选择了扩展名为"shx"的字体，才可以使用大字体。

"字体样式"下拉列表框仅对 True Type 字体有效，主要用于指定字体的字符格式。

"使用大字体"复选框启用时，"字体样式"列表框变成"大字体"列表框，用户可以设置大字体字型。工程制图中常使用符合我国国家标准的大字体工程汉字字体 gbcbig.shx、hztxt.shx 等，其宽高比已处理为 0.7。

（4）"大小"选项区

"高度"文本框用于设置文字的高度。一般地，在"高度"文本框里输入"0"，这样系统会在每一次用 text 命令输入文字时提示输入字高，用户可以根据具体需要设置不同的字高；如果字高值大于 0，这个数值就作为创建文字时的固定字高，在用 text 命令输入文字时，系统不再提示输入字高。

（5）"效果"选项区

"效果"选项区里有"颠倒""反向""垂直""宽度因子""倾斜角度"选项，可根据需要进行设置。

"宽度因子"是经常需要设置的选项。根据表 5-1 中文字宽高比的要求，"宽度因子"通常设置为 0.7。

如果需要书写斜体数字及字母，可设置"倾斜角度"，角度为 0°时不倾斜，为正时向右倾斜，为负时向左倾斜。根据工程制图规范，书写斜体数字及字母时，应在"倾斜角度"文本框中输入 15。

（6）"置为当前"按钮

在"样式"列表框中选择一个文字样式，然后单击 置为当前(C) 按钮，把选中的文字样式设为当前样式。

（7）"新建"按钮

在市政工程制图中，除系统提供的"Standard"字体样式外，还需使用到多种字体样式。可以根据需要新建字体样式，单击 新建(N)... 按钮，弹出"新建文字样式"对话框，如图 5-3 所示，默认样式名为"样式 1"，也可在"样式名"文本框中输入新建的文字样式名。

（8）"删除"按钮

在样式列表框中单击选中的一个文字样式，然后单击 删除(D) 按钮，删除选中的文字样式。当前文字样式和当前图形已被使用过的文字样式不能删除。

（9）文字样式重命名

在"样式"列表框中，用鼠标左键连续单击 3 次需要重命名的文字样式，此时文字样式名变为文本框的形式，可以给文字样式重命名。

图 5-3 "新建文字样式"对话框（一）

> 说明："置为当前""重命名""删除"的操作还可以用鼠标快捷菜单的方式：在"样式"列表框中用鼠标单击要操作的文字样式，单击鼠标右键，出现快捷菜单，如图 5-4 所示，可以对选中的文字样式进行相关操作。
>
> 被"置为当前"或当前图形正在使用的文字样式不能被删除，快捷菜单中以灰色显示。

图 5-4 快捷菜单

学习活动　设置和修改市政工程制图中的文字样式

学习目标

1. 熟练按照市政工程制图规范要求设置 AutoCAD 文字样式。
2. 熟练修改已有文字样式。

活动描述

1. 设置市政工程图样中的两种文字样式："汉字""数字和字母"。
2. 修改已设置好的"数字和字母"文字样式。

任务实施

1. 设置"汉字"文字样式

图 5-5　"新建文字样式"对话框（二）

（1）调出"文字样式"对话框，如图 5-2 所示。

（2）单击 新建(N)... 按钮，弹出"新建文字样式"对话框，在"样式名"文本框输入"汉字"，如图 5-5 所示。单击 确定 按钮，返回"文字样式"对话框，进行"汉字"文字样式的设置。

在"字体名"下拉列表框中选择"T 仿宋"字体，在"字体样式"下拉列表框中选择"常规"样式。在"高度"文本框中取默认值 0，在"宽度因子"文本框中输入"0.7"，其他使用默认设置，如图 5-6 所示。

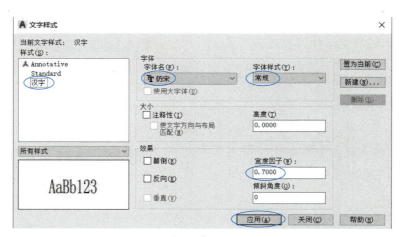

图 5-6　"汉字"文字样式设置

(3) 观察预览区效果,单击 应用(A) 按钮,完成"汉字"文字样式设置。

2. 设置"数字和字母"文字样式

(1) 单击 新建(N)... 按钮,弹出"新建文字样式"对话框,在"样式名"文本框输入"数字和字母",单击 确定 按钮,返回"文字样式"对话框,进行"数字和字母"文字样式的设置。

(2) 在"字体名"下拉列表框中选择"gbenor.shx",启用"使用大字体"复选框,在"大字体"列表框中选择"gbcbg.shx"字体。在"高度"文本框中取默认值 0,在"宽度因子"文本框中输入"1.0000",其他使用默认设置,如图 5-7 所示。

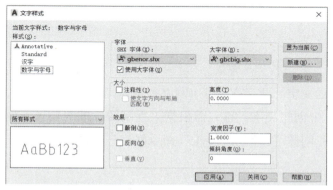

图 5-7 "数字和字母"文字样式设置

提醒:对于"gbcbig.shx"字形本身就是长仿宋体,其宽高比已处理为 0.7,此处在"宽度因子"文本框内保持默认值"1.0000"即可。

(3) 观察预览区效果,单击 应用(A) 按钮,完成"数字和字母"文字样式设置。

3. 修改"数字与字母"文字样式,将 SHX 字体改为 Ture Type 字体中的 Roman 字型

图样及说明中的字母、数字也可采用 Ture Type 字体中的 Roman 字型,字型中宽高比已做处理,"文字样式"对话框中宽度因子保持默认"1.0000"即可。

(1) 打开"文字样式"对话框。

(2) 在"样式"列表框中单击选中"数字和字母"文字样式。

(3) 不勾选"使用大字体"复选框,在"字体名"下拉框中选择 Ture Type 字体中的"Romantic"字体,在"字体样式"下拉框中有"常规""斜体""粗体" 3 个选项,此处可选"常规",其他设置保持不变,如图 5-8 所示。

提醒:字体名前有 T 符号的为 Ture Type 字体。

(4) 观察预览区效果,单击 应用(A) 按钮,完成"数字和字母"文字样式的修改。

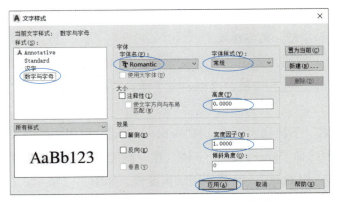

图 5-8 修改"数字和字母"文字样式

任务小结

市政工程图中的文字、数字或符号书写必须符合国家制图标准中关于文字及数字标注的要求。AutoCAD 中创建文字,首先需根据工程制图标准的要求,使用"style"命令设置若干种文字样式;同样可以使用"style"命令修改已有文字样式。

【技能提高】

将文字样式"置为当前",除按照前面介绍的方法外,还可以在通过"默认"选项卡→"注释"面板→"文字样式"下拉框,或"注释"选项卡→"文字"面板→"文字样式"下拉框进行操作。"文字样式"下拉框中列出了所有文字样式,单击要置为当前的文字样式,如图 5-9 所示,选择"汉字"样式,"汉字"文字样式即置为当前。这种方法操作比较简便。

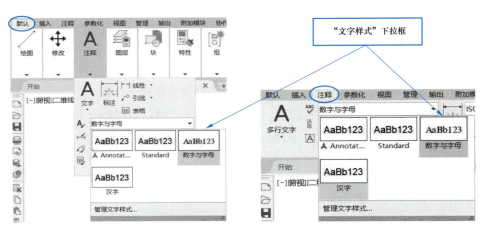

图 5-9 "文字样式"下拉框

任务 5.2 创建单行文字

任务描述

单行文字输入适合于不需要使用多种字体的简短文字标注，如"图名"等。本任务通过使用 text 或 dtext 命令在图形中创建单行文字对象。单行文字的标注在市政工程制图中经常应用。

码 5-2 创建单行文字

学习支持

常用的调用"单行文字"命令的方式有 3 种：
- 功能区：选择"默认"选项卡→"注释"面板→"文字"→"单行文字"图标按钮 A 单行文字 或"注释"选项卡→"文字"面板→"文字"→"单行文字"图标按钮 A 单行文字。
- 命令行：输入 text 或 dtext（dt）。
- 菜单栏：选择"绘图"→"文字"→"单行文字"。

调用"单行文字"命令后，执行过程如下：

```
命令：dtext
当前文字样式：Standard 当前文字高度：2.5000      （系统提示当前文字样式信息）
指定文字的起点或［对正（J）/样式（S）］：
                        （指定文字的起点或输入选择括号中的选项字母）
指定高度 <2.5000>：            （输入文字的高度，尖括号内数字为当前值）
指定文字的旋转角度：<0>         （默认为 0，直接按回车或输入新值）
```

输入旋转角度或者接受默认的角度后按 Enter 键，出现等待输入文字的光标，开始输入文字。

> **说明**：在执行一次"单行文字"命令时，只能创建同一字高和同一旋转角度的文字。创建过程中可通过鼠标移动光标点击，随时改变插入点的位置。输入一行后，可以进行换行，每换一行，需要用光标重新拾取一个新的起始位置；也可以按 Enter 键连续输入多行文本，但每行文字都是独立的对象，可以根据需要调整其格式、内容或位置。

若要结束 dtext 命令，可按两次 Enter 键。
命令行出现的提示信息"指定文字的起点或［对正（J）/样式（S）］："，括号里选项的意义如下：

- 对正（J）选项用来确定标注文本的排列方式和排列方向。

> 指定文字的起点或 [对正（J）/样式（S）]：j　　　（选定"对正（J）"选项，回车）
> 输入选项 [对齐（A）/调整（F）/中心（C）/中间（M）/右（R）/左上（TL）/中上（TC）/右上（TR）/左中（ML）/正中（MC）/右中（MR）/左下（BL）/中下（BC）/右下（BR）/]：　　　（可根据需要输入选项字母）

系统默认为左对齐方式。

- 样式（S）选项用来选择单行文字样式。

> 指定文字的起点或 [对正（J）/样式（S）]：s　　　（选定"样式（S）"选项，回车）
> 输入样式名或 [？]：　　　（输入要采用的文字样式名，如"汉字"；回车）
> 指定文字的起点或 [对正（J）/样式（S）]：　　　（指定文字起点）

学习活动　用"单行文字"填写图框标题栏

学习目标

1. 熟练使用"单行文字（dtext）"命令创建简短文字。
2. 熟练选择文字样式、大小、对齐方式。

活动描述

如图 5-10 所示为学生作业用的图框标题栏。按图中尺寸绘制该标题栏，并按照要求填写标题栏。"学校名称"为 7 号字，"图名"为 10 号字，其余为 5 号字。图中尺寸不需标注。

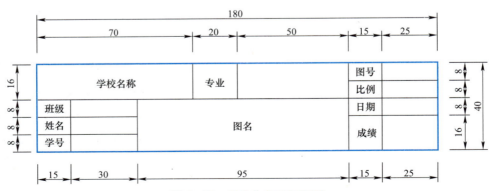

图 5-10　学生作业用标题栏

🔖 任务实施

1. 绘制标题栏

使用"直线（line）""偏移（offset）""修剪（trim）"等命令按照图示尺寸绘制标题栏，外框线宽设为 0.4。绘制过程略。

2. 选择文字样式

如图 5-9 所示，点击"文字样式"下拉框，选择"汉字"，将"汉字"文字样式置为当前。

3. 用"单行文字"命令 dtext 注写文字

为方便注写单行文字时的对正，标题栏各框内画上对角线作为"对正"辅助线，如图 5-11 所示。

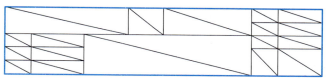

图 5-11 绘制"对正"辅助线图

（1）注写"学校名称"。

命令：_dtext
当前文字样式："汉字"当前文字高度：2.5000　　　　（系统提示当前文字样式信息）
指定文字的起点或 [对正（J）/样式（S）]：j　　　（选定"对正（J）"选项，回车）
输入选项 [对齐（A）/调整（F）/中心（C）/中间（M）/右（R）/左上（TL）/中上（TC）/右上（TR）/左中（ML）/正中（MC）/右中（MR）/左下（BL）/中下（BC）/右下（BR）/]：mc　　　　　　　（采用"正中（MC）"对正方式）
指定文字的中间点：　　　（在"学校名称"栏绘图，拾取辅助线中点，如图 5-12 所示）
指定高度<2.5000>：7　　　　　　　　　　　　　　（输入文字的高度）
指定文字的旋转角度：<0>　　　　　　　　　　　　（回车接受默认值）

在屏幕上光标闪烁处输入"学校名称"字，按两次 Enter 键结束命令，结果如图 5-13 所示。

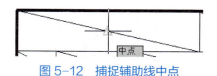

图 5-12 捕捉辅助线中点

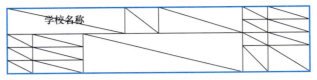

图 5-13　输入文字"学校名称"

（2）注写"图名"。

再次调用"单行文字"命令（在完成步骤（1）后可直接回车）

```
DT 指定文字的起点或 [对正（J）/样式（S）]：j          （选定"对正"选项，回车）
输入选项
对齐（A）/布满（[F）/居中（C）/中间（M）/右对齐（R）/左上（TL）/中上（TC）/
右上（TR）/左中（ML）/正中（MC）/右中（MR）/左下（BL）/中下（BC）/右下
（BR）]：mc                                       （采用"正中"对正方式）
指定文字的中间点：                （在"学校名称"栏绘图拾取辅助线中点）
指定高度 <7.0000>：10                              （输入文字的高度）
指定文字的旋转角度：<0>                            （回车接受默认值）
```

在屏幕上光标闪烁处输入"图名"字，按两次 Enter 键结束命令，结果如图 5-14 所示。

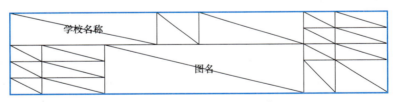

图 5-14　输入文字"图名"

（3）同样方法注写其他文字。完成所有文字注写后，删除辅助线，结果如图 5-10 所示（不含图中尺寸标注）。任务完成后保存文件。

> **说明**：使用"单行文字（text）"命令，输入一行文字后，按 Enter 键一次会开始新一行的单行文字；按 Enter 键两次则结束"text"命令。"单行文字 text"命令创建的每行文字都分别是独立的文字对象，如果对它们进行编辑，需要分别进行。

任务小结

采用"单行文字（dt）"命令注写同一字体、同一字高、同一旋转角度的简短文字，显得比较方便。使用该命令时，需注意正确理解文字"对正"方式的含义。

知识链接

特殊字符的输入

AutoCAD 中输入文字时,特殊字符的输入有两种方式:

(1)使用如表 5-3 中所示字符代码输入。

特殊符号的代码及含义　　　　　　　　　　表 5-3

字符输入	代表字符	说明
%%c	φ	Ⅰ级钢筋符号、直径符号
%%p	±	正负符号
%%d	°	度

(2)与"Word""WPS"等文字处理软件中相同,使用输入法的软键盘输入有关特殊字符。

任务 5.3　创建多行文字

任务描述

多行文字输入适合于书写字数较多、格式较复杂的成段文字,如市政工程图中的设计要求、施工说明等。本任务是使用"多行文字(mtext)"命令创建文字。

码 5-3　创建多行文字

学习支持

多行文字的标注是在指定的矩形区域内以段落的方式标注文字,可以根据设置的文本宽度自动换行,用该命令创建的多行文字是一个对象。

调用"多行文字"命令的方式常用的有 3 种:

- 功能区:选择"默认"选项卡→"注释"面板→"多行文字"图标按钮 A 多行文字 或"注释"选项卡→"文字"面板→"多行文字"图标按钮 A 多行文字。
- 命令行:输入 mtext(mt)。
- 菜单栏:选择"绘图"→"文字"→"多行文字"。

调用"多行文字"命令后,执行过程如下:

```
命令:mtext
当前文字样式:"Standard"　　文字高度:2.5 注释性:否
```

指定第一角点：　　　　　　　　　　　　　（指定文字输入区的第一个角点）
指定对角点或 [高度（H）/ 对正（J）/ 行距（L）/ 旋转（R）/ 样式（S）/ 宽度（W）/ 栏（C）]：
　　　　　　　　　　　　　　　　（指定文字输入区的第二个角点或输入选项）

说明："指定对角点"是默认选项，也是最常用选项，其他括号内选项通常不在此处设置，而在执行完"指定对角点"后弹出的"文字格式"工具栏和多行文字编辑器中设置。

图 5-15　指定对角点

指定对角点如图 5-15 所示，AutoCAD 将在这两个对角点形成的矩形区域中标注多行文字，矩形区域的宽度就是多行文字的宽度。当指定了对角点后，功能区激活了"文字编辑器"上下文选项卡，如图 5-16 所示，使用"样式""格式""段落""插入"等面板上的选项可以进行多行文字的设置。

图 5-16　"文字编辑器"上下文选项卡

多行文字编辑器与 Word、WPS 等文字处理软件的界面、功能类似，各面板主要功能如下。

（1）"样式"面板

主要控制文字样式和文字高度。

- "文字样式"下拉框：选择已经设置好的文字样式，如图 5-17（a）所示。
- "文字高度"下拉框：为新的或选定的文字设置高度，可以从列表框中选择已经设置过的字高，也可以在文本编辑框中直接输入字高，如图 5-17（b）所示。

（2）"格式"面板

控制文字粗体、斜体、下划线、上划线、文字堆叠，以及文字的字体、颜色及图层。

- "堆叠"按钮：用于标注分数、上下标等堆叠文字。选中需堆叠字符，图标按钮被激活，单击该按钮，表 5-4 中列出了 AutoCAD 提供的两种分数形式及上下标的输入方法及堆叠效果。

项目 5 创建文字（数字） 163

文字堆叠效果 表 5-4

堆叠前	1/100	1#100	x^y	xy^
堆叠后	$\dfrac{1}{100}$	$1/100$	x_y	x^y

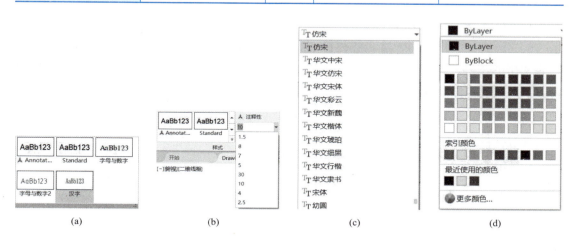

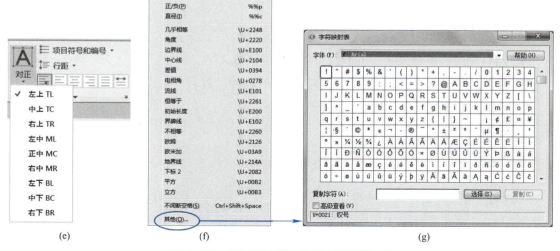

图 5-17 "文字格式"对话框中有关设置

（a）"文字样式"下拉框；（b）"文字高度"下拉框；（c）"字体"下拉框；（d）"颜色"下拉框
（e）"对正"下拉框；（f）符号列表；（g）字符映射表

• "字体"下拉框：选择系统中给出的各种字体，指定新文字的字体或更改选定文字的字体，如图 5-17（c）所示。

• "颜色"下拉框：选择多行文字的颜色。直接从下拉框中指定所需颜色，如图 5-17（d）所示。

（3）"段落"面板

控制多行文字的对正方式、行距及项目符号或编号。

- "对正"下拉框：列出了段落的 9 种对正方式，如图 5-17（e）所示。

（4）"插入"面板

其可以插入符号、分栏及字段等功能变量。

- "符号"按钮：用于输入各种符号。单击该按钮，弹出"符号列表"，表中列出了一些常用的符号，如图 5-17（f）所示。如单击"其他（Q）…"选项，弹出的"字符映射表"对话框将提供更多的符号，如图 5-17（g）所示。

（5）"选项"面板

其包括标尺、字符集及编辑器设置。

- 显示"标尺"按钮：控制标尺是否显示。

（6）各项设置完成后，在文字编辑框输入文字，单击"关闭文字编辑器"图标按钮，完成多行文字的输入。

学习活动　使用"多行文字"创建文字

学习目标

1. 熟练使用"多行文字（mtext）"命令创建多行文字。
2. 熟练使用"文字编辑器"进行多行文字的各种设置。

活动描述

使用多行文字命令，创建如图 5-18 所示文字。

> 要求：第一行文字为 7 号字，其他行字号为 5 号字。汉字为长仿宋体，字母与数字为 Ture Type 字体 "Time New Roman" 字型。

（一）上部结构

1. 板梁形式

采用先张法预应力空心板梁，板梁长度为 12.96m，梁高分别为 0.62m 和 0.82m。当纵坡 $i \geq 1.0\%$ 时，板梁梁端作铅垂处理。

2. 材料

普通钢筋采用：HRB400 钢筋；屈服强度标准值 f_{yk}=400MPa，弹性模量 E_s=2×10^{5}N/mm^2。

图 5-18　创建多行文字

项目 5　创建文字（数字）　165

任务实施

1. 调用"多行文字"命令。

> 命令：mtext　当前文字样式："Standard"　文字高度：2.5　注释性：否
> 指定第一点：　　　　　　　　　　　　　　　（指定文字输入区的第一个角点）
> 指定对角点或 [高度（H）/对正（J）/行距（L）/旋转（R）/样式（S）/宽度（W）/栏（C）]：　　　　　　　　　　　　　　　（指定文字输入区的第二个角点）

2. 弹出"文字编辑器"上下文选项卡，在"样式"面板→"文字样式"下拉框中选择先前已设置好的"汉字"样式（Ture Type 字体"仿宋"），"字高"下拉框中选择或直接输入"7.0000"，如图 5-19 所示。

3. 在编辑框中输入第一行，如图 5-20 所示，回车，光标另起一行。

图 5-19　选择文字样式、字高　　　　图 5-20　在编辑框中输入文字

4. 在"字高"下拉框中选择或直接输入"5.0000"，在"段落"面板右下角点击"段落"对话框激活按钮，弹出"段落"对话框，如图 5-21 所示，在"左缩进"选项区的"第一行"文本框输入"7"，在"悬挂"文本框里输入"12"，设置完毕，按"确定"按钮；返回多行文字编辑器，标尺变化如图 5-22 所示。

图 5-21　"段落"对话框

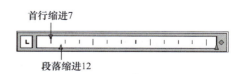

图 5-22　设置段落后的标尺

5. 在"段落"面板→ 项目符号和编号 ▼ 下拉选项中勾选 **以数字标记**按钮，如图5-23（a）所示。输入如图5-23（b）所示文字，回车。

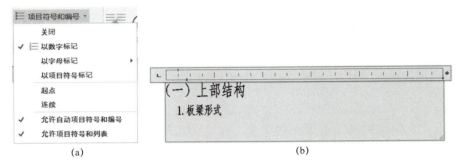

图 5-23　段落项目符号和编号

6. 在 项目符号和编号 ▼ 下拉选项中，勾选"关闭"选项。

7. 调出"段落"对话框，在"悬挂"文本框里输入"0"，按"确定"按钮；返回多行文字编辑器，观察标尺变化，输入第一段文字，如图5-24所示。

8. 用同样方式输入余下文字，如图5-25所示。

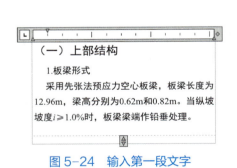

图 5-24　输入第一段文字　　　　图 5-25　输入第二段文字

提示：第二段文字中，数字或字母上、下标的注写方法见表5-4。

9. 拖动标尺右端的菱形图标◇，调整编辑框宽度，如图5-26所示。

10. 全选所输入的文字，在"格式"面板→"字体"下拉框中选择"Ture Type"字体"Time New Roman"字型，观察文字中数字、字母的变化；将"f_{sk}""E_s"设置为斜体。

11. 单击"关闭文字编辑器"图标按钮✓，完成多行文字的输入，效果如图5-18所示。

项目 5　创建文字（数字）　167

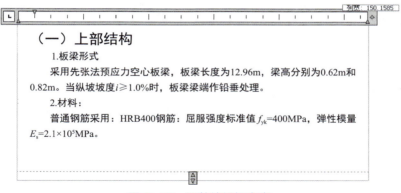

图 5-26　调整编辑框宽度

【任务小结】

"多行文字编辑器"是 AutoCAD 中创建多行文字的工具，其功能类似于"Word""WPS"等文字编辑软件。通过本学习活动，掌握调用"多行文字（mtext）"命令的方法，熟悉其常用的基本功能，其他功能可在今后的工程制图中应用。

任务 5.4　编辑文字

【任务描述】

对于市政工程 CAD 图中用单行文字和多行文字创建的文字，不可能一次就达到要求，有时需要进行修改。本任务是对用 Auto CAD 创建的单行文字和多行文字对象进行有关编辑。

码 5-4　编辑文字

【学习支持】

AutoCAD 中可以对已创建的单行文字或多行文字进行修改，如修改文字内容、文字样式、位置、方向、大小、对正等。

调用"编辑文字"命令的常用方式有：

- 直接双击需要修改的文字对象。
- 命令行：输入 ddedit（ed）。
- 菜单栏：选择"修改"→"对象"→"文字"→"编辑"。

调用"编辑文字"命令后，即可进行在位编辑。如是多行文字，则激活"文字编辑器"上下文选项卡。命令行执行过程如下：

```
命令：_ddedit
TEXTEDIT
当前设置：编辑模式 = Multiple
选择注释对象或[放弃(U)/模式(M)]
                    (光标变为拾取框，用拾取框单击需要修改的文字对象)
```

学习活动 5.4.1　编辑单行文字

学习目标

掌握单行文字的编辑方法。

活动描述

在"任务 5.2　创建单行文字"中，在图框标题栏中创建了单行文字"学校名称"，现需作如下修改：

（1）将"学校名称"改为"××建设管理职业技术学院"；
（2）将 7 号字改为 5 号字。

任务实施

1. 将"学校名称"改为"××建设管理职业技术学院"

打开任务 5.2 中保存的文件，调用"编辑文字"命令。

```
命令：_ddedit
选择注释对象或[放弃(U)]：
    (光标变为拾取框，用拾取框单击单行文字"学校名称"，如图 5-27 所示，"学校名称"反显成文本框的形式，输入"××建设管理职业技术学院"，按回车键确认)
选择注释对象或[放弃(U)]：　(继续修改下一文本对象，按两次回车键，结束命令)
```

图 5-27　修改文字内容

提示：修改文字内容也可在屏幕上双击需修改的文字，当所选文字反显成文本框形式时，即可进行修改。

2. 将 7 号字改为 5 号字

（1）单击 AutoCAD 界面的状态栏中"快捷特性"切换按钮▣，使之处于打开状态。

（2）单击单行文字"××建设管理职业技术学院"，屏幕上弹出"文字属性"窗口，如图 5-28 所示，在"高度"栏中将"7"改为"5"，效果如图 5-29 所示。

图 5-28　利用"快捷特性"选项修改文字高度图　　　图 5-29　将 7 号字改成 5 号字

> **说明**：如图 5-28 所示，在"快捷特性"窗口中还可以修改选中文字的图层、内容、样式、对正、旋转等特性；如需编辑更多特性，可按快捷键"Ctrl+1"，在弹出的"特性"选项板进行修改。

> **技能提高**：编辑已有单行文字比创建单行文字要方便快捷。因此，在创建多个特性近似的简短文字时，可以在某个位置先创建一个单行文字对象，然后将其复制到其他位置，通过编辑修改成所需内容。在任务 5.2 中，读者采用此种方法可提高创建效率。

学习活动 5.4.2　编辑多行文字

掌握多行文字的编辑方法。

📖 任务实施

1. 打开任务 5.3 保存的文件，调用"编辑文字"命令，或双击多行文字，激活"文字编辑器"上下文选项卡，文本编辑框里显示多行文本的全部内容。

```
命令：_ddedit
选择注释对象或［放弃（U）］：　　　　（光标变为拾取框，用拾取框单击多行文字）
```

2. 按快捷键"Ctrl+1"，选中文本编辑框中的全部多行文字，在"格式"面板→"字体"下拉框中选择"黑体"，如图 5-30 所示。

图 5-30　改变多行文字"字体"样式

3. 再次全选已修改字体的多行文字，在"文字格式"工具栏里将"追踪"文本框里输入"1.2"以加大字符间距，如图 5-31 所示。完成编辑，单击"关闭文字编辑器"按钮。

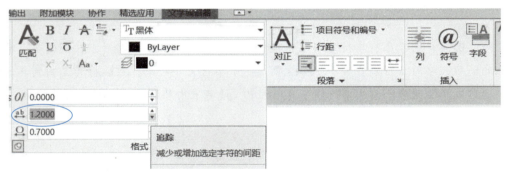

图 5-31　加大文字间距

任务小结

AutoCAD 绘图过程中，经常需要对用"单行文字"或"多行文字"命令创建的文字进行修改。可以调用编辑命令来编辑文字，也可以使用"特性"选项板或"快捷特性"来编辑单行文字或多行文字。

【技能提高】

AutoCAD 2021 还提供了采用"字段"的方式注写文字。字段也是文字，字段等价于可以自动更新的"智能文字"，当字段所代表的文字或数据发生变化时，不需要手工去修改它，字段会自动更新。关于字段的用法，有兴趣的读者可按"F1"功能键，调出如图 5-32 所示的 AutoCAD"帮助"文件，自行进一步学习。

图 5-32　AutoCAD"帮助"文件

项目 6 尺寸标注

项目概述

尺寸是道路、桥梁等市政施工图的重要组成部分，是现场施工的主要依据之一。绘制图形的根本目的是反映对象的形状，而图形中各个对象的真实大小和相互位置只有经过尺寸标注后才能精确表达出来。AutoCAD 提供了多种方式的尺寸标注及编辑方法，可以轻松完成图纸中要求的尺寸标注。本项目主要学习如何创建尺寸标注样式，选择适用的尺寸标注命令准确、规范、快速进行图形尺寸标注。

本项目的任务有：
- 创建尺寸标注样式
- 线性尺寸标注（线性标注、对齐标注、基线标注、连续标注）
- 径向尺寸标注（半径标注、直径标注）
- 角度和弧长标注
- 引线标注
- 尺寸标注的编辑

任务 6.1　创建尺寸标注样式

任务描述

在 AutoCAD 中，使用标注样式可以控制标注的格式和外观，建立强制执行的绘图标准，有利于对标注格式及用途进行修改。本任务根据《道路工程制图标准》GB 50162—92 中对尺寸标注的相关规定，创建尺寸标注样式。

码 6-1　创建尺寸标注样式

【学习支持】

1. 尺寸标注的相关规定

（1）尺寸标注的组成

工程图样中完整的尺寸标注应由尺寸界线、尺寸线、尺寸起止符和尺寸数字 4 个部分组成，如图 6-1 所示。标注还包括引线、半径（直径）、弧长、角度等。

1）尺寸界线

尺寸界线应用细实线绘制，起点一端应靠近所标注的图形轮廓线，通常起点偏移量为 2mm；另一端宜超出尺寸线 1～3mm。图形轮廓线、中心线也可作为尺寸界线。尺寸界线一般应与被标注长度垂直；当标注困难时，也可不垂直，但尺寸界线应相互平行，如图 6-2 所示。

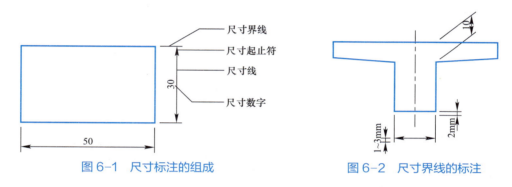

图 6-1　尺寸标注的组成　　　　　图 6-2　尺寸界线的标注

2）尺寸线

尺寸线应用细实线绘制，尺寸线必须与被标注长度平行，且不应超出尺寸界线，任何其他图线均不得作为尺寸线。相互平行的尺寸线应从被标注的图形轮廓线由近向远排列，分尺寸线应离轮廓线近，总尺寸线应离轮廓线远。平行尺寸线间的间距可在 5～15mm 之间，如图 6-3 所示。

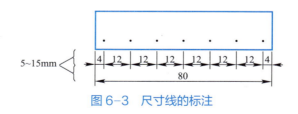

图 6-3　尺寸线的标注

3）尺寸起止符

尺寸起止符宜采用单边箭头表示，箭头在尺寸界线的右边时，应标注在尺寸线之上；反之，应标注在尺寸线之下。尺寸起止符也可用中粗斜短线绘制，其倾斜方向应与尺寸界线呈顺时针 45°角，长度宜为 2～3mm，如图 6-4（a）所示；在连续表示的小尺寸中，也可在尺寸界线同一水平的位置，用黑圆点表示尺寸起止符，如图 6-4（b）所示。

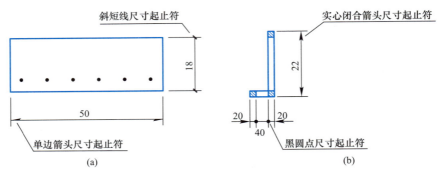

图 6-4　尺寸要素的标注

> **说明**：在道路、桥梁工程图中，尺寸起止符通常也可采用实心闭合箭头，如图 6-4（b）所示，下文中均采用实心闭合箭头表示尺寸起止符。

4）尺寸数字

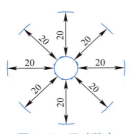

图 6-5　尺寸数字（文字）的标注

尺寸数字应按规定的字体书写，字高一般为 3.5mm 或 2.5mm，同一张图样上，尺寸数字的大小应相同。尺寸数字宜标注在尺寸线上方中部。当标注位置不足时，可采用反向箭头。最外边的尺寸数字，可标注在尺寸界线外侧箭头的上方，中部相邻的尺寸数字可错开标注，如图 6-4（b）所示。任何图线不得穿过尺寸数字。

尺寸数字（文字）的方向应按图 6-5 的规定注写。

5）引线标注

引线的斜线与水平线应采用细实线，其交角可为 90°、120°、135°、150°。文字说明宜注写在水平线上方，也可注写在水平线的端部。当斜线在一条以上时，各斜线宜平行或交于一点，如图 6-6 所示。

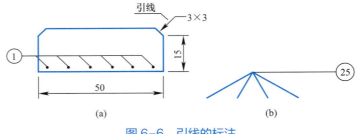

图 6-6　引线的标注

6）半径与直径标注

半径与直径可按图 6-7（a）标注。当圆的直径较小时，半径与直径可按图 6-7（b）

标注；当圆的直径较大时，半径尺寸的起点可不从圆心开始（图6-7c）。半径和直径的尺寸数字前应标注"r（R）"或"d（D）"。

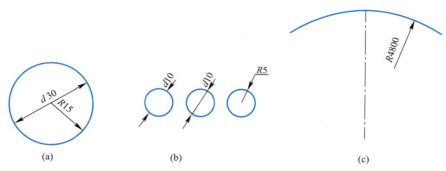

图6-7 半径与直径的标注

7）弧长与弦长的标注

圆弧尺寸宜按图6-8（a）（弧长对应的圆心角小于90°）标注。当弧长分为数段标注时，尺寸界线也可沿径向引出，如图6-8（b）所示（弧长对应的圆心角大于等于90°）。弦长的尺寸界线应垂直该圆弧的弦，如图6-8（c）所示。

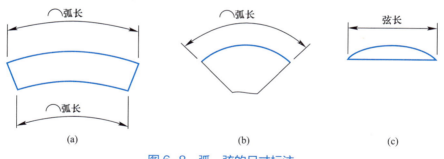

图6-8 弧、弦的尺寸标注

8）角度的标注

标注角度时，其数值宜写在尺寸线上方中部。当角度很小时，可将尺寸线标注在角的两条边的外侧，如图6-9所示。

9）尺寸的简化画法

尺寸的简化画法应符合下列规定：

• 连续排列的等长尺寸可采用"间距数乘间距尺寸"的形式标注，如图6-10所示。

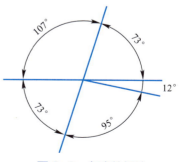

图6-9 角度的标注

• 两个相似图形可仅绘制一个。未示出图形的尺寸数字可用括号表示。如有数个相似图形，当尺寸数值各不相同时，可用字母表示，其尺寸数值应在图中适当位置列表示出，见表6-1。

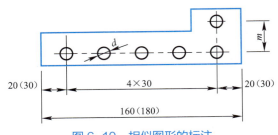

图 6-10 相似图形的标注

尺 寸 表　　　　　　　　　　　　表 6-1

编号	尺寸	
	m	d
1	25	10
2	40	20
3	60	30

10）标高标注

标高符号应采用细实线绘制的等腰三角形表示。三角形高 2～3mm，底角为 45°。顶角应指至被注的高度，顶角向上、向下均可。标高数字宜标注在三角形的右边。负标高应冠以"－"号，正标高（包括零标高）数字前不应冠以"＋"号。当图形复杂时，也可采用引出线形式标注（图 6-11）。

水位符号应由数条上长下短的细实线及标高符号组成。细实线间的间距宜为 1mm，如图 6-12 所示。

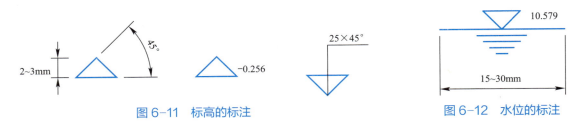

图 6-11　标高的标注　　　　　　　　　图 6-12　水位的标注

11）坡度的标注

当坡度值较小时，坡度的标注宜用百分率表示，并应标注坡度符号。坡度符号应由细实线、单边箭头以及在其上标注百分数组成。坡度符号的箭头应指向下坡。当坡度值较大时，坡度的标注宜用比例的形式表示，例如 $1:n$，如图 6-13 所示。

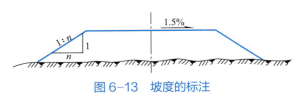

图 6-13　坡度的标注

（2）尺寸标注中的几个规则

1）尺寸标注在计量时应以标注的尺

寸数字为准，不得用量尺直接从图中量取。

2）在道路工程图纸中的单位，标高以"米"计；里程以"千米"计；百米桩以"百米"计；钢筋直径及钢结构尺寸以"毫米"计，其余均以"厘米"计。图中尺寸数字后不需注写单位，可在施工说明或技术要求中注明。当不按以上采用时，应在图纸中予以说明。

2. AutoCAD 中尺寸标注的类型

AutoCAD 中提供了多种标注工具以标注图形对象，使用它们可以进行线性、对齐、角度、直径、半径、连续、基线、圆心以及弧长等标注，如图 6-14 所示。

3. 创建与设置标注样式

（1）新建标注样式。

AutoCAD 中提供了"标注样式管理器"对话框，通过这个对话框可以方便地创建符合工程制图要求的尺寸标注样式，或是对已有的尺寸标注样式进行编辑。

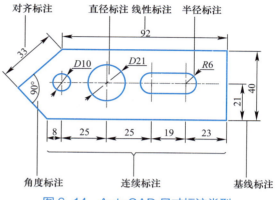

图 6-14　AutoCAD 尺寸标注类型

打开"标注样式管理器"对话框的方式有 3 种：

- 功能区：单击"默认"选项卡→"注释"面板→"标注样式"图标按钮，或单击"注释"选项卡→"标注"面板→"标注样式"按钮。
- 下拉菜单："格式"→"标注样式"。
- 命令行：输入 dimstyle（d）。

执行命令后，系统弹出"标注样式管理器"对话框，如图 6-15 所示。此对话框中提供以下选项：置为当前、新建、修改、替代以及比较。

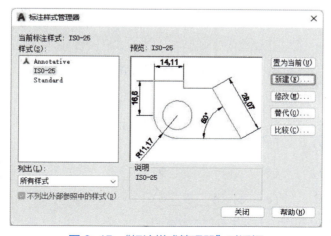

图 6-15　"标注样式管理器"对话框

单击"新建"按钮，在打开的"创建新标注样式"对话框中创建新标注样式，如图 6-16 所示。

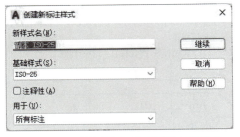

图 6-16 "创建新标注样式"对话框

设置了新样式名、基础样式和适用范围后，单击该对话框中"继续"按钮，将打开"新建标注样式"对话框，如图 6-17 所示，在"新建标注样式"对话框中可以设置标注中的线、符号和箭头、文字、主单位等内容。

（2）"线"选项卡，如图 6-17 所示。

1）"尺寸线"选项区域，用于控制尺寸线的外观。其包括："颜色""线型""线宽"下拉框、"超出标记"文本框和"基线间距"文本框。如图 6-18 所示为尺寸线超出标记为 0 与不为 0 时的效果对比；如图 6-19 所示为基线间距设置。

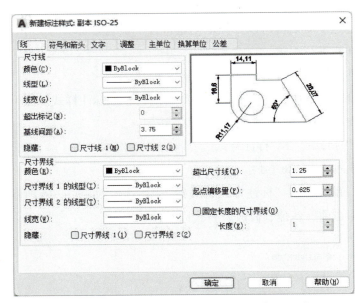

图 6-17 "新建标注样式"对话框"线"选项卡

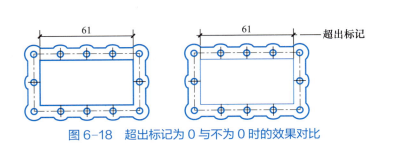

图 6-18 超出标记为 0 与不为 0 时的效果对比

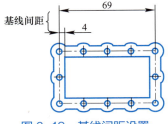

图 6-19 基线间距设置

2)"尺寸界线"选项区域,用于控制尺寸界线的外观,其主要选项的功能如下:

• "超出尺寸线"文本框:用于设置尺寸界线超出尺寸线的距离,如图 6-20 所示。市政工程图中,该项设置为"2"。

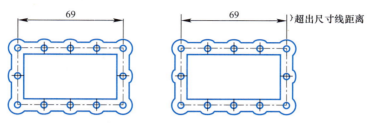

图 6-20　超出尺寸线距离为 0 与不为 0 的效果对比

• "起点偏移量"文本框:设置尺寸界线的起点与标注定义点的距离,如图 6-21 所示。市政工程图中,该项设置为"2"。

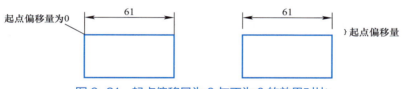

图 6-21　起点偏移量为 0 与不为 0 的效果对比

• "固定长度的尺寸界线"复选框:选中该复选框,可以使用具有特定长度的尺寸界线标注图形,其中在"长度"文本框中可以输入尺寸界线的数值。

(3)"符号和箭头"选项卡,如图 6-22 所示。

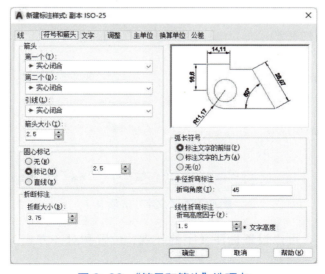

图 6-22　"符号和箭头"选项卡

"符号和箭头"选项卡,可以设置箭头、圆心标记、弧长符号和半径折弯标注的格式与位置,其主要选项的功能如下:

1)"箭头"选项区域,用于控制标注箭头的外观。
- "第一个"和"第二个"下拉列表框:用于选择箭头的类型。
- "引线"下拉框:用于选择引线箭头的类型。
- "箭头大小"文本框:用于设置箭头的大小。

AutoCAD 设置了多种箭头样式,可以从相应的下拉框中选择箭头。

2)"弧长符号"选项区域,用于控制弧长标注中圆弧符号的显示。

3)"半径折弯标注"选项区域

"折弯角度"文本框:用于控制折弯半径标注中的折弯角度。

4)"折断标注"选项区域

"折断大小"文本框:用于控制折断标注的间隙大小。

5)"线性折弯标注"选项区域

"折弯高度因子"文本框:即折弯大小与文字大小的比例,用于设置折弯标注打断时折弯线的高度。

(4)"文字"选项卡,如图 6-23 所示。

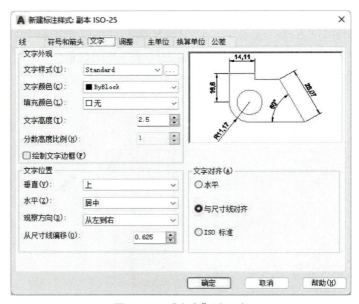

图 6-23 "文字"选项卡

"文字"选项卡,可以设置标注文字的外观、位置和对齐方式,其主要选项的功能如下:

1)"文字外观"选项区域,用于控制标注文字的格式和大小。

· "文字样式"下拉列表框:用于选择标注的文本样式。单击文本框后的"文字样式"按钮,显示"文字样式"对话框,从中可以创建或修改文字样式。

· "文字高度"文本框:用于设置当前标注文字样式的高度。

2)"文字位置"选项区域,用于控制标注文字的位置。

· "垂直"下拉列表框:用于设置标注文字相对尺寸线的垂直位置。

· "水平"下拉列表框:用于设置标注文字在尺寸线上相对于尺寸界线的水平位置。

· "观察方向"下拉列表框:用于设置标注文字的观察方向。

· "从尺寸线偏移"文本框:设置标注文字与尺寸线之间的距离,市政工程制图中,该选项通常设为"1"。

3)"文字对齐"选项区域,用于控制标注文字放在尺寸界线外边或里边时的方向是保持水平还是与尺寸界线平行。

· "水平"单选按钮:水平放置文字。

· "与尺寸线对齐"单选按钮:文字与尺寸线对齐。

· "ISO 标准"单选按钮:当文字在尺寸界线内时,文字与尺寸线对齐。当文字在尺寸界线外时,文字水平排列。

(5)"调整"选项卡,如图 6-24 所示。

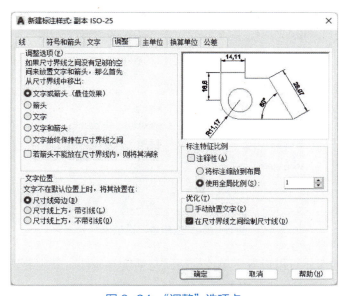

图 6-24 "调整"选项卡

"调整"选项卡,可以设置标注文字、尺寸线、尺寸箭头的位置,各选项的功能如下:

1)"调整选项"选项区域,用于确定当尺寸界线之间没有足够空间同时放置文字和箭头时,应从尺寸界线之间移出的对象。

该选项区域有"文字或箭头(最佳效果)""箭头"等单选选项和"若箭头不能放在尺寸界线内,则将其消除"复选框。

说明: 将光标放置在选项上,系统会自动显示该选项的功能,下同。

2)"文字位置"选项区域,用于设置文字不在默认位置时的位置。

该选项区域有"尺寸线旁边""尺寸线上方,带引线""尺寸线上方,不带引线"3个单选选项。

3)"标注特征比例"选项区域,用于设置全局标注比例值或图纸空间比例。

该选项区域有"注释性"复选框和"将标注缩放到布局""使用全局比例"单选选项。

4)"优化"选项区域,可对标注文字和尺寸线进行细微调整。

该选项区域有"手动放置文字""在尺寸界线之间绘制尺寸线"复选框。

(6)"主单位"选项卡,如图6-25所示。

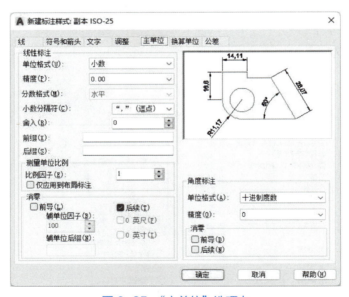

图6-25 "主单位"选项卡

"主单位"选项卡,可以设置主单位的格式与精度等属性,其主要选项的功能如下:

1)"线性标注"选项区域,用于设置线性标注的格式和精度。

- "单位格式"下拉列表框:设置除角度之外的所有标注类型的当前单位格式。
- "精度"下拉列表框:设置除角度之外的标注文字的小数位数。
- "小数分隔符"下拉列表框:设置小数的分隔符,有"逗点""句点"和"空格"3种。

- "舍入"文本框：用于设置除角度标注外的尺寸测量值的舍入值。
- "前缀"和"后缀"文本框：设置标注文字的前缀和后缀，在相应的文本框中输入字符即可。
- 测量单位比例的"比例因子"文本框：设置测量尺寸的缩放比例，实际标注值为测量值与该比例的乘积。
- "前导"和"后续"消零复选框：设置是否显示线性标注中的"前导"和"后续"零。例如，0.5000 变成 .5000；12.5000 变成 12.5。

2）"角度标注"选项区域，用于设置角度标注的格式和精度。
- "单位格式"下拉列表框：设置角度单位格式。
- "精度"下拉列表框：设置角度标注的小数位数。
- "前导"和"后续"消零：设置是否显示角度标注中的"前导"和"后续"零。

学习活动　创建尺寸标注样式

学习目标

根据工程制图标准相关要求，熟练设置和修改尺寸标注样式。

活动描述

工程制图中最常用的绘图比例为 1∶100，现以绘图比例 1∶100 为例，创建一工程制图常用的尺寸标注样式。本学习活动中以"建筑标记"为例进行介绍。

任务实施

1. 字体设置

键入"st"或选择"格式"→"文字样式"菜单。如图 6-26 所示，在打开的"文字样式"对话框中选择字体名为"italic.shx"，字高保持为"0.0000"，宽度比例改为"0.7"。

2. 图层设置

键入"la"或选择"格式"→"图层"菜单。打开"图层特性管理器"对话框，单击"新建"按钮，新建一个名为"尺寸标注"的图层用于尺寸标注，如图 6-27 所示。

3. 创建 1∶100 的尺寸标注样式

（1）键入"d"或选择"格式"→"标注样式"菜单。打开"标注样式管理器"对话框，单击"新建"按钮，新建一个名为"比例 100"的标注样式，如图 6-28 所示。

（2）单击"创建新标注样式"对话框中"继续"按钮，将打开"新建标注样式"对话框。

图 6-26 "文字样式"对话框

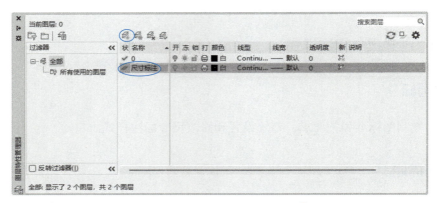

图 6-27 新建图层"尺寸标注"

图 6-28 新建标注样式"比例 100"

（3）单击"线"选项卡进行设置，如图 6-29 所示。"尺寸线"选项区域中的"基线间距"为"8"；"尺寸界线"选项区域中的"超出尺寸线"为"2"，"起点偏移量"为"2"。

（4）单击"符号和箭头"选项卡进行设置，如图 6-30 所示。"箭头"为"建筑标记"，"圆心标记"为"无"。其余项目保持默认设置。

（5）单击"文字"选项卡进行设置，如图 6-31 所示。"文字高度"为"3.5"，"从尺寸线偏移"为"1"。

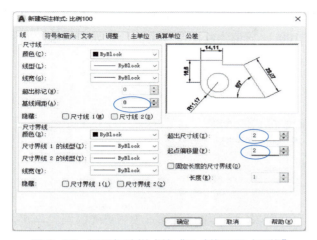

图 6-29 设置标注样式的"尺寸线和尺寸界线"

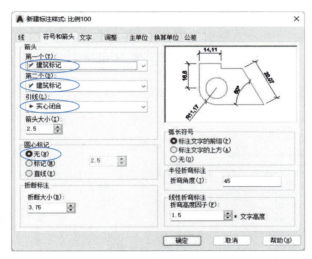

图 6-30 设置标注样式的"箭头和圆心标记"

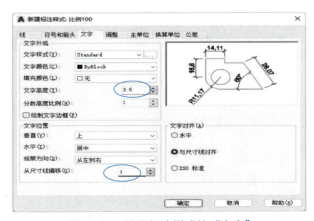

图 6-31 设置标注样式的"文字"

（6）单击"调整"选项卡进行设置，如图6-32所示。"标注特征比例"选项区域的"使用全局比例"为"100"。该值为绘图比例的倒数，如本例绘图比例为1∶100。

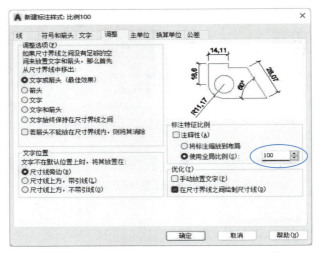

图6-32 设置标注样式的"标注特征比例"

（7）单击"主单位"选项卡进行设置，如图6-33所示。"线性标注"选项区域的"精度"为"0"。

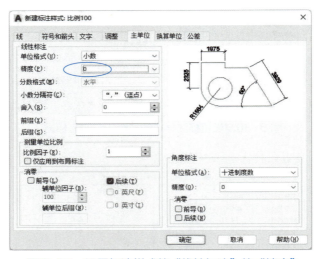

图6-33 设置标注样式的"线性标注"的"精度"

（8）单击"确定"按钮，返回"标注样式管理器"对话框，在"样式"列表区中显示"比例100"样式名；单击"置为当前"按钮，最后单击"关闭"按钮，完成尺寸标注样式的创建，如图6-34所示。

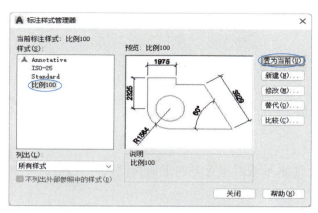

图 6-34 "标注样式管理器"对话框

任务小结

工程制图规范中对尺寸标注的各要素都做了明确规定。绘制图形时，应严格按照规范的相关规定，养成规范意识。

AutoCAD 中，"标注样式管理器"对话框是设置尺寸标注样式的重要工具，通过该对话框，可对尺寸标注的"线""符号和箭头""文字""调整""主单位"等选项卡进行设置。

任务 6.2　线性尺寸标注（线性标注、对齐标注、基线标注、连续标注）

任务描述

线性尺寸标注用于标注图形中两点间的长度，可以是端点、交点、中心点或能够识别的任意两个点。在 AutoCAD 中，线性尺寸标注主要包括线性标注、对齐标注、基线标注和连续标注。本任务中利用 AutoCAD 提供的线性尺寸标注命令来确定图形对象的尺寸和位置。

码 6-2　线性尺寸标注

学习活动 6.2.1　标注正八边形

学习目标

能熟练使用线性标注和对齐标注，区分并合理选用这两个标注。

活动描述

分别用线性标注和对齐标注按图6-35进行标注。

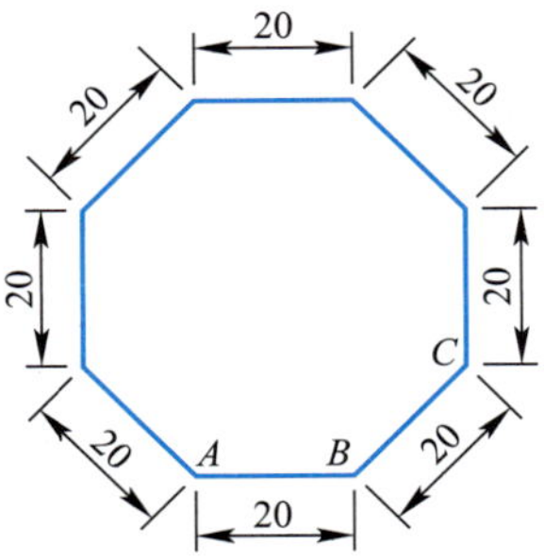

学习支持

1. 线性标注

线性标注用来标注水平或者垂直方向上的长度尺寸。调用"线性标注"命令的方式有3种：

- 功能区：单击"注释"选项卡→"标注"面板→"标注"下拉列表→"线性"按钮。
- 命令行：输入dimlinear（或dli）。
- 下拉菜单："标注"→"线性"。

图6-35 线性标注和对齐标注

2. 对齐标注

在绘制工程图时，经常需要标注斜线，如斜坡，对齐标注用来标注倾斜方向的尺寸，其尺寸线与标注对象平行。

调用"对齐标注"命令的方式有3种：

- 功能区：单击"注释"选项卡→"标注"面板→"标注"下拉列表→"已对齐"按钮。
- 命令行：输入dimaligned（或dal）。
- 下拉菜单："标注"→"对齐"。

任务实施

1. 绘制1个边长20的正八边形，如图6-36（a）所示，绘制过程略。
2. 以任务6.1中创建的"比例100"标注样式为基础，新建一尺寸标注样式，样式名为"比例1"，将"比例1"样式中"符号和箭头"选项卡中的"箭头"改为"实心闭合"，"调整"选项卡中的"全局比例因子"修改为"1"，并将该样式置为当前。
3. 调用"线性标注"命令标注正八边形。

```
命令：_dimiinear                                （调用"线性标注"命令）
指定第一个尺寸界线原点或<选择对象>：            （鼠标单击A点，如图6-36b所示）
指定第二条尺寸界线原点：                        （鼠标单击B点，如图6-36b所示）
指定尺寸线位置或[多行文字（M）/文字（T）/角度（A）/水平（H）/垂直（V）/
旋转（R）]：                                    （移动光标至某点确定尺寸线位置
```

标注文字=20　　　　　（系统将按自动测量出的两个尺寸界线起始点间的距离并标出尺寸）

其他各选项的功能说明如下：

"多行文字（M）"选项：显示在位文字编辑器，可用它来编辑标注的多行文字。

"文字（T）"选项：以单行文字的形式自定义标注文字。生成的标注测量值显示在尖括号中。本例将显示"输入标注文字<20>："提示信息，要求输入标注文字。其中"20"是系统的自动测量值。

"角度（A）"选项：修改标注文字的角度。

"水平（H）"和"垂直（V）"选项：创建水平和垂直线性标注。可以直接确定尺寸线位置，也可以选择其他选项来指定标注文字内容或者标注文字的旋转角度。

"旋转（R）"选项：旋转标注对象的尺寸线。

重复上述步骤，完成其他位置线性标注，如图6-36（b）所示。

4. 调用"对齐"标注命令标注正八边形。

命令：_dimaligned　　　　　　　　　　　　　（调用"对齐标注"命令）
指定第一个尺寸界线原点或<选择对象>：　　　　（鼠标单击B点，如图6-36c所示）
指定第二条尺寸界线原点：　　　　　　　　　　（鼠标单击C点，如图6-36c所示）
指定尺寸线位置或[多行文字（M）/文字（T）/角度（A）]：
　　　　　　　　　　　　　　　　　　　　　　（移动光标至某点，确定尺寸线位置）
标注文字=20　　　　　（系统将按自动测量出的两个尺寸界线起始点间的距离并标出尺寸）

完成效果如图6-36（c）所示。

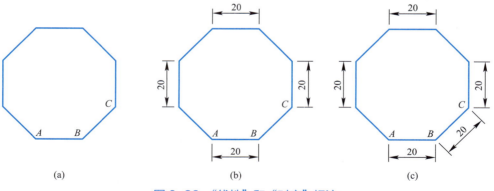

图6-36 "线性"和"对齐"标注

重复上述步骤，完成其他位置"对齐标注"，如图6-35所示。

比较：读者可使用"线性标注"命令标注图 6-35 中 B、C 两点，注意观察标注效果与"对齐标注"的区别。

学习活动 6.2.2　标注台阶

 学习目标

能熟练使用基线标注和连续标注，区分并合理选用这两个标注。

活动描述

分别用基线标注和连续标注按图 6-37 进行标注。

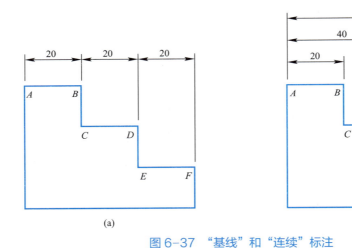

图 6-37　"基线"和"连续"标注

学习支持

1. 基线标注

基线标注是以某一点作为基准，其他尺寸都以该基准点进行定位的标注。基线标注之前，必须先完成线性、对齐或角度标注。

调用"基线标注"命令的方式有 3 种：

• 功能区：单击"注释"选项卡→"标注"面板→"连续"下拉列表→"基线"按钮 。

• 命令行：输入 dimbaseline（或 dba）。

- 下拉菜单:"标注"→"基线"。

2. 连续标注

连续标注是首尾相连的多个标注,标注时,前一尺寸的第二尺寸界线是后一尺寸的第一尺寸界线。连续标注之前,必须先完成线性标注、对齐标注或角度标注。

调用"连续标注"命令的方式有 3 种:
- 功能区:单击"注释"选项卡→"标注"面板→"连续"下拉列表→"连续"按钮。
- 命令行:输入 dimcontinue(或 dco)。
- 下拉菜单:"标注"→"连续"。

> 提示:在刚执行了一个标注后创建基线标注或连续标注,会自动以刚执行完的线性标注为基准进行标注,如果不是刚执行的线性标注,执行基线标注或连续标注时,命令行会提示选择一个已经执行完成的标注作为基准。

任务实施

1. 绘制图形(图 6-37)
2. 将"比例 1"样式置为当前

注意该样式中"线"选项卡中"基线间距"为"8"。

3. 使用"连续标注"命令进行标注

(1)调用"线性标注"或"对齐标注"命令标注线段 AB,如图 6-37(a)所示。

(2)调用"连续标注"命令标注线段 CD 和线段 EF。

```
命令:_dimcontinue                              (调用"连续标注"命令)
指定第二条尺寸界线原点或 [选择(S)/放弃(U)] <选择>:
                                      (鼠标点击 D 点,如图 6-37a 所示)
标注文字=20
指定第二条尺寸界线原点或 [选择(S)/放弃(U)] <选择>:
                                      (鼠标点击 F 点,如图 6-37a 所示)
标注文字=20
指定第二条尺寸界线原点或 [选择(S)/放弃(U)] <选择>:*取消*
                                              (按 Esc 键结束命令)
```

其他各选项的功能说明如下:

"选择(S)"选项:提示选择线性标注、坐标标注或角度标注作为连续标注的基准。选择后,将再次显示"指定第二条尺寸界线原点"或"指定点坐标"提示。若要结束此命令，可按 Enter 键两次，或按 Esc 键。

"放弃（U）"选项：放弃本次命令任务期间上一次输入的连续标注。

4. 使用"基线标注"命令进行标注

（1）调用"线性标注"或"对齐标注"命令标注线段 AB，如图 6-37（b）所示。

（2）调用"基线标注"命令标注线段 CD 和线段 EF。

> 命令：_dimbaseline　　　　　　　　　　　　　　（调用"基线标注"命令）
>
> 指定第二条尺寸界线原点或［选择（S）/放弃（U）］＜选择＞：
>
> 　　　　　　　　　　　　　　　　　　　　（鼠标单击 D 点，如图 6-37b 所示）
>
> 标注文字=40
>
> 指定第二条尺寸界线原点或［选择（S）/放弃（U）］＜选择＞：
>
> 　　　　　　　　　　　　　　　　　　　　（鼠标点击 F 点，如图 6-37b 所示）
>
> 标注文字=60
>
> 指定第二条尺寸界线原点或［选择（S）/放弃（U）］＜选择＞：＊取消＊
>
> 　　　　　　　　　　　　　　　　　　　　　　　　（按 Esc 键结束命令）

任务小结

线性标注和对齐标注能快速、准确地标注两点间的长度，线性标注是对齐标注的特殊形式（即水平或垂直）。连续标注适于标注首尾相接的图形对象；基线标注适于标注具有同一起点的图形对象。在创建连续标注和基线标注之前，必须先有线性、对齐或角度标注，只有在它们的基础上才能进行连续标注和基线标注。

任务 6.3　径向尺寸标注（半径标注、直径标注）

任务描述

径向尺寸标注包括半径标注和直径标注。本任务是利用 AutoCAD 提供的径向尺寸标注命令来确定圆或圆弧的尺寸。

码 6-3　径向尺寸标注

学习活动　标注圆和圆弧

学习目标

能熟练使用半径标注和直径标注确定圆或圆弧的尺寸。

活动描述

分别用半径标注和直径标注按图 6-38 进行标注。

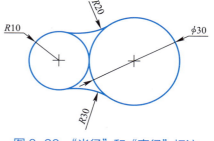

图 6-38 "半径"和"直径"标注

学习支持

1. 半径标注

标注圆和圆弧的半径。

调用"半径标注"命令的方式有 3 种：

- 功能区：单击"注释"选项卡→"标注"面板→"标注"下拉列表→"半径"按钮◌。
- 命令行：输入 dimrad（或 dra）。
- 下拉菜单："标注"→"半径"。

2. 直径标注

标注圆和圆弧的直径。

调用"直径标注"命令的方式有 3 种：

- 功能区：单击"注释"选项卡→"标注"面板→"标注"下拉列表→"直径"按钮◌。
- 命令行：输入 dimdiameter（或 dimdia）。
- 下拉菜单："标注"→"直径"。

任务实施

1. 绘制图形，如图 6-38 所示，绘制过程略
2. 使用"半径标注"命令进行标注

命令：_dimradius　　　　　　　　　　　　　　　（调用"半径标注"命令）
选择圆弧或圆：　　　　　　　　　　（选择半径为 10 的圆，如图 6-38 所示）
标注文字=10
指定尺寸线位置或 [多行文字（M）/文字（T）/角度（A）]：
　　　　　　　　　　　　　　　　　　　（移动光标确定半径标注的位置）

重复调用"半径标注"命令，完成图 6-38 中两个圆弧的半径标注。

说明：当命令行提示"指定尺寸线位置或［多行文字（M）/文字（T）/角度（A）］："时，也可以利用"多行文字（M）""文字（T）""角度（A）"选项，确定尺寸文字或尺寸文字的旋转角度。

3. 使用"直径标注"命令进行标注

命令：_dimdiameter （调用"直径标注"命令）
选择圆弧或圆： （选择直径为 30 的圆，如图 6-38 所示）
标注文字=30
指定尺寸线位置或［多行文字（M）/文字（T）/角度（A）］：
（移动光标确定直径标注的位置）

任务小结

半径标注和直径标注能快速、准确地标注圆和圆弧的半径或直径。标注半径或直径后，可以通过夹点功能重新定位直径或半径标注的位置。

任务 6.4　角度和弧长标注

任务描述

本任务中利用 AutoCAD 提供的"角度标注"命令来确定圆弧的角度、两直线的夹角，用"弧长标注"命令标注出圆弧的长度。

码 6-4　角度和弧长标注

学习活动　标注角度和弧长

学习目标

能熟练使用角度标注和弧长标注。

活动描述

分别用角度标注和弧长标注按图 6-39 进行标注。

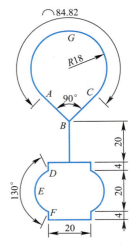

图 6-39　角度和弧长标注

学习支持

1. 角度标注

角度标注可以测量圆弧的角度、两条直线间的角度或者三点间的角度。

调用"角度标注"命令的方式有 3 种：

- 功能区：单击"注释"选项卡→"标注"面板→"标注"下拉列表→"角度"按钮◺。
- 命令行：输入 dimangular（或 dan）。
- 下拉菜单："标注"→"角度"。

2. 弧长标注

弧长标注可标注圆弧线段或多段线圆弧线段部分的弧长。

调用"弧长标注"命令的方式有 3 种：

- 功能区：单击"注释"选项卡→"标注"面板→"标注"下拉列表→"弧长"按钮⌒。
- 命令行：输入 dimarc。
- 下拉菜单："标注"→"弧长"。

任务实施

1. 绘制图形，如图 6-39 所示，绘制过程略
2. 调用"角度标注"命令标注直线 AB 与 BC 的夹角

命令：_ dimangular	（调用"角度标注"命令）
选择圆弧、圆、直线或＜指定顶点＞：	（选择 AB 直线，如图 6-39 所示）
选择第二条直线：	（选择 BC 直线，如图 6-39 所示）
指定标注弧线位置或 [多行文字（M）/文字（T）/角度（A）/象限点（Q）]：	（移动光标确定角度标注的位置）
标注文字=90	

3. 调用"角度标注"命令标注圆弧 DEF 的角度

命令：_ dimangular	
选择圆弧、圆、直线或＜指定顶点＞：	（选择圆弧 DEF，如图 6-39 所示）

指定标注弧线位置或［多行文字（M）/文字（T）/角度（A）/象限点（Q）］:
（移动光标确定角度标注的位置）

标注文字=130

4. 调用"弧长标注"命令标注圆弧

命令：_dimarc　　　　　　　　　　　　　　　　　（调用"弧长标注"命令）
选择弧线段或多段线圆弧段：　　　　　　　（选择圆弧 AGC，如图 6-39 所示）
指定弧长标注位置或［多行文字（M）/文字（T）/角度（A）/部分（P）/引线（L）］:
（移动光标确定弧长标注的位置）

标注文字=84.82

任务小结

角度标注能快速、准确地标注圆弧、两条直线或三点间的角度值。弧长标注适于标注圆弧的长度。

任务 6.5　引　线　标　注

任务描述

工程制图中，经常需要采用引出线对建筑材料的选用、构造要求及详图索引符号等进行引出标注说明。本任务利用 AutoCAD 提供的"多重引线"命令进行引出标注。

码 6-5　引线标注（上）

码 6-6　引线标注（下）

学习活动　标注引线

学习目标

能熟练使用"多重引线"命令标注引出线。

活动描述

绘制如图 6-40 所示图形，并运用"多重引线"命令标注图中引线。

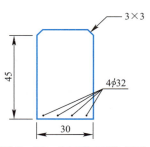

图 6-40　"多重引线"标注

学习支持

多重引线标注

AutoCAD 中，引线是一条或多条引出线（可以是直线也可以是样条曲线），其一端带有箭头或没有箭头，另一端带有多行文字对象或块。

1. 设置多重引线样式

在向 AutoCAD 图形添加多重引线时，默认的引线样式往往不能满足标注的要求，需要预先设置新的引线样式，即制定基线、引线、箭头和注释内容的格式。

调用设置多重引线格式的方式有 3 种：

- 功能区：单击"注释"选项卡→"引线"面板→"多重引线样式管理器"按钮。
- 命令行：输入 mleaderstyle。
- 下拉菜单："格式"→"多重引线样式"。

2. 标注多重引线

完成了多重样式格式的设置后，可调用"多重引线"标注命令对图形进行引线标注，调用"多重引线"标注命令的方式有 3 种：

- 功能区：单击"注释"选项卡→"引线"面板→"多重引线"按钮。
- 命令行：输入 mleader（或 mld）。
- 下拉菜单："标注"→"多重引线"。

说明： 也可在命令行中输入 qleader 或 le 调用"引线"命令，但在大多数情况下，建议使用"多重引线"命令创建引线对象。

任务实施

1. 新建一图形文件，绘制如图 6-40 所示图形
2. 创建引线标注格式

（1）调用设置引线格式命令，弹出"多重引线样式管理器"对话框，如图 6-41 所示。

（2）单击"新建"按钮，弹出"创建新多重引线样式"对话框，在"新样式名"文本框中输入"样式 1"，如图 6-42 所示。

（3）单击"继续"按钮，弹出"修改多重引线样式：样式 1"对话框，打开"引线

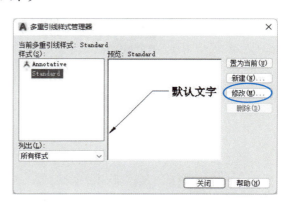

图 6-41 "多重引线样式管理器"对话框

图 6-42 "创建新多重引线样式"对话框

格式"选项卡,在该选项卡中可设置引线的类型、颜色等及箭头的形状。

在"箭头"选项区中将"大小"设置为"3",其他按默认设置,如图 6-43 所示。

(4)打开"引线结构"选项卡,在该选项卡中可进行引线的约束、基线设置、比例等设置。勾选"第一段角度",在文本框下拉列表选择"45",其他选项可按默认设置,如图 6-44 所示。

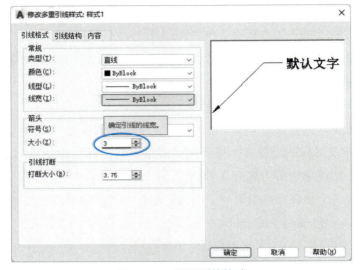

图 6-43 设置引线格式

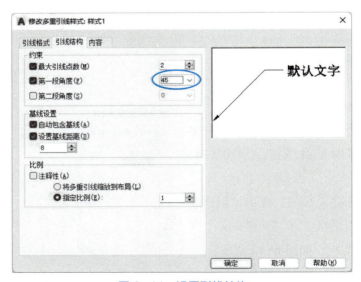

图 6-44 设置引线结构

(5)打开"内容"选项卡,在该选项卡中可设置多重引线的类型、文字选项及引线连接。在"文字选项"选项区中,在"文字样式"下拉框中选择样式,或点击文本框后的按钮,进行文字设置;在"文字高度"文本框中输入"3.5",其他可采用按默认设置,如图 6-45 所示。在"引线连接"选项区,设置相关选项,如图 6-45 所示。

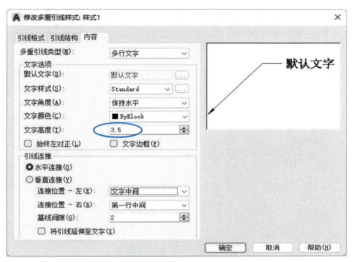

图 6-45　设置内容

(6)单击"确定"按钮,完成多重引线"样式 1"格式的设置。

(7)同样方式创建"样式 2",在"修改多重引线样式:样式 2"对话框中完成以下操作:

• 打开"引线格式"选项卡,在"箭头"选项区中将"符号"下拉框中选择"无",其他按默认设置。

• 打开"引线结构"选项卡,不勾选"第一段角度",在"基线设置"中"设置基线距离"为"2",如图 6-46 所示。

• 打开"内容"选项卡,在"引线连接"选项区中,如图 6-47 所示设置相关选项。

3. 引线标注

(1)将"样式 1"置为当前。

(2)标注倒角过程如下:

命令:_mleader　　　　　　　　　　　　　　　　　　(调用"多重引线标注"命令)
指定引线箭头的位置或 [引线基线优先(L)/内容优先(C)/选项(O)]<选项>:
　　　　　　　　　　　　　　　　　　　　　　　　(点取引线箭头位置 A)
指定引线基线的位置:

（点取引线基线位置 B，弹出"文字格式"对话框，如图 6-48 所示）

（输入"3×3"，按 Esc 键或在文本框外单击）

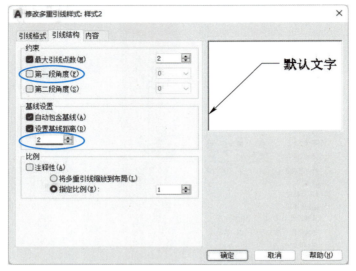

图 6-46　设置基线距离

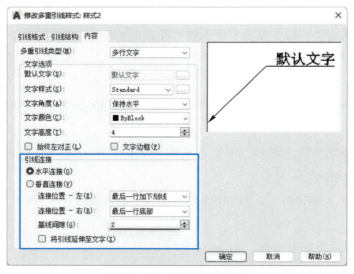

图 6-47　设置引线连接

（3）将"样式 2"置为当前。

（4）标注钢筋过程如下：

- 按前述方法，标注第一根钢筋，效果如图 6-49 所示。

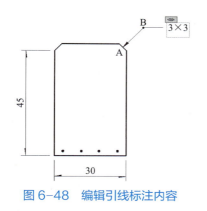

图 6-48 编辑引线标注内容

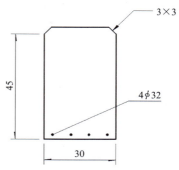

图 6-49 引线标注第一根钢筋

- 单击"引线"面板→"添加引线"按钮，执行命令如下：

命令：AIMLEADEREDITADD　　　　　　　　　　　　　（调用添加"引线"命令）
选择多重引线：　　　　　　　　　　　　　　　　　　（选择引线，如图 6-50a 所示）
找到 1 个
指定引线箭头位置或 [删除引线 (R)]：
　　　　　　　　　　　　　　　　　　（捕捉第二根钢筋，添加一根引线，如图 6-50b 所示）
指定引线箭头位置或 [删除引线 (R)]　（继续捕捉第三、四根钢筋，回车，结束命令）

结果如图 6-40 所示。

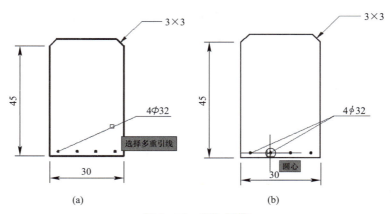

图 6-50 添加引线

4. 以文件名"引线标注"保存文件

任务小结

在 AutoCAD 中，对图形进行引线标注前，需要按照要求设置多重引线样式，即制定基线、引线、箭头和注释内容的格式，再进行引线标注。

任务 6.6　尺寸标注的编辑

任务描述

在 AutoCAD 中，可以对已标注对象的文字、位置及样式等内容进行修改，而不必删除所标注的尺寸对象再重新进行标注。本任务中利用 AutoCAD 提供的"编辑标注文字""编辑标注"和"标注更新"等命令对尺寸标注进行编辑。

码 6-7　尺寸标注的编辑

学习活动　编辑标注

学习目标

能熟练使用"编辑标注文字""编辑标注"和"标注更新"命令对已完成的尺寸标注进行修改。

活动描述

1. 绘制图 6-51（a）并标注尺寸，使用"编辑标注文字""编辑标注"命令，改变标注文字的内容（图 6-51b），旋转标注文字（图 6-51c），倾斜尺寸界线（图 6-51d）。

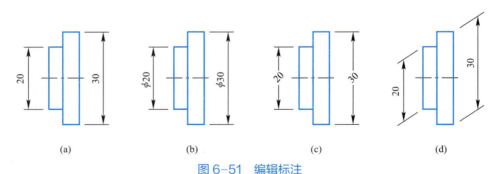

图 6-51　编辑标注

（a）绘制并标注图形；（b）改变标注文字内容；（c）旋转标注文字；（d）倾斜尺寸界线

2. 如图 6-52 所示，绘制图形并标注尺寸，使用"编辑标注"命令，移动和旋转标注文字。

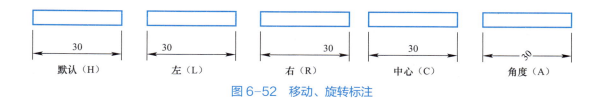

图 6-52 移动、旋转标注

学习支持

1. 编辑标注文字

有时需要对标注好的文字内容进行修改，比如在标注中增加直径符号 ϕ、度数符号等，可以利用文字编辑器进行修改，调用"文字编辑器"命令的方式有 2 种：

- 命令行：输入 ddedit（textedit）。
- 直接在需要编辑的标注文字上双击。

2. 编辑标注

"编辑标注"命令可编辑标注文字的内容、放置位置、设置尺寸界线的倾斜角度。调用"编辑标注"命令的方式有 3 种：

- 功能区：单击"注释"选项卡→"标注"面板展开按钮 ▼ →功能组。
- 命令行：输入 dimedit（或 ded）。将旋转标注文字移回默认位置，更改标注文字内容，旋转标注文字，更改尺寸界线的倾斜角。
- 命令行：输入 dimtedit（或 dimted）。移动和旋转标注文字并重新定位尺寸线。

3. 标注更新

更新所选标注，使其采用当前的标注样式。

调用"标注更新"命令的方式有 2 种：

- 功能区：单击"注释"选项卡→"标注"面板→"更新"按钮。
- 下拉菜单："标注"→"更新"。

执行该命令后，命令提示行如下：

```
当前标注样式：ISO-25 注释性：否
输入标注样式选项
[注释性（AN）/保存（S）/恢复（R）/状态（ST）/变量（V）/应用（A）/?]<恢复>：_apply
选择对象：          （选择一个尺寸标注，这个标注将会按当前标注样式显示）
选择对象                                              （回车，结束命令）
```

任务实施

1. 绘制标注图形，如图 6-51（a）所示，并复制出 3 个图形
2. 使用"编辑标注"命令添加直径符号"φ"

命令：_dimedit　　　　　　　　　　　　　　　　　　（调用"编辑标注"命令）
输入标注编辑类型 [默认（H）/新建（N）/旋转（R）/倾斜（O）] <默认>：n
（输入 n，打开文字编辑器，带有背景的"0"表示 AutoCAD 量取尺寸的默认值，也就是测量的实际尺寸，在数字"0"前面输入直径符号的控制码"%%C"（或者单击文字编辑器选项卡→"插入"面板→"@"下拉按钮→"直径 %%C"），则"0"前增加了直径符号φ，单击"关闭文字编辑器"按钮）
选择对象：找到 1 个　　　　　　　　（选择"20"的线性标注，如图 6-51b 所示）
选择对象：找到 1 个，总计 2 个　　　（选择"30"的线性标注，如图 6-51b 所示）
选择对象：　　　　　　　　　　　　　　　　　　　　　　（回车，结束命令）

3. 使用"编辑标注"命令旋转标注文字

命令：_dimedit　　　　　　　　　　　　　　　　　　（调用"编辑标注"命令）
输入标注编辑类型 [默认（H）/新建（N）/旋转（R）/倾斜（O）] <默认>：r
　　　　　　　　　　　　　　　　　　　　　　　　　　　　　　　（输入 r）
指定标注文字的角度：45　　　　　　　　　　　　　　　　　　（输入 45）
选择对象：找到 1 个　　　　　　　　（选择"20"的线性标注，如图 6-51c 所示）
选择对象：找到 1 个，总计 2 个　　　（选择"30"的线性标注，如图 6-51c 所示）
选择对象：　　　　　　　　　　　　　　　　　　　　　　（回车，结束命令）

4. 使用"编辑标注"命令倾斜尺寸界线

命令：_dimedit　　　　　　　　　　　　　　　　　　（调用"编辑标注"命令）
输入标注编辑类型 [默认（H）/新建（N）/旋转（R）/倾斜（O）] <默认>：o
　　　　　　　　　　　　　　　　　　　　　　　　　　　　　　　（输入 o）
选择对象：找到 1 个　　　　　　　　（选择"20"的线性标注，如图 6-51d 所示）
选择对象：找到 1 个，总计 2 个　　　（选择"30"的线性标注，如图 6-51d 所示）
选择对象：　　　　　　　　　　　　　　　　　　　　　　（回车，结束选择）
输入倾斜角度（按 ENTER 表示无）：30

5. 绘制、标注图形，如图 6-51 所示
6. 使用"编辑标注文字"命令，改变标注文字位置

> 命令：_dimtedit　　　　　　　　　　　　　　　（调用"编辑标注"命令）
> 选择对象：找到 1 个　　　　　　　　　　　（选择图 6-52 中尺寸标注）
> 为标注文字指定新位置或 [左对齐（L）/ 右对齐（R）/ 居中（C）/ 默认（H）/ 角度（A）]：　　　　　（移动文字和尺寸线到所需位置，单击鼠标结束命令
> 　　　　　　　或输入某选项字母，回车结束，各选项效果如图 6-52 所示）

任务小结

"编辑标注文字""编辑标注""标注更新"等命令都是编辑所选择的尺寸标注，"编辑标注文字"主要用于改变其标注文字的位置，旋转标注文字；"编辑标注"主要用于改变其标注文字的内容，旋转标注文字，倾斜尺寸界线；"标注更新"能快速把选择的尺寸标注变为当前的标注样式。

项目 7 图块的创建与编辑

项目概述

在绘制图形时,如果图形中有大量相同或相似的内容,或者所绘制的图形与已有的图形文件相同,则可以把要重复绘制的图形创建成块(也称为图块),并根据需要为块创建属性,指定块的用途及设计者等信息,在需要时直接插入它们,从而提高绘图效率。

本项目的任务有:
- 创建、插入图块
- 创建、插入带属性的图块
- 编辑图块属性

任务 7.1 创建、插入图块

任务描述

图块是由一个或多个图形对象组成的对象集合,常用于绘制复杂、重复的图形。一组图形对象组合成图块后,就可以根据作图需要将图块插入图中任意位置,而且还可以按不同的比例和旋转角度插入。在 AutoCAD 中,使用图块可以提高绘图速度、节省存储空间、便于修改图形。本任务利用 AutoCAD 提供的"创建块"和"插入块"命令在图形中插入图块。

码 7-1 创建、插入图块(上)

码 7-2 创建、插入图块(下)

📖 学习支持

1. 块的特点

（1）提高绘图效率

在 AutoCAD 中绘图时，常常要绘制一些重复出现的图形。如果把这些图形做成图块保存起来，绘制它们时就可以用插入块的方法实现，即把绘图变成了插图，从而避免了大量的重复性工作，提高了绘图效率。

（2）节省存储空间

AutoCAD 要保存图中每一个对象的相关信息，如对象的类型、位置、图层、线型及颜色等，这些信息要占用存储空间。如果一幅图中包含有大量相同的图形，就会占据较大的磁盘空间。如果把相同的图形事先定义成一个块，AutoCAD 仅需要记住这个块对象的有关信息（如块名、插入点坐标及插入比例等）。绘制它们时就可以直接把块插入图中的相应位置。这样既满足了绘图要求，又可以节省磁盘空间。对于复杂但需多次绘制的图形，这一优点更为明显。

（3）便于修改图形

一张工程图纸往往需要多次修改。如果重新定义图块，该图形中的所有图块都将自动更新。

（4）可以添加属性

很多图块还要求有文字信息以进一步解释其用途。AutoCAD 中允许用户为块创建这些文字属性，并可在插入的块中指定是否显示这些属性。

2. 创建和插入图块命令

（1）创建块

创建块时，首先要绘制出组成图块的所有图形对象，然后使用创建块命令，将已绘制的图形对象创建为块。

调用"创建块"命令的方式有 3 种：

• 功能区：单击"默认"选项卡→"块"面板→"创建"图标，或单击"插入"选项卡→"块定义"面板→"创建块"下拉按钮→"创建块"图标。

• 命令行：输入 block（b）。

• 下拉菜单："绘图"→"块"→"创建"。

执行命令后，系统弹出"块定义"对话框，如图 7-1 所示。

"块定义"对话框中各选项的功能如下：

• "名称"文本框：输入块的名称，单击右边的下拉列表框按钮，可以显示当前图形中所有已存在的块名称列表。

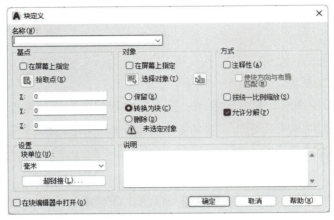

图 7-1 "块定义"对话框

• "基点"选项区域：设置块的插入基点。可以直接在 X、Y、Z 文本框中输入，也可以单击"拾取点"按钮，切换到绘图窗口并选择基点。一般基点选在块的对称中心、左下角或其他有特征的位置。

• "对象"选项区域：指定组成块的图形对象。单击"选择对象"按钮，可切换到绘图窗口选择组成块的各图形对象，选择完对象后，按 Enter 键可返回到该对话框；单击"快速选择"按钮，可使用弹出的"快速选择"对话框设置所选对象的过滤条件；选择"保留"单击按钮，创建块后在绘图窗口仍保留组成块的各对象；选择"转换为块"单选按钮，创建块后将组成块的各对象保留并把它们转换成块；选择"删除"单选按钮，创建块后删除绘图窗口中组成块的原图形对象。

• "方式"选项区域：设置组成块的对象的显示方式。"注释性"复选框，设置对象是否具有注释性；"按同一比例缩放"复选框，设置对象是否按统一的比例进行缩放；"允许分解"复选框，设置对象是否允许被分解。

• "设置"选项区域：设置块的基本属性。单击"块单位"下拉列表框，可以选择块参照插入单位；单击"超链接"按钮，将打开"插入超链接"对话框，可以使用该对话框将某个超链接与块定义相关联。

• "说明"文本框：用来输入块的文字说明。

（2）插入块

在图形中按指定位置插入块，在插入的同时还可以改变所插入块的比例与旋转角度。

调用"插入块"命令的方式有 3 种：

• 功能区：单击"插入"选项卡→"块"面板→"插入"按钮，或单击"默认"选项卡→"块"面板→"插入"按钮。

• 命令行：输入 insert（i）。

- 下拉菜单:"插入"→"块选项板"。

执行插入块命令后,将显示当前图形中创建好的块列表。其他两个选项(即"最近使用的块"和"库中的块")会将"块选项板"打开到相应选项卡,如图 7-2 所示。

"块选项板"对话框中各选项的功能如下:

- "当前图形"选项卡:显示当前图形中可用的块。

- "库"选项卡:显示从单个指定图形中插入的块。块定义可以存储在任何图形文件中。将图形文件作为块插入还会将其所有块定义输入当前图形中。

- "最近使用"选项卡:显示当前和上一个任务中最近插入或创建的块。这些块可能来自各种图形。

图 7-2 块选项板

其他选项功能如下:

- "名称"过滤器:输入要插入块的名称或其关键字的一部分,过滤可用的块。
- "插入点"选项区域:设置块的插入点位置。可以直接在 X、Y、Z 文本框中输入,也可以在屏幕上指定插入点位置。
- "比例"选项区域:设置插入块的缩放比例。可以直接在 X、Y、Z 文本框中输入块在 3 个方向的比例,也可以在插入时指定整体的缩放比例或 3 个方向分别指定比例。
- "旋转"选项区域:设置插入块时的旋转角度。可以直接在"角度"文本框中输入角度值,也可以在插入时指定旋转角度。
- "重复放置"复选框:自动重复块插入。
- "分解"复选框:将插入的块分解为组成该块的各基本对象。

提示:在"0"图层中的对象创建的图块,如果其原始对象的其他特性(如颜色、线型、线宽等)都设置为"Bylayer"(随层),插入后将会随插入图层(即当前图层)的特性变化;用其他图层中的对象创建的图块则保留原始图形所在图层的特性。

学习活动　绘制家庭图案

学习目标

熟练创建块，插入块。

活动描述

绘制家庭图案，如图7-3（a）所示。

图7-3　家庭图案

任务实施

分析：家庭图案三个人的图形形状一样，只是在尺寸大小和比例中有所改变，可先绘制一个人的图形，把这个图形创建为图块，然后按图示要求插入图块，组成家庭图案。

1. 绘制"一个人"的图形

（1）将"0"层设为当前层。

（2）如图7-3（b）所示，调用"圆环（donut）"命令绘制人的头部，调用"多段线（plme）"命令绘制人的躯干，尺寸、位置可自定，绘制过程略。

2. 创建名称为"人"的图块

（1）调用"创建块"命令，打开"块定义"对话框。

（2）在"名称"文本框，输入块的名称为"人"。

（3）在"基点"选项区域，单击"拾取点"按钮，切换到绘图窗口并选择"人头（圆环）的中心"作为基点。

（4）在"对象"选项区域，单击"选择对象"按钮，切换到绘图窗口选择"一个人"，选择完对象后，按Enter键返回该对话框。

（5）单击"确定"按钮，完成"人"图块的创建。

3. 插入图块

（1）设置"人"图层，根据需要设置图层属性，将该图层置为当前层。

（2）调用"插入块"命令，单击"插入"选项卡→"块"面板→"插入"按钮，可见创建好的块列表，如图7-4所示。

（3）选择"人"图块，以0.5的比例插入"孩子"图案。

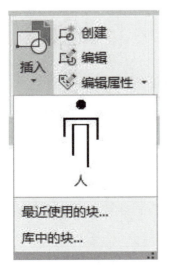

图7-4　块列表

AutoCAD 提示如下：

> 命令：_-INSERT 输入块名或［？］＜人＞：人
> 单位：毫米　转换：　　1.0000
> 指定插入点或［基点（B）/比例（S）/X/Y/Z/旋转（R）/分解（E）/重复（RE）］：_Scale 指定 XYZ 轴的比例因子＜1＞：1 指定插入点或［基点（B）/比例（S）/X/Y/Z/旋转（R）/分解（E）/重复（RE）］：_Rotate
> 指定旋转角度＜0＞：0
> 指定插入点或［基点（B）/比例（S）/X/Y/Z/旋转（R）/分解（E）/重复（RE）］：s
> 　　　　　　　　　　　　　　　　　　（输入 s，表示按统一比例缩放图块）
> 指定 XYZ 轴的比例因子＜1＞：0.5　　　　　　　（输入缩放比例"0.5"）
> 指定插入点或［基点（B）/比例（S）/X/Y/Z/旋转（R）/分解（E）/重复（RE）］：
> 　　　　　　　　　　　　　　　　　　　　　　　（鼠标点击合适位置）

（4）继续调用"插入块"命令，完成"妈妈"图案的绘制。

插入图块时，X 方向缩放比例为"0.5"，Y 方向缩放比例为"0.7"，即表示 X 方向比 Y 方向缩小得多，也就是人瘦些。具体步骤如下：

> 命令：_-INSERT 输入块名或［？］＜人＞：人
> 单位：毫米　转换：　　1.0000
> 指定插入点或［基点（B）/比例（S）/X/Y/Z/旋转（R）/分解（E）/重复（RE）］：_Scale 指定 XYZ 轴的比例因子＜1＞：1 指定插入点或［基点（B）/比例（S）/X/Y/Z/旋转（R）/分解（E）/重复（RE）］：_Rotate
> 指定旋转角度＜0＞：0
> 指定插入点或［基点（B）/比例（S）/X/Y/Z/旋转（R）/分解（E）/重复（RE）］：x
> 指定 X 比例因子＜1＞：0.5　　　　　　（输入 X 方向缩放比例"0.5"）
> 指定插入点或［基点（B）/比例（S）/X/Y/Z/旋转（R）/分解（E）/重复（RE）］：y
> 指定 Y 比例因子＜1＞：0.7　　　　　　（输入 Y 方向缩放比例"0.7"）
> 指定插入点或［基点（B）/比例（S）/X/Y/Z/旋转（R）/分解（E）/重复（RE）］：
> 　　　　　　　　　　　　　　　　　（鼠标点击"孩子"图案左侧合适位置）

（5）继续调用"插入块"命令，完成"爸爸"图案的绘制。插入"人"图块时，X 方向缩放比例为"0.9"，Y 方向缩放比例为"0.8"，即表示 X 方向比 Y 方向缩小得少，也就是人胖些。

> 说明：插入图块时在命令中可按比例缩放，也可在"块选项板"中直接设定 X、Y、Z 方向的比例因子。

任务小结

AutoCAD 中，创建、插入图块可通过命令行输入相应命令，更方便的是使用功能区"块"面板中的"创建块""插入块"按钮。

任务 7.2　创建、插入带属性的图块

任务描述

图块包含的信息可以分为两类：图形信息和非图形信息。块属性指的是图块的非图形信息，是特定的可包含在块定义中的文字对象，例如工程图中定义的"轴号"图块，每个轴线的编号就是它的属性。块属性必须和图块在一起使用，在图中显示为块实例的标签或说明，单独的属性是没有意义的。本任务是利用 AutoCAD 提供的"定义属性"命令在图形中定义属性块并插入到图形中。

码 7-3　创建、插入带属性的图块

学习支持

1. 块属性的特点

在 AutoCAD 中，用户可以在图形绘制完成后（甚至在绘制完成前），使用 attext 命令将块属性数据从图形中提取出来，并将这些数据写入一个文件中，这样就可以从图形数据库中获取块数据信息了。块属性由属性标记名和属性值两部分组成。例如，可以把 BG 定义为"标高"图块的属性标记名，而具体的标高数值 1.186 就是属性值，即属性。

2. 创建和插入带属性的图块

定义块属性必须在定义块之前进行。定义块属性有 2 种方式：

- 命令行：输入 attdef（或 att）。
- 下拉菜单："绘图"→"块"→"定义属性"。

执行定义属性命令后，将打开"属性定义"对话框，如图 7-5 所示。

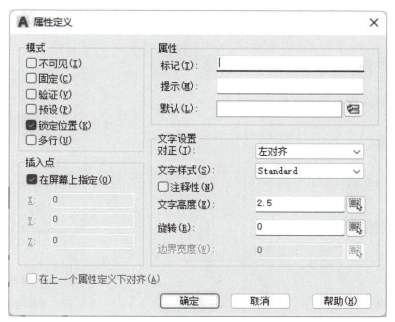

图 7-5 "属性定义"对话框

"属性定义"对话框中各选项的功能如下：

• "模式"选项区域：有"不可见""固定"等复选框。可将光标放置在选项上，系统自动显示该选项的功能说明，初学者可采用默认设置。

• "属性"选项区域：用于定义块的属性。其中，"标记"文本框用于输入属性的标记，小写字母会自动转换为大写字母；"提示"文本框用于输入插入块时系统显示的提示信息；"默认"文本框用于输入属性的默认值。"插入字段"按钮，显示"字段"对话框，可以在其中插入一个字段作为属性的全部或部分值。

• "插入点"选项区域：用于设置属性值的插入点，即属性文字排列的参照点。可以直接在 X、Y、Z 文本框中输入点的坐标，也可以选择"在屏幕上指定"复选框，在绘图窗口上拾取一点作为插入点。

• "文字设置"选项区域：用于设置属性文字的格式，包括对正、文字样式、文字高度和旋转等。

• "在上一个属性定义下对齐"复选框：可以为当前属性采用上一个属性的文字样式、字高及旋转角度，且另起一行，按上一个属性的对正方式排列。

设置好相关参数后，按"确定"按钮，完成属性定义。再通过"块定义"命令将需要定义为块的图形连同定义的属性创建为一个新的图块。

学习活动　创建并插入属性块"标高"

学习目标

熟练创建属性块，插入属性块。

活动描述

创建标高属性块并插入标高属性块，如图 7-6 所示。

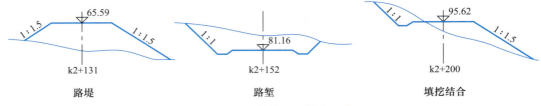

图 7-6　路基横断面基本形式

任务实施

1. 新建一图形文件，取名为"标高"
2. 调用"多段线（pline）"命令绘制标高符号

标高符号为等腰直角三角形，高为 3mm。

3. 定义块属性

（1）下拉菜单："绘图"→"块"→"定义属性"，打开"属性定义"对话框。

（2）输入"标记""提示"及"文字高度"等选项，如图 7-7 所示。

（3）单击"确定"按钮，返回绘图区。命令行提示"指定起点：",指定文字"BG"的对齐参照点，如图 7-8 所示。

4. 定义块

（1）调用"创建块（block）"命令，弹出"块定义"对话框。

（2）在"名称"文本框中输入块名"标高"。

（3）在"基点"选项区中，单击"拾取点"按钮，回到绘图窗口，捕捉三角形下角点，如图 7-8 所示。

（4）在"对象"选项区中，单击"选择对象"按钮，返回绘图窗口，将三角形和属性文字"BG"一起选中后回车，返回"块定义"对话框，并选择"删除"单选按钮。

（5）单击"确定"按钮，完成带属性的"标高"图块的创建。

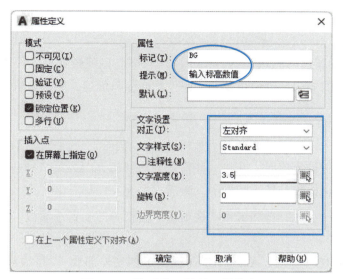

图 7-7 "标高"图块的属性定义

5. 如图 7-6 所示，绘制路基横断面基本形式图

6. 插入带属性的"标高"图块

（1）单击"插入"选项卡→"块"面板→"插入"按钮→"库中的块"，打开"块选项板"→"库"选项卡。

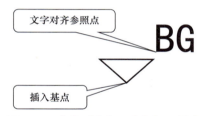

图 7-8 文字对齐参照点与插入基点

（2）在"浏览块库"下拉按钮中，选择"标高.dwg"。

（3）可以看到"标高.dwg"文件中定义的块直观地显示出来，选中需要的块，按住鼠标左键拖动就可以将块插入当前图形中。注意，拖动时打开对象捕捉以帮助精确定位。

（4）弹出"编辑属性"对话框，如图 7-9 所示，在"输入标高数值"文本框中输入"65.59"，单击"确定"按钮，退出命令。

（5）再次插入时可以使用"最近使用"选项卡，或单击"插入"选项卡→"块"面板→"插入"按钮，可以看到创建好的"标高"块。

重复上述步骤完成各图形标高标注。

图 7-9 "编辑属性"对话框

任务小结

AutoCAD 中带属性的图块在工程图中应用较多。创建带属性的图块时，重点要熟练掌握"属性定义"的方法，创建块及插入属性块命令与创建、插入一般图块命令相同。

【技能提高】

使用工具选项板插入块时，它将一些常用的块和填充图案集合到一起分类放置，需要时只要拖动它们就可以将其插入图形中。激活方法为：

功能区：单击"视图"选项卡→"选项板"面板→"工具选项板"按钮 。
快捷键：Ctrl+3。

对于图块的创建和应用，AutoCAD 还提供了创建外部块（"写块 wblock"命令）、使用设计中心插入块的方法等。

任务 7.3　编辑图块属性

任务描述

在图形中，插入带有属性的图块后，有时需要对个别图块属性进行修改，如单独修改属性值、文字格式以及文字的图层、线宽、线性、颜色、打印样式等。本任务利用 AutoCAD 的"属性编辑命令"编辑图块属性。

码 7-4　编辑图块属性

学习支持

1. 编辑块属性

调出属性编辑的命令方式有 4 种：

- 双击需编辑属性的图块。
- 下拉菜单："修改"→"对象"→"属性"→"单个"。
- 命令行：输入 attedit 命令。
- 单击需编辑属性的图块，在鼠标右键快捷菜单中选择"编辑属性"。

2. 块属性管理器

修改已定义的属性图块的属性定义。

打开块属性管理器的 2 种方式：

- 下拉菜单："修改"→"对象"→"属性"→"块属性管理器"。
- 命令行：输入 battman。

学习活动 7.3.1　编辑已插入到图形中的图块属性

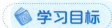 **学习目标**

熟练调用"编辑属性"命令编辑已插入到图形中的图块属性。

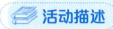 **活动描述**

图块已插入到图形中，修改其属性值、属性文字的格式，修改前、后的路堤标高如图7-10（a）（b）所示。

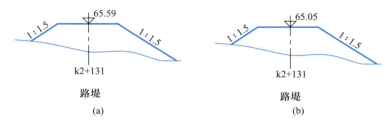

图 7-10　修改属性值和属性文字的格式
（a）修改前；（b）修改后

任务实施

1. 打开插入了"标高"属性块的图形，如图 7-10（a）所示
2. 修改属性值

下拉菜单："修改"→"对象"→"属性"→"单个"（或直接双击要修改的属性块▽65.59）。打开"增强属性编辑器"对话框，在"属性"选项卡中，修改属性"值"为"65.05"，如图 7-11 所示。

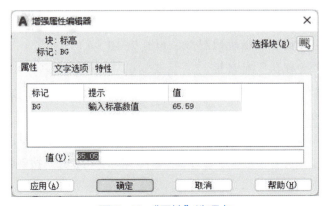

图 7-11　"属性"选项卡

3. 修改属性文字的格式

单击"增强属性编辑器"对话框的"文字选项"选项卡,可以修改"高度""宽度因子""旋转""倾斜角度"等,如图7-12所示。

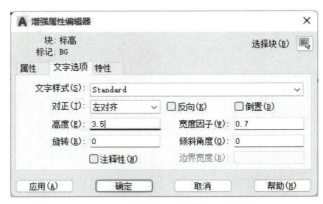

图7-12 "文字选项"选项卡

4. 单击"确定"按钮

学习活动 7.3.2 使用块属性管理器编辑已定义的图块属性

学习目标

熟练使用块属性管理器修改已定义的图块的相关属性。

活动描述

在已定义的属性块的图形中,修改属性块的属性定义。

任务实施

1. 打开插入了"标高"属性块的图形,如图7-10(a)所示
2. 打开"块属性管理器"对话框

下拉菜单:"修改"→"对象"→"属性"→"块属性管理器",如图7-13所示。

3. 选择需编辑的属性块

如图7-13所示,在"块属性管理器"中"块(B)"下拉列表中,选择需编辑属性的图块名,如"标高",单击"块属性管理器"对话框的"编辑"按钮,弹出"编辑属性"对话框,如图7-14所示。

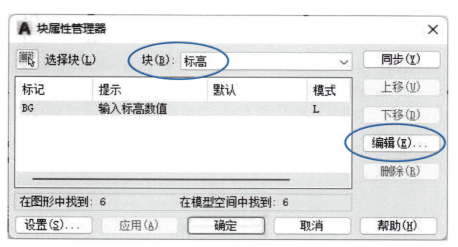

图 7-13 "块属性管理器"对话框

4. 修改属性提示

在"编辑属性"对话框中的"属性"选项卡中修改"数据"选项区的"提示"文本框中文字为"请输入标高数值",如图 7-14 所示。

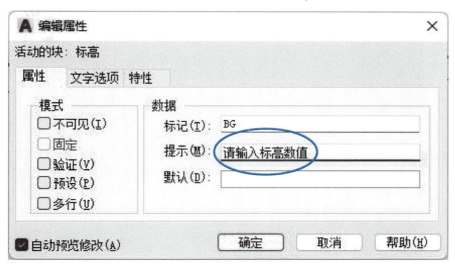

图 7-14 "属性编辑"对话框

在"文字选项""特性"选项卡中,可根据需要修改相关属性。

修改属性后,单击"确定"按钮,返回"块属性管理器"对话框,单击"块属性管理器"对话框的"确定"按钮,完成块属性的编辑。

观察:利用块属性管理器修改"标高"块的属性后,在图形中已插入的"标高"图块的相关属性已全部按要求改变。

任务小结

在 AutoCAD 中，使用"编辑属性""块属性管理器"等命令可以对已创建的属性块或已插入图形中的块属性进行编辑修改。需要注意的是，"编辑属性"命令用来修改已插入的单个图块的属性，"块属性管理器"可修改任一图块的属性定义及所有已插入的该图块的属性。

项目 8 查询功能的应用

项目概述

在用 AutoCAD 绘制工程图的过程中，可能需要对绘制的图形对象进行位置点、距离、面积等相关信息的查询。通过本项目的学习，可以熟练应用 AutoCAD 查询命令查询图形对象的距离、半径、角度和坐标。

本项目的任务有：
- 查询距离、半径、角度及点的坐标
- 查询图形的面积及周长

任务 8.1 查询距离、半径、角度及点的坐标

任务描述

任意两点的距离、圆或圆弧对象的半径、任意两条直线的夹角以及任意点的坐标可能都是在图形应用过程中需要的数据，可以通过 AutoCAD 提供的查询命令来查询，并以文本格式显示。

码 8-1 查询距离、半径、角度及点的坐标

学习活动　绘制练习图并按要求进行查询

学习目标

熟练查询图形对象的距离、半径、角度及点的坐标。

活动描述

绘制如图 8-1 所示图形，图中尺寸、文字不需标注。

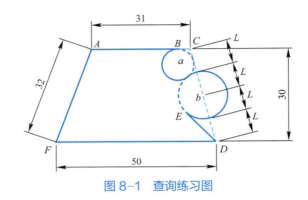

图 8-1　查询练习图

要求查询：

（1）AB 直线的长度，B、F 两点的距离，折线 $BAFDE$ 的总长；

（2）圆 a 的半径；

（3）直线 ED 与 DF 的夹角，圆 a 实线弧的包含角，$\angle BAD$。

学习支持

1. 查询点坐标

查询指定点的 X、Y 和 Z 值。

调用"查询点坐标"命令的 3 种方式为：

- 功能区：单击"默认"选项卡→"实用工具"面板→"实用工具"下拉按钮→"点坐标"按钮。

- 下拉菜单："工具"→"查询"→"点坐标"。

- 命令行：输入 id。

2. 快速测量

当在对象之间移动其上方的鼠标时，将动态显示图形的尺寸、距离和角度。

调用"快速测量"命令的 2 种方式：

- 功能区：单击"默认"选项卡→"实用工具"面板→"测量"下拉按钮→"快速"按钮。

- 命令行：输入 measuregeom。

3. 查询距离

查询指定点之间的距离，其在 XY 平面上的角度，其与 XY 平面的夹角，以及两点间在 X、Y、Z 轴上的增量 ΔX、ΔY、ΔZ。

调用"查询距离"命令的 3 种方式为：

- 功能区：单击"默认"选项卡→"实用工具"面板→"测量"下拉按钮→"距离"按钮 。
- 下拉菜单："工具"→"查询"→"距离"。
- 命令行：输入 dist。

4. 查询半径

查询指定圆弧、圆或多段线圆弧的半径和直径。

调用查询半径命令的 2 种方式为：

- 功能区：单击"默认"选项卡→"实用工具"面板→"测量"下拉按钮→"半径"按钮 。
- 下拉菜单："工具"→"查询"→"半径"。

5. 查询角度

查询与选定的圆弧、圆和直线对象关联的角度。

圆弧：以圆弧的圆心作为顶点，查询在圆弧的两个端点之间形成的角度。

圆：以圆的圆心作为顶点，查询在最初选定圆的位置与第二个点之间形成的锐角。

直线：查询两条选定直线之间的锐角。直线无需相交。

顶点：查询通过指定一个点作为顶点，然后选择其他两个点而形成的锐角。

调用查询角度命令的 2 种方式为：

- 功能区：单击"默认"选项卡→"实用工具"面板→"测量"下拉按钮→"角度"按钮 。
- 下拉菜单："工具"→"查询"→"角度"。

📘 任务实施

1. 新建一文件，绘制图形

如图 8-1 所示，绘制图形，绘制过程略，图中尺寸不需标注。

2. 查询距离

（1）查询 *AB* 直线的长度

命令：dist

命令：dist	（调用"查询距离"命令）

指定第一点： （鼠标捕捉 A 点）
指定第二个点或 [多个点（M）]： （鼠标捕捉 B 点）
距离=27.187，XY 平面中的倾角=0.000，与 XY 平面的夹角=0.000
X 增量=27.187，Y 增量=0.000，Z 增量=0.00

（2）查询 B、F 两点的距离

下拉菜单："工具"→"查询"→"距离"。

命令：_MEASUREGEOM （调用"查询距离"命令）
输入一个选项 [距离（D）/半径（R）/角度（A）/面积（AR）/体积（V）/快速（Q）/模式（M）/退出（X）] <距离>：_distance
指定第一点： （鼠标捕捉 B 点）
指定第二个点或 [多个点（M）]： （鼠标捕捉 F 点）
距离=48.668，XY 平面中的倾角=218.055°，与 XY 平面的夹角=0.000°
X 增量=-38.322，Y 增量=-30.000，Z 增量=0.000
输入一个选项 [距离（D）/半径（R）/角度（A）/面积（AR）/体积（V）/快速（Q）/模式（M）/退出（X）] <距离>：x （输入 x 退出查询）

（3）查询折线 BAFDE 的总长

功能区：单击"默认"选项卡→"实用工具"面板→"测量"下拉按钮→"距离"按钮 。

命令：_MEASUREGEOM （调用"查询距离"命令）
输入一个选项 [距离（D）/半径（R）/角度（A）/面积（AR）/体积（V）/快速（Q）/模式（M）/退出（X）] <距离>：_distance
指定第一点： （鼠标捕捉 B 点）
指定第二个点或 [多个点（M）]：m （输入 m 表示要指定多个点，记录总距离）
指定下一个点或 [圆弧（A）/长度（L）/放弃（U）/总计（T）] <总计>： （鼠标捕捉 A 点）
距离=27.187
指定下一个点或 [圆弧（A）/闭合（C）/长度（L）/放弃（U）/总计（T）] <总计>：
（鼠标捕捉 F 点）
距离=59.187
指定下一个点或 [圆弧（A）/闭合（C）/长度（L）/放弃（U）/总计（T）] <总计>：
（鼠标捕捉 D 点）

> 距离=109.187
> 指定下一个点或［圆弧（A）/闭合（C）/长度（L）/放弃（U）/总计（T）］<总计>：
> （鼠标捕捉 E 点）
> 距离=122.616
> 指定下一个点或［圆弧（A）/闭合（C）/长度（L）/放弃（U）/总计（T）］<总计>：*取消*
> （按 Esc 键结束）

3. 查询圆 a 的半径

下拉菜单："工具"→"查询"→"半径"。

> 命令：_MEASUREGEOM
> 输入一个选项［距离（D）/半径（R）/角度（A）/面积（AR）/体积（V）/快速（Q）/模式（M）/退出（X）］<距离>：_radius （调用"查询半径"命令）
> 选择圆弧或圆： （选择圆 a）
> 半径=4.942
> 直径=9.883
> 输入一个选项［距离（D）/半径（R）/角度（A）/面积（AR）/体积（V）/快速（Q）/模式（M）/退出（X）］<半径>：x （输入 x 退出查询）

4. 查询角度

（1）查询直线 ED 与 DF 的夹角

下拉菜单："工具"→"查询"→"角度"。

> 命令：_MEASUREGEOM
> 输入一个选项［距离（D）/半径（R）/角度（A）/面积（AR）/体积（V）/快速（Q）/模式（M）/退出（X）］<距离>：_angle （调用"查询角度"命令）
> 选择圆弧、圆、直线或<指定顶点>： （选择直线 ED）
> 选择第二条直线： （选择直线 DF）
> 角度= 45.311°
> 输入一个选项［距离（D）/半径（R）/角度（A）/面积（AR）/体积（V）/快速（Q）/模式（M）/退出（X）］<角度>：*取消* （按 Esc 键结束）

说明：角度默认是按"十进制度数"显示的，如想按"度/分/秒"显示，可以单击下拉菜单："格式"→"单位"，在角度选项区域的"类型"下拉列表中选择。

（2）查询圆 a 实线弧的包含角

功能区：单击"默认"选项卡→"实用工具"面板→"测量"下拉按钮→"角度"按钮。

> 命令：_MEASUREGEOM
> 输入一个选项［距离（D）/半径（R）/角度（A）/面积（AR）/体积（V）/快速（Q）/模式（M）/退出（X）］＜距离＞：_angle　　　（调用"查询角度"命令）
> 选择圆弧、圆、直线或＜指定顶点＞：
> 角度=217.598°
> 输入一个选项［距离（D）/半径（R）/角度（A）/面积（AR）/体积（V）/快速（Q）/模式（M）/退出（X）］＜角度＞：*取消*　　　（按 Esc 键结束）

（3）查询∠BAD

下拉菜单："工具"→"查询"→"角度"。

> 命令：_MEASUREGEOM
> 输入一个选项［距离（D）/半径（R）/角度（A）/面积（AR）/体积（V）/快速（Q）/模式（M）/退出（X）］＜距离＞：_angle　　　（调用"查询角度"命令）
> 选择圆弧、圆、直线或＜指定顶点＞：　　　（回车，表示要指定顶点）
> 指定角的顶点：　　　（鼠标捕捉点 A）
> 指定角的第一个端点：　　　（鼠标捕捉点 B）
> 指定角的第二个端点：　　　（鼠标捕捉点 D）
> 角度=37.665°
> 输入一个选项［距离（D）/半径（R）/角度（A）/面积（AR）/体积（V）/快速（Q）/模式（M）/退出（X）］＜角度＞：*取消*　　　（按 Esc 键结束）

任务小结

在 AutoCAD 中，提供了点坐标、距离、半径、直径、角度等查询命令，可以通过下拉菜单："工具"→"查询"，找到相应的命令，也可在"默认"选项卡→"实用工具"面板，选择"测量"下拉按钮的相应图标进行查询。任何时候按 Esc 键均可以结束命令。

任务 8.2　查询图形的面积及周长

在 AutoCAD 绘图的过程中或绘图完毕，可能需要查询绘制图形的面积、周长等相关信息。通过本任务的学习，可以熟练应用 AutoCAD "查询命令"查询图形对象的面积和周长。

码 8-2　查询图形的面积及周长（上）

学习活动　查询面积及周长

学习目标

熟练运用"查询面积"命令查询图形对象的面积及周长。

码 8-3　查询图形的面积及周长（下）

活动描述

在图 8-1 的基础上完成图 8-2 的绘制，要求查询：
（1）图 8-2（a）的面积及周长；
（2）图 8-2（b）两个圆面积之和；
（3）图 8-2（c）梯形扣除小圆的面积。

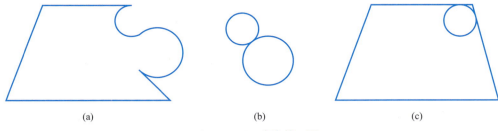

图 8-2　面积查询练习图

学习支持

1. 查询面积

查询对象或定义区域的面积和周长。
调用"查询面积"命令的 3 种方式为：

- 功能区：单击"默认"选项卡→"实用工具"面板→"测量"下拉按钮→"面积"按钮。
- 下拉菜单："工具"→"查询"→"面积"。
- 命令行：输入 area。

2. 边界创建

边界是指某个封闭区域的轮廓。边界创建是指定内部点，使用周围的对象（如直线、圆弧、圆、多段线等图形对象）来构成一个封闭的区域，从而将该区域创建为单独的面域或多段线。

调用边界创建命令的 3 种方式为：

- 功能区：单击"默认"选项卡→"绘图"面板→"图案填充"下拉按钮→"边界"按钮。
- 下拉菜单："绘图"→"边界"。
- 命令行：输入 boundary（或 bo）。

打开"边界创建"对话框，如图 8-3 所示。

"边界创建"对话框中各选项的功能如下：

- "拾取点"按钮：用于拾取封闭区域。根据用户指定的点，系统会自动将包含该点的封闭区域读取出来，形成边界。

图 8-3 "边界创建"对话框

- "孤岛检测"复选框：用于检测内部闭合边界，该边界称为孤岛。
- "边界保留"区域：用于设置是否保留原边界，设置新边界的对象类型选择多段线还是面域。

任务实施

1. 根据图 8-2，绘制面积查询练习图

调用"复制""删除"和"改变图层"等命令绘制、修改图形，如图 8-4 所示，绘制过程略。

2. 查询图 8-2（a）的面积和周长

（1）调用"边界创建"命令，创建多段线

由于图 8-2（a）的图形是由几条直线和几段圆弧组成，如图 8-4（a）所示，不能直接使用"查询面积"命令，需要使用"边界创建"命令，把这几个首尾相连的对象创建为一个多段线对象，如图 8-4（b）所示。

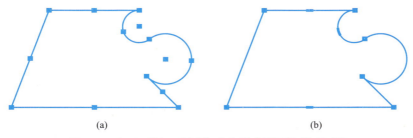

(a)　　　　　　　　　　　　(b)

图 8-4　调用"边界创建"命令选中图形的前后对比

在命令行输入"bo",打开"边界创建"对话框,点击"拾取点"按钮,返回绘图窗口,单击图 8-2(a)内任一点,并回车。

(2)查询图 8-2(a)的面积和周长

下拉菜单:"工具"→"查询"→"面积"。

命令:_MEASUREGEOM
输入一个选项 [距离(D)/半径(R)/角度(A)/面积(AR)/体积(V)/快速(Q)/模式(M)/退出(X)] <距离>:_area　　　　　　　　　　(调用"查询面积"命令)
指定第一个角点或 [对象(O)/增加面积(A)/减少面积(S)/退出(X)] <对象(O)>:　　　　　　　　　　　　　　　　(回车或输入 o 表示要选择对象)
选择对象:　　　　　　　　　　　　　　　　(选择图 8-2a 中的任意边线)
区域=1206.757,周长=176.961
输入一个选项 [距离(D)/半径(R)/角度(A)/面积(AR)/体积(V)/快速(Q)/模式(M)/退出(X)] <面积>:x　　　　　　　　　　　(输入 x 退出命令)

3. 查询两个圆面积之和

命令:area　　　　　　　　　　　　　　　　　(调用"查询面积"命令)
指定第一个角点或 [对象(O)/增加面积(A)/减少面积(S)] <对象(O)>:a
　　　　　　　　　　　　　　　　　　　　(输入 a 表示要添加面积)
指定第一个角点或 [对象(O)/减少面积(S)]:o　　(输入 o 表示要选择对象)
("加"模式)选择对象:　　　　　　　　　　　　　　　　　(选择小圆)
区域=76.715,圆周长=31.049
总面积=76.715
("加"模式)选择对象:　　　　　　　　　　　　　　　　　(选择大圆)
区域=188.859,圆周长=48.716
总面积=265.573

("加"模式)选择对象：*取消* （按 Esc 键结束）

  4. 查询梯形扣除小圆后的面积

命令：area   （调用"查询面积"命令）
指定第一个角点或［对象（O）/增加面积（A）/减少面积（S）］＜对象（O）＞：a
             （输入 a 表示要添加面积）
指定第一个角点或［对象（O）/减少面积（S）］： （捕捉梯形的一个角点）
("加"模式)指定下一个点或［圆弧（A）/长度（L）/放弃（U）］：
             （捕捉梯形的第二个角点）
("加"模式)指定下一个点或［圆弧（A）/长度（L）/放弃（U）］：
             （捕捉梯形的第三个角点）
("加"模式)指定下一个点或［圆弧（A）/长度（L）/放弃（U）/总计（T）］＜总计＞：
             （捕捉梯形的第四个角点）
("加"模式)指定下一个点或［圆弧（A）/长度（L）/放弃（U）/总计（T）］＜总计＞：
         （回车或输入 t 表示要总计面积和周长）
区域=1215.000，周长=144.014
总面积=1215.000
指定第一个角点或［对象（O）/减少面积（S）］：s （输入 s 表示要减少面积）
指定第一个角点或［对象（O）/增加面积（A）］：o （输入 o 表示要选择对象）
("减"模式)选择对象：   （选择小圆）
区域=76.715，圆周长=31.049
总面积=1138.285
("减"模式)选择对象：*取消*   （按 Esc 键结束）

任务小结

  AutoCAD 中提供了图形对象的面积和周长查询功能，根据需要可对图形对象的面积进行"加法"和"减法"运算。可以通过"边界创建"命令形成封闭区域的边界轮廓，以便查询该区域的面积和周长。

PART TWO

第二部分

形体的表达与绘制

项目 9 投影的基本知识

项目概述

土建工程图是表达房屋、桥梁、道路、给水排水等土木建筑工程设计的重要技术资料,是施工的重要依据。工程图样的基本要求是能在一个平面上准确地表达建筑物或构筑物的几何形状和大小,其绘制的方法为投影法,投影原理和投影方法是识读和绘制专业图的重要理论。

本项目的任务有:
- 投影的概念和分类
- 点的投影图识读与绘制
- 直线投影图识读与绘制
- 平面投影图识读与绘制

任务 9.1 投影的概念和分类

任务描述

理解投影的概念,了解投影的分类,了解中心投影和平行投影的形成和特点,了解不同投影法的应用范围。掌握正投影的基本性质,理解三面投影图的形成原理,掌握三面正投影图的投影特性。

码 9-1 投影的概念和分类

学习支持

1. 投影的形成

在灯光或太阳光照射物体时,会在地面或墙上或其他物体表面上产生与原物体相同或相似的影子，即形体的轮廓，如图9-1（a）所示。人们根据这个自然现象，抽象总结出用投影表示物体的形状和大小的方法，即投影法。在投影法中，将物体称为形体，光源称为投影中心，向物体投射的光线称为投射线，光线的射向称为投射方向，承受影子的平面（如地面、墙面等）称为投影面。投射线、投影面和形体是形成投影的三要素。

在实际绘制投影图时，需用人的视线作为投射线，用图纸作为投影面，假设投射线会透过形体，在投影面上画出形体的外部轮廓及内外表面的交线，且沿投影方向凡可见的轮廓线画实线，不可见的轮廓线画虚线，这样得到的形体图称为投影图，简称投影，如图9-1（b）所示。采用投影表达物体的方法为投影法。

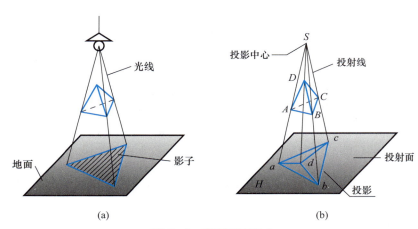

图9-1 投影图的形成

2. 投影法的分类

根据投射方式的不同情况，投影法一般分为以下两类：

（1）中心投影法

投射线由投影中心的一点射出，通过物体与投影面相交所得的图形，称为中心投影，如图9-2（a）所示，从图中可以看出，由于投影线互不平行，影子比实物要大。用这种方法得到的投影图，效果和照片一样，有近大远小、符合视觉的感受，所以又称为透视图。但由于它的投影不能反映形体的真实大小，故不能作为绘制工程图样的基本方法。

（2）平行投影法

如果将投影中心移至无穷远处，则投射线可看成相互平行的通过形体与投影面相交，所得的图形称为平行投影；用平行投影线进行投影的方法称为平行投影法。在平行投影法中，根据投射方向是否垂直投影面，平行投影法又可分为两种：

• 斜投影法：投影方向（投射线）倾斜于投影面，称为斜投影法，如图9-2（b）所示。

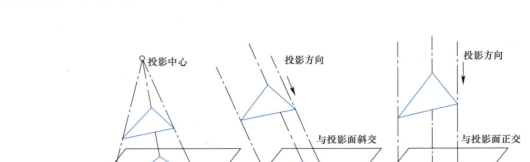

图 9-2 投影的分类
（a）中心投影；（b）斜投影；（c）正投影

- 正投影法：投影方向（投射线）垂直于投影面，称为正投影法，如图 9-2（c）所示。正投影法是工程制图中广泛应用的方法。本书中所说的投影，如无特别说明均指正投影。

3. 正投影特性

（1）类似性

点的正投影仍然是点；直线的正投影一般仍为直线（特殊情况例外）；平面的正投影一般仍为原空间几何形状的平面（特殊情况例外），如图 9-3 所示。

（2）全等性

当线段或平面图形平行于投影面时，其投影反映实长或实形，如图 9-4 所示。

（3）积聚性

当直线垂直于投影面时，其投影积聚为一点；当平面垂直于投影面时，其投影积聚为直线，如图 9-5 所示。

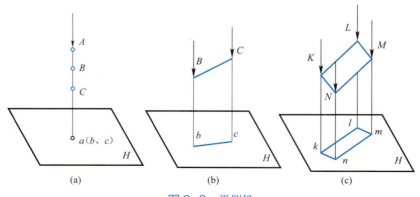

图 9-3 类似性
（a）点的投影；（b）直线的投影；（c）平面的投影

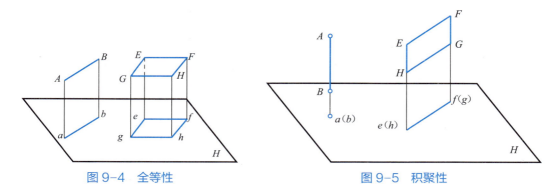

图 9-4　全等性　　　　　　　　　图 9-5　积聚性

4. 三面正投影图

如图 9-6 所示，三个形状不同的物体，在同一个投影面上的投影是相同的。可见只用一个方向的投影是不能完全反映形体的真实形状和大小的。

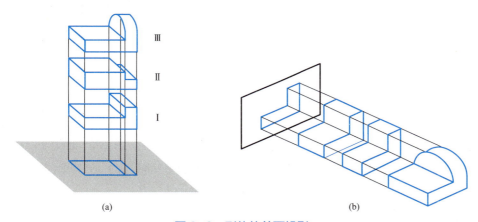

(a)　　　　　　　　　　　(b)

图 9-6　形体的单面投影

如果将形体放在三个互相垂直相交的投影面之间，然后采用正投影法分别作三个投影面的投影，如图 9-7 所示，这样就能准确反映出形体的真实形状和大小了。因此，在工程图中常用三面投影来表达物体的空间形状。

（1）三面投影体系的建立

如图 9-8 所示，三个相互垂直的投影面，构成三面投影体系，其中水平投影面称为 H 面、正立面投影面称为 V 面、侧立面投影面称为 W 面。三投影面两两相交构成三条投影轴，V 面与 H 面相交于 OX 轴，H 面与 W 面相交于 OY 轴，V 面与 W 面相交于 OZ 轴。三投影轴 OX、OY、OZ 相互垂直，其交点 O 称为原点。

（2）三面投影图的形成

从图 9-9 中能看到，把两步台阶放在三面正投影体系中，按箭头所指的投影方向分别向三个投影面作正投影。

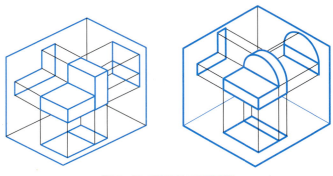

图 9-7 形体的三面投影

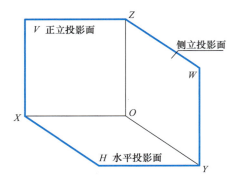

图 9-8 三投影面的建立

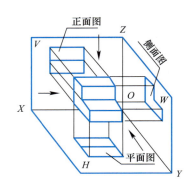

图 9-9 三投影图的形成

在 H 面上得到的正投影图形，称为水平投影图，简称平面图或 H 面投影；在 V 面上得到的正投影图形，称为正立面投影图，简称正面图或 V 面投影；在 W 面上得到的正投影图形，称为侧立面投影图，简称侧面图或 W 面投影。

（3）投影面的展开

为了把空间三个投影面上所得到的投影画在一个平面上，需将三个投影面展开在一个平面上。展开方法如图 9-10 所示：V 面保持不动，H 面绕 OX 轴向下旋转 90°，与 V 面重合；W 面向右旋转 90°，与 V 面重合。这样三个投影面就处于同一个平面上了，如图 9-11 所示。

三个投影面展开后，三条投影轴成为两条垂直相交的直线。OY 轴被分为两处，在 W 面上的用 OY_W 表示，在 H 面上的用 OY_H 表示。

说明：为简化作图，作图时也可以不画出投影面的边界线，投影轴一般也可不画。对于初学者，为能清晰地理解三投影面间的对应关系，可应用细实线将投影轴绘出。

5. 三面正投影图的投影规律

（1）空间位置关系

任何一个形体都有前、后、上、下、左、右六个方位。在三个投影图中，每个投影图

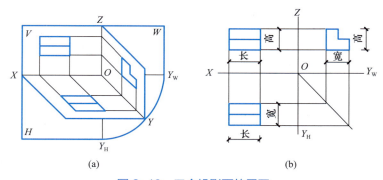

图 9-10 三个投影面的展开

(a) 展开过程；(b) 展开后的投影图

只能表示其四个方位的情况，如图 9-11 所示。正面（V 面）投影图反映形体的上、下和左、右位置关系；水平投影图（H 面）投影图反映形体的前、后和左、右位置关系；侧面投影图（W 面）投影图反映形体的上、下和前、后位置关系。例如：靠近正面投影图的一面是物体的后面，远离正面投影图的一面是物体的前面。

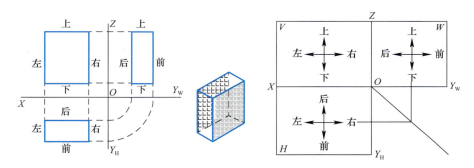

图 9-11 三面投影图与物体的方位关系

（2）三等关系

任何形体都有长、宽、高三个尺度，将形体左右方向（X 方向）的尺度称为长，上下方向（Z 方向）尺度称为高，前后方向（Y 方向）尺度称为宽。如图 9-12 所示，在三面投影图上，V 面投影反映了形体的长度及高度，H 面投影反映了形体的长度及宽度，W 面投影反映了形体的高度及宽度。

归纳三面投影图的关系是：长对正、宽相等、高平齐。

长对正——水平投影图与正面投影图的长相等。

宽相等——水平投影图的宽与侧图投影图的宽相等。

高平齐——正面投影图的高与侧图投影图的高相等。

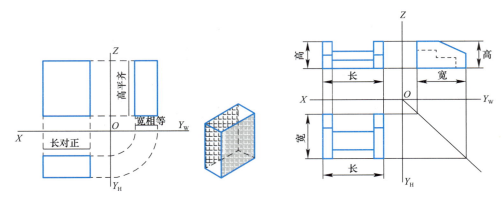

图 9-12 三视图的度量关系

学习活动　根据形体的模型绘制其三面投影图

学习目的

1. 了解三投影面体系的组成。
2. 熟知三面正投影的投影规律。
3. 初步了解三面正投影图的作图方法与步骤。

活动描述

绘制如图 9-13 所示形体的三面投影图。

任务实施

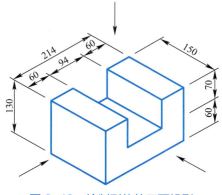

图 9-13 绘制形体的三面投影

分析：假想将模型按照图 9-13 中所示投射箭头放置在三面投影体系中，并向三个投影面投影，再将三个投影面展开，形成三面投影图。

说明：绘制形体的投影图，应将形体上的棱线和轮廓线都画出来，并且按投影方向，可见的线用粗实线表示，不可见的线用虚线表示。

1. 绘制水平和垂直相交线作为投影轴和 45°分角线，如图 9-14（a）所示。
2. 根据形体各部分的长度和高度先绘制其正立

投影面（V 面）投影，然后根据 V 面投影与水平投影面（H 面）投影的"长对正"关系和形体的宽度，绘制 H 面的投影，如图 9-14（b）所示。

3. 根据 V 面和侧立投影面（W 面）的"高平齐"投影关系及 H 面投影与 W 面投影的"宽相等"（借助 45°分角线）的关系，绘制 W 面投影，如图 9-14（c）所示。

4. 加深图线，整理图形，完成三面投影图的绘制，如图 9-14（d）所示。

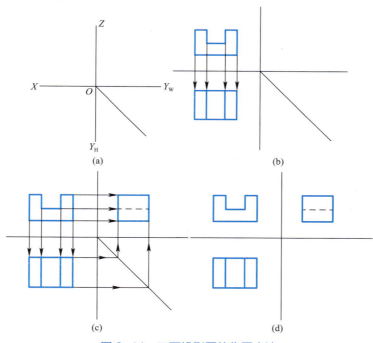

图 9-14　三面投影图的作图方法

任务小结

1. 投影法分为中心投影法和平行投影法两类。平行投影法分为正投影法与斜投影法。
2. 正投影的基本性质主要有：类似性、全等性和积聚性等。
3. 形体三面投影体系的构成。形体的三面投影规律：长对正、宽相等、高平齐。

任务 9.2　点的投影图识读与绘制

任务描述

空间形体可视为由点、线、面所组成。如图 9-15 所示立方体，可认为由六个表面围成，面与面相交得线，线与线相交得点。因此，点、线、面是

码 9-2　点的投影图识读与绘制

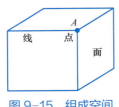

图 9-15 组成空间形体的基本几何元素

组成空间形体的基本几何元素。要能识读和绘制形体正投影图，必须熟练掌握点、直线、平面的投影规律和特性，才能透彻理解工程图样所表示物体的具体结构形状。其中，点是最基本的几何元素，点的投影规律是研究线、面、体投影的基础。

本任务通过掌握点的三面投影的投影规律及作图方法认知点的三面投影图；能够判断点的空间位置；会查询点的空间坐标和点到投影面的距离；会比较两点的相对位置。

学习支持

1. 点的三面投影图

点的投影仍然是点。如图 9-16（a）所示，将空间点 A 置于三投影面体系中，自 A 点分别向三个投影面作垂线（即投射线），三个垂足就是点 A 在三个投影面上的投影。

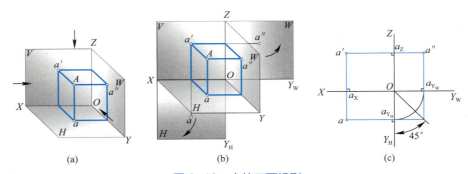

图 9-16 点的三面投影
（a）直观图；（b）投影图的展开；（c）投影图

点 A 在 H 面的投影记作 a，称为点 A 的水平投影或 H 面投影；
点 A 在 V 面的投影记作 a'，称为点 A 的正面投影或 V 面投影；
点 A 在 W 面的投影记作 a''，称为点 A 的侧面投影或 W 面投影。

> 说明：通常规定空间点用大写字母如：A、B、C 等表示，H 面投影用相应的小写字母标记，如 a、b、c 等，V 面投影用相应的小写字母加一撇标记，如 a'、b'、c' 等，W 面投影用相应的小写字母加两撇标记，如 a''、b''、c'' 等。

将三面投影面展开后，如图 9-16（b）所示，即可得 A 点的三面投影图。

为便于投影分析，在展开图上用细实线将点的相邻投影连起来，如 aa'、aa'' 称为投影连线。水平投影 a 与侧面投影 a'' 不能直接相连，作图时常以图 9-16（c）所示的借助 45°斜角线或圆弧来实现这个联系。

2. 点的投影规律

分析图 9-16（c）中各面投影的相互关系，可以归纳出点的三面投影规律：

（1）点的水平投影与正面投影的连线垂直于 OX 轴，即 $aa' \perp OX$。

（2）点的正面投影和侧面投影的连线垂直于 OZ 轴，即 $a'a'' \perp OZ$。

（3）点的水平投影到 OX 轴的距离等于点的侧面投影到 OZ 的距离，即 $aa_x = a''a_z$。

上述投影规律说明，在点的三面投影图中，每两个投影都有一定的联系，因此，只要给出一点的任意两个投影就可以求出第三个投影。

学习活动 9.2.1　根据点的两面投影绘制点的第三面投影

学习目标

掌握点的三面投影的投影规律及作图方法。

活动描述

已知 A 点的水平投影 a 和正面投影 a'，求侧面投影 a''，如图 9-17（a）所示。

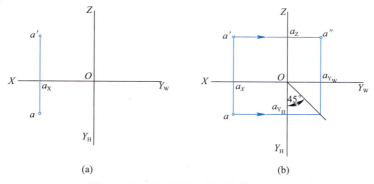

图 9-17　已知点的两投影求第三投影

任务实施

分析：根据点的投影关系，点的水平投影 a 和正面投影 a' 的连线垂直于 OX 轴；点的正面投影 a' 和侧面投影 a'' 的连线垂直于 OZ 轴；点的水平投影 a 到 OX 轴的距离等于点的侧面投影 a'' 到 OZ 轴的距离。

作图步骤为：

（1）由 a' 作 OZ 轴的垂线 $a'a_z$ 并延长。

（2）由 a 作 OY_H 轴的垂线 aa_{Y_H} 并延长，与过原点 O 的 45°辅助线相交，再向上作 OY_W 轴的垂线与 $a'a_z$ 的延长线相交，交点即为 A 点的侧面投影 a''，如图 9-17（b）所示。

> **学习支持**

两点的相对位置和重影点

1. 两点的相对位置

空间两点的相对位置可以用三面正投影图来标定；反之，根据点的投影也可以判断出空间两点的相对位置。

在三面投影中，规定 OX 轴向左、OY 轴向前、OZ 轴向上为三条轴的正方向。在投影图中，X 坐标可确定点在三投影面体系中的左右位置，Y 坐标可确定点的前后位置，Z 坐标可确定点的上下位置，如图 9-18 所示。

2. 重影点及其投影的可见性

当两点的某个坐标相同时，该两点将处于同一投射线上，则此两点对某一投影面具有重叠的投影，重叠的投影称为重影，重影的空间两点称为重影点。

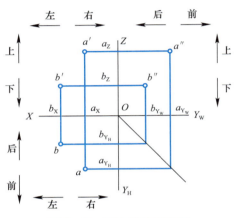

图 9-18 两点的相对位置

水平投影重合的两个点，叫水平重影点。

正面投影重合的两个点，叫正面重影点。

侧面投影重合的两个点，叫侧面重影点。

从投射方向看重影点，必有一个点遮挡住另一个点，即有一个点可见，一个点不可见。在投影图中规定，重影点中可见点标注在前，不可见点的投影用同名小写字母加一括号标注在后。如图 9-19 所示，A、B 是位于同一投射线上的两点，它们在 H 面上的投影 a 和 b 相重叠。沿投射线方向观看，A 在 H 面上为可见点 a，B 为不可见点，加括号表示（b）。

重影点投影可见性的判别方法是：

对水平重影点，从上向下看，上面一点看得见，下面一点看不见（上下位置可从正面投影或侧面投影中看出）；

对正面重影点，从前向后看，前面一点看得见，后面一点看不见（前后位置可从水平投影或侧面投影中看出）；

对侧面重影点，从左向右看，左面一点看得见，右面一点看不见（左右位置可从正面投影或水平投影中看出）。

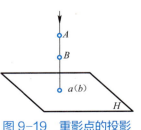

图 9-19 重影点的投影

学习活动 9.2.2　根据点的相对位置关系绘制点的三面投影

学习目标

1. 掌握点的投影与相对位置间的关系。
2. 掌握重影点的投影及表示方法。

活动描述

已知点 A 的三个投影，如图 9-20（a）所示。点 B 在点 A 上方 8mm，左方 12mm，前方 100mm，点 C 在点 A 的正下方 12mm，求点 B、C 的三面投影。

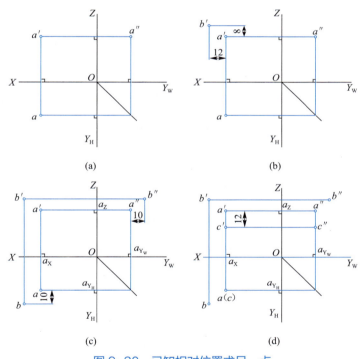

图 9-20　已知相对位置求另一点

任务实施

1. 求点 B 的三面投影

（1）在点 A 的 V 面投影 a' 左方 12mm、上方 8mm 处确定点 B 的 V 面投影 b'，如图 9-20（b）所示；

（2）由 b' 作 OX 轴的垂线并延长，在其延长线上 a 前 10mm 处确定点 B 的 H 面投影

b，如图 9-20（c）所示；

（3）由 b' 作 OZ 轴的垂线并延长，在其延长线上 a'' 前 10mm 处确定点 B 的 W 面投影 b''；或根据点 B 的 H 面投影 b 和 V 面投影 b' 求得 W 面投影 b''。

2. 求点 C 的三面投影

（1）在点 A 的 V 面投影 a' 正下方确定 C 点的 V 面投影 c'；同理，在点 A 的 W 面投影 a'' 正下方确定点 C 的 V 面投影 c''，如图 9-20（d）所示；

（2）由于点 A 在点 C 正上方，故在 H 面投影中，点 C 的 H 面投影 c 与点 A 的 H 面投影 a 重合在一起，a' 遮住 c'，记为 $a(c)$，如图 9-20（d）所示。

任务小结

1. 点的三面投影规律：$aa' \perp OX$，$a'a'' \perp OZ$，$aa_x = a''a_z$。
2. 点的投影与坐标关系：X 坐标表示空间点到 W 面的距离，Y 坐标表示空间点到 V 面的距离，Z 坐标表示空间点到 H 面的距离。
3. 重影点及其投影的可见性判别。

任务 9.3　直线投影图识读与绘制

任务描述

学习直线的三面投影的投影规律和特性，掌握各种直线的三面投影图作图方法；分析直线的空间位置，判断点和直线、直线和直线的相对位置。

码 9-3　直线的投影图识读与绘制

学习支持

1. 直线投影图的作法

空间两点确定且唯一确定一条直线，空间直线段的投影一般仍为直线，故要获得一直线的投影，只需作出该直线上的两个点的投影，然后分别连接这两个点的同名（面）投影即可，如图 9-21 所示。直线的投影要用粗实线绘制。

2. 各种位置直线的投影

空间直线按其相对于三个投影面的不同位置关系可分为三种：投影面平行线、投影面垂直线和投影面倾斜线。前两种称为特殊位置直线，后一种称为一般位置直线。

（1）投影面平行线

平行于某一个投影面，而倾斜于另外两个投影面的直线称为投影面平行线。投影面平

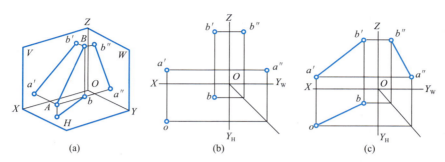

图 9-21　作直线的三面正投影图

行线可分为：水平线、正平线、侧平线。

水平线——平行于 H 面，倾斜于 V、W 面的直线。

正平线——平行于 V 面，倾斜于 H、W 面的直线。

侧平线——平行于 W 面，倾斜于 H、V 面的直线。

1）投影面平行线的投影特性（表 9-1）。

投影面平行线的投影特性　　　　表 9-1

名称	立体图	投影图	投影特性
水平线（//H）			（1）$a'b'$//OX，$a''b''$//OY_W （2）$ab=AB$ （3）ab 与 OX、OY_H 轴倾斜
正平线（//V）			（1）ab//OX，$a''b''$//OZ （2）$a'b'=AB$ （3）$a'b'$ 与 OX、OZ 轴倾斜
侧平线（//W）			（1）ab//OY_H，$a'b'$//OZ （2）$a''b''=AB$ （3）$a''b''$ 与 OZ、OY_W 轴倾斜

以水平线为例：按照定义，它平行于 H 面，线上所有点与 H 面的距离都相同，这就决定了它的投影特性是：①AB 的水平投影 $ab=AB$，即反映实长；②正面投影平行于 OX

轴，即 $a'b'$ //OX 轴；③侧面投影平行于 OY_W 轴，即 $a''b''$ //OY_W 轴；其他二投影面平行线的分析同上。

投影面平行线投影特性归纳如下：
- 直线在所平行的投影面上的投影反映实长；

技巧口诀：平行线，实形现。

- 直线在另两个投影面上的投影，分别平行于相应的投影轴（构成所平行的投影面的两根轴），但不反映实长。

2）投影面平行线的判别方法

当直线的投影有两个平行于投影轴时，第三投影与投影轴倾斜时，则该直线一定是投影面的平行线，且一定平行于其投影为倾斜线的那个投影面。

读图技巧：若直线的一个投影平行于某投影轴而与另一个投影倾斜时，则可判断该直线为倾斜投影所在的投影面的平行线，且倾斜投影反映直线实长。

（2）投影面垂直线

垂直于一个投影面，即与另两个投影面都平行的直线段，称为投影面垂直线。投影面垂直线有三种：铅垂线、正垂线、侧垂线。

铅垂线——垂直于 H 面，平行于 V、W 面的直线。

正垂线——垂直于 V 面，平行于 H、W 面的直线。

侧垂线——垂直于 W 面，平行于 H、V 面的直线。

1）投影面垂直线的投影特性（表 9-2）

投影面垂直线的投影特性　　　　　表 9-2

名称	立体图	投影图	投影特性
铅垂线（⊥H）			（1）H 面投影为一点，有积聚性 （2）$a'b'$⊥OX，$a''b''$⊥OY_W （3）$a'b' = a''b'' = AB$
正垂线（⊥V）			（1）V 面投影为一点，有积聚性 （2）ab⊥OX，$a''b''$⊥OZ （3）$ab = a''b'' = AB$

续表

名称	立体图	投影图	投影特性
侧垂线（⊥W）			（1）W面投影为一点，有积聚性 （2）$ab \perp OY_H$，$a'b' \perp OZ$ （3）$ab = a'b' = AB$

投影面垂直线投影特性归纳如下：
- 直线在其所垂直的投影面上的投影积聚为一点；
- 直线在另两个投影面上的投影，分别垂直于相应的投影轴，且反映线段的实长。

技巧口诀：垂直线，一个点。

2）投影面垂直线的判别方法

直线的三面投影中，若一面投影积聚为一点，另两面投影为平行于相应投影轴的直线，则可判定为垂直线；点在哪个面，垂直哪个面。

读图技巧：若一直线在某投影面上的投影为一点，它必然是该投影面的垂直线。

（3）一般位置直线

与三个投影面均倾斜的直线，称为一般位置直线。

1）一般位置直线的投影（图9-22）

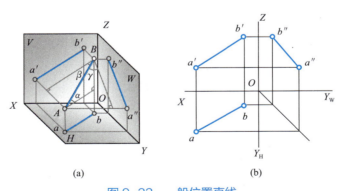

图9-22 一般位置直线
（a）立体图；（b）投影图

一般位置直线投影特性可归纳如下：
- 直线的三个投影均小于实长。

- 直线的三个投影均倾斜于各投影轴。

2）一般位置直线的判别方法

若直线的投影与三个投影轴都倾斜，可判断该直线为一般位置直线。

> **读图技巧**：若直线的两面投影倾斜于投影轴，可判断该直线为一般位置直线。

学习活动 9.3.1　作直线的三面投影图并判断其与投影面的相对位置

学习目标

1. 熟练判断直线的空间位置与投影面的关系。
2. 通过直线的两面投影作出其第三面投影。

活动描述

已知直线 AB 的水平投影 ab 和正面投影 $a'b'$，如图 9-23（a）所示，求 AB 的侧面投影 $a''b''$。

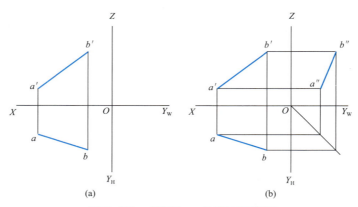

图 9-23　求直线 AB 的第三面投影

任务实施

分析：

（1）从图 9-23（a）可以看出直线 AB 的水平投影 ab 和正面投影 $a'b'$ 均倾斜于相应投影轴，则可判断直线 AB 为一般位置直线，故其第三面（W 面）投影 $a''b''$ 必倾斜于相应投影轴。

（2）因两点能唯一确定一直线，故求直线的投影，只需作出该直线上的两个点的投影，然后分别连接这两个点的同名（面）投影即可。

作图步骤为：

（1）根据点的投影规律，由 a、a′ 求得 a″，由 b、b′ 求得 b″；

（2）连接 a″、b″，线段 a″b″ 即为所求，如图 9-23（b）所示。

活动描述

已知直线 CD 的两面投影，如图 9-24（a）所示，求其第三面投影，并判别其与投影面的相对位置。

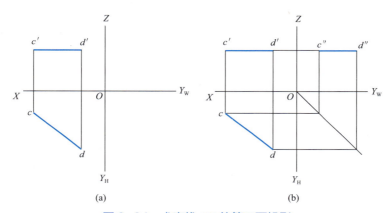

图 9-24　求直线 CD 的第三面投影

任务实施

1. 作图步骤

（1）根据点的投影规律，由 c、c′ 求得 c″，由 d、d′ 求得 d″；

（2）连接 c″、d″，线段 c″d″ 即为所求，如图 9-24（b）所示。

2. 判别

由图 9-24（b）可见，直线 CD 的 V 面投影 c′d′ 平行于 OX 轴，W 面投影 c″d″ 平行于 OY_W 轴，H 面投影 cd 与投影轴倾斜，故直线 CD 为 H 面的平行线，即水平线，其在 H 面上的投影 cd 反映直线的实长。

学习支持

直线上的点

直线上的点的各个投影必定在该直线的同名（面）投影上，并且符合点的投影规律；反之，一个点的各个投影都在直线的同面投影上，则此点必在该直线上。

如图 9-25 所示，C 点的三面投影 c、c′、c″ 分别在直线 AB 的同名投影 ab、a′b′、

$a''b''$ 上，所以 C 点在空间直线 AB 上。

特别地，对于一般位置直线，只需看任何两个投影，就可确定空间点是否在空间直线上。

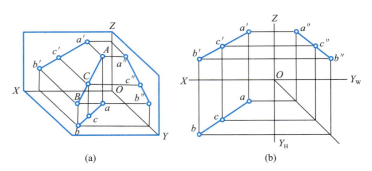

图 9-25　直线上的点的投影

学习活动 9.3.2　求直线上点的投影

学习目标

根据直线上点的投影特性，确定直线上点的三面投影。

活动描述

如图 9-26（a）所示，已知点 K 在直线 AB 上及点 K 的 H 面投影 k，求点 K 的其他面投影。

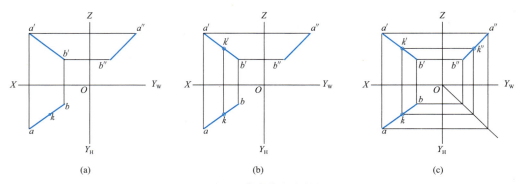

图 9-26　求直线上点的投影

任务实施

分析：直线上的点的各个投影必定在该直线的同名（面）投影上，并且符合点的投影规律。

作图步骤为：

（1）自 K 点的 H 面投影 k 向上作 OX 轴的垂线并延长与直线 AB 的 H 面投影 a' b' 相交，其交点即为点 K 的 H 面投影 k'，如图 9-26（b）所示。

（2）根据点 K 的两面投影可求出第三面（W 面）投影 k"，k" 必位于直线 AB 的 W 面投影 a" b" 上，如图 9-26（c）所示。

学习支持

两直线的相对位置

两直线在空间的相对位置关系有：平行、相交、交叉，前两种为同面直线，后一种为异面直线。

1. 两直线平行

若空间两直线相互平行，则它们的同名投影必相互平行；反之，若两直线的同名投影都相互平行，则此两直线在空间也一定平行，如图 9-27 所示。

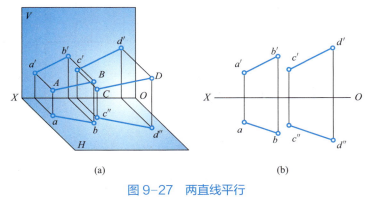

图 9-27　两直线平行
（a）立体图；（b）投影图

2. 两直线相交

若空间两直线相交，则它们的同名投影必定相交，交点是两直线的共有点，空间交点的同名投影就是两直线同名投影的交点，即交点的投影符合点的投影规律，如图 9-28 所示；反之，若两直线的各同面投影都相交，且交点的投影符合点的投影规律，则该两直线必相交。

3. 两直线交叉

空间上既不平行又不相交的直线称为交叉直线。

两交叉直线的某一同面投影可能平行，但不会三面投影都平行。

两交叉直线的同面投影也可能相交，但各同面投影的交点不符合点的投影规律。交叉直线同面投影的交点是两直线上的一对重影点的重合投影，如图 9-29 所示。

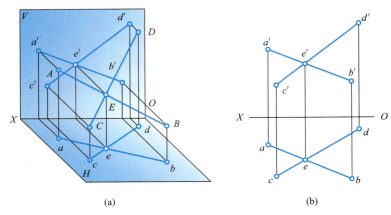

图 9-28 两直线相交
（a）立体图；（b）投影图

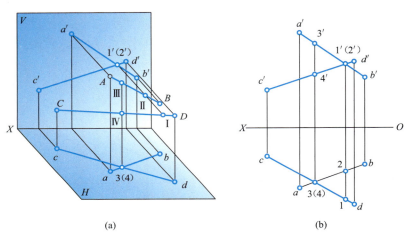

图 9-29 两直线交叉
（a）立体图；（b）投影图

既然两交叉直线同面投影的交点是与两直线上两个点的投影重合在一起的，那么两交叉线就有可见性的问题。

判定其可见性的方法：如图 9-29（b）所示，从水平投影可看出，点Ⅰ在点Ⅱ之前，故其正面投影 1 为可见，2 为不可见，记为 1′（2′）。从正面投影可看出，点Ⅲ在点Ⅳ之上，故其正面投影 3 为可见，4 为不可见，记为 3（4）。

任务小结

1. 各种位置直线的投影特性和作图方法，包括：投影面平行线（正平线、水平线、侧平线）、投影面垂直线（正垂线、铅垂线、侧垂线）和一般位置直线。

2. 直线上的点的各个投影必定在该直线的同名（面）投影上，并且符合点的投影规律。

3. 两直线平行、相交和交叉三种相对位置的投影特性。

任务 9.4　平面投影图识读与绘制

🗒 任务描述

掌握平面的表示方法；掌握各种位置平面的投影规律及作图方法。

码 9-4　平面的投影图识读与绘制

📖 学习支持

1. 平面的表示方法

由初等几何学可知，平面可用以下五种几何元素来确定和表示，如图 9-30 所示。

（1）不在同一条直线上的三个点，如图 9-30（a）的点 A、B、C。

（2）一直线和线外一点，如图 9-30（b）的点 A 和直线 BC。

（3）两相交直线，如图 9-30（c）的直线 AB 和 AC。

（4）两平行直线，如图 9-30（d）的直线 AB 和 CD。

（5）闭合线框（平面图形），如图 9-30（e）的 △ABC。

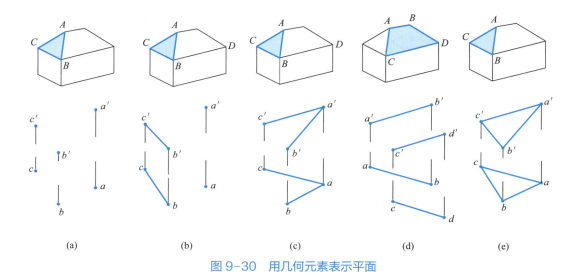

图 9-30　用几何元素表示平面

在投影图上也可利用几何元素来表示平面。平面是广阔无边的，但是形体上任何一个平面图形都有一定的形状、大小和位置。从形状上看，常见的直线轮廓的平面图形有三角形、矩形、多边形等。

2. 各种空间位置平面

根据平面与投影面的相对位置，平面可分为：投影面平行面、投影面垂直面、投影面倾斜面三种情况。前两种为特殊位置平面，后一种为一般位置平面。

（1）投影面平行面

平行于一个投影面，同时垂直于另外两个投影面的平面称为投影面平行面。投影面平行面可分为：

水平面——平行于 H 面而垂直于 V、W 面。

正平面——平行于 V 面而垂直于 H、W 面。

侧平面——平行于 W 面而垂直于 H、V 面。

1）投影面平行面的投影特性（表9-3）

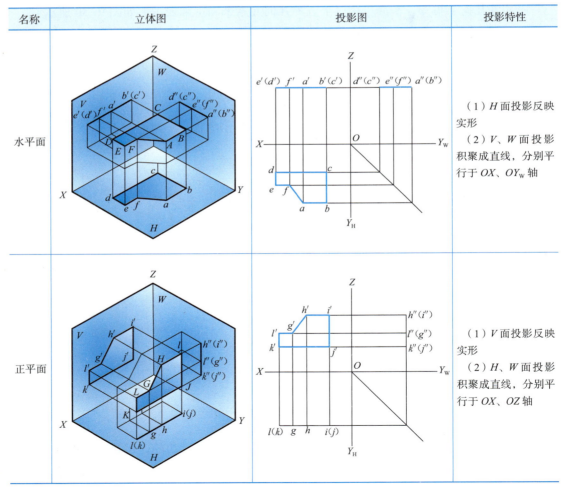

投影面平行面的投影特性　　表9-3

名称	立体图	投影图	投影特性
侧平面	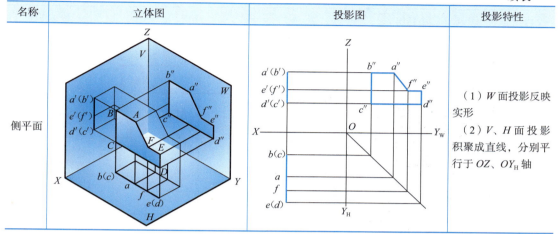		（1）W 面投影反映实形 （2）V、H 面投影积聚成直线，分别平行于 OZ、OY_H 轴

投影面平行面的投影特性归纳如下：

- 平面在其平行的投影面上的投影反映实形。

技巧口诀：平行面，实形现。

- 平面的其他两个投影积聚成线段，并且分别平行于相应的投影轴。

2）投影面平行面空间位置的判断

若在平面图形的投影中，同时有两个投影分别积聚成平行于投影轴的直线，而只有一个投影为平面形状，则此平面平行于该投影所在的那个投影面。该平面形投影反映该空间平面形状的实形。

读图技巧：一框两直线，定是平行面；框在哪个面，平行哪个面。

（2）投影面垂直面

垂直于一个投影面，同时倾斜于另外两个投影面的平面称为投影面垂直面。投影面垂直面可分为：

铅垂面——垂直于 H 面而倾斜于 V、W 面。

正垂面——垂直于 V 面而倾斜于 H、W 面。

侧垂面——垂直于 W 面而倾斜于 H、V 面。

1）投影面垂直面的投影特性（表 9-4）

投影面垂直面投影特性归纳如下：

- 平面在其所垂直的投影面上的投影积聚为一斜直线。

技巧口诀：垂直面，一条线。

投影面垂直面的投影特性 表 9-4

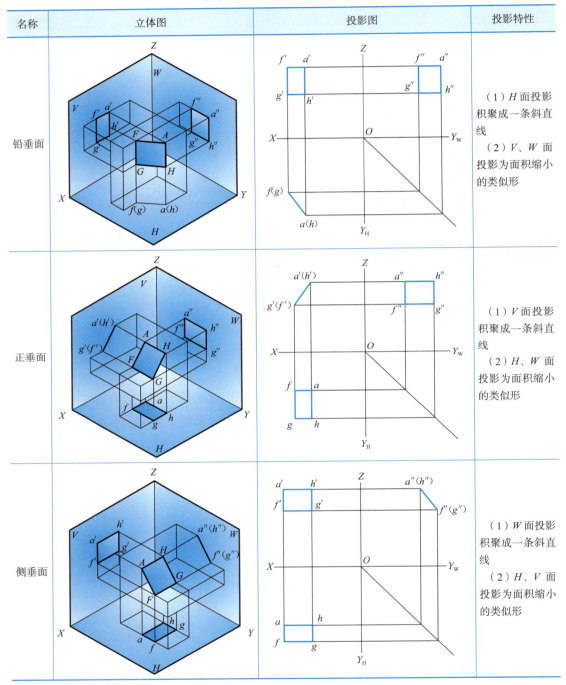

- 平面的其他两个投影不是实形,但有相仿性。

2）投影面垂直面空间位置的判断

若平面形状在某一投影面上的投影积聚成一条倾斜于投影轴的直线段,则此平面垂直于积聚投影所在的投影面。

> **读图技巧**：两框一斜线，定是垂直面；斜线在哪面，垂直哪个面。

（3）一般位置平面

与三个投影面均倾斜的平面，称为一般位置面。

1）投影特性

平面的三个投影既没有积聚性，也不反映实形，而是原平面图形的类似形，且形状缩小，如图 9-31 所示。

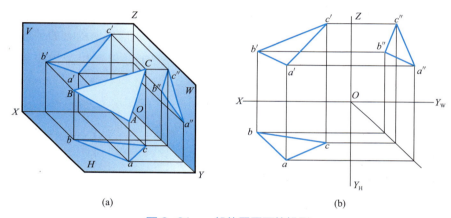

(a)　　　　　　　　　　　　(b)

图 9-31　一般位置平面的投影

2）一般位置线的判别

平面的三面投影都是类似的几何图形，该平面一定是一般位置平面。

> **读图技巧**：三个投影三个框，定是一般位置面。

学习活动 9.4.1　作平面的三面投影图并判断其与投影面的相对位置

学习目标

1. 通过平面的两面投影作出其第三面投影。
2. 熟练判断平面的空间位置与投影面的关系。

活动描述

如图 9-32（a）所示，已知平面图形 ABCD 的两面投影，求其的第三面投影，并判别其对投影面的相对位置。

任务实施

分析： 平面图形一般是由若干轮廓线所围成，而轮廓线可以由其上的若干点来确定，所以平面投影图的绘制，实质上也就是绘制点和线的投影。如图 9-33 所示，空间一平面 △ABC，若将其三个顶点 A、B、C 的投影作出，再将各同面投影连接起来，即为 △ABC 平面的投影。

作图步骤为：

（1）根据 V 面和 H 面投影，作出平面图形的四个顶点 A、B、C、D 的第三面（W 面）投影 a″、b″、c″、d″。

（2）连接 a″b″、b″c″、d″a″，由图 9-32（b）可见，轮廓线 AB、CD 在 W 面上的投影分别积聚为点 a″（b″）、d″（c″），所以平面图形 ABCD 的 W 面投影积聚为一条直线，从而可判断该平面垂直于侧立面（W 面），为侧垂面。

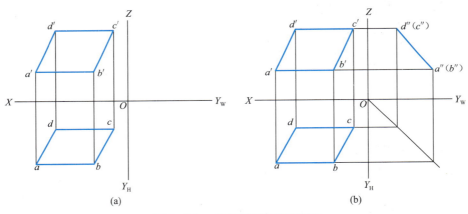

图 9-32 求平面的第三面投影

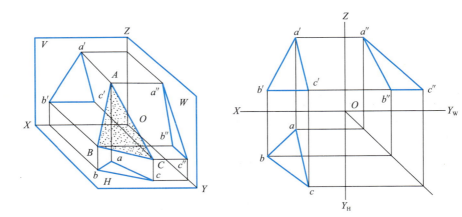

图 9-33 平面的投影

学习支持

平面上的直线和点

1. 平面上的直线

一直线若通过平面上的两个点，或通过平面上的一个点且平行于平面上的任一直线，则此直线必位于该平面上。

如图 9-34 所示，直线 AB 通过平面 EFG 上的Ⅰ、Ⅱ两点，则直线 AB 在平面 EFG 上；直线 CD 通过平面 EFG 上Ⅲ点，同时平行于平面上的直线 FG，则直线 AB 和 CD 都在平面 EFG 上。

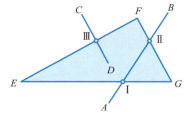

图 9-34　平面上的点和直线

2. 平面上点

如果一点位于平面内的一直线上，则该点必位于平面上，反之成立。因此，在平面上取点，首先要在平面上取线，而在平面上取线，又离不开在平面上取点。

学习活动 9.4.2　求已知平面上点的投影

学习目标

掌握在平面上取点和直线的方法。

活动描述

如图 9-35（a）所示，已知 △ABC 的两面投影和 △ABC 平面上的点 K 的正面投影 k'，求作点 K 的水平投影图 k。

任务实施

分析：在平面上求某点的投影，必须先在平面上作一条通过该点的辅助线。根据直线上点的投影特性，该点的各面投影必在辅助线的同名投影上。通过该点的辅助线可作出无数条，一般选取作图方便的辅助线。

作图步骤为：

（1）在 △ABC 平面上过 K 点作辅助线，在正面投影上连接 $a'k'$ 并延长，与 $b'c'$ 相交于 d'，如图 9-35（b）所示；

（2）自 d' 向下引 OX 轴的垂线，与 bc 相交于 d，连接 ad，如图 9-35（c）所示；

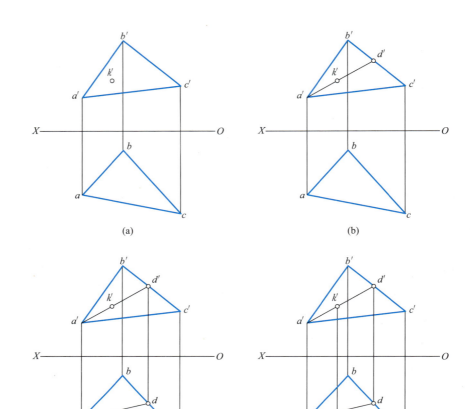

图 9-35 求平面上点的投影

（3）自 k' 向下引 OX 轴的垂线并延长与 ad 相交于 k，k 即为所求，如图 9-35（d）所示。

任务小结

1. 投影图中平面的五种表示方法。

2. 各种位置平面的投影特性及作图方法，包括投影面平行面（正平面、水平面、侧平面）、投影面垂直面（正垂面、铅垂面、侧垂面）、一般位置平面。

3. 平面上的点和直线的投影特点。

项目 10 形体投影图识读与绘制

📋 项目概述

市政工程中有很多工程构筑物，如挡土墙、桥墩、桥台、涵洞、管道等，都可看成是由一些基本的几何体经过叠加、切割等方式组合而成的组合体，因此我们要识读工程构造物的投影就应该先掌握基本体的投影特性，然后分析由基本体组合而成的组合体的投影。

本项目的任务有：
- 基本形体投影图识读与绘制
- 组合体投影图识读与绘制

任务 10.1 基本形体投影图识读与绘制

学习活动 10.1.1 绘制棱柱体以及棱柱体表面的点的投影

📖 学习目标

了解棱柱体的投影特征，并能够识读和绘制棱柱体的三面投影图。

📚 活动描述

如图 10-1 所示，根据给出的正面投影和水平投影，补全该形体的侧面投影，并绘出形体表面 A、B 点的另外两面的投影。

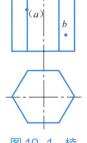

图 10-1 棱柱体投影

码 10-1 基本形体投影图识读与绘制

学习支持

形体分为基本体和组合体，有两个或两个以上基本体组合的几何体称为组合体。

基本体按其表面的几何性质可分为平面体和曲面体。

（1）平面体：由平面围成的几何体称为平面体，如图 10-2 所示，常见的有六棱柱、三棱锥以及四棱台。

（2）曲面体：由曲面或曲面和平面所围成的几何体称为曲面体，如图 10-3 所示，常见的有圆柱体、圆锥体和球体。

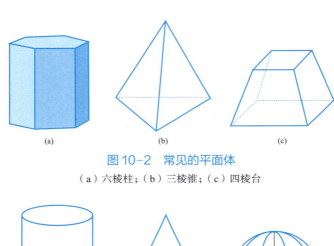

图 10-2　常见的平面体
（a）六棱柱；（b）三棱锥；（c）四棱台

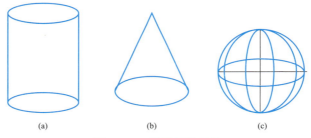

图 10-3　常见的曲面体
（a）圆柱体；（b）圆锥体；（c）球体

棱柱体的三面投影

棱柱体由棱面（棱柱体的表面）、棱线（棱面与棱面的交线）、棱柱体的上下底面组成，棱柱的上下底面是两个互相平行且全等的多边形，各棱面均为矩形，各棱线互相平行且垂直于上下底面。如底面为三角形的棱柱则称为三棱柱，如图 10-4 所示。

棱柱体的投影与它本身的放置位置有关系，通常在三面投影体系中，棱柱体上、下底面平行于水平投影面，则其上下底面都是水平面，各棱面都是铅垂面。如图 10-5（a）所示，立体为五棱柱，把它置于三面投影体系中，展开三面投影体系，五棱柱的三面投影如图 10-5（b）所示。

1. 棱柱体的投影特性

从图 10-5 的五棱柱的三面投影可以看出：

（1）棱柱的上下底面为两个水平面，它们的水平投影重合且反映其实形（该投影也反映棱柱的形状特征），正面投影和侧面投影分别积聚成与相应投影面平行的直线。

（2）棱柱的棱面垂直于水平面，它们在水平面投影积聚成直线，在另外两投影面的投影都是由实线或虚线组成的矩形线框。

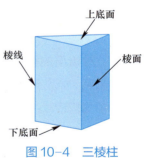

图 10-4 三棱柱

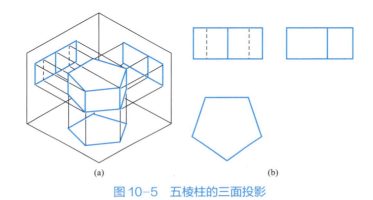

图 10-5 五棱柱的三面投影

记忆诀窍：棱柱体的投影特性为"一多边形，两矩形"。

2. 棱柱体投影图绘制

作棱柱体投影图时，先作上下底面反映实形的多边形的投影，再画上下底面的其他两面投影，然后，根据"长对正、宽相等、高平齐"的投影规律作其他投影图。

3. 棱柱体的投影图识读

根据棱柱体投影特点，凡符合"一多边形，两矩形"的投影所表示的基本体应为棱柱体，水平投影是几边形，就是几棱柱，如图 10-6 所示是常见的几种棱柱体的三面投影。

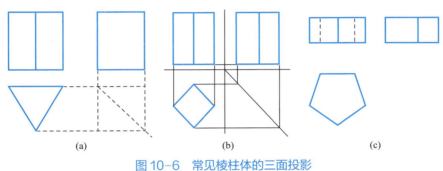

图 10-6 常见棱柱体的三面投影
（a）三棱柱；（b）四棱柱；（c）五棱柱

任务实施

1. 对给出的任务，由图 10-1 的两面投影分析，符合棱柱体"一多边形，两矩形"的投影特性，首先判断这是一个六棱柱的投影，根据棱柱体的投影特性补全六棱柱的侧面投影中的"矩形"，如图 10-7 所示。然后分析棱柱体表面的点属于哪个棱面，由于棱柱体棱面的投影在 H 面上都是积聚的线，根据点在面上的投影规律确定其对应的投影位置，最后判断在此投影面该投影点的可见性。

2. 从图 10-8 可知，六棱柱的六个棱面都是铅垂面，它们的水平投影均是积聚的直线；前面的三个棱面正面投影都为可见，对应正面投影中的三个矩形，后面的三个棱面为不可见，位置与前三个棱面重合；侧面投影中，左边的两个棱面为可见，对应侧面投影中的两个矩形，右边的两个棱面为不可见，位置与左边两个重合，前后的两个棱面是正平面，侧面投影都是积聚的直线，为矩形的左、右两边。

上、下底面是水平面，在正面投影中，分别为积聚的直线，即矩形的上、下两边；侧面投影中，也为积聚的直线，也是矩形的上、下两边；水平投影中，上、下底面的投影为多边形本身。根据点的投影规律找到 A、B 点的水平投影，A、B 点的正面投影和水平投影都找到了，那么侧面投影可根据点的投影规律作出。作图过程如图 10-8（b）所示。

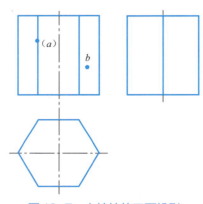

图 10-7　六棱柱的三面投影

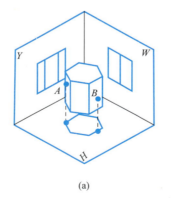

(a)

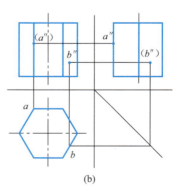

(b)

图 10-8　六棱柱表面的点

任务小结

对于棱柱体的投影，关键要分清楚每个平面在各个投影面的投影分别对应的面或线，并判断该面在对应的投影面中是可见还是不可见的,而该面上的点则要对应该平面的可见性,由于棱柱体表面往往是一些平行面或垂直面,因此投影往往出现积聚的直线,那么根据点在平面的作图方法可以直接作出相对应的点的投影。

学习活动 10.1.2　绘制棱锥体以及棱锥体表面的点的投影

学习目标

了解棱锥体的投影特征,并能够识读和绘制棱锥体的三面投影图。

活动描述

如图 10-9 所示,作出三棱锥的侧面投影,并找出三棱锥表面 M 点的另外两面的投影。

学习支持

棱锥体是由锥面(棱锥体的表面)、棱线(锥面与锥面的交线)、棱锥体的底面组成。棱锥的底面为多边形,全部棱线都交于一点(即锥顶点),各锥面都是具有公共顶点的三角形,如图 10-10 所示。若底面为三角形的棱锥则称为三棱锥,以此类推。

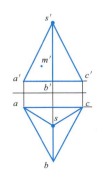

图 10-9　三棱锥的两面投影

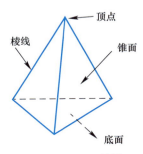

图 10-10　三棱锥

棱锥体的三面投影

通常在三面投影体系中,棱锥的底面平行于水平投影面。如图 10-11(a)所示,一个正三棱锥置于三面投影体系中,底面平行于 H 面,AC 为侧垂线,其三面投影展开图如图 10-11(b)所示。

从图 10-11 三棱锥展开的三面投影图可以看出,三棱锥的左右两个锥面△SAB 与△SBC 的三面投影都是类似的三角形,说明这两个锥面均为一般位置平面。后锥面△SAC 侧面投影积聚成一条直线,说明锥面△SAC 为侧垂面,底面△ABC 正面和侧面投影为积

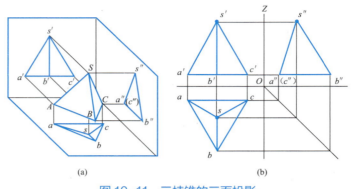

图 10-11 三棱锥的三面投影
（a）立体图；（b）投影展开图

聚的直线，说明底面为水平面。

另外，在水平投影中，三个锥面投影都是可见的，分别为△sab、△sbc、△sac，底面的投影△abc 与三个锥面的投影重合，为不可见；在正面投影图中，锥面△SAB 投影△s'a'b' 和锥面△SBC 投影△s'b'c' 为可见，锥面△SAC 正面投影△s'a'c' 与△s'a'b'、△s'b'c' 重合，为不可见；在侧面投影图中，锥面△SAB 的侧面投影积聚为一条直线 s"a"（c"），锥面△SBC 的投影△s"b"c" 与锥面 SAB 的投影△s"a"b" 重合，为不可见。

1. 棱锥的投影特征

当棱锥的底面平行某一个投影面时，棱锥在该投影面上投影反映底面实形并含星状三角形的多边形，另两面的投影为三角形或三角形的组合。

> **记忆诀窍**：棱锥体的投影特性为"一星状多边形，两三角形"。

2. 棱锥体投影图绘制

作棱锥体投影图时，先作底面的各个投影，再作锥顶的各面投影，最后将锥顶的投影与同名的底面各点投影连接，即为棱锥的三面投影图。

3. 棱锥体投影图的识读

根据棱锥体投影特点，凡符合"一星状多边形，两三角形"的投影所表示的基本体应为棱锥体，水平投影是几边形，就是几棱锥，图 10-12 是常见的几种棱锥体的三面投影。

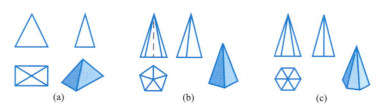

图 10-12 常见棱锥体的三面投影
（a）四棱锥；（b）五棱锥；（c）六棱锥

任务实施

1. 如图 10-13 所示，根据棱锥体的投影特性及"长对正、宽相等、高平齐"的投影规律，补全三棱锥的侧面投影。

2. M 点的正面投影 m' 可见，则点 M 在侧棱面 $\triangle SAB$ 上。$\triangle SAB$ 是一般平面，根据点在平面上的投影特性，过点 M 作平面内的一条辅助线，从而求出点 M 的水平投影（可见）和侧面投影（不可见）。

3. 作 M 点投影图，如图 10-14 所示。

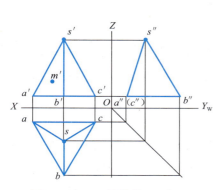

图 10-13 三棱锥的三面投影

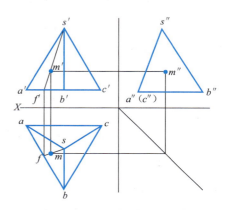

图 10-14 三棱锥表面的点

- 在平面 $\triangle SAB$ 的正面投影中作经过点 M 的辅助线 SF 的投影 $s'f'$；
- 作出 SF 的水平投影 sf；
- 点 M 位于直线 SF 上，其 H 投影 m 也必然位于直线 SF 的 H 投影 $s'f'$ 上。由此，可以作出 M 点的水平投影 m；
- 根据点的投影规律，作出 M 点侧面投影 m''。

任务小结

根据棱锥体的投影特性绘制和识读棱锥体投影图是本学习活动的重点。
根据项目 9 中求平面上点的投影的方法可求作棱锥体表面上点的投影。

学习活动 10.1.3　绘制圆柱体以及圆柱体表面的点的投影

学习目标

能准确识读和绘制圆柱体的三面投影图，会作出棱柱体表面点的投影。

📘 活动描述

已知圆柱体三面投影，如图 10-15 所示，作出圆柱体表面上 A、B 点的其他投影。

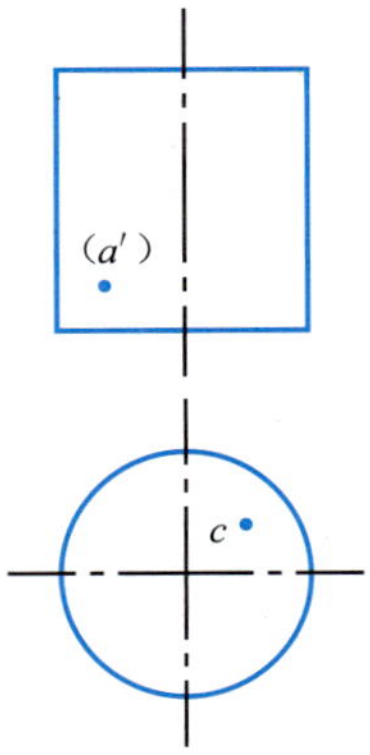

📖 学习支持

工程中常见的曲面立体是回转体。回转体是由回转面或回转面与平面所围成的立体。回转面是由母线（直线或曲线）绕某一固定的轴线旋转而形成的，如圆柱体、圆锥体、球体等，如图 10-3 所示。

图 10-15 三面投影图

圆柱体：圆柱体是由圆柱面和两个平行全等的底面圆围成的立体，如图 10-16 所示。圆柱面可以看作是一条直母线 AE 绕与它平行的轴线 OO_1 旋转而成，母线在曲面上的任何位置都可称为素线。

圆柱体的三面投影

如图 10-17（a）所示，通常在三面投影体系中，圆柱的上下底面平行于水平投影面，上下底面为水平面，所有的素线都垂直于 H 面；展开三面投影体系，圆柱体的三面投影如图 10-17（b）所示。

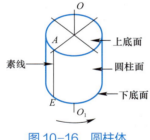

图 10-16 圆柱体

从图 10-17（b）可以看出，上、下底面是水平面，水平投

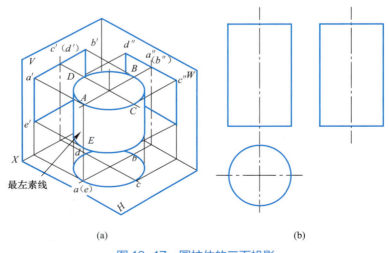

(a)　　　　　　　　　　　(b)

图 10-17 圆柱体的三面投影

（a）立体图；（b）投影展开图

影为一反映实形的圆且重合，正面和侧面投影都积聚为直线；圆柱面为铅垂面，其水平投影积聚为一圆周，这个圆周与上下底面圆的水平投影的圆周线重合，圆柱面上的素线都是铅垂线，所以圆柱面上所有点的投影都落在该圆周线上。

圆柱体正面投影是一矩形，是可见的前半个圆柱面与不可见的后半个圆柱面的重合投影。矩形的两边是圆柱面上最左和最右两条素线的投影。侧面投影也是一个矩形，是可见的左半个圆柱面和不可见的右半个圆柱面的重合投影，矩形的两边是圆柱面上最前和最后的两条素线的投影。

1. 圆柱体的投影特征

当圆柱的底面平行某一个投影面时，则圆柱在该投影面上投影为反映两底面实形的圆，另两面的投影为两个带中心轴线的全等矩形。

记忆诀窍：圆柱体的投影特性为"一圆，两矩形"。

2. 圆柱体投影图绘制

（1）首先在上下底面平行的投影面（通常为 H 面）上画出中心线和反映实形的圆。

（2）根据圆柱的高度和投影规律，作出正面投影和侧面投影（两个全等的矩形及中心线）。

3. 圆柱体的投影图的识读

根据圆柱体投影特点，凡符合"一圆，两矩形"的投影所表示的基本体应为圆柱体，其中心轴线垂直于圆所在的投影面。

任务实施

1. A 点的正面投影位于矩形内部，说明 A 点是圆柱面上的点，正面投影不可见则说明 A 点位于后半部分的圆柱面上，那么根据圆柱面的水平投影是积聚的圆周，且位于后半部分圆柱面，则可知 A 点位于圆周的上半部分，根据点的投影规律可以作出 A 点的另外两面投影，如图 10–18 所示。

2. B 点的侧面投影位于矩形内部，说明 B 点是圆柱面上的点，侧面投影可见说明 B 点位于左半部分的圆柱面上，根据圆柱面的水平投影是积聚的圆周，且位于左半部分圆柱面，则 B 点水平投影位于圆周的左半部分，如图 10–18 所示，再根据点的投影规律可以作出 B 点的正面投影。

3. C 点的水平投影位于圆周的内部，则说明 C 点是位于圆柱体上、下底面的点，根据 C 点可见，则可判断 C 点

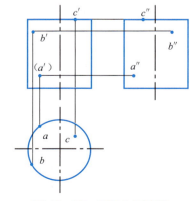

图 10–18 任务作图步骤

是位于圆柱体上底面的点，根据上下底面在正面、侧面的投影是积聚直线，上底面对应是矩形的上边，先作出 C 点的正面投影，再根据点的两面投影作出侧面投影，如图 10-18 所示。

任务小结

在作圆柱体或其他回转体的投影时必须先画出轴线和对称中心线，均用细点画线表示，这是画对称体投影常见的开始步骤。在圆柱表面上取点、线的时候，要充分利用圆柱体上的点、线所在面的积聚性，因为圆柱的圆柱面和两底面均至少有一个投影具有积聚性，与特殊面上的点、线的作法类似。

学习活动 10.1.4　绘制圆锥体以及圆锥体表面的点的投影

学习目标

能准确地识读和绘制圆锥体的三面投影图，会作圆锥体表面点的投影。

活动描述

如图 10-19 所示，补全该投影图的侧面投影，并作出点的其他面的投影。

学习支持

圆锥体由两个面组成的，一个是圆锥曲面，另一个是底面，圆锥曲面可以看作是一母线绕与其相交的轴线旋转而成的，母线在任一位置时称为素线，所有的素线都是一样的长，且都交于锥顶 S，如图 10-20 所示。

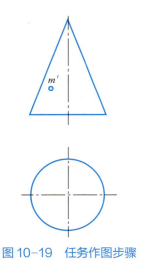

图 10-19　任务作图步骤

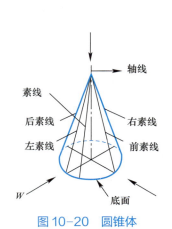

图 10-20　圆锥体

圆锥体的三面投影

如图 10-21（a）所示，通常在三面投影体系中，圆锥体的底面平行于水平投影面；展开三面投影体系，圆锥体的三面投影如图 10-21（b）所示。

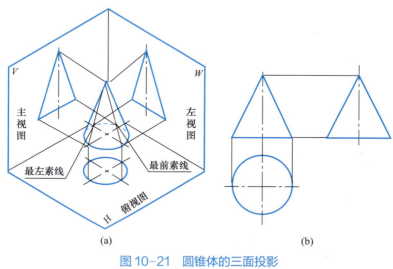

图 10-21　圆锥体的三面投影
（a）立体图；（b）投影展开图

注意：在三面投影体系中圆锥体上最左和最右素线、最前和最后素线的位置。

从投影图可知，在圆锥体的三面投影中，圆锥体底面的水平投影是反映圆锥体底面实形的圆，底面的正面和侧面投影则积聚为水平直线。圆锥曲面的水平投影为一个类似形——圆形，与底面投影重合；圆锥曲面的正面投影为等腰三角形，等腰三角形的两腰是圆锥曲面上最左和最右两条素线的投影；圆锥曲面的侧面投影也是一个等腰三角形，与其正面投影的等腰三角形是全等的，等腰三角形的两腰是圆锥曲面上最前和最后两条素线的投影。

说明："最左和最右、最前和最后"素线的投影只有位于相应投影图的轮廓线时需画出，当位于圆锥面投影的内部时不必画出。

1. 圆锥体的投影特征

当圆锥体的底面平行于某一个投影面时，则圆锥体在该投影面上投影为反映底面实形的圆，另两面的投影为两个全等等腰三角形。

记忆诀窍：圆锥体的投影特性为"一圆，两全等三角形"。

2. 圆锥体投影图绘制

（1）首先在与底面平行的投影面（通常为 H 面）上画出中心线和反映实形的圆；

（2）根据圆锥体的高度和投影规律，作出正面投影和侧面投影（两个全等的等腰三角形及中心线）。

3. 圆锥体投影图的识读

根据圆锥体投影特点，凡符合"一圆，两三角形"的投影所表示的基本体应为圆锥体，其中心轴线垂直于圆所在的投影面。如图 10-22 所示为不同位置的圆锥体的投影。

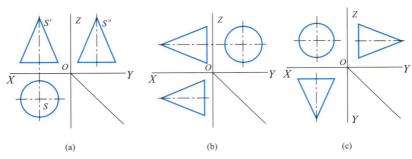

图 10-22　不同位置的圆锥体的投影
（a）底面平行于 H 面；（b）底面平行于 W 面；（c）底面平行于 V 面

任务实施

1. 补全圆锥体的侧面投影

根据圆锥体的投影特征及"长对正、宽相等、高平齐"的投影规律，补全圆锥体的侧面投影，如图 10-23 所示。

2. 绘制 M 点投影

分析：由 M 点的正面投影 m' 在三角形内部，可以判断 M 点在圆锥体的圆锥面上，由投影 m' 为可见，可以判断 M 点在前半部分的圆锥面上。

对于这种圆锥面上点的投影的作法有两种。

作法一：素线法

如图 10-24（a）所示，过锥顶 S 和 M 点作一直线 SA，与底面交于点 A。如图 10-24（b）所示，过 m' 作 $s'a'$，然后求出其水平投影 sa；根据直线上点的投影特性，点 M 的各个投影必在直线 SA 的同名投影上，作出点 M 的水平投影 m，然后根据点的投影规律，即可求出其侧面投影 m''。

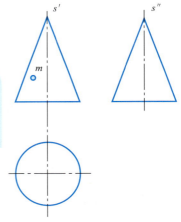

图 10-23　补全的圆锥体第三面投影

作法二：纬圆法

如图 10-25（a）所示，过圆锥面上点 M 作一垂直于圆锥轴线的辅助圆，点 M 的各个投影必在此辅助圆周的同名投影上。如图 10-25（b）所示，过 m' 作水平线 $a'b'$，此为辅助圆的正面投影积聚线。辅助圆的水平投影为一个直径等于 $a'b'$ 的圆，圆心为 s，由 m' 向下引垂线与辅助圆的水平投影相交，且根据点 M 的可见性，即可求出水平投影 m；然后根据点的投影规律即可求出其侧面投影 m''。

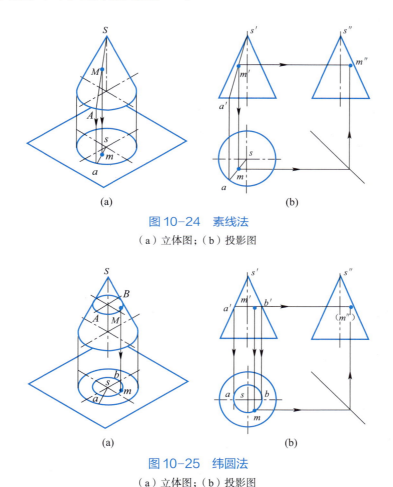

图 10-24　素线法
（a）立体图；（b）投影图

图 10-25　纬圆法
（a）立体图；（b）投影图

任务小结

圆锥体是一个对称体，在绘制圆锥体三面投影时是先绘制轴线和中心线，再根据投影规律来绘制三面投影。圆锥体的圆锥面是一个普通面，不与任何投影面垂直或平行，这与之前学过的圆柱体的圆柱面不同，因此在圆锥体表面上取点、线的时候，如果点、线是位于圆锥面，由于它是一个普通面，是需要用到辅助线来帮助我们找到点的其他面的投影，常用到的方法是素线法和纬圆法，这两种方法都需要掌握。纬圆法除了在圆锥体中使用外，还经常用于球体或者球台中。

知识拓展

1. 圆台的三面投影

如图 10-26（a）所示为一圆台体，实际上，圆台体可以看成是一圆锥体被平行于底面的平面截去其锥顶所剩的部分，简称圆台。圆台由上、下两个圆底面和一个圆台曲面构成。

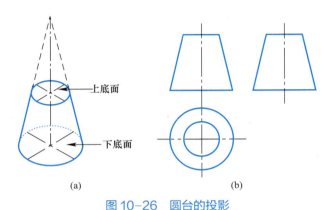

图 10-26　圆台的投影

（a）立体图；（b）投影图

圆台体的投影特征：当圆台的底面平行某一个投影面时，则圆台在该投影面上的投影为反映上、下底面实形的两个同心圆；另两投影面上的投影是两个全等的等腰梯形，如图 10-26（b）所示。为便于记忆，将它归纳为"一圆环，两梯形"。

如图 10-27 所示为不同位置圆台的投影图。

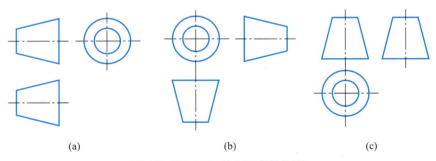

图 10-27　不同位置圆台的投影

（a）底面平行于 W 面；（b）底面平行于 V 面；（c）底面平行于 H 面

2. 球体的三面投影

如图 10-28（a）所示为一个球体，球体的表面是球面。球面是以圆为母线，以该圆直径为轴线旋转而成的。

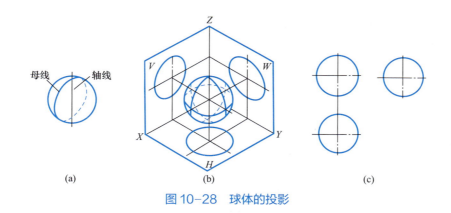

图 10-28 球体的投影

如图 10-28（b）所示，将球体放在三投影面体系中，其在三个投影面上的投影是三个大小相同的圆，是球体在三个不同方向（分别平行于 V 面、H 面和 W 面）的轮廓线的投影，其直径都等于球的直径。如图 10-28（c）所示为球体的三面投影展开图。

球体的投影特征：三个投影都为三个大小相等的圆。但各圆所代表的球面轮廓圆线是不同的。水平投影的圆是平行于水平投影面的最大轮廓圆线，该圆将球体分为上、下半球；正面投影的圆是平行于正投影面的最大轮廓圆线，该圆将球体分为前、后半球；侧面投影的圆是平行于侧投影面的最大轮廓圆线，该圆将球体分为左、右半球。

任务 10.2　组合体投影图识读与绘制

学习目标

能准确识读和绘制组合体的三面投影图，了解组合体的尺寸标注。

活动描述

绘制如图 10-29 所示组合体的三面投影图。

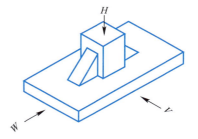

图 10-29　组合体轴测图

学习支持

1. 组合体的定义

组合体是由两个或两个以上的基本几何体组合而成的立体。

组合体的组合性质有三种形式，如图 10-30 所示。

（1）叠加型：叠加型组合体是由两个或两个以上的基本几何体叠加

码 10-2　叠加型组合体投影图的识读与绘制

而成的组合体，如图 10-30（a）所示。

（2）切割型：切割型组合体是一个基本几何体经过若干次切割而成的组合体，如图 10-30（b）所示。

（3）混合型：混合型组合体是既有切割又有叠加而成的组合体，如图 10-30（c）所示。

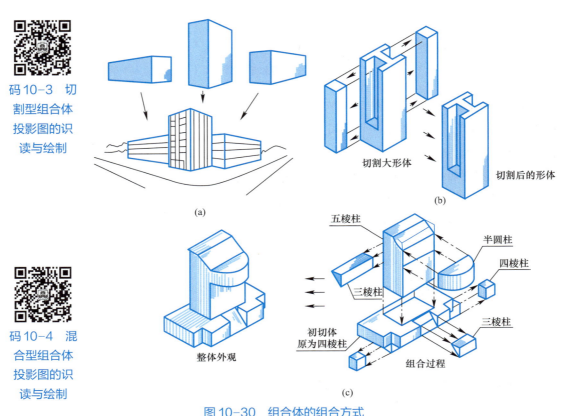

码 10-3 切割型组合体投影图的识读与绘制

码 10-4 混合型组合体投影图的识读与绘制

图 10-30 组合体的组合方式
（a）叠加型组合体；（b）切割型组合体；（c）混合型组合体

2. 形体之间的表面过渡关系

所谓过渡关系，就是指基本形体组合成组合体时，各基本形体表面间的连接关系。组合体各部分表面之间连接关系不同，在视图上表现出的特征也就不同。为便于绘图和读图，将其分为以下四种情况：

（1）形体表面平齐：表示两部分表面在叠加后完全重叠，在视图上可见两部分之间无隔线，则两表面投影之间不画线，如图 10-31 所示，上面的形体与下面底板的表面是共面的，所以投影中交线不需要画出来。

（2）形体表面不平齐：表示两表面叠加后不完全重叠，在视图上可见部分之间由图线隔开，则两表面投影之间画线，如图 10-32 所示，上面的形体与下面底板的表面是不共面的，所以投影中交线必须要画出来。

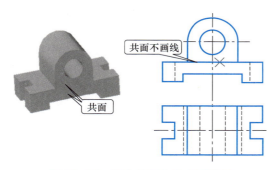

图 10-31　组合体组合后表面共面

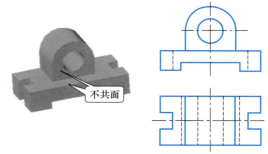

图 10-32　组合体表面不共面

（3）两形体相切与相交

两形体表面相切：表示两表面光滑过渡，在相切处不存在轮廓线，即在视图上相切处不画线，如图 10-33（a）所示。

两形体表面相交：表示两表面相交，在相交处存在交线，即两表面投影之间需要把交线画出，需要画线，如图 10-33（b）所示。

（4）组成组合体的基本形体之间除表面连接关系以外，还有相互之间的位置关系。如图 10-34 所示为叠加型组合体组合过程中的几种位置关系。

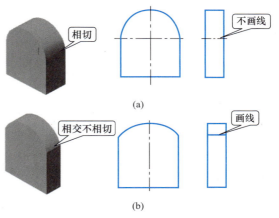

图 10-33　组合体表面相切和相交
（a）形体表面相切；（b）形体表面相交

3. 组合体的三面投影的绘制

画组合体的投影时，经常采用形体分析法，就是假想把组合体分解为几个基本几何体，并确定它们的组合形式和相互位置。这种方法是画图和看图的基本方法。画组合体三面投影图，一般要按照形体分析、视图选择、画图三步进行。

（1）形体分析

通常把一个较复杂的形体假想分解为若干较简单的组成部分或多个基本形体（棱柱、棱锥、圆柱、圆锥、圆球等），然后逐一弄清它们的形状、相对位置及其表面连接关系，以便能顺利地绘制和识读组合体的投影图，这种化繁为简的思考和分析方法称为形体分析法。

如图 10-35 所示为房屋的形体分析及三面投影图。

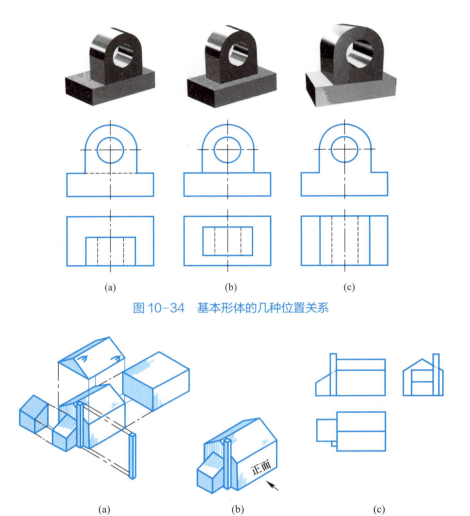

图 10-34　基本形体的几种位置关系

图 10-35　房屋的形体分析及三面投影图
（a）形体分析；（b）房屋轴测图；（c）三面投影图

（2）视图选择

视图选择的原则是：用尽量少的视图把物体完整、清晰地表达出来。视图选择包括确定物体的放置位置、选择正立面投影图的投影方向及确定投影图数量。

1）在日常生活中，形体的正面投影要尽量把形体的使用功能特征和主要形状反映出来，如图 10-36 所示。

2）尽量让形体的主要面与投影面平行，当形体的主要面与投影面平行时，其投影反映实形，便于形体投影图的绘制和识读。

3）符合工作要求，有些工程形体，如桥梁、水塔，其摆放位置应尽量符合工程形体的工作要求，便于理解，如图 10-37 所示的水塔。

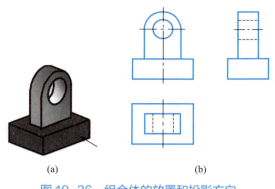
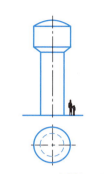

（a）　　　　　　　　　　　（b）

图 10-36　组合体的放置和投影方向　　　　　图 10-37　水塔投影图

（a）放置和投影方向；（b）三面投影图

（3）画图

1）布置投影图的位置。根据组合体的大小选择比例，计算出投影图大小，均衡匀称地布置投影图，并画出各个投影图的基准线。如果组合体是不对称的，应先根据组合体的总长、总宽、总高画出各投影图的外形轮廓。如果组合体是对称的，还应先画出中心线。

2）按形体分析分别画出个基本体的投影图。任务中的台阶投影时，先画两侧栏板，再画踏步。

3）检查底稿，校核无误后，擦去多余的线条，按规定的线型描深图线。

【例】如图 10-38（a）所示，绘制该形体的三面投影图。

解：

（1）首先进行形体分析：该组合体是一个切割型组合体，它的原始形体是四棱柱，在此基础上用不同位置的截平面分别切去形体 1（四棱柱）、形体 2（三棱柱）、形体 3（四棱柱），最后形成切割型组合体，如图 10-38（b）所示。

（2）确定正立面图。

如图 10-38（b）所示，选择箭头方向作为正立面图的投影方向。

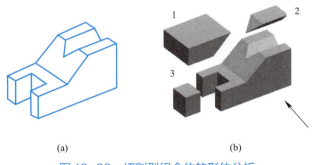

（a）　　　　　　　　　　　（b）

图 10-38　切割型组合体的形体分析

（a）直观图；（b）形体分析

（3）画投影图。

对于切割型组合体，应先绘制未切割的原始形体的投影，再依次绘制切割之后的投影。画图时注意每切割一次，要画出截交线，并将被切去的图线擦去。

① 画原始形体的三面投影图：先画基准线，布好图，再画出其原始形体的三面投影图，如图10-39（a）(b)所示。

② 画截平面的三面投影图：画各截平面的三面投影图时，应从各截平面具有积聚性或反映其形状特征的投影图入手，然后通过三等关系，画出其他两面投影，如图10-39（c）～（e）所示。

③ 检查、加深：各截平面的投影完成后，仔细检查投影是否正确，是否有缺漏和多余的图线，准确无误后，按国家标准规定的线型加粗，如图10-39（f）所示。

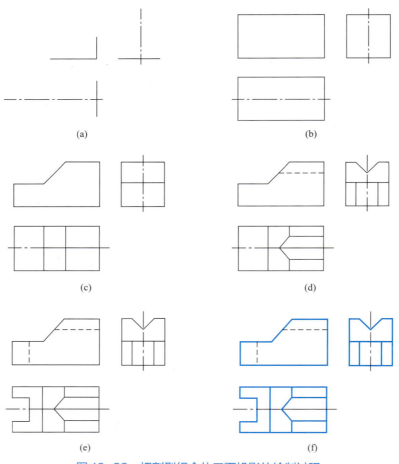

图 10-39　切割型组合体三面投影的绘制过程

（a）画基准线、位置线；（b）画原始形体；（c）画形体1切割；（d）画形体2切割；
（e）画形体3切割；（f）检查、加深

任务实施

1. 形体分析

如图 10-40 所示，组合体为一叠加型组合体：由板状四棱柱 1、四棱柱 2、三棱柱 3 和三棱柱 4 按一定的位置叠加组合而成。

2. 投影图绘制

确定形体的空间位置，从下到上分别绘出组成组合体的四个形体的投影，首先是四棱柱 1 的三面投影，绘制过程如图 10-41（a）所示。然后再根据四棱柱 2，用与四棱柱 1 的

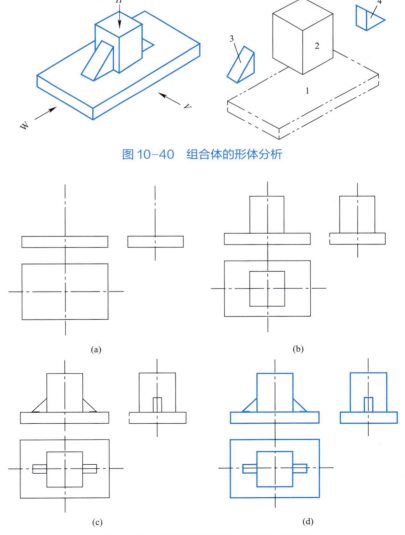

图 10-40　组合体的形体分析

图 10-41　叠加形体的投影图的绘制步骤

（a）绘制四棱柱 1 的投影图；（b）绘制四棱柱 2 的投影图；（c）绘制三棱柱 3、4 的投影图；（d）检查、加深投影

位置关系绘制出四棱柱 2 的三面投影，过程如图 10-41（b）所示。

同理绘制出四棱柱 2 旁边的两个三棱柱的三面投影，如图 10-41（c）所示。完成以后检查组合体的形体表面的线条过渡关系是否正确，最后检查底稿，校核无误后，擦去多余的线条，按规定的线型描深图线，如图 10-41（d）所示。

任务小结

绘制和识读形体投影图时，一定要先进行形体分析，看看这个形体由哪些基本体组成或由哪些基本体切割而成，组成的形体之间表面有什么连接关系。依次绘制所有组成的基本体的三面投影图，一般顺序是从下而上，先大的再小的，直至所有基本体全部绘制完。最后检查其中的线条，核实后再加深线条。如果是识读组合体投影，也要先进行形体分析，读懂由哪些基本体叠加或切割而成，然后分析每个基本体的定形尺寸，了解每个基本体组成和大小，再是基本体之间的定位尺寸，了解基本体之间的位置关系，最后是形体的总体尺寸。

项目 11 轴测图识读与绘制

项目概述

轴测图是一种能够在一个投影图中反映形体三维结构的图形。轴测图有立体感，直观形象，易于看懂；但轴测投影也存在着一般不能反映物体各表面的实形，因而度量性差，绘图复杂，会产生变形等缺点。因此工程中常将轴测投影图用作辅助图样。

本项目的任务有：
- 轴测投影的基本知识
- 正等轴测图识读与绘制

任务 11.1　轴测投影的基本知识

学习活动　叠加法识读轴测投影图

学习目标

1. 掌握轴测投影的基本概念，了解轴测投影图的分类和特点。
2. 能识读轴测图，并且能够与正投影图进行对照。

码 11-1　轴测图的识读与绘制

活动描述

如图 11-1 所示，识读轴测图和对应的投影图。

学习支持

1. 轴测投影定义

轴测投影图简称轴测图，将物体放置在空间位置的三面坐标轴，用平行投影法将其投

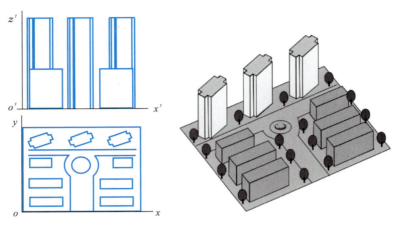

图 11-1　组合体投影图

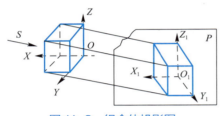

图 11-2　组合体投影图

射在单一投影面上所得到的投影图称为轴测投影（轴测图），如图 11-2 所示。

轴测轴：建立在物体上的坐标轴在投影面上的投影叫作轴测轴，空间直角坐标系中的 OX、OY 和 OZ 坐标轴在轴测投影面 P 上的投影 O_1X_1、O_1Y_1、O_1Z_1 称为轴测轴。

轴间角：轴测轴之间的夹角叫作轴间角，如图 11-2 中的 $\angle X_1O_1Y_1$、$\angle X_1O_1Z_1$、$\angle Y_1O_1Z_1$。

轴向伸缩系数：物体上的坐标轴在轴测图上的长度与实际长度之比叫作轴向伸缩系数，也叫轴向变形系数。X 轴、Y 轴、Z 轴的轴向变形系数分别以 p、q、r 表示。

$$p = O_1X_1/OX \qquad q = O_1Y_1/OY \qquad r = O_1Z_1/OZ$$

轴测轴、轴间角和轴向伸缩系数是绘制轴测图的重要参数。

2．轴测投影的特性

由于轴测投影是平行投影，因此，轴测图具有平行投影的基本特性，如全等性、平行性、类似性（包括圆与椭圆）等。

（1）空间相互平行直线的轴测投影仍然互相平行。因而立体上凡是与坐标轴平行的直线，在其轴测图中也必与轴测轴互相平行。

（2）只有与坐标轴平行的线段，才可按其实际尺寸乘以相应的变形系数后，再沿相应轴测轴定出其投影长度。

注意：当所画线段与坐标轴不平行时，不可在图上直接量取，而应先作出线段两端点的轴测图，然后连线得到线段的轴测图。

3．轴测投影分类

根据投射方向 S 是否垂直于轴测投影面 P，轴测投影可分为两类：

（1）正轴测投影

如图11-3（a）所示，一个立方体的三个坐标轴都与轴测投影面 P 倾斜，投射方向 S 垂直于轴测投影面，这样的投影图称为正轴测图。

（2）斜轴测投影

如图11-3（b）所示，一个立方体的一个面（或两个坐标轴）与轴测投影面平行，而投射方向 S 倾斜于轴测投影面 P，这样的投影图称为斜轴测投影，斜轴测图分为正面斜轴测图和水平斜轴测图两类。

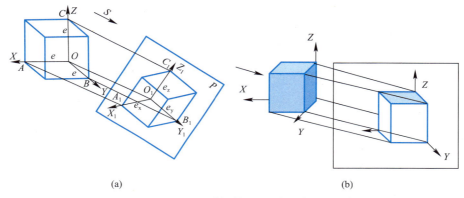

图 11-3 轴测投影图的形成

（a）正轴测投影图的形成；（b）斜轴测投影图的形成

任务实施

某形体是个规划的小区图，结合投影图和轴测图来看，它主要有3栋高楼和6栋矮层楼房，中间有个水池，并且在楼房周围有绿化的植物。

在轴测图（图11-4）中：O_1X_1、O_1Y_1、O_1Z_1 为轴测轴，轴测轴之间的轴间角 $\angle X_1O_1Y_1 =$

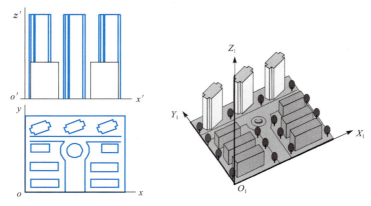

图 11-4 轴测投影图的分析

105°，$\angle X_1O_1Z_1=75°$，$\angle Y_1O_1Z_1=30°$。轴向伸缩系数 $p=O_1X_1:OX=1:1$，$q=O_1Y_1:OY=1:1$，$r=O_1Z_1:OZ=1:1$。

任务小结

三面正投影图能完整、准确地反映物体的形状和大小，作图简单，但立体感不强，只有具备一定读图能力的人才看得懂。因此，工程上有时采用富有立体感的轴测图作为辅助图，通过识读与绘制形体轴测图，并与其正投影图对照可以帮助人们想象物体的形状，培养空间想象能力。

轴测投影可分为正轴测投影和斜轴测投影两大类。

任务 11.2　正等轴测图识读与绘制

任务描述

正等轴测图是轴测图中最常见的一种，也称为正等测图，是轴测图中较容易绘制的一种，要掌握正等轴测图的绘制以及识读。

学习活动 11.2.1　叠加法识读与绘制轴测投影图

学习目标

能根据形体正投影图用叠加法绘制正等轴测投影图，并能够进行识读。

活动描述

如图 11-5（a）所示为一基础的两面正投影图，绘制该基础的正等轴测图，如图 11-5（b）所示。

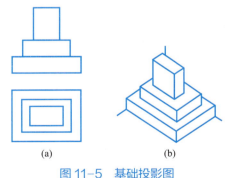

图 11-5　基础投影图
（a）两面正投影图；（b）正等轴测图

学习支持

1. 正等轴测图的轴间角及轴向变形系数

（1）正等轴测图的三条坐标轴与轴测投影面的三个夹角均相等，正等测的相邻轴线的轴间角为 120°，在绘制正等测图的时候，应先定出轴线、正等测图的轴间角和轴向伸缩系数，如图 11-6 所示。

（2）由于各轴与投影面倾斜，形体上的长、宽、高三个方向出现一定的缩短，计算得轴向伸缩系数为 0.82（轴向伸缩系数是轴测轴上的线段长度与空间物体上对应线段长度之比），即 $p_1=q_1=r_1=0.82$；但是为了作图方便，常采用简化伸缩系数，取 $p_1=q_1=r_1=1$，但这样画出的图形要比实际的大一些。

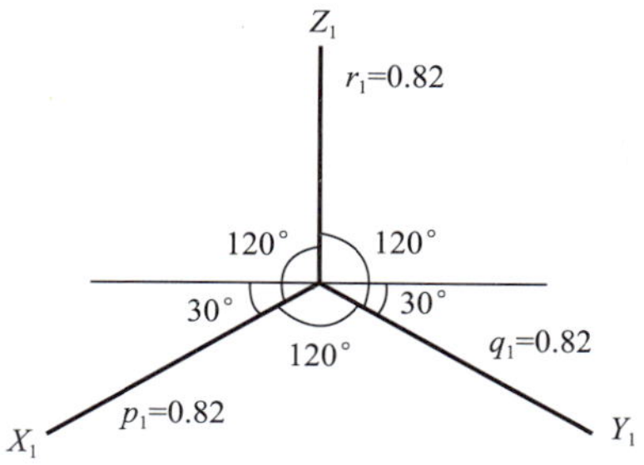

2. 正等轴测图的画法

正等轴测图通常按以下步骤进行绘制：

（1）首先为形体选取一个合适的参考直角坐标系。即根据画图方便，在正投影图中画出直角坐标轴的投影，从而将形体置于一个合适的参考直角坐标系中。

（2）根据轴间角画出轴测轴。

（3）按照与轴测轴平行，且与轴测轴具有相等伸缩系数原理确定空间形体各顶点的轴测投影。

（4）整理图形。连接相应棱线，擦去多余图线，加黑描深轮廓线，完成作图。

正等轴测图的画法常用的有三种：叠加法、切割法、坐标法。

图 11-6　正等测图轴间角和轴向系数

任务实施

1. 由正投影图可以看出，基础由三个大小不同的四棱柱叠加而成，可采用叠加法作图，如图 11-7 所示。

2. 绘制形体的正等轴测图。根据正等测图的相邻轴线的轴间角为 120°，绘制轴测轴，如图 11-8（a）所示。

3. 依次从下到上，先画最下面的大四棱柱，在 X、Y、Z 轴分别上量取大四棱柱的长度尺寸，并作相应坐标轴平行线，得到最大的四棱柱的轴测图，如图 11-8（b）所示。

4. 同样的方法作第二个四棱柱的轴测图，如图 11-8（c）所示。

5. 再用同样的方法作最上面的四棱柱的正轴测图，如图 11-8（d）所示。

6. 加深轮廓线，去掉不可见线，得到最后的组合体的正轴测图。

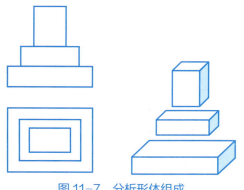

图 11-7　分析形体组成

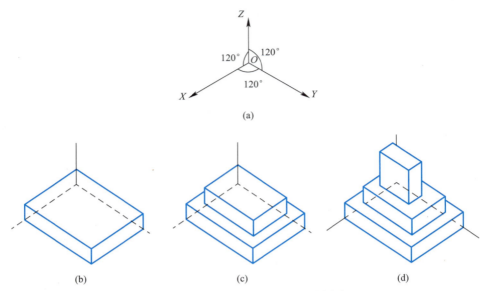

图 11-8　叠加组合体正等轴测图绘制过程

任务小结

本活动采用的是轴测投影中经常用到的方法——叠加法，叠加法常用于由多个不同简单形体组合而成的形体，它是指将叠加型的组合体，用形体分析的方法，分成若干个基本体，依次按照其对应的位置逐个绘制轴测图，最后得到整个组合体的轴测图。

学习活动 11.2.2　切割法识读与绘制轴测投影图

学习目标

根据形体正投影图用切割法绘制正等轴测投影图，并能够识读。

活动描述

如图 11-9（a）所示为一幅组合体的两面正投影图，求作该组合体的正等轴测图，如图 11-9（b）所示。

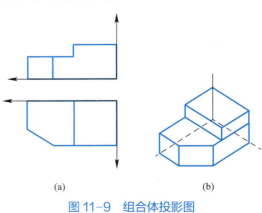

图 11-9　组合体投影图
（a）两面正投影图；（b）正等轴测图

学习支持

本活动采用的是轴测投影中常用的切割法。切割法是将切割型的组合体，看作一个简单的基本几何体,作出其没有被切割前的整体轴测图,然后初步判断该切割体是由何种基本体切割而成的,逐个分析每次切割部分的位置和形状,并依此作出切割部分的轴测图,最后综合起来想象整体的形状,得到最终组合体的轴测图。切割法常用于切割型的组合体。

任务实施

1. 本例中组合体可以看成由一个简单的长方体(四棱柱)经过两次切割后形成的。
2. 绘制正等轴测轴,如图 11-10(a)所示。
3. 根据两面正投影尺寸,作未切割前长方体的正等测图,如图 11-10(b)所示。
4. 在大的四棱柱左上角切掉一个小的四棱柱。根据投影图中切掉的棱柱的长度、宽度,绘制出这个被切割掉的小四棱柱,得到的形体如图 11-10(c)所示。
5. 在大的四棱柱左下角再切割掉一个小的三棱柱,根据投影图中切掉的三棱柱的长度、宽度,绘制出这个被切割掉的小三棱柱,得到的形体如图 11-10(d)所示。
6. 把切掉的部分去掉,之前的虚线改成实线,得到最后的组合体的轴测投影,加深轮廓线,去掉不可见线,得到组合体的正等轴测图,如图 11-10(e)所示。

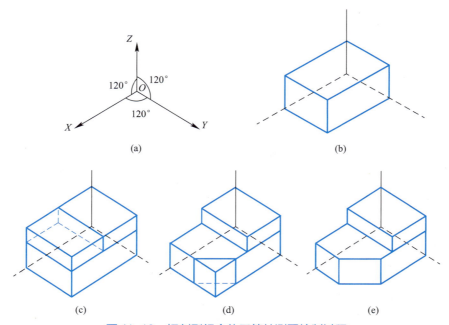

图 11-10 切割型组合体正等轴测图绘制过程

学习活动 11.2.3　坐标法识读轴测投影图

学习目标

根据三面投影图用坐标法绘制相对应的正等轴测投影图，并能够识读。

活动描述

如图 11-11（a）所示为某三棱锥的三面正投影图，求作该三棱锥的正等轴测图，图 11-11（b）所示。

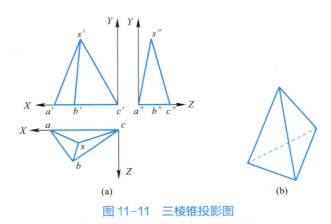

图 11-11　三棱锥投影图
（a）三面正投影图；（b）正等轴测图

学习支持

本活动采用的是轴测投影中常用的坐标法。坐标法是根据立体表面上各顶点的坐标，选定适当的坐标轴，然后将形体上各点的坐标关系转移到轴测图上去，然后依次连接得到整个立体表面的轮廓线，从而作出形体的轴测图。

任务实施

1. 绘制正等轴测轴，如图 11-12（a）所示。
2. 三棱锥共有四个顶点，根据图 11-11（a）中所示三面正投影图，量出四个顶点 S、A、B、C 的坐标，分别画出这四个点的轴测投影，如图 11-12（b）所示。
3. 连接各顶点投影，并加深可见轮廓线，得到物体的轴测投影图，如图 11-12（c）（d）所示。

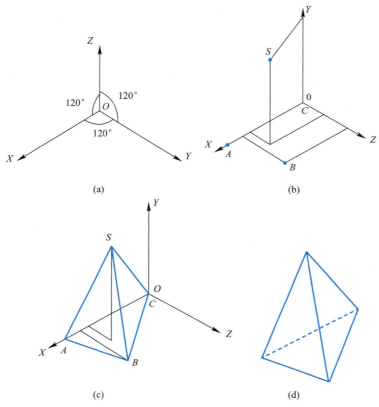

图 11-12　坐标法作正轴测投影图

任务小结

坐标法适用于形体的表面并不都平行于投影面的情况，用坐标法作图的时候要找准坐标轴的原点，即以形体的哪个点来作为空间坐标的原点，只有确定原点以后才能根据其他点距离原点的距离和位置，绘制出形体的其他点。

项目 12 剖面图和断面图的识读与绘制

项目概述

在三面投影中,形体内部被遮挡、不可见的部分需要用虚线表示。市政工程中有些构件形体内部结构比较复杂,如桥台、管道、涵洞等,从外部看不到内部结构,这样在图纸上表达被外部所遮挡的内部结构时,就会出现很多的虚线,形成虚线与实线交错、混淆不清,不便于画图、识图及标注尺寸。为更清晰地表达形体的内部结构,我们假想用一个剖切平面将形体切开,让其内部构造显露出来,使原来不可见部分变为可见部分,原来的虚线变成了实线,图面变得清晰。这样的方式,在工程中通常采用剖面图和断面图来表示。

本项目的任务:
- 剖面图的识读与绘制
- 断面图的识读与绘制

任务 12.1 剖面图的识读与绘制

任务描述

了解剖面图的形成与种类,学会识读和绘制常见的剖面图。

码 12-1 剖面图的识读与绘制

学习活动 绘制物体的剖面图

学习目标

1. 理解剖面图的形成,知道剖面图的分类。

2. 掌握剖面图的画法，能根据投影图识读与绘制剖面图。

活动描述

如图 12-1 所示为带脚撑的水池的三面投影，绘制该形体对应位置的剖面图。

图 12-1 棱柱体投影

学习支持

1. 剖面图的形成

假想用剖切平面剖开物体，将处在观察者和剖切面之间的部分移去，将剩余的部分投影到与剖切平面平行的投影面上，所得投影图称为剖面图。如图 12-2（a）所示为一个钢筋混凝土杯形基础的三面投影图，在 V 面、W 面投影中不可见部分用虚线表示，图形表达不够清晰。因此，如图 12-2（b）所示，假想用一个与投影面 V 面平行的剖切平面 P 将基础切开，将 P 面及前半部分基础移开，将后半部分投影到 V 面上，并将剖切面上形体

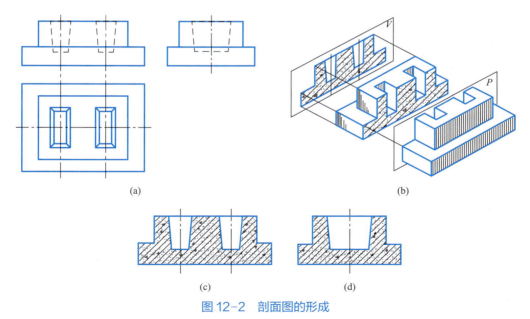

图 12-2 剖面图的形成

（a）三面投影图；（b）剖切后投影；（c）平行于 V 面的剖面图；（d）平行于 W 面的剖面图

的材料用材料图例填充，得到该剖切面的剖面图，如图12-2（c）所示。

比较图12-2（c）和图12-2（a）的 V 面投影，可以看到剖面图中，基础的内部构造表示得十分清晰。

同样，我们可以假想用一平行于 W 面的剖切平面沿基础的左杯口剖切后向 W 面投影，可以得到该基础平行于 W 面的剖面图，如图12-2（d）所示。

2. 剖面图的画法及标注

（1）选择剖切平面位置

画剖面图时，首先选择最合适的剖切位置，剖切平面一般选择投影面的平行面，从而使截面的投影能准确地反映真实形状。同时，要使剖切平面尽量通过形体上的孔、洞、槽等的中心线或物体的对称面。

（2）标注剖切符号

工程图中需用剖切符号表示剖切平面的位置、投影方向及剖面图名称。剖切符号包括剖切位置线、投射方向线和剖面编号，如图12-3所示。

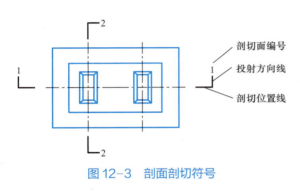

图12-3　剖面剖切符号

1）剖切位置线

剖切位置线用来表示剖切平面的位置，用一对粗实线绘制，长度宜为6～10mm，该线不与图形轮廓线相交或重合。

2）投射方向线（剖视方向线）

投射方向线用来表示剖切后的投影方向，用两段粗实线绘制，垂直于剖切位置线，长度宜为4～6mm。

3）剖面图的编号（名称）

剖切符号的编号宜采用一对阿拉伯数字或英文字母注写在投射方向线一侧，通常在对应的剖面图的下方注写相应的编号表示剖面图的名称。为了美观，在剖面图名称底部绘制一条与图名等长的粗实线，或上粗下细两条等长平行线，两线间距为1～2mm。如图12-4所示，双杯口基础的"1—1剖面图"和"2—2剖面图"。

（3）线型规定

剖切平面与物体接触部分的轮廓线用粗实线绘制；剖切平面后的可见轮廓线用中粗实线或粗实线绘制。

在剖面图中，只画可以看得见的部分，不可见部分不需画出，即在剖面图中不画出虚线。

（4）与原投影图的关系

剖面图虽然是按剖切位置，移去物体在观察者和剖切平面之间部分，根据留下的部分画出投影图；但因为剖切是假想的，所以除剖切面图外，物体的其他投影图仍应完整地画出，不受剖切影响。

（5）剖面线和材料图例

在剖面图中，剖切平面与物体接触的部分，称作截面或断面。为了区分截面（剖到的）和非截面（没有剖到但看到的）部分，要在截面上画出表示材料类型的图例，如果没有指明材料时，可以在截面上绘制互相平行且等间距的45°细斜线来替代材料图例，称为剖面线。在同一物体的各剖面图中，图例线的方向、间隔要一致。

《道路工程制图标准》GB 50162—92中规定，常见的道路工程材料图例见表12-1。

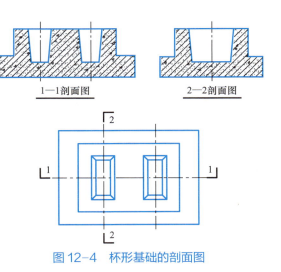

图12-4　杯形基础的剖面图

道路工程常用材料图例　　　　　表12-1

项目	序号	名称	图例	项目	序号	名称	图例
材料	1	细粒式沥青混凝土		材料	12	石灰土	
	2	中粒式沥青混凝土			13	石灰粉煤灰	
	3	粗粒式沥青混凝土			14	石灰粉煤灰土	
	4	沥青碎石			15	石灰粉煤灰砂砾	
	5	沥青贯入碎砾石			16	石灰粉煤灰碎砾石	
	6	沥青表面处理			17	泥结碎砾石	
	7	水泥混凝土			18	泥灰结碎砾石	
	8	钢筋混凝土			19	级配碎砾石	
	9	水泥稳定土			20	填隙碎石	
	10	水泥稳定砂砾			21	天然砂砾	
	11	水泥稳定碎砾石			22	干砌片石	

3. 剖面图的分类

剖面图剖切平面的位置、数量、方向、范围应根据物体的内部结构和外形来选择，根据具体情况，剖面图宜选用下列几种。

（1）全剖面图

用一个剖切平面完全地剖开物体后所画出的剖面图，称为全剖面图。全剖面图适用于外形结构简单而内部复杂的物体，一般用于不对称的物体，有些物体虽然对称，但另有表达外形的投影图或外形较简单时，也可采用全剖面图表达。

图 12-5 中的 1—1 剖面图为一台阶的平行于侧投影面的全剖面图。它与正面、水平投影图组合在一起，就可以更清楚地表达出该台阶的外部形状和内部构造。

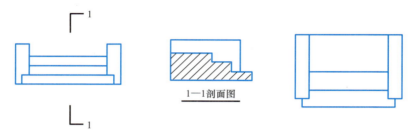

图 12-5 全剖面图

（2）半剖面图

当物体具有对称平面，且内外结构都比较复杂时，以图形对称线为分界线，一半绘制物体外形的投影图，另一半绘制表示物体内部构造的剖面图，这种图形称为半剖面图。

绘制半剖面图时，以对称线作为外形图与剖面图的分界线，当图形左右对称时，左边应画投影图，右边画剖面图；当图形上下对称时，上方应画投影图，下方画剖面图。半剖面图可同时表达形体的外部和内部构造。在半剖面图中的外形投影图中，虚线可省略不画。

图 12-6 为一基础的半剖面图。在侧面投影中，采用了半剖面图的画法，半剖面图可同时表达物体的外部形状和内部构造。

（3）局部剖面图

用一个剖切平面将物体的局部剖开后所得到的剖面图，称为局部剖面图，简称局部剖，以显示物体该局部的内部形状。

如图 12-7 所示是杯形基础的局部剖面图，它清楚地表达了基础内部所用材料及配筋情况。

局部剖切在投影图上的边界用波浪线表示，波浪线可以看作是物体断裂面的投影，因此绘制波浪线时，不能超出图形轮廓线，在孔洞处要断开，也不允许波浪线与图样上其他图线重合，如图 12-7 所示。

如图 12-8 所示是人行道构造层局部剖面图，它清楚地表达了人行道构造层及所用材料情况。

分层剖切是局部剖切的一种形式，这种用局部剖切方法得到物体内部层状构造的

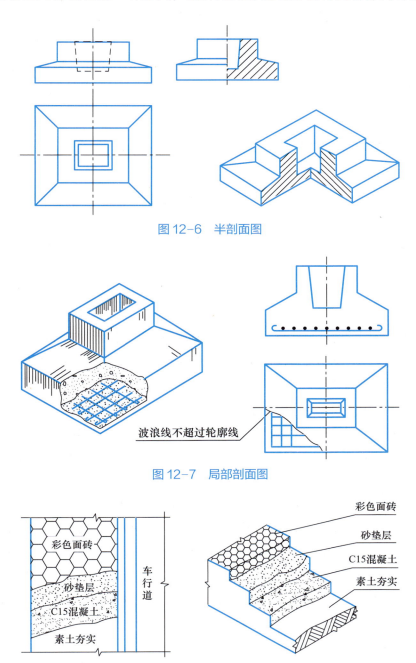

图 12-6　半剖面图

图 12-7　局部剖面图

图 12-8　人行道构造层分层剖面图

图，称为分层剖面图，简称分层剖。分层剖面图用波浪线按层次将各层隔开，如图12-8所示。

（4）阶梯剖面图

当物体内部的形状比较复杂，而且又分布在不同的层次上时，则可采用两个或两个以上的平行剖切平面对物体进行剖切，然后将各剖切平面所截到的形状同时画在一个剖面图中，所得到的剖面图称为阶梯剖面图。如图12-9所示，如果用一个剖切平面同时表示出该形体内部的圆孔状和方孔状，由于该两个孔不在同一剖切面上，因此假想两个平行于正面的剖切平面，分别通过两个孔状物，如剖切平面1—1，这样就能同时显示出两个孔的形状。

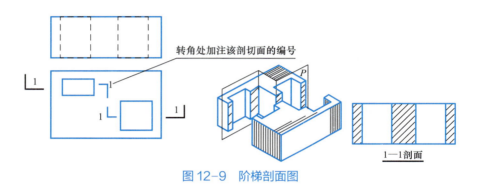

图12-9 阶梯剖面图

在画阶梯剖面图的时候要注意，由于剖切面是假想的，因此在剖面图中不应画出两个剖切平面的分界交线。剖切位置线需要转折时，在转角处如果有混淆，须在转角处外侧加注与该剖切面相同的编号。

（5）旋转剖面图（展开剖面图）

一个形体被两个不垂直相交的剖切平面剖切时，将倾斜于基本投影面的剖面旋转到平行基本投影面后再投影，所得到的剖面图称为旋转剖面图，又称展开剖面图，常用于旋转体。

图12-10（a）中1—1剖面图即为检查井的旋转剖面图，剖切情况如图12-10（b）所示。由于与检查井相接的两根圆管的轴线不在同一个平面上，仅用一个剖切平面不能都剖到，但检查井具有回转轴线，可以采用两个相交的剖切平面，使两个剖切平面通过要表达的圆管孔的位置，右方的剖切平面平行于基本投影面（V面），左方的剖切平面倾斜于基本投影面，两个剖切平面的交线与回转轴（检查井圆柱体轴线）重合。剖切后将与投影面倾斜部分绕回转轴旋转到与投影面平行后，再进行投影，这样检查井上的圆管孔就表达清楚了。

由于剖面是假想的，故相交的两个剖切平面的交线不应画出。

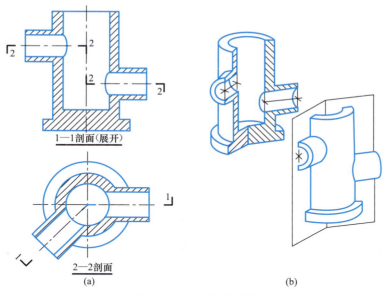

图 12-10　旋转剖面图

任务实施

1. 该形体为一个带有脚撑的水池。为更清晰地表达水池部分平行于 V 面和 W 面的内部构造情况，需绘制两个方向全剖面图，剖切平面为通过水池落水孔中心的正平面和侧平面，其位置为水平投影图中的 1—1 剖面和 2—2 剖面。

2. 由于水池被剖切后，原不可见的内部结构将会可见。根据剖面图的绘制方法，将原 V 面、W 面投影中的虚线改为实线。

3. 判断剖切平面与形体的接触部分（即被剖到的实体部分）。被剖到的截面部分应填充材料图例（本例中未注明材料类别，可用 45° 细实线填充截面），删除多余线条，加粗轮廓线，注写剖面图图名，则剖面图完成，如图 12-11 所示。

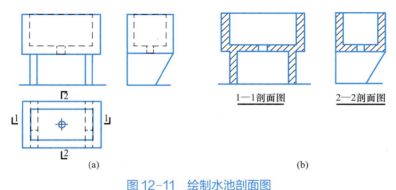

图 12-11　绘制水池剖面图

（a）三面投影图；（b）剖面图

任务小结

剖面图在工程中应用较多，很多内部构造复杂的构造物，一般都会用剖面图来表示其内部构造。本任务中通过学习和绘制图形，了解剖面图的形成原理、作用及种类，能根据形体的三面投影图熟练识读和绘制其剖面图。

任务 12.2　断面图的识读与绘制

任务描述

了解断面图的形成和种类，识读和绘制简单形体的断面图。

学习活动　识读和绘制形体的断面图

码 12-2　断面图的识读与绘制

学习目标

了解断面图的形成与分类，理解断面图和剖面图的区别，掌握断面图的画法。

活动描述

根据如图 12-12 所示某钢筋混凝土变截面梁的投影图，绘制相应位置的断面图。

图 12-12　某钢筋混凝土变截面梁的投影图

学习支持

1. 断面图的形成

假想用剖切平面将物体的某处切断，仅画出该剖切面与构件接触部分的图形，这种图称为断面图（又称为截面图），如图 12-13 所示。断面图适用于表达实心物体，如梁、柱的断面形状。在结构施工图中，也经常用断面图来表达结构的钢筋配置情况等。

2. 断面图和剖面图的区别

（1）投影图的构成不同

剖面图是被剖开形体的投影，剖面图不仅需画出剖切面与构件接触部分的图形，还需

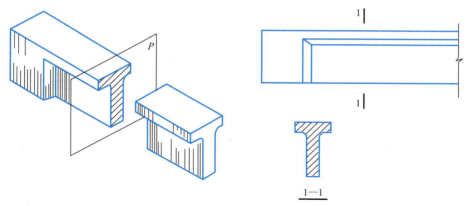

图 12-13 断面图的形成

画出投影方向虽未剖切到但能看到的部分；断面图只是被剖切后的断面的投影。因此，剖面图中包含断面图，如图 12-14 所示。

（2）剖切符号的标注方法不同

断面图的剖切符号是由剖切位置线和剖切编号两部分组成。剖切位置线为长度 6～10mm 的两段粗实线，表示剖切面的剖切位置，剖切编号标注在剖切位置线一侧，以表示投射的方向。在断面图下方注出与剖切符号相应的编号 1—1、2—2 等，通常不写"断面图"字样，如图 12-13、图 12-14（b）所示。

如图 12-14 所示为台阶踏步的剖面图与断面图的区别。

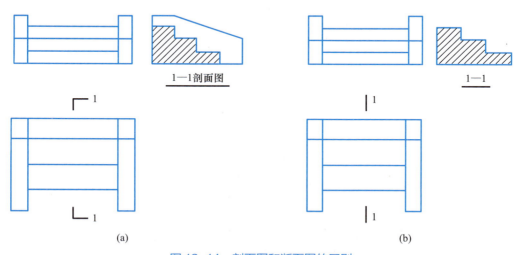

图 12-14 剖面图和断面图的区别
（a）剖面图的画法；（b）断面图的画法

（3）剖切方法的不同

在剖面图中，可用两个或两个以上的剖切平面进行剖切，而断面图的剖切面不能转折。

3. 断面图的种类

（1）移出断面图

画在投影图外面的断面图，称为移出断面图，如图 12-15 所示。移出断面图一般画在剖切位置附近，以便对照识读。为更清晰地表达断面内部构造，断面图可以采用较大比例绘制。

如图 12-16 所示，用移出断面图来表示道路工程中常见挡土墙的结构构造和尺寸。

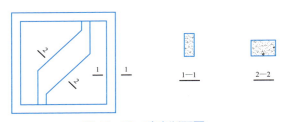

图 12-15　移出断面图

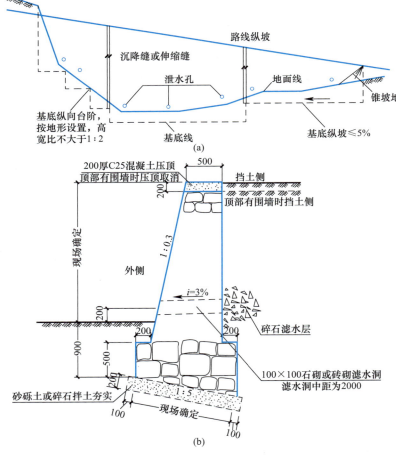

图 12-16　挡土墙立面以及断面图（mm）

（a）挡土墙立面图；（b）挡土墙断面图

（2）重合断面图

直接将断面图绘制在投影图之内，称为重合断面图，如图 12-17（b）所示为 L 形钢杆件的断面图。通常，当断面不多且断面图形并不复杂时，可以采用重合断面图。

重合断面图的轮廓线应与形体投影图的轮廓线有所区别。当形体投影图的轮廓线为粗实线时，重合断面图的轮廓线应为细实线，反之则用粗实线。

（3）中断断面图（断裂断面图）

画在形体投影图中断处的断面图称为中断断面图。通常，中断断面图只适合于杆件较长、断面形状单一且对称的物体。中断断面图的轮廓线用粗实线绘制，投影图的中断处用波浪线或折断线绘制。如图 12-18（a）所示为 L 形钢杆件的中断断面图，图 12-18（b）为两个 L 形钢组合而成的倒 T 形截面的中断断面图。

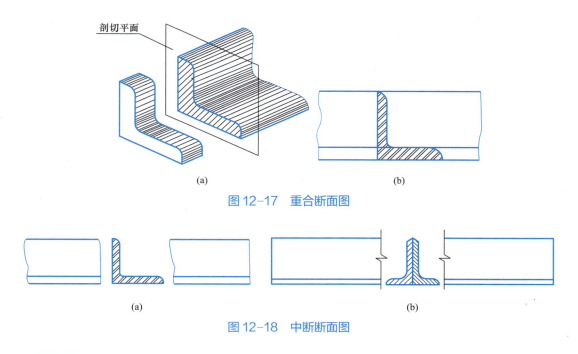

图 12-17 重合断面图

图 12-18 中断断面图

任务实施

1. 该形体为一变截面梁，为更清楚地表达梁不同部位截面的几何形状和尺寸，需绘制若干断面图。其 V 面投影图上标注出三个剖切位置，分别为 1—1、2—2、3—3 位置。

2. 根据形体的形状，较合适绘制移出断面图。对照变截面梁的投影图，按照断面图的画法，绘制对应位置的断面图，并填充钢筋混凝土材料图例，标注图名，如图 12-19 所示。

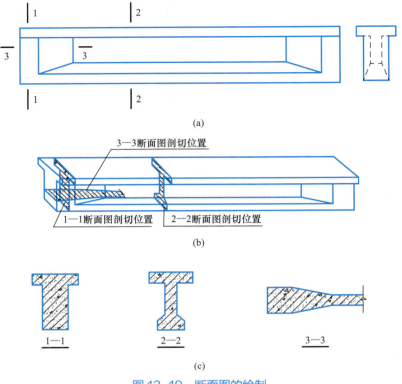

图 12-19 断面图的绘制
（a）投影图；（b）立体图；（c）断面图

任务小结

本任务是通过绘制图形，了解断面图的形成原理，并熟悉断面图识读和绘制。断面图和剖面图在工程中用得较多，很多内部构造复杂的结构物，一般都会用断面图或者剖面图来表示其内部构造，通过本任务的学习了解它们的区别并能够合理应用它们。

第三部分

市政工程图识读与绘制

项目 13 市政 CAD 绘图环境设置

项目概述

AutoCAD 绘图环境的设置是减少重复设置、提高绘图效率的重要技巧。本项目根据有关工程制图标准的基本规定,学习绘图所需要的通用设置和初始绘图环境的设置,建立样板图文件,以便在相同或类似绘图环境参数下能够直接调用,以达到提高绘图效率和实际绘图能力的目的。

本项目的任务:
- 选择图幅、填写标题栏
- 市政 CAD 绘图环境的设置

任务 13.1 选择图幅、填写标题栏

任务描述

绘制市政工程图时,根据图纸内容及图形布置,需选取合适的图纸幅面,正确填写标题栏内容。

《道路工程制图标准》GB 50162—92 中对图纸幅面与规格做了统一规定。通过本任务学习,能正确选择图纸幅面和填写标题栏。

码 13-1 选择图幅、填写标题栏

任务实施

1. 图纸幅面及图框尺寸

图纸幅面,简称图幅,是指图纸的大小规格。图框是图纸上绘图区的边界线,图框线线宽宜为 1.0mm。设计图纸的幅面须符合表 13-1 的规定。各种规格图幅间的尺寸关系如

图 13-1 所示，可以看出，A1 图幅是 A0 图幅的对裁，A2 图幅是 A1 图幅的对裁，其余类推。

图幅及图框尺寸（mm） 表 13-1

尺寸代号	图幅代号				
	A0	A1	A2	A3	A4
b×l	841×1189	594×841	420×594	297×420	210×297
a	35			30	25
c	10				

注：b 为幅面短边尺寸，l 为幅面长边尺寸，a 为图框线与装订边间宽度，c 为图框线与幅面线间宽度，如图 13-2 所示。

在工程实践中经常遇到需要加大图纸的情况，因此规范规定，必要时允许按规定加长幅面，但图纸的短边不得加长。长边加长的长度，图幅 A0、A2、A4 应为 150mm 的整倍数，图幅 A1、A3 应为 210mm 的整倍数。

2. 标题栏

在每张正式的工程图纸上都应有设计单位、设计人签字、工程名称、图名等内容。把以上内容集中列成表格放在图纸的右下角，就是图纸的标题栏，简称图标，规范规定的标题栏格式有三种，如图 13-3 所示。图标外框线线宽宜为 0.7mm，图标内分格线线宽宜为 0.25mm。

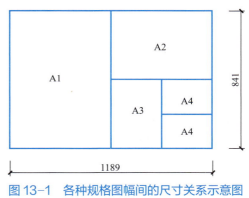

图 13-1 各种规格图幅间的尺寸关系示意图（mm）

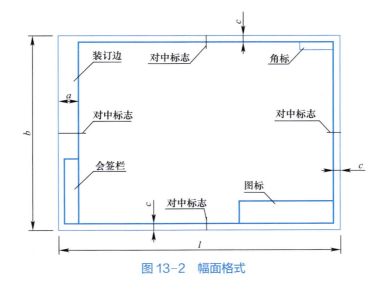

图 13-2 幅面格式

当图纸需要绘制角标时,应布置在图框内右上角,角标线线宽宜为 0.25mm,如图 13-4 所示。

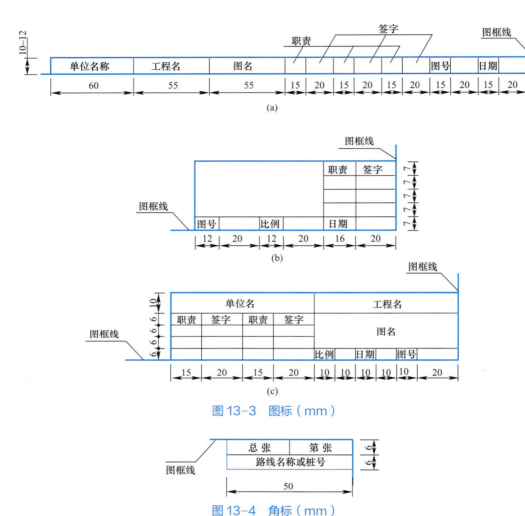

图 13-3　图标(mm)

图 13-4　角标(mm)

道路工程图一般采用 A3 或 A3 加长的图幅,通常采用如图 13-3(a)所示的标题栏。如图 13-5 所示为某道路纵断面图,从角标中可以看出,在该道路工程中纵断面图共有 9 页,本张图纸为第 6 页,位于 K17+450～K17+800。

说明: 虽然在《道路工程制图标准》GB 50162—92 中规定了标题栏的尺寸与内容,但并非是强制性的,实际绘图时,可根据标题栏内容自行更改和调整。

学生在校学习期间制图作业的标题栏按图 13-6 的格式绘制。

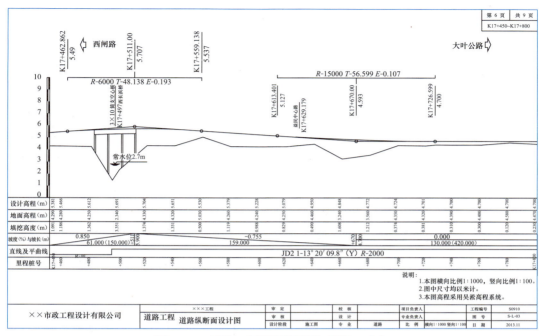

图 13-5　道路工程图中的图框、图标、角标

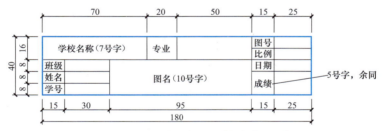

图 13-6　学生用标题栏格式（mm）

任务小结

知道道路工程图的图纸幅面及规格要求，才能根据图纸内容及图形布置，选择合适图幅的图纸。在选用图幅时，一般以一种规格为主，尽量避免大小幅面混杂使用，以便一整套图纸的装订，同时应能正确填写标题栏。

任务 13.2　市政 CAD 绘图环境的设置

任务描述

用 AutoCAD 绘制市政工程图，在绘制一张新图形前，都需要设置图纸大小、绘图图框、标题栏；还需要设置不同的图层、线型、线宽及图线颜色以表达不同的含义，区分图形的不同部分；设置图形常用的文字样式和尺寸标注形式；绘制常用的市政工程符号图块等。因此，我们往往将这些绘制图形以外的通用设置和图样事先绘制成一张基础图形，将其保存为样板图，每次使用时调用该样板图，在此基础上进行绘图，可避免重复劳动，提高绘图效率。

本任务以 A3 图幅为例，设置道路工程制图绘图环境，创建样板图。

码 13-2　市政 CAD 绘图环境的设置

学习支持

1. 制图标准中有关图纸比例的规定

所谓图纸比例就是图纸上图形与实物相对应的线性尺寸之比。

工程物的形体比图纸要大得多，因此，工程图样都是用缩小的比例绘制的。比例应以阿拉伯数字表示，如 1∶50、1∶100、1∶2000 等。比例的大小，即为比值的大小，如 1∶50 大于 1∶100。比例宜注写在图名的右侧或下方，字高可为图名字高的 0.7 倍（即小一号），如图 13-7（a）所示。当同一张图纸中的比例完全相同时，可在图标中注明，也可在图纸中适当位置采用标尺标注。一般情况下，一个图样应选用一种比例。根据专业制图需要，同一图样可选用两种比例。当竖直方向与水平方向的比例不同时，可用 V 表示竖直方向比例，用 H 表示水平方向比例，如图 13-7（b）所示。

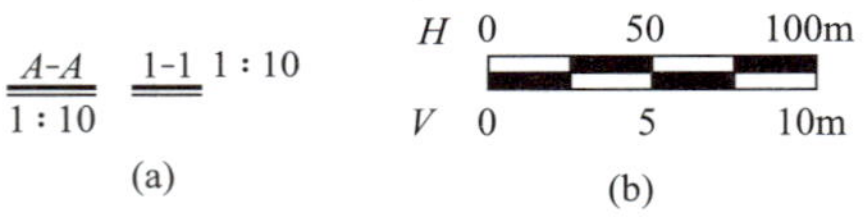

绘图所用的比例，应遵循图面布置合理、均匀、美观的原则，按图形大小及被绘对象的复杂程度确定，一般优先选用表 13-2 中常用比例。

图 13-7　比例的标注

绘图所用比例　　　　　　　　　　　　　表 13-2

常用比例	1∶1、1∶2、1∶5、1∶10、1∶20、1∶50、1∶100、1∶200、1∶500、1∶1000、1∶2000、1∶5000、1∶10000、1∶20000、1∶50000、1∶100000、1∶200000
可用比例	1∶3、1∶15、1∶25、1∶30、1∶40、1∶60、1∶150、1∶250、1∶300、1∶400、1∶600、1∶1500、1∶2500、1∶3000、1∶4000、1∶6000、1∶15000、1∶30000

2. AutoCAD 出图比例设置

相关概念如下：

（1）图纸比例——如上所述，该比例值通常标注在图名旁边。

（2）绘图比例——也叫画图比例，也就是在 AutoCAD 绘图区所绘制的线条长度与实际长度的比例关系，当绘图比例为 1∶1 时，就是画出来的长度等于实际长度。

（3）出图比例——打印出来的图样与在 AutoCAD 绘图区所绘制的图样之间的比例，

该比例即为 AutoCAD 打印图纸时设置的打印比例。

AutoCAD 出图（打印）比例的设置与图纸比例、绘图比例有关，打印图纸时实现图样的图纸比例的常用方法有：

（1）绘图比例为 1∶1 的情况

最常用的方法是，在 AutoCAD 绘图区按照绘图比例 1∶1（即实际尺寸）绘制图形，打印图纸时再根据绘图比例设定出图比例。

具体操作步骤如下：

- 在 AutoCAD 绘图区按照绘图比例 1∶1（即实际尺寸）绘制图形。
- 根据 AutoCAD 出图（打印）比例，缩放图中文字及符号等。

如某工程图的绘图比例为 1∶100，为保证打印图纸上的文字、符号、图框等满足制图标准的要求，在 AutoCAD 绘图区绘制时则必须将其要放大 100 倍。表 13-3 中以图纸上的 5 号字（字高 5mm）为例，根据出图比例分别为 1∶100 和 1∶50 来确定 AutoCAD 创建的文字大小。

AutoCAD 中文字及符号大小的设置方法　　　　表 13-3

图纸中国标要求字高（mm）	出图比例	AutoCAD 绘制时设置字高（mm）	打印在图纸上的字高（mm）
5	1∶100	5×100=500	500/100=5
	1∶50	5×50=250	250/50=5

- 按照图形的绘图比例设置 AutoCAD 的出图（打印）比例，出图比例＝绘图比例。

（2）绘图比例等于图纸比例的情况

在 AutoCAD 中按图纸比例绘制图样，即绘图比例等于图纸比例。

具体步骤：

- 按实际尺寸（即 1∶1）绘制图形。
- 绘制完成后，在标注尺寸、文字及有关符号前，调用"缩放（scale）"命令按图纸比例进行缩放，如绘图比例为 1∶50，则将缩放的"比例因子"设置为 1/50，将图形缩小为原来的 1/50。
- 按照制图标准要求，采用 1∶1 的比例标注文字及有关符号。
- 设置 AutoCAD 的出图（打印）比例为 1∶1。

技能提高：因"缩放（scale）"命令只能对图形进行各方向同比例缩放，若图纸中同一图样采用两种比例，则无法使用"缩放（scale）"命令实现 X、Y 方向不同比例缩放。此时可将图形制作为图块，将图块按照 X、Y 方向采用不同比例缩放后进行相应编辑。

学习活动　创建 A3 图幅道路工程制图样板图

学习目标

熟练进行 AutoCAD 道路工程制图绘图环境的各项设置，创建样板图。

活动描述

设置"道路标准横断面图"绘图环境，创建 A3 图幅 1∶1 样板图。

任务实施

1. 设置图形界限

```
命令：limits                                          （输入"设置图形界线"命令，回车）
指定左下角点或［开（ON）/关 OFF］＜0.0000，0.0000＞
                                                     （直接回车，接受尖括号中默认值）
指定右上角点＜12.0000，9.0000＞：420，297      （A3 图幅尺寸为 420mm×297mm）
命令：z                                              （输入"缩放"命令，回车）
ZOOM
指定窗口角点，输入比例因子（nX 或 nXP）或［全部（A）/中心（C）/动态（D）/
范围（E）/上一个（P）/比例（S）/窗口（W）］＜实时＞a      （选择全部缩放方式）
```

2. 设置图形单位和精度

在下拉菜单中选择"格式/单位"，打开"图形单位"对话框，设置相关参数值，通常情况下，接受默认设置。点击"方向"按钮，弹出"方向控制"对话框，接受"东/0"默认选项，单击"确定"按钮。

3. 设置图层

样板图中可先设置一些常用图层，在具体绘图中，可根据需要进行增减。

点击功能区"默认"选项卡→"图层"面板→"图层特性"图标按钮，打开"图层特性管理器"对话框，单击"新建图层"按钮，创建道路工程图绘制过程中需要的常用图层，如图 13-8 所示。

4. 设置文字样式

市政工程制图中一般设置两种文字样式：一种用于标注图中汉字，另一种用于标注图中数字和字母。

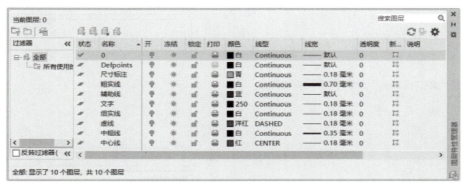

图 13-8　图层设置

5. 创建尺寸标注样式

按照项目 6 任务 6.1～任务 6.4 中所述方法和道路工程制图有关尺寸规定参数值，设置"道路工程制图"标注样式。

（1）当采用出图比例为 1∶1 的方式绘制图形时，则"调整"选项卡中的"使用全局比例"的数值设为"1"；"主单位"选项卡中"测量单位比例因子"的值设置为图形绘图比例的倒数，如某道路标准横断面图的绘图比例为 1∶150，则在"测量单位比例因子"的文本框中输入"150"，当标注尺寸时，尺寸数字为 AutoCAD 系统测量值乘以 150，即为图形的实际尺寸。

（2）在 AutoCAD 中按实际尺寸（即 1∶1）绘制图形时，则"调整"选项卡中的"使用全局比例"的数值应为图形绘图比例的倒数，如某道路标准横断面图的绘图比例为 1∶100，则在"使用全局比例"的文本框中输入"100"，即在图样中各尺寸标注要素的实际大小为设置值乘以 100。

在绘图过程中，可以根据需要新建用于标注其他比例图样的尺寸标注样式。

6. 绘制图纸幅面、图框及标题栏

A3 图幅的图幅尺寸为 420mm×297mm，此处采用出图比例为 1∶1 的方式绘制图形，则按照图幅实际尺寸进行绘制。

具体步骤如下：

（1）使用"矩形（rectang）"命令绘制（420×297）矩形，第一角点绝对坐标（0,0），第二角点绝对坐标（420,297）

（2）使用"偏移（offset）"命令将矩形向内偏移 10	
（3）使用"拉伸（stretch）"命令，用交叉窗口选中内部矩形的左侧边线，向右拉伸 20	
（4）用"直线（line）""偏移（offset）"等命令在图框内右下角绘制标题栏，标题栏具体样式和尺寸如图 13-6 所示	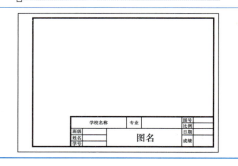
（5）根据制图标准规定，设置图框线、标题栏外框线、标题栏分格线的线宽	
（6）将"文字"图层置为当前层，填写标题栏。"学校名称"为 7 号字，字高设为 7；"图名"为 10 号字，字高设为 10；其余为 5 号字，字高设为 5	

7. 定义常用图块

按照常用符号及图样（如标高符号、指北针、坡度箭头、图框）的实际尺寸将其定义成块或带有属性的图块，以便绘图时随时调用。

8. 保存为样板图

（1）在下拉菜单中，选择"文件/另存为"，弹出"图形另存为"对话框，如图 13-9 所示。

（2）将文件类型选择为"AutoCAD 图形样板（*.dwt）"，然后选择要保存的路径和"道路工程图样板图"文件夹，将文件名命名为"道路标准横断面图样板图（A3）"。

（3）单击"保存"后，弹出"样板选项"对话框，如图 13-10 所示，在"说明"文本框中输入描述样板图的文字，方便以后的查找和调用。

图 13-9 "图形另存为"对话框

图 13-10 "样板选项"对话框

（4）单击"确定"按钮，完成样板图的创建。

9. 样板图的调用

（1）调用"新建"命令，弹出"选择样板"对话框，在"查找范围"下拉列表框中，选择样板图保存的路径及"道路工程图样板图"文件夹，如图 13-11 所示。

（2）在"名称"选项框中选择"道路标准横断面图样板图（A3）"。

（3）单击"打开"按钮，即新建了一个具有样板图所设置的绘图环境的图形文件，如

图 13-11 "选择样板"对话框

图 13-12 所示。

（4）绘制具体的工程图形，保存为图形文件，文件格式为"dwg"。

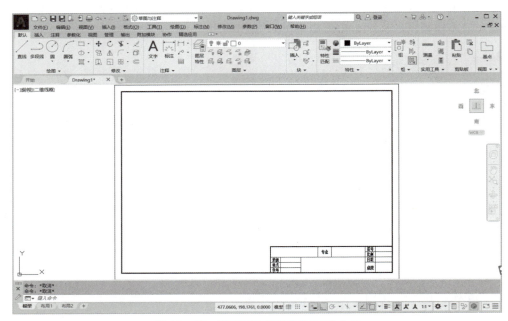

图 13-12　新建具有样板图设置的文件

任务小结

AutoCAD 绘图环境包括绘图界限、图幅大小、字体样式、尺寸样式、图层等，绘图环境的设置是绘制市政工程图的基础性工作，按照制图规范熟练设置绘图环境，创建样板图，可以提高绘图效率和绘图质量。

知识链接

《道路工程制图标准》GB 50162—92 中对有关符号的绘制要求如下：

1. 标高

标高符号是土木工程图样中常见的符号之一。标高是表示工程物各部位高度的一种尺寸形式，它反映工程物中某部位与确定的基准点的高度差。

如图 13-13 所示，标高符号应采用细实线绘制的等腰三角形表示，高为 2~3mm，底角为 45°。顶角应指至被注的高度，顶角向上、向下均可。标高数字宜标注在三角形的右边。负标高应冠以"—"号，正标高（包括零标高）前不应冠以"+"号。当图形复杂时，也可以采用引出线形式标注。标高数字以米为单位，注写到小数点后第三位。

2. 指北针

为了表示地区的方位和路线的走向，地形图上需要画出指北针或坐标网络。

如图 13-14 所示，指北针圆用细实线绘制，圆的直径为 24mm，指针尾部的宽度为 3mm；指针端部应注写"北"或"N"；需用较大直径绘制指北针时，指针尾部宽度为直径的 1/8。

图 13-13　标高的标注　　　　　　　图 13-14　指北针的绘制

项目 14 道路工程图识读与绘制

项目概述

道路工程施工图是道路工程施工的依据，参与道路工程施工的管理人员都应读懂道路施工图，了解道路工程的设计要求，以保证工程施工技术人员能进行按图施工，达到设计预期目标。通过本项目的学习，能基本看懂道路工程施工图，并运用所学的 AutoCAD 绘图技能和投影基本知识进行简单绘制。

本项目的任务：
- 分析道路工程施工图的概况
- 道路平面图识读与绘制
- 道路纵断面图识读与绘制
- 道路横断面图识读与绘制
- 路基路面施工图识读与绘制

任务 14.1 分析道路工程施工图的概况

任务描述

1. 识读道路工程施工图的图纸目录，了解道路工程设计图纸的组成。
2. 识读道路工程设计总说明，明确道路工程的等级和对应的技术标准，了解道路工程的相关规范。

学习活动 14.1.1　识读图纸目录

学习目标

识读道路工程施工图的图纸目录，了解道路工程设计图纸的组成。

活动描述

识读如图 14-1 所示某道路工程施工图的图纸目录。

图纸目录

工程名称：×××路道路新建工程　　　　工程编号：S0910
设计阶段：施工图　　　　　　　　　　　专业：道路工程

序号	图号	图名	纸型	张数
一、道路工程				
1	S-L-01	设计说明书	A3	15
2	S-L-02	道路平面设计图	A3	10
3	S-L-03	道路纵断面设计图	A3	9
4	S-L-04	道路标准横断面设计图	A3	1
5	S-L-05	道路施工横断面设计图	A3	21
6	S-L-06	直线、曲线及转角表	A3	1
7	S-L-07	逐桩坐标表	A3	2
8	S-L-08	纵坡、竖曲线表	A3	1
9	S-L-09	交叉口平面设计图	A3	1
10	S-L-10	交叉口竖向设计图	A3	1
11	S-L-11	路面结构设计图	A3	1
12	S-L-12	新老路搭接设计图	A3	2
13	S-L-13	侧平石大样图	A3	1
14	S-L-14	公交停靠设计图	A3	1
15	S-L-15	悬臂式挡土墙设计图	A3	26
16	S-L-16	牛腿式进口坡设计图	A3	1
17	S-L-17	无障碍设施设计图	A3	1
18	S-L-18	护栏设计图	A3	1
19	S-L-19	路基一般填筑设计图	A3	1
20	S-L-20	沟浜处理设计图	A3	1
21	S-L-21	桥头路基处理设计图	A3	1
22	S-L-22	盲沟设计图	A3	1
23	S-L-23	道路工程数量汇总表	A3	1

图 14-1　道路工程施工图的图纸目录

任务实施

1. 识读工程名称、工程编号、设计阶段和图别

工程名称一般根据施工单位与建设单位的合同确定。工程编号是由设计单位自行编制的，每个工程都有一个工程编号，方便存放图纸和合同。一般工程设计有方案设计、初步设计、施工图设计三个阶段，设计阶段表明处在哪个阶段。图别就是根据专业将施工图分门别类，市政工程中一般分成道路工程、桥梁工程、管道工程等。如图 14-1 所示，工程名称是 ××× 路道路新建工程，工程编号为 S0910，为施工图设计阶段，专业为道路工程。

2. 识读图号、纸型和张数

图号是图纸的编号，是专业设计人员按照图纸之间的关系按顺序编制的。图号便于对图纸进行归类和统计，可知道每个专业有哪些图纸（图名），有多少张图（张数），以免图纸缺项不全。纸型也就是图幅，道路工程图通常采用 A3 图幅，有时考虑道路工程狭长形的特点，也可采用图幅长边加长，具体尺寸要求见项目 13。如图 14-1 所示，其中图号 S-L-02 的图是道路平面设计图，共有 10 张 A3 图。

3. 看懂图名

一般工程施工文件由设计说明书、设计图纸、工程数量和材料用量表以及施工图预算等组成。图名是设计图纸的名称。

（1）设计说明书

设计说明书是对工程设计和施工要求的总体说明，包含道路工程所在位置、设计等级、路线长度、设计概要和施工注意事项等。如图 14-1 所示，图号 S-L-01 的图是设计说明书，共有 15 页。

（2）设计图纸

道路工程的设计图纸一般包含平面设计图、纵断面设计图、横断面设计图、构筑物详图。

道路工程是在地表面的带状构筑物，道路平面的走向和竖向的高差与原地貌的蜿蜒起伏密切相关，因此在道路工程中分别用平面图、纵断面图和横断面图表示一般工程图的三视图展开。

① 道路平面设计图

道路平面图是在地形图上画出的道路水平投影，它表达了道路的平面位置。道路平面设计图包含平面总体设计图和平面设计图，平面总体设计图包括设计道路在城市道路网中的位置，沿线规划布局和现状重要建筑物、桥梁、隧道及主要相交道路和附近道路系统等。平面设计图包含规划道路中线与施工中线坐标、平曲线要素，机动车道、非机动车道、人行道及道路各部分尺寸，港湾停靠站、桥隧或立交的平面布置与尺寸等。如图 14-1 所示，图号为 S-L-02 的图是道路平面设计图，该道路平面设计图如图 14-2 所示。

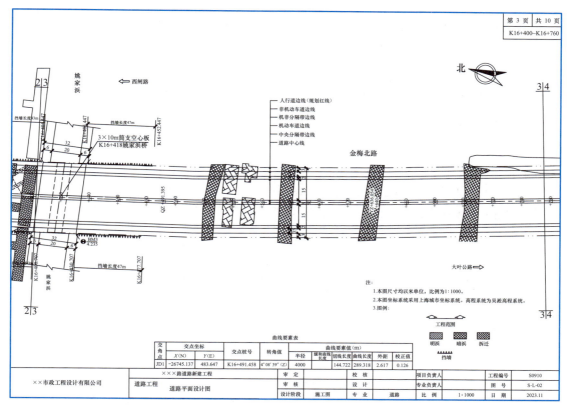

图 14-2　道路平面设计图

② 纵断面设计图

纵断面图是用垂直剖面沿着道路中心线将路线剖开而画出的断面图，它表达道路的纵向起伏（代替三面投影图的正面投影）。道路纵断面设计图包含设计路面高程、交叉道路和新建桥隧中线位置及高程、边沟纵断面设计线、坡度及变坡点高程、竖曲线及其参数等。如图 14-1 所示，图号为 S-L-03 的图是道路纵断面设计图，该纵断面设计图如图 14-3 所示。

③ 横断面设计图

横断面图是在设计道路的适当位置上按垂直道路中心线方向截断的断面图，它表达了道路的横断面组成情况（代替三面投影图的侧面投影）。横断面设计图包括道路标准横断面、施工横断面图、路拱曲线大样图等。如图 14-1 所示，图号为 S-L-04 的图是道路标准横断面设计图，该横断面设计图如图 14-4 所示。S-L-05 为道路施工横断面设计图，共有 21 张，如图 14-5 所示。

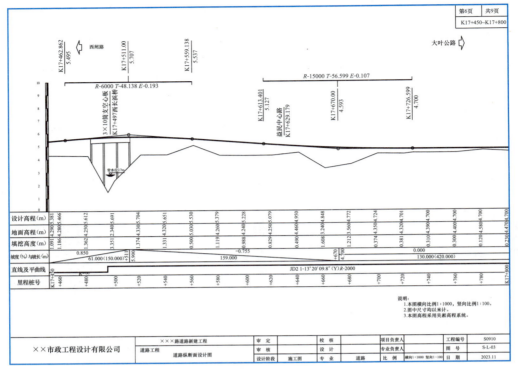

图 14-3　道路纵断面设计图

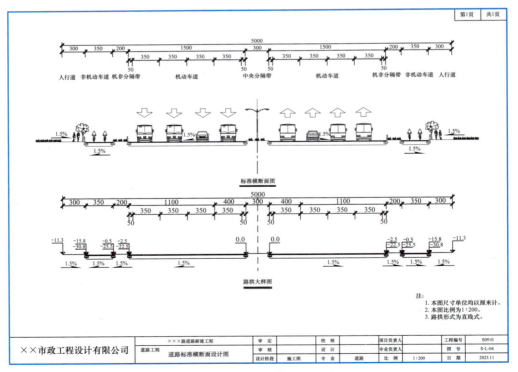

图 14-4　道路标准横断面设计图

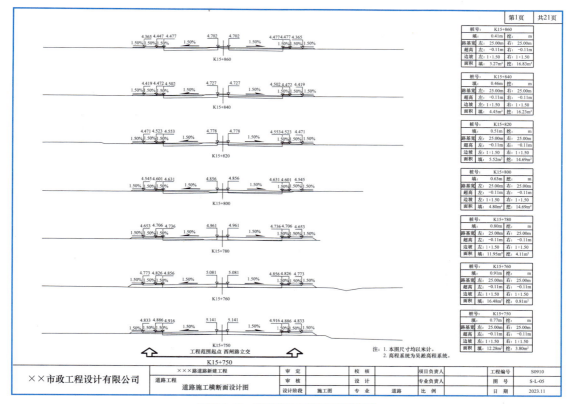

图 14-5　道路施工横断面设计图

道路的三视图以平面图、纵断面图、横断面图来表示，符合投影原理的基本规则。因此，三者之间不是孤立的，而是具有一定的关系。如道路平面图表示的道路中心线、机动车道边线以及各部分的尺寸与标准横断面图中的各组成部分的关系及尺寸是对应的。通过识读平、纵、横施工图以及相互关系比对，了解道路路线的走向、曲线分布、沿线地势的起伏以及路基开挖的情况、道路横断面的组成、宽度、车道设置等。

④ 构筑物详图

构筑物详图是表现路面结构构成及其他构件、细部构造的图样。在道路工程中主要有交叉口设计图、路面结构设计图、需特殊处理和加固的路基设计图、挡土墙、无障碍设施、路缘石等道路附属构筑物结构详图。

交叉口设计图表示出交叉口平面各部位详细尺寸、设计等高线及方格点高程、车站和停车场位置、雨水口和各种管线等，如图 14-1 所示图纸目录的 S-L-09 交叉口平面设计图和 S-L-10 交叉口竖向设计图。

路面结构设计图包括路面结构组合大样、构造大样及分块大样、特殊路段路面结构大样等。如图 14-1 所示图纸目录中 S-L-11、S-L-12 分别是路面结构设计图、新老路搭接设计图，路面结构设计图如图14-6所示。如图14-1所示图纸目录中S-L-13～S-L-18分别是侧平石大样图、公交停靠设计图、悬臂式挡土墙设计图、牛腿式进口坡设计图、无障碍设施设计图、护栏设计图。侧平石大样图如图14-7所示。

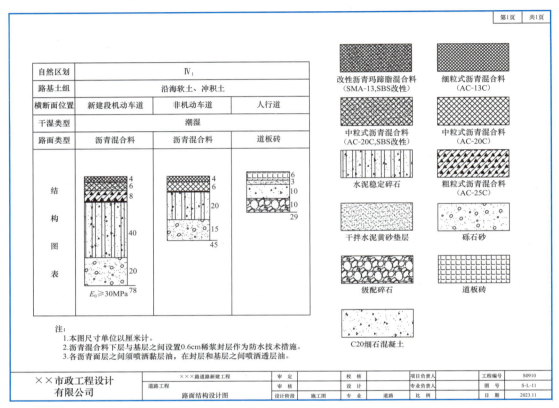

图14-6　路面结构设计图

如图14-1所示图纸目录中S-L-19～S-L-22分别是路基一般填筑设计图、沟浜处理设计图、桥头路基处理设计图、盲沟设计图。路基一般填筑设计图如图14-8所示。

（3）工程数量和材料用量表

除了图纸以外，一般设计文件还包括一些图表，如S-L-06直线、曲线及转角表、S-L-07逐桩坐标表、S-L-08纵坡、竖曲线表、S-L-23道路工程数量汇总表等。道路工程数量汇总表见表14-1。

（4）施工图预算

施工图预算是指在施工图设计完成以后，根据施工图纸和工程量计算规则计算工程量，套用有关工程造价计算资料编制的单位工程或单项工程预算价格的文件，一般另册装订。

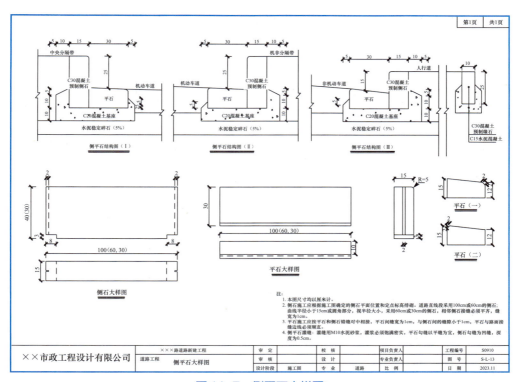

图 14-7 侧平石大样图

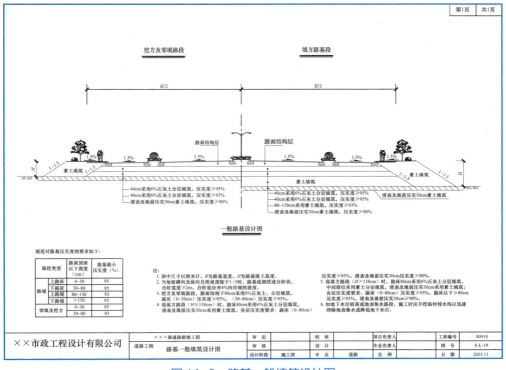

图 14-8 路基一般填筑设计图

道路工程数量汇总表 表 14-1

项目名称			规格	单位	数量	备注
路基	机动车道	6% 石灰处治土	$h=40\text{cm}$	m²	5771	
		5% 石灰处治土	$h=20\text{cm}$		3007	
		5% 石灰处治土			1763	中部填料
	素土				7295	
	清表		$h=30\text{cm}$		5700	不利用
	地面翻松掺 5% 石灰处理		$h=20\text{cm}$		3150	
	压实补偿		$h=10\text{cm}$		1575	
	波纤格栅				1104	
	路基拼接单向土工格栅				868	
	特殊路基	清除软土				
		回填片石	$h=80\text{cm}$			
		双向土工格栅				
	河塘段	清除淤泥				
		排水				
		回填片石	$h=50\text{cm}$			
		回填 5% 石灰处治土				
		双向土工格栅				
路面	机动车道	沥青混凝土	$h=4.0\text{cm}$　AC-13	m²	12506	
			$h=6.0\text{cm}$　AC-20C		12506	
		黏层油			12506	
		下封层	$h=6.0\text{cm}$		12506	
		透油层			12506	
		水稳碎石	$h=32\text{cm}$		12783	水泥剂量 5%
		12% 石灰石	$h=20\text{cm}$		13616	
	人行道	透水混凝土砖	25cm×12.5cm×6cm		4232	
		干拌水泥黄砂垫层	$h=3\text{cm}$		4232	
		C15 无砂混凝土	$h=8\text{cm}$		4232	
		级配碎石	$h=15\text{cm}$		4232	
其他	预制侧平石			m	1738	
	挖除老路			m²	2183	
	路灯			套	62	间距 30m

注：各挖方为自然方，压实系数为 1.20；缺方（利用方、借方等）为压实方。

学习活动 14.1.2　识读道路工程设计总说明

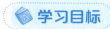

识读道路工程设计总说明，明确道路工程的等级和对应的技术标准，了解道路工程的相关规范。

活动描述

识读以下某道路工程设计总说明。

一、工程概述

本工程北起西闸路立交出口，向南行进，终点位于大叶公路交叉口南侧，本次施工图桩号范围为 K15+750～K18+575.649，路线全长 2.826km。

二、设计依据

1）设计委托书

2）项目初步设计、初步设计评审意见和初步设计批复

3）工程测量成果资料及工程地质

4）现行规范、规程及标准

三、设计规范

1)《城市道路工程设计规范》CJJ 37—2012

2)《城镇道路路面设计规范》CJJ 169—2012

3)《城市道路路线设计规范》CJJ 193—2012

4)《城市道路路基设计规范》CJJ 194—2013

5)《路面设计标准》DG/TJ 08-2131-2022

四、技术标准

1）道路等级：城市主干路

2）设计速度：60km/h

3）路面设计标准荷载：BZZ-100 型标准车

五、道路工程设计概要（略）

六、施工技术要求及施工注意事项（略）

七、质量验收标准

本工程施工验收按《城镇道路工程施工与质量验收规范》CJJ 1—2008 执行。

任务实施

1. 识读工程概况

道路路线的总长度和各段之间的长度用里程桩号表示，一般在道路中心线上自路线起点到终点按前进方向从左向右设置。桩号的表示和标注采用K0+000.00，"+"前为公里数，"+"后为米数，如K3+003.326表示该位置距离路线起点为3003.326m。

由"本次施工图桩号范围为K15+750～K18+575.649"可计算出该设计道路的路线全长约为2.826km。

2. 了解设计依据

设计依据指设计所采用的标准、规范、规则、指引、指南和设计执行的相关批复意见等。本次施工图设计的依据有4个，分别是设计委托书；项目初步设计、初步设计评审意见和初步设计批复；工程测量成果资料及工程地质；现行规范、规程及标准。

3. 知道相关标准、规范、规程

设计说明书中列举了本工程设计所依据的主要相关规范、规程。

我国目前将工程标准层级分为：国家标准、行业标准、地方标准和企业标准四级。国家标准是根本，地方标准、行业标准、企业标准一般是不能低于国家标准，有些地方和有些企业可制定高于国家标准的地方标准和企业标准。在没有国家标准参照时，地方、行业、企业可制定相关标准作为补充标准。

标准的编号一般由标准的代号、标准发布的顺序号和标准发布的年号三部分组成，标准的代号可以显示标准的层级，如"GB"表示"中华人民共和国强制性国家标准"；"CJJ"表示"城建行业工程建设规程"；"DG/T"表示"地方工程建设标准"，"T"表示推荐性标准。

4. 看懂技术标准

（1）道路等级

道路根据其所在位置、功能特点及构造组成不同分为城市道路和公路，如图14-9和图14-10所示。

城市道路是指城市内部，供车辆和行人通行的具备一定技术条件和设施的道路，是城市组织生产、安排生活、搞活经济、物质流通所必须具备的条件，是连接城市各个功能分区和对外交通的纽带。

《城市道路工程设计规范》CJJ 37—2012规定，城市道路应按道路在交通网中的地位、交通功能以及对沿线建筑物的服务功能等，分为：快速路、主干路、次干路、支路4个等级。

快速路应中央分隔、全部控制出入、控制出入口间距及形式，应实现交通连续通行，单向设置不应少于两条车道，并应设有配套的交通安全与管理设施。快速路两侧不应设置

图 14-9 城市道路

图 14-10 公路

吸引大量车流、人流的公共建筑物的出入口,如图 14-11 所示。

主干路应连接城市各主要分区,应以交通功能为主。主干路两侧不宜设置吸引大量车流、人流的公共建筑物的出入口,如图 14-12 所示。

次干路应与主干路结合组成干路网,应以集散交通的功能为主,兼有服务功能,如图 14-13 所示。

支路宜与次干路和居住区、工业区、交通设施等内部道路相连接,解决局部地区交通问题,以服务功能为主,如图 14-14 所示。

图 14-11 快速路

图 14-12 主干路

图 14-13 次干路

图 14-14 支路

（2）设计速度

设计速度是指道路几何设计（包括平曲线半径、纵坡、视距等）所采用的行车速度。各级道路的设计速度应符合表 14-2 的规定。

各级道路的设计速度　　　　　　　　　　　　表 14-2

道路等级	快速路			主干路			次干路			支路		
设计速度（km/h）	100	80	60	60	50	40	50	40	30	40	30	20

由设计说明可知，本设计道路等级为城市主干路，设计速度 60km/h。

（3）荷载标准

我国城市道路选用道路轴载的比例较大，对路面影响较大的双轮组单轴载，其中 100kN 为标准轴载，以 BZZ-100 表示。

5. 知道质量验收标准

现行《城镇道路工程施工与质量验收规范》CJJ 1—2008 适用于城镇新建、改建、扩建的道路及广场、停车场等工程和大、中型维修工程的施工和质量检验、验收。

知识链接

公路的分级

公路是连接城、镇和工矿基地、港口及集散地等，主要供汽车行驶，具备一定技术和设施的道路。按《公路工程技术标准》JTG B01—2014 中规定，公路根据功能，抑制干扰汽车运行能力，分为高速公路、一级公路、二级公路、三级公路和四级公路 5 个技术等级。各级公路设计速度见表 14-3。

各级公路的设计速度　　　　　　　　　　　　表 14-3

公路等级	高速公路			一级公路			二级公路		三级公路		四级公路
设计车速（km/h）	120	100	80	100	80	60	80	60	40	30	20

知识拓展

我国高速公路的发展历程

作为一个国家经济发展水平的衡量标准，高速公路是一个国家走向现代化的桥梁。我国高速公路 1988 年从零起步，经过 30 多年 5 个阶段的建设和发展，已跃居为世界通车里程第一的国家。

一是起步阶段（1978—1988 年）。我国内地 20 世纪 80 年代中期才开始高速公路的前身——汽车专用公路的探索。1988 年 10 月，全长 20.5km 的沪嘉高速公路一期工程通车，结束了我国内地没有高速公路的历史。

二是稳步发展阶段（1989—1997 年）。1990 年，被誉为"神州第一路"的沈大高速公路全线建成通车，全长 371km，标志着我国高速公路发展进入了一个新的时代。到 1997 年底，我国高速公路通车里程达到 4771km，10 年间年均增长 477km。

三是加快发展阶段（1998—2007 年）。"五纵七横"国道主干线的大部分高速公路项目开工建设，2005 年底，高速公路达 4.1 万 km，仅次于美国，居世界第二位。我国历史上第一个国家高速公路网规划发布，规划里程约 8.5 万 km。

四是跨越式发展阶段（2008—2015 年）。2012 年，高速公路通车里程达 9.6 万 km，首次超越美国，居世界第一。《国家公路网规划（2013 年—2030 年）》印发，国家高速公路由 7 条首都放射线、11 条南北纵线、18 条东西横线以及地区环线、并行线、联络线等组成，总里程约 11.8 万 km，简称"71118 网"。

五是全面规范和高质量发展阶段（2016 年至今）。高速公路发展步入全面深化改革与规范发展的新时期，从注重里程规模和速度转向更注重科学合理的可持续发展。

我国高速公路建设取得了举世瞩目的成就，截至 2023 年底，高速公路总里程已超 17.73 万 km，相关技术领域得到了长足发展，涌现了一大批具有代表性的重大工程项目。

任务小结

通过识读图纸目录，知道道路设计文件的组成，以及设计图纸及相互之间的关系。识读道路工程设计总说明，对工程的总体情况有所了解，明确道路工程的等级和对应的技术标准，知道道路工程的相关规范，为下一步识读工程图打好基础。同时通过对我国高速公路发展历程的了解，增强专业学习的自信心和民族自豪感。

任务 14.2　道路平面图识读与绘制

任务描述

1. 知道道路平面图的组成，理解圆曲线的基本概念和曲线要素。
2. 通过工程实例掌握识读道路平面图的方法。
3. 运用 AutoCAD 绘图软件绘制道路平面图。

码 14-1　识读道路平面图

学习活动 14.2.1　识读道路平面设计图

学习目标

1. 知道道路平面设计图的组成，理解圆曲线的基本概念和曲线要素。
2. 通过工程实例掌握识读道路平面设计图的方法。

活动描述

识读如图 14-2 所示的道路平面设计图。

任务实施

1. 识读图名及比例

（1）图名

在标题栏内注有工程名称，图 14-2 为道路平面设计图。道路平面图是在地形图上画出的道路水平投影，它表达了设计道路在城市道路网中的位置。

道路工程平面图包括地形、路线和资料表 3 个部分，如图 14-2 所示。地形表示的是沿线规划布局和现状重要建筑物、桥梁、隧道及主要相交道路和附近道路系统等；路线表示的是设计道路中心线、中线坐标、道路各组成部分尺寸，桥隧等结构物的平面布置与尺寸等；资料表为路线平曲线要素。

（2）图幅、比例

平面设计图一般用 A3 图幅绘制。

从图形右下方标注说明以及标题栏的"比例"栏可知，本图比例为"1∶1000"。城市道路路线平面图比例一般为 1∶1000～1∶500。

（3）角标

右上角角标显示"第 3 页，共 10 页，K16+400～K16+760"，表示该工程的平面设计图共有 10 页，此图为第 3 页，该图纸表示的是桩号 K16+400～K16+760 范围内的平面设计内容。

2. 识读地形部分

道路平面设计图一般是在地形图基础上进行绘制。地形图是将地面上的地形和地物按水平投影的方法，并以一定的比例尺缩绘而成的图纸。

（1）指北针

为了表示路线所在地区的方位和路线的走向，在道路平面图上应画出指北针。指北针

一般以 ① 表示，箭头所指方向为正北方向。由图 14-2 所示平面图的指北针方向可以看出该设计道路的走向基本为南北方向。

（2）地形地物

地形是指地面的高程起伏情况，可以用等高线表示；如果地形起伏不大，也可以直接用标高标注。如图 14-2 所示，原地面地形变化不大，基本为 4.2m。

地物是指在地面上的物体，如河流、房屋、道路、桥梁、电力线、植被等，按规定图例绘制。《道路工程制图标准》GB 50162—92 中规定的路线平面中常用地物图例，见表 14-4。如有特殊地物，可特别说明，如图 14-2 下方注中的图例，工程范围用 ⇦⇦ ，明浜用 ▨ ，暗浜用 ▩ ，拆迁用 ▩ 。

路线平面中常用地物图例　　　　　　表 14-4

名称	图例	名称	图例	名称	图例
机场	 ▲	铁路	 ▬▭▬	导线点	 ▽
学校	文	小路	 ------	水准点	 ⊗
土堤	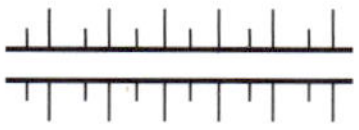 ┴┴┴┴┴	果园	 ○○○	只有屋盖的简易房	 ▭
河流	 ～	林地	 ○○○	砖石或混凝土结构房屋	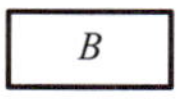 B
砖瓦房	 C	三角点	 △	大车道	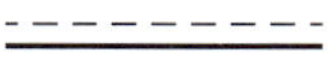 ------
港口	 ⚓	切线交点	⊙	电信线	 ─○─○─
交电室	 ⌐	石棉瓦	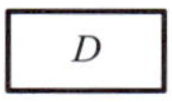 D	草地	 ⋎⋎⋎
水渠	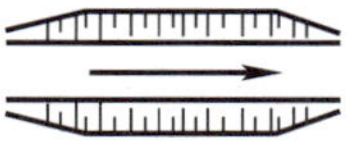 ⇒	围墙	 ▭	菜地	 ⋏⋏⋏
冲沟	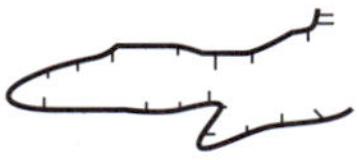 ～	非明确路边线	 ------	图根点	 ⊙
公路	 ═══	井	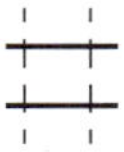 ╫	指北针	 ⊕
低压电力线 高压电力线	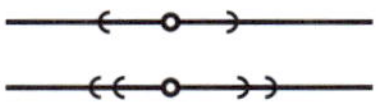 ─○─○─ ─≫─≫─	房屋	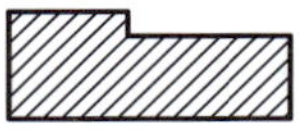 ▨	储水池	 水

续表

名称	图例	名称	图例	名称	图例
旱地		烟囱		下水道检查井	
水田		人工开挖		通信杆	

3. 识读路线部分

（1）道路中心线

道路中心线是指道路沿长度方向的行车道中心线，由直线和平曲线组成，在图纸上用细点画线表示。最常见的较简单的平曲线为圆曲线。

圆曲线是直线与圆弧的连接方式，在平面上一般有 3 个控制点，分别是曲线起点［即直圆点（ZY）］、曲线中点［即曲中点（QZ）］和曲线终点［即圆直点（YZ）］。

（2）道路红线

道路红线是道路用地与城市其他用地的分界线，红线之间的宽度也就是城市道路的总宽度，用双点画线表示。路幅宽度是指道路红线之间的宽度，是道路横断面中各种用地宽度的总和。如图 14-2 所示，该道路路幅宽度为 50m。

除了道路红线以外，根据道路横断面的组成，城市道路平面图中还应绘制机动车道边线、非机动车道边线、分隔带边线、人行道边线等，以表示道路各组成部分在平面上的布置情况。

（3）桩号

道路路线的总长度和各段之间的长度用里程桩号表示，里程桩号应从路线的起点至终点，由小到大依次顺序编号，并规定在平面图中路线的前进方向是从左到右。如图 14-2 所示，在道路中心线上桩号标注的间距是 20m。此路段有一个圆曲线，QZ 点桩号为 K16+491.395，YZ 点桩号为 K16+636.054。

（4）结构物和控制点

在路线平面图上还须标示出道路沿线的结构物和控制点，如桥梁、涵洞、通道、立交、水准点和三角点等，道路工程常用结构物图例见表 14-5。如特殊图例可特别标注，如图 14-2 下方说明中的图例，挡墙用▲▲▲▲▲▲▲表示。

结合表 14-5 识读图 14-2，在桩号 K16+418 处有一座姚家浜桥，该桥为斜交桥，与道路衔接点的桩号用引线标注于桥两侧，桥后有一段 47m 长的挡墙。

道路沿线每隔一定距离设有水准点。⊗为水准点符号，画在水准点所在的位置上，用于路线的高程测量，如 $\otimes \dfrac{BM3}{4.235}$ 为路线的第 3 个水准点，该点高程为 4.235m。

道路工程常用结构物图例 表14-5

	序号	名称	图例	序号	名称	图例
平面	1	涵洞		6	通道	
	2	桥梁（大、中桥按实际长度绘）		7	分离式立交 (a) 主线上跨 (b) 主线下穿	(a) (b)
	3	隧道		8	互通式立交（按采用形式绘）	
	4	养护机构		9	管理机构	
	5	隔离墩		10	防护栏	
纵面	1	箱涵		5	桥梁	
	2	盖板涵		6	箱形通道	
	3	拱涵		7	管涵	
	4	分离式立交 (a) 主线上跨 (b) 主线下穿	(a) (b)	8	互通式立交 (a) 主线上跨 (b) 主线下穿	(a) (b)

4. 识读资料表部分

平面图中应列表标注平曲线要素：交角点（JD）、交点坐标、圆曲线半径（R）、切线长度（T）、曲线总长度（L）、外距（E）等，各要素之间的关系如图 14-15 所示。

如图 14-2 所示平面设计图中，$JD1$ 表示为第一个交角点，交点坐标：X（N）方向为 -26745.137，Y（E）方向为 483.647，$JD1$ 桩号为 K16+491.458，在该交点处为左偏角 4°08′39″，圆曲线半径为 4000m，切线长 144.722m，曲线

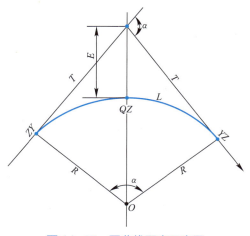

图 14-15　圆曲线要素示意图

长为 289.318m，外距为 2.617m。

学习活动 14.2.2　绘制道路平面图

学习目标

1. 掌握 AutoCAD 绘制道路平面图的方法和步骤。
2. 通过绘制道路平面图，加深对圆曲线要素的理解。

码 14-2　道路平面图绘制

活动描述

某道路工程平面直线、曲线及转角见表 14-6。根据条件绘制道路中心线，起点桩号为 K0+000，沿道路前进每隔 20m 设置里程桩号，按 30m 宽度设置道路规划红线。按 A3 图幅要求对路线平面图在布局空间进行分幅，图形比例为 1∶500。

直线、曲线及转角表　　　　　表 14-6

点号	坐标点 X（N）	坐标点 Y（E）	偏角	R（m）	T（m）	L（m）	E（m）
BP	−39419.0060	−2417.4851					
JD1	−39352.4083	−2145.8783	14°25′18″（左偏）	800	101.22	201.36	6.38
EP	−39251.1973	−1957.1103					

任务实施

绘制流程图如下：

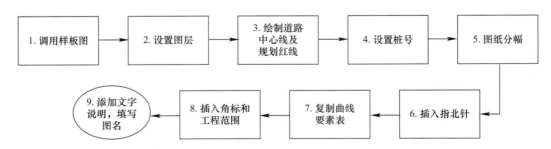

道路工程平面图一般在已测绘的地形图基础上绘制，因此通常在 AutoCAD 中采用 1∶1000 的比例绘图，本任务道路平面图的图形比例为 1∶500，则打印出图比例为

"2mm：1图形单位"。考虑道路线形狭长的特点，为便于图纸文件的装订，道路平面图采用 A3 的图幅，即 297mm × 420mm。

1. 调用样板图

打开项目 13 任务 13.2 中创建的 A3 图幅"道路标准横断面图样板图（A3）"样板文件。

2. 图层设置

根据道路工程平面图绘制需要建立图层，并设置相应的图层名称、线型和颜色等，如图 14-16 所示。

3. 绘制道路中心线及规划红线

（1）绘制导线

将"导线"图层置为当前层。

调用"多段线（pline）"命令，根据表 14-6 中给定的 BP、JD1、EP 坐标点，绘制导线。

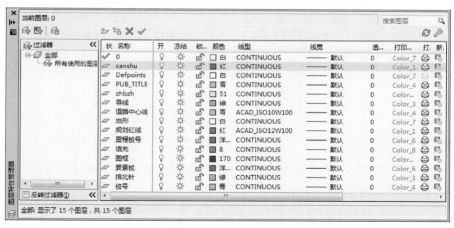

图 14-16　设置图层

命令：PLINE　　　　　　　　　　　　　　　　　　　　　　（调用"多段线"命令）

指定起点：-2417.4851，-39419.0060　　　　　　　　　（输入 BP 点坐标）

当前线宽为 0.0000　　　　　　　　　　　　　　（导线为细实线，线宽设为 0）

指定下一个点或 [圆弧（A）/半宽（H）/长度（L）/放弃（U）/宽度（W）]：
-2145.8783，-39352.4083　　　　　　　　　　　　　　（输入 JD1 点坐标）

指定下一个点或 [圆弧（A）/半宽（H）/长度（L）/放弃（U）/宽度（W）]：
-1957.1103，-39251.1973　　　　　　　　　　　　　　（输入 EP 点坐标）

指定下一个点或 [圆弧（A）/半宽（H）/长度（L）/放弃（U）/宽度（W）]：

（回车结束命令）

说明：地形测量采用的测量坐标网中规定 X 轴为南北方向，Y 轴为东西方向，而 AutoCAD 的坐标系默认设置为水平方向为 X 轴、竖直方向为 Y 轴，因此在输入导线点坐标时与表 14-6 中坐标点的 X、Y 值互换。如已知起点 BP 的 X（N）为 -39419.0060，Y（E）为 -2417.4851，则在输入时坐标为 $X=-2417.4851$，$Y=-39419.0060$。同时应注意表 14-6 所列的坐标点均为绝对坐标，用 AutoCAD 命令绘制多段线时，用 F12 键进行绝对坐标和相对坐标之间的切换。

（2）绘制圆曲线

将"道路中心线"图层置为当前层。

调用"圆（circle）"命令，绘制半径 $R=800\mathrm{m}$ 的圆，用"修剪（trim）"命令剪去多余的圆弧，绘制出道路的圆曲线。

说明：由于在 AutoCAD 中采用 1∶1000 的比例绘制本图，通常在 AutoCAD 中 1 个图形单位对应 1mm，经换算，800m 在 AutoCAD 中的图形单位为 $800 \times 1000/1000 = 800$。

```
命令：CIRCLE                                    （调用"圆"命令）
指定圆的圆心或［三点（3P）/两点（2P）/切点、切点、半径（T）］：t
                              （输入 t，采用切线、切线、半径的方式画圆）
指定对象与圆的第一个切点：
            （光标移动到第一段导线靠近切点位置，出现切线符号，鼠标左键单击）
指定对象与圆的第二个切点：
            （光标移动到第二段导线靠近切点位置，出现切线符号，鼠标左键单击）
指定圆的半径：800                      （输入 800，为已知的圆曲线半径）
```

```
命令：TRIM                                      （调用"修剪"命令）
当前设置：投影=UCS，边=无
选择剪切边…                    （光标移动到第一个导线位置，鼠标左键单击）
选择对象或＜全部选择＞：找到 1 个    （光标移动到第二个导线位置，鼠标左键单击）
选择对象：找到 1 个，总计 2 个
选择要修剪的对象，或按住 Shift 键选择要延伸的对象，或
                    （鼠标左键单击圆在 2 个导线范围以外的任何一个位置）
［栏选（F）/窗交（C）/投影（P）/边（E）/删除（R）/放弃（U）］：（回车结束命令）
```

圆曲线两侧的直线部分导线用"直线（line）"命令绘制点画线，即为道路中心线，如图 14-17 所示。在"导线"图层，用"圆（circle）"命令在设计线导线的坐标点绘制半径为 2mm 的圆，如图 14-17 所示的各导线点。

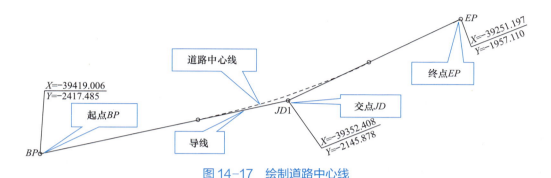

图 14-17　绘制道路中心线

（3）绘制规划红线

已知道路规划红线宽度为 30m，用"偏移（offset）"命令，在道路中心线两边各偏移 15m，绘出规划红线，再修改图层为"规划红线"，线型为双点画线。

（4）标注路幅宽度和道路各组成部分的边线

在"标注"图层，调用"标注-对齐"命令，对道路宽度进行标注，如图 14-18 所示。

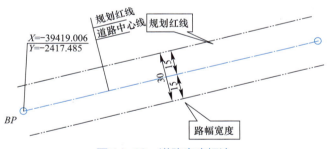

图 14-18　道路宽度标注

命令：_DIMA　　　　　　　　　　　　　　　　　　　　　（调用"对齐标注"命令）
指定第一个尺寸界线原点或<选择对象>：_nea 到
（Shift+右键，在弹出菜单上点"最近点"，将光标移动到上边规划红线的任一点，出现最近点标志后单击鼠标左键）
指定第二条尺寸界线原点：_per 到
（Shift+右键，在弹出菜单上点"垂直"，将光标移动到中心线上出现垂直标志后单击鼠标左键）

指定尺寸线位置或 　　　　　　　　　　　（将光标移动至合适的位置单击鼠标左键）
[多行文字（M）/文字（T）/角度（A）]：
标注文字=15　　　　　　　　　　　　　　　　　　　（输入回车，结束命令）
命令：_DIMC　　　　　　　　　　　　　　　　　（调用"连续标注"命令）
指定第二条尺寸界线原点或 [放弃（U）/选择（S）] <选择>：_per 到
（Shift+右键，在弹出菜单上点垂直点，将鼠标移动至下边规划红线，出现垂直标志后单击鼠标左键）
标注文字=15　　　　　　　　　　　　　　　　　　　（二次回车，结束命令）

同样情况，对路幅总宽度 30m 进行标注，如图 14-18 所示。

采用"多重引线标注（mleader）"命令标注道路各组成部分的边线，如图 14-18 所示的规划红线、道路中心线。

（5）标注导线特征点的坐标

采用"多重引线标注"命令对导线各特征点的坐标 X、Y 值进行标注，如图 14-18 所示。

注意： 引线标注的坐标 X、Y 值为地形测量的坐标值，是道路施工测量放样的重要数据。

4. 设置桩号

（1）道路中心线合并为多段线

调用"编辑多段线（pe）"命令将道路中心线的直线和圆弧部分合并为一条多段线。

命令：PE_PEDIT　　　　　　　　　　　　　　　（调用"编辑多段线"命令）
选择多段线或 [多条（M）]：　　　（鼠标左键点击道路中心线的任一直线段）
选定的对象不是多段线
是否将其转换为多段线? <Y>　　　　　（点击 Enter 键，将线段转换为多段线）
输入选项 [闭合（C）/合并（J）/宽度（W）/编辑顶点（E）/拟合（F）/样条曲线（S）/非曲线化（D）/线型生成（L）/反转（R）/放弃（U）]：j
　　　　　　　　　　　　　　　　　　　　　　　　（输入 j，合并多段线）
选择对象：找到 1 个　　　　　（单击鼠标左键拾取道路中心线的圆弧段）
选择对象：找到 1 个，总计 2 个　　（单击鼠标左键拾取道路中心线的另一直线段）
选择对象：　　　　　　　　　　　　　（单击鼠标右键，结束选择对象）
多段线已增加 2 条线段

输入选项[闭合（C）/合并（J）/宽度（W）/编辑顶点（E）/拟合（F）/样条曲线（S）/非曲线化（D）/线型生成（L）/反转（R）/放弃（U）]：

（二次回车，结束命令）

（2）标注道路起点桩号

在"桩号"图层，调用"偏移（offset）"命令偏移道路中心线5m，绘制辅助线，用"直线（line）"命令在道路中心线和辅助线的起点画一条垂直短直线，用"删除（earse）"命令删掉辅助线。用"显示特性（list）"命令查看短直线的倾斜角度为104°，用"文字（text）"命令添加起点桩号"+000"，倾斜角度为104°，如图14-19所示。

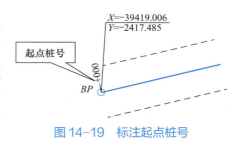

图14-19 标注起点桩号

（3）按间距20m标注其他各点桩号

调用"路径阵列（arraypath）"命令在道路中心线上每隔20m设置一个桩号，操作如下：

命令：_arraypath　　　　　　　　　　　　　　（调用"路径阵列"命令）
选择对象：找到1个　　　　　　　　　　　（选中"K0+000"，单击鼠标左键）
选择对象：找到1个　　　　　　　　（选中"K0+000"边的直线，单击鼠标左键）
选择对象：　　　　　　　　　　　　　（单击鼠标右键，结束选择对象）
类型=路径　关联=是
选择路径曲线：指定对角点：　　　（选择已修改为多段线的道路中心线，左键单击）
选择夹点以编辑阵列或[关联（AS）/方法（M）/基点（B）/切向（T）/项目（I）/行（R）/层（L）/对齐项目（A）/Z方向（Z）/退出（X）]<退出>：

（选择多段线上出现的蓝色箭头）
项目间距
指定项目之间的距离：20　　　　　（输入20，桩号之间的间距为20m）
选择夹点以编辑阵列或[关联（AS）/方法（M）/基点（B）/切向（T）/项目（I）/行（R）/层（L）/对齐项目（A）/Z方向（Z）/退出（X）]<退出>：

（回车，结束命令）

用"分解（explode）"命令对阵列桩号分解，再调用"编辑文字（textedit）"命令逐个修改桩号值，如图14-20所示。

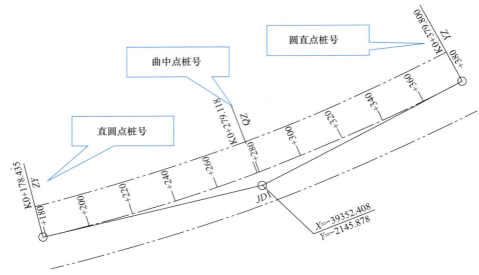

图 14-20　标注曲线特征点桩号

注意： 修改桩号值时应按顺序逐个修改，桩号按 20m 间隔增加，此步骤虽然简单，但必须非常仔细，不要有遗漏。

（4）添加特征点桩号值

分别标注圆曲线特征点 ZY（直圆点）点、QZ（曲中点）、YZ（圆直点）的桩号（图 14-20），表 14-7 给出了各点的桩号值。

平面各特征点桩号值表　　表 14-7

特征点号	桩号	特征点号	桩号
BP（路线起点）	K0+000	YZ（圆直点）	K0+379.800
ZY（直圆点）	K0+178.435	EP（路线终点）	K0+492.772
QZ（曲中点）	K0+279.118		

5. 图纸分幅

（1）插入 A3 图内边框

在模型空间，将"图框"图层置为当前，用"插入块（insert）"命令插入 1∶2 比例的 A3 图框，用"分解（explode）"命令分解 A3 图框块，用"删除（eraser）"命令删除外框及标签栏，只留下内边框。根据路线的长度，用"复制（copy）"命令复制 2 个内边框，用"移动（move）""旋转（rotate）"命令将 A3 图纸的内边框移动至路线的适当位置，如图 14-21 所示。

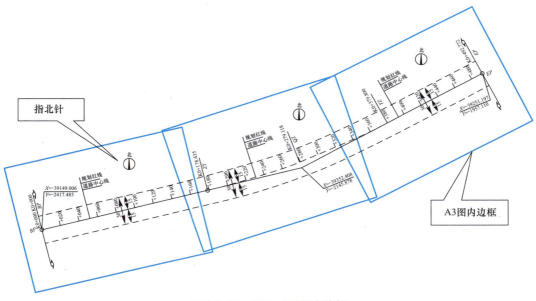

图 14-21　插入 A3 图内边框

注意：移动图框之后尽量使绘制的道路中心线在图框的中间位置，以保证打印图纸较好的视觉效果。

说明：按前所述，本任务的打印出图比例为"2mm∶1 图形单位"，则插入的 A3 图框需缩小为 1/2，即为 1∶2，以保证满足出图比例的要求。

（2）布局空间新建平面图视口

在"布局 1"空间，设"0"图层为当前图层，用"插入块"命令插入 1∶2 比例的 A3 图框。然后执行"新建视口"命令，模型空间绘制的图样全部显示于新建的视口中。

```
命令：_+vports                          （调用"新建视口"命令）
选项卡索引<0>：0              （在弹出对话框中选择单个，确定）
指定第一个角点或 [布满（F）]<布满>：
                  （将光标移动到 A3 图框内边框的左上角，单击鼠标左键）
指定对角点：正在重生成布局。
                  （光标移动到 A3 图框内边框的右下角，单击鼠标左键）
正在重生成模型。
```

（3）调整用户坐标系

在"布局 1"空间，双击新建的平面图视口，激活浮动视口。将视图从显示世界坐标系（图 14-22a）调整为显示用户坐标系的正交视图（图 14-22b），以方便打印出图。

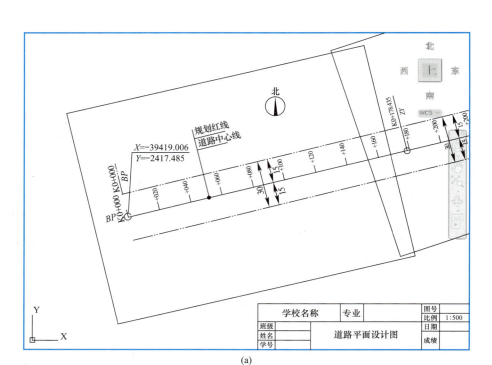

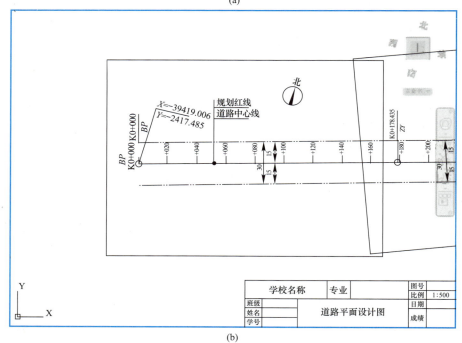

图 14-22 调整用户坐标系
（a）显示世界坐标系的正交视图；（b）显示用户坐标系的正交视图

命令：UCS　　　　　　　　　　　　　　　　　　　（调用"用户坐标系"命令）
当前 UCS 名称：*世界*

指定 UCS 的原点或［面（F）/命名（NA）/对象（OB）/上一个（P）/视图（V）/世界（W）/X/Y/Z/Z 轴（ZA）]＜世界＞：
（将光标移动到 A3 图框内边框左下角点，单击鼠标左键）
指定 X 轴上的点或＜接受＞：
（将光标移动到 A3 图框内边框右下角点，单击鼠标左键）
指定 XY 平面上的点或＜接受＞：
（将光标移动到 A3 图框内边框左上角点，单击鼠标左键，将世界坐标转为用户坐标的命令）
命令：_ucsicon　　　　　　　　　　　　　　　（调用"显示 ucs 图标"命令）
输入选项［开（ON）/关（OFF）/全部（A）/非原点（N）/原点（OR）/可选（S）/特性（P）]＜关＞：_on
（选择 on，表示显示坐标轴图标）
命令：PLAN　　（调用"plan"命令，显示指定用户坐标系的 XY 平面的正交视图）
输入选项［当前 UCS（C）/UCS（U）/世界（W）]＜当前 UCS＞：c
（输入 c，表示显示当前坐标）
正在重生成模型。　　　　　　　　　　　（图形转换为当前坐标的视图）

（4）调整视口大小

因为"模型空间"的图框为 A3 的内边框，因此在"布局"空间调整视口的大小与"模型空间"一致，这样才能保证布局空间显示的尺寸与"模型空间"一致。

命令：ZOOM　　　　　　　　　　　　　　　　　　（调用"放大"命令）
指定窗口的角点，输入比例因子（nX 或 nXP），或
［全部（A）/中心（C）/动态（D）/范围（E）/上一个（P）/比例（S）/窗口（W）/对象（O）]＜实时＞：int　　（输入 int，将光标移至内边框的左上角，单击鼠标左键）
于
指定对角点：int　　　　（输入 int，将光标移至内边框的右下角，单击鼠标左键）
（结束命令，视口显示模型空间和布局空间的 2 个内边框重叠）

在"图层"命令下关闭"图框"图层，不显示 A3 图内边框，这样可保证打印图纸的整洁。

6. 插入指北针

在"模型空间"，将"指北针"图层设为当前图层，调用"插入块（insert）"命令插入预先制作好的"指北针"块，将指北针布置在图样上方的合适位置。

> **注意：** 由于道路总平面图分别在 3 张 A3 图上，为保证打印之后的图纸都能显示指北针，要求在每个图幅里的适当位置都添加上指北针，如图 14-21 所示。

7. 复制曲线要素表

将"曲线要素"设为当前图层，在"布局空间"插入曲线要素表。打开曲线要素 Excel 表，执行"复制（copy）"命令，在 AutoCAD 图纸下，执行"粘贴（paste）"命令，把表格放置在图纸下方恰当的位置。

8. 插入角标和工程范围

用"创建块（block）"命令预先制作好"工程范围"的块，激活"模型空间"，分别在工程起点和终点插入"工程范围"的块，用"旋转（rotate）"命令使两个箭头之间的直线垂直于道路中心线，箭头所指方向为道路工程设计范围，如图 14-23 和图 14-25 所示。

激活"布局空间"，在图纸的右上角插入角标，说明平面图共有几页，当前是第几页，起终点的桩号值，如图 14-23 所示。

9. 添加文字说明，填写图名

在"布局空间"，把"文字说明"设为当前图层，采用"多行文字（mtext）"命令，字体为仿宋体，字高为 5，对图纸采用的比例、尺寸标注单位进行说明，如图 14-23 所示。

将图名改为"道路工程平面设计图"，如图 14-23～图 14-25 所示。

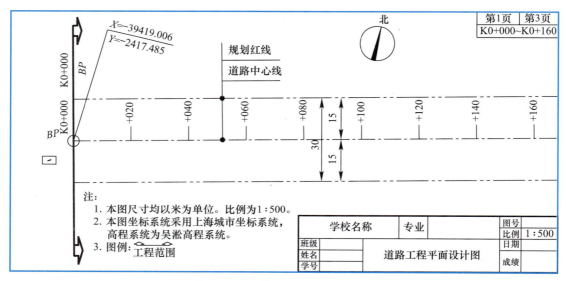

图 14-23 道路工程平面设计图 1

项目 14 道路工程图识读与绘制

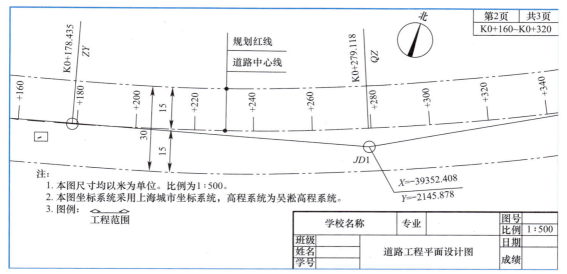

图 14-24 道路工程平面设计图 2

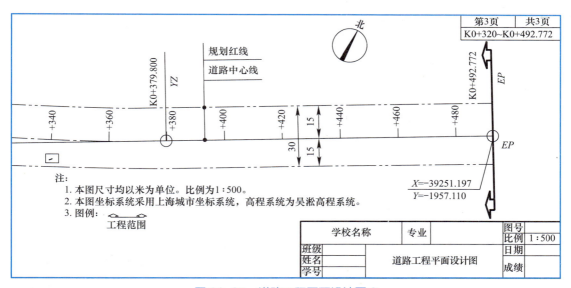

图 14-25 道路工程平面设计图 3

任务小结

通过运用 AutoCAD 软件绘制道路平面图，灵活应用修剪、偏移、插入块等命令，并学会使用布局空间进行图纸的分幅，以及体验用户坐标在道路平面图中的有效使用给绘图带来的便捷。AutoCAD 软件提供了多种命令输入方式，在绘图过程中可以通过反复练习，选用自己最得心应手的方式，创新绘图的技巧，以不断提高识图和绘图的技能。

任务 14.3 道路纵断面图识读与绘制

任务描述

1. 知道纵断面的定义，理解竖曲线、纵坡、坡长等基本概念。
2. 通过工程实例学会识读道路纵断面图。
3. 运用 AutoCAD 绘制道路纵断面图。

学习活动 14.3.1 识读道路纵断面图

学习目标

1. 知道纵断面的定义。
2. 通过某工程案例图纸，学会识读道路纵断面图。
3. 理解纵坡、坡长、竖曲线等基本概念。

活动描述

识读如图 14-3 所示道路纵断面设计图。

任务实施

1. 识读图名及比例

（1）纵断面的定义

从图名区可知，本图为道路纵断面设计图。道路纵断面是指沿道路中心线纵向垂直剖切的一个立面，它表达了道路沿线起伏变化的状况。由于自然条件、设计道路的性质和等级等因素的影响，道路纵断面设计线总是一条有起伏的空间线。

道路纵断面图包括图样和资料表 2 个部分，图纸的上方为图样部分，下方为资料表部分，两者上下对应，如图 14-3 所示。

（2）比例

从图形下方标注说明可知，本图比例为"横向 1∶1000，竖向 1∶100"。

道路纵断面图表示的是道路沿长度方向的高程变化，因此纵断面图的横向表示路线的里程桩，竖向表示设计线和地面线各桩号点的高程。

纵断面图的比例设置与一般的图纸有所不同，由于道路工程的竖向高程变化远比路线长度要小，为较明显地反映路线高程的变化和设计上的处理，规定图样的竖向比例按水平方向比例放大 10 倍。为便于识读，一般还应在纵断面图的左侧按竖向比例画出高程标尺。

（3）图幅

为方便装订，纵断面设计图一般用 A3 图幅绘制。如图 14-3 所示图框右上角显示"第 6 页 共 9 页"，表示该工程的纵断面设计图共有 9 页，此图为第 6 页。

2. 识读纵断面图样

（1）地面线及设计线

图 14-3 上半部分的图样上有两条图线，一条为细实线，表示的是地面线，还有一条是粗实线，表示的是设计线。

地面线是原地面上沿线各点的实测中心桩高程，用细实线连成一条不规则折线，反映了沿道路中心线的原地面高低起伏状况。

设计线是道路设计中心线的高程，用粗实线绘制，由直线段和竖曲线段组成，反映了道路设计纵向坡度升降和设计高程的变化情况。

（2）竖曲线及曲线要素

图 14-3 中设置有 2 个竖曲线，左边为凸形，右边为凹形。竖曲线是在设计线的纵向坡度变更处（即变坡点）按设计规范的要求设置的，其作用主要是利于车辆行驶的平顺和满足行车视距的要求。

在竖曲线的上方分别用"⌐⌐"和"⌐⌐"的符号表示凸形竖曲线和凹形竖曲线，图示符号的水平线两端应与竖曲线的起、终点平齐，即它的长度与竖曲线的水平投影等长。水平线两端绘制两条短竖线，分别对准起点、终点，中部的竖线对准变坡点，这样水平线的起点、中点和终点分别有三条平行竖线，两侧分别标注里程桩号和设计高程。水平线的上方应注明竖曲线的要素值：设计半径 R、切线长 T 和外矢距 E，三者关系如图 14-26 所示。

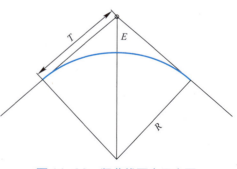

图 14-26 竖曲线要素示意图

图 14-3 的纵断面设计图中，凸形竖曲线的变坡点位于 K1+511.00 处，竖曲线的起点为 K17+462.862，高程为 5.495m，中点桩号为 K17+511.00，高程为 5.707m，终点为 K17+599.138，高程为 5.537m，竖曲线半径 R 为 6000m、切线长 T 为 48.138m、外矢距 E 为 0.193m。依此方法，学生自行识读图 14-3 中的凹形竖曲线要素。

（3）沿线构造物

道路沿线如设有桥梁、涵洞、立交等构筑物时，应在道路设计线的上方，其相应里程桩位置，用竖直引出线标出。如图 14-3 所示，在 K17+497 里程桩处设有一座桥梁，是 3×10m 的简支空心板桥，桥名为西长浜桥。

3. 识读纵断面资料表

道路纵断面图的资料表是与其上方的图样上下对应绘制的，这样可以较好地反映出图样与资料之间的一一对应关系。

（1）里程桩号

里程桩号一栏是沿线各点的桩号，是按测量的里程数值填入的，从左到右排列。在平曲线的起点、中点、终点、桥涵中心点及地形变化等处可设置加桩。

（2）设计高程、地面高程及填挖高度

资料表中的设计高程和地面高程两栏，它们的数值分别对应于图样中各桩号点的设计线和地面线上的高程值。

填挖高度是指设计高程与地面高程之间的差值，设计高程大于地面高程，即设计线在地面线上方的为填方；设计高程小于地面高程，即设计线在地面线下方的为挖方。

图 14-3 所示设计线基本上位于地面线的上方，设计高程约在 4.700～5.700m，全路段均为填方，具体见资料表的"填挖高度"栏。如桩号 K17+640 处，设计高程为 4.950m，地面高程为 4.460m，填挖高度为"4.950-4.460=0.490m"。

（3）坡度和坡长

设计线由直线和竖曲线组成，直线有上坡、下坡和平坡三种坡段。"坡度（%）与坡长（m）"一栏中的对角线表示坡度的方向，按行车方向规定：上坡为"$+i$"，用左下至右上的斜线表示；下坡为"$-i$"，用左上至右下的斜线表示。坡度值用坡率"%"表示，水平距离 L 称为坡长，用"m"表示，分别标注在对角线的上下两侧。

图 14-3 所示路线范围内共分成三坡段：自左至右，第一个坡段接续于上一张图纸为上坡坡段，第二坡段为下坡坡段，第三坡段则为一平坡坡段并延伸至下张图纸。如第一坡段，为上坡，坡度为 0.85%，坡长全长为 150m，在本图幅范围内有 61m；第二坡段，为下坡，坡度为 -0.755%，坡长全长为 159m。

（4）平面线型与竖曲线的配合关系

为清晰表示纵断面竖曲线位置与平面曲线位置之间的关系，在资料表中有"直线及平曲线"一栏，如出现正交折线，则表示在该桩号位置为圆曲线的起终点。如图 14-3 所示，在桩号 K17+500 附近位置有一条圆曲线，$JD2$ 为右偏角，转角为 13°20′9.8″，曲线半径为 2000m。

学习活动 14.3.2 绘制道路纵断面图

学习目标

1. 掌握 AutoCAD 绘制道路纵断面图的方法和步骤。
2. 通过绘图加深对道路纵断面图的理解。

码 14-3 绘制道路纵断面图

活动描述

根据给定的纵坡、竖曲线表（表 14-8）和纵断面数据资料表（表 14-9），利用 AutoCAD 按照横向比例 1∶1000，竖向比例 1∶100 绘制道路纵断面图，完成图样部分设计线与地面线的绘制，标注竖曲线及要素，并完成资料表的数据填写。

纵坡、竖曲线表 表 14-8

特征点	桩号	标高（m）	竖曲线				纵坡（%）	
			凸曲线半径 R（m）	凹曲线半径 R（m）	切线长 T（m）	外距 E（m）	+	−
起点	K16+320	5.048						
变坡点 1	K16+418	5.700	6000		40	0.133	0.667	
变坡点 2	K16+568	4.700		18000	60	0.1		−0.667
终点	K16+660	4.700					0	

纵断面数据资料表 表 14-9

里程桩号	地面高程	设计高程	里程桩号	地面高程	设计高程
K16+320	4.09	5.048	K16+500	4.14	5.153
K16+340	4.13	5.180	K16+520	3.85	5.024
K16+360	4.30	5.313	K16+540	4.16	4.915
K16+380	4.75	5.446	K16+560	4.34	4.828
K16+400	4.42	5.540	K16+580	4.23	4.764
K16+420	0.95	5.566	K16+600	4.16	4.722
K16+440	4.35	5.526	K16+620	4.22	4.702
K16+460	4.42	5.420	K16+640	3.52	4.700
K16+480	4.13	5.287	K16+660	4.22	4.700

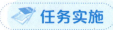

绘制步骤流程：

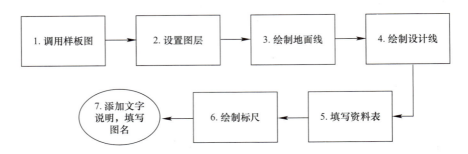

1. 调用样板图

打开项目13任务13.2中创建的A3图幅"道路标准横断面图样板图（A3）"样板文件，把文件另存为"道路纵断面设计图.dwg"。

2. 设置图层

根据道路纵断面设计图的特点，设置地面线、设计线、导线、曲线要素、变坡点、资料表栏目、数据、说明、标尺等图层，如图14-27所示。

图14-27 纵断面设计图图层设置

3. 绘制地面线

（1）地面线坐标点换算

根据纵断面数据资料表，可知每个里程桩号位置X处的地面高程Y值，按照比例关系进行绘制。先进行比例换算，如里程桩号K16+320，即16320m，换算为16320×1000/1000=16320mm，分母上的1000为横向比例；此处地面高程为4.09m，换算为4.09×1000/100=40.9mm，100为竖向比例，因此，坐标点（16320，40.9）在纵断面图表示该桩号点地面高程。可采用Excel快速处理，如图14-28所示，地面线桩号点值"=B2&","&D2"。

（2）绘制地面线

将"地面线"图层设为当前图层，根据已换算的地面线坐标点用"多段线"命令绘制纵断面地面线，步骤如下，绘制结果如图 14-29 所示。

E2　fx　=B2&","&D2

表14-31地面线换算表

	A	B	C	D	E
1	x（里程桩号）	x1（比例换算）	y（地面高程）	y1（比例换算）	地面线坐标
2	16320	16320	4.09	40.9	16320,40.9
3	16340	16340	4.13	41.3	16340,41.3
4	16360	16360	4.3	43	16360,43
5	16380	16380	4.75	47.5	16380,47.5
6	16400	16400	4.42	44.2	16400,44.2
7	16420	16420	0.95	9.5	16420,9.5
8	16440	16440	4.35	43.5	16440,43.5
9	16460	16460	4.42	44.2	16460,44.2
10	16480	16480	4.13	41.3	16480,41.3
11	16500	16500	4.14	41.4	16500,41.4
12	16520	16520	3.85	38.5	16520,38.5
13	16540	16540	4.16	41.6	16540,41.6
14	16560	16560	4.34	43.4	16560,43.4
15	16580	16580	4.23	42.3	16580,42.3
16	16600	16600	4.16	41.6	16600,41.6
17	16620	16620	4.22	42.2	16620,42.2
18	16640	16640	3.52	35.2	16640,35.2
19	16660	16660	4.22	42.2	16660,42.2

Sheet2　Sheet3

图 14-28　地面线坐标点换算

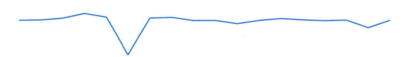

图 14-29　绘制地面线

命令：PLINE　（调用“多段线”命令）

指定起点：16320，40.9　（输入地面线起点坐标）

当前线宽为 0.0000　（地面线为细实线，线宽设为 0）

指定下一个点或 [圆弧（A）/ 半宽（H）/ 长度（L）/ 放弃（U）/ 宽度（W）]：16340，41.3

（将图 14-28 中测量的地面线坐标 E 栏除起点以外的值，复制粘贴至此，回车，自动完成其他各地面线坐标点的输入）

4. 绘制设计线

（1）绘制纵断面的设计线导线

将“设计线导线”图层设为当前图层，根据给定的起点、变坡点 1、变坡点 2 和终点的桩号、高程，换算出此 4 个点的坐标，如表 14-10 所示（注：坐标点换算系数同地面线坐标点）。

纵断面导线坐标点　　　　　　　　　　　表 14-10

位置	坐标	位置	坐标
起点	16320，50.48	变坡点 2	16568，47
变坡点 1	16418，57	终点	16660，47

运用 pline 命令，设置线宽为 0.35，将给定的起点、变坡点 1、变坡点 2、终点的里程桩号和高程根据比例换算后的坐标点输入，得到纵断面设计线导线，如图 14-30 所示。

设"变坡点"为当前图层，在设计线导线的交点处用"圆（circle）"命令绘制半径为 2 的圆，如图 14-30 中的各变坡点。

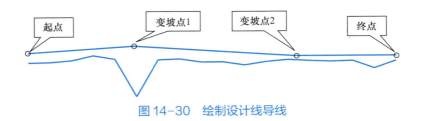

图 14-30　绘制设计线导线

（2）绘制竖曲线

设置"竖曲线"图层为当前图层，根据竖曲线要素中切线长和外距，绘制竖曲线，在变坡点处绘制构造线并执行偏移命令。

命令：XL　　　　　　　　　　　　　　　　　　　　　　（调用"构造线"命令）
指定点或［水平（H）/垂直（V）/角度（A）/二等分（B）/偏移（O）］：v
　　　　　　　　　　　　　　　　　　　　　　（输入 v，绘制垂直构造线）
指定通过点：　　　　　　　　　　　　　　　　　　　　（选择变坡点 1）
命令：OFFSET　　　　　　　　　　　　　　　　　　　　（调用"偏移"命令）
指定偏移距离或［通过（T）/删除（E）/图层（L）］＜通过＞：40
　　　　　（输入 40，根据竖曲线 1 的切线长 40m，由横向坐标换算系数计算得到）
选择要偏移的对象，或［退出（E）/放弃（U）］＜退出＞：　　（拾取构造线）
指定要偏移的那一侧上的点，或［退出（E）/多个（M）/放弃（U）］＜退出＞：
　　　　　　　　　　　　　　（在构造线的左侧单击鼠标左键，表示往左偏移）
选择要偏移的对象，或［退出（E）/放弃（U）］＜退出＞：　　（拾取构造线）
指定要偏移的那一侧上的点，或［退出（E）/多个（M）/放弃（U）］＜退出＞：
　　　　　　　　　　　　　　（在构造线的右侧单击鼠标左键，表示往右偏移）
选择要偏移的对象，或［退出（E）/放弃（U）］＜退出＞：　（输入回车，结束命令）

说明： 由图 14-26 可以看到，切线并不是水平距离，由于考虑纵断面坡度一般都比较小，为计算方便，可以忽略水平距离与切线长度的差值。因此，在道路工程纵断面绘图时，将水平距离作为切线长设置。此处，竖曲线 1 起点与中点的偏移距离为 40m，就是切线长。

同样情况，根据变坡点 1 的外距为 0.133m，向下偏移 1.33mm，找到竖曲线的中点。然后用"圆弧（arc）"命令将竖曲线的起点、中点、终点连成圆弧，形成竖曲线 1，如图 14-31 所示。

命令：ARC　　　　　　　　　　　　　　　　　　　　　　　（调用"圆弧"命令）
指定圆弧的起点或［圆心（C）］：　　　　　（鼠标左键点击竖曲线 1 起点坐标位置）
指定圆弧的第二个点或［圆心（C）/端点（E）］：
　　　　　　　　　　　　　　　　　　　　　（鼠标左键点击竖曲线 1 中点坐标位置）
指定圆弧的端点：　　　　　　　　　　　　　（鼠标左键点击竖曲线 1 终点坐标位置）

"圆弧"命令结束后，将原来设计线导线在竖曲线端点处执行"打断于点（break）"命令，把变坡点与竖曲线的端点处的直线变成细实线，把圆弧的宽度设为 0.35，即得到纵断面设计线，如图 14-31 所示。

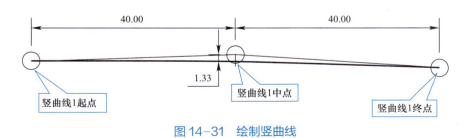

图 14-31　绘制竖曲线

同样方法，完成竖曲线 2 的绘制（注意：变坡点 1 的外距为 0.133m，为凸形竖曲线，而变坡点 2 的外距为 0.1m，为凹形竖曲线）。

（3）绘制竖曲线要素

设置"曲线要素"图层为当前图层，在竖曲线的上方分别用符号表示竖曲线 1 和竖曲线 2，如图 14-32 所示，注意水平线的起点、中点和终点分别有三条平行竖线对齐，可采用"构造线"命令辅助绘图，以保证与坐标点位置的竖线对齐。

调用"单行文字（text）"命令，在竖线两侧分别标注里程桩号和设计高程，文字高度 3.5，逆时针旋转 90°，根据表 14-11 的数据输入里程桩号和设计高程。

图 14-32　绘制竖曲线要素

竖曲线特征点桩号、高程值　　　　　　　表 14-11

位置	竖曲线 1		竖曲线 2	
	里程桩号	设计高程（m）	里程桩号	设计高程（m）
起点	K16+378	5.435	K16+508	5.100
中点	K16+418	5.567	K16+568	4.800
终点	K16+458	5.434	K16+628	4.700

注：此表格的数据可根据竖曲线要素计算得到。

在水平线的上方或下方注明竖曲线的要素值：R、T 和 E，将表 14-8 的已知条件代入。

5. 填写资料表

（1）绘制资料表栏目

设置"资料表栏目"为当前图层，在纵断面起点桩号 K16+320 处绘制构造线，在导线点（16320，50.48）处用"构造线（xline）"命令绘制水平构造线，调用"偏移（offset）"命令向下偏移 50.48，即为高程为"0"的位置。按照图 14-33 所示资料表各栏目线之间的距离，调用"直线（line）"和"偏移（offset）"命令完成资料表栏目线的设置，然后调用"单行文字（text）"命令，分别填写设计高程、地面高程、填挖高度、坡度与坡长、直线及平面线、里程桩号 6 个栏目的内容，如图 14-33 所示。

注意：

① 确定高程"0"点位置非常重要，关系到设置标尺后各高程点与标尺之间的一一对应，否则就无法正确读取各桩号点的高程值。

② 由于资料表最后一栏中需竖直填写桩号，所以该栏行高比其他各栏略大，建议设为 15。

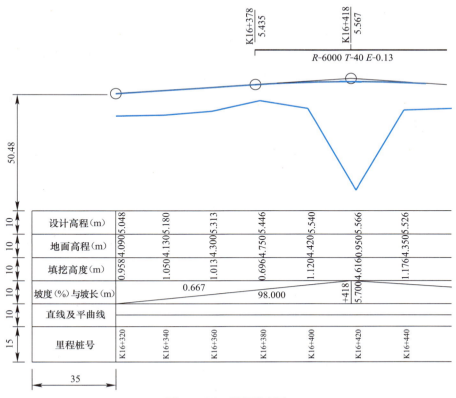

图 14-33　填写资料表

（2）填写"里程桩号""地面高程""设计高程"

将"汉字"文字样式置为当前。调用"单行文字（text）"命令进行文字书写。

命令：text	（调用"单行文字"命令）
指定文字的中心点或 [对正（J）/样式（S）]：j	
输入选项 [左（L）/居中（C）/右（R）/对齐（A）/中间（M）/布满（F）/左上（TL）/中上（TC）/右上（TR）/左中（ML）/正中（MC）/右中（MR）/左下（BL）/中下（BC）/右下（BR）]：ml	
	（输入 ml，采用左中对中方式）
指定高度<0.4117>：4	（输入 4，采用的文字高度）
指定文字的旋转角度<4>：90	（输入 90，字体逆时针旋转 90°）
	（输入 K16+320，回车两次，结束命令）

在给定的资料表中标注一个地面高程，然后根据表 14-9 中地面高程的数值，按桩号之间的间距用"复制（copy）"命令进行多重复制，再执行"文字编辑（ddedit）"命令书

写文字。

同样情况依次完成设计高程、里程桩号的标注。

（3）计算"填挖高度"并完成填写

资料表的"填挖高度（m）"一栏，可根据"设计高程值－地面高程值"得到，如起点桩号 K16+320 处，设计高程为 5.048m，地面高程为 4.09m，则填挖高度为 0.958m，差值为"＋"，说明是填方路段，如果差值为"－"，说明是挖方路段。计算完成之后，采用"复制（copy）""文字编辑（edit）"命令完成填挖高度数值的标注，如图 14-33 所示。

（4）绘制"坡度与坡长"栏

在"坡度与坡长"变坡点 1 和变坡点 2 的桩号位置画 2 根竖线，然后用上坡为"/"，下坡为"\"，平坡为"—"的形式，绘制坡度斜线（或水平线）。然后在斜线（或水平线）的上方填写坡度，下方填写坡长。坡度值上坡为正，下坡为负，数值可参见表 14-8。坡长为变坡点之间的间距，可根据里程桩号计算，如起点与变坡点 1 之间的坡长为"16418－16320＝98m"。

（5）绘制"直线及平曲线"栏

给定的已知条件未显示在该设计范围内设置了平曲线，因此将"直线及平曲线"一栏设为直线，在中间画一条水平线，在水平线的下方书写"$R=\infty$"。

6. 绘制标尺

根据要求设置横向比例为 1∶1000，竖向比例为 1∶100。横坐标为长度，按路线前进方向从左到右设置，纵坐标为高程，数据显示基本在 5m 左右，设纵向标尺在 0～10m，可以比较清晰地显示地面高程的起伏变化，如图 14-34 所示。

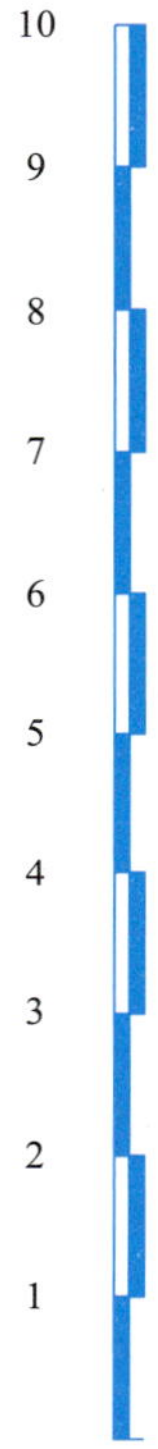

图 14-34　绘制标尺

> **注意**：标尺与高程数值之间的对应关系。

7. 添加文字说明，填写图名

采用"多行文字"命令，字体为仿宋体，字高为 5，对图纸采用的比例、尺寸标注单位进行说明，如图 14-35 所示。

调用"移动"命令，将绘制完成的纵断面图移至样板图框内，图名改为"道路纵断面设计图"，如图 14-35 所示。

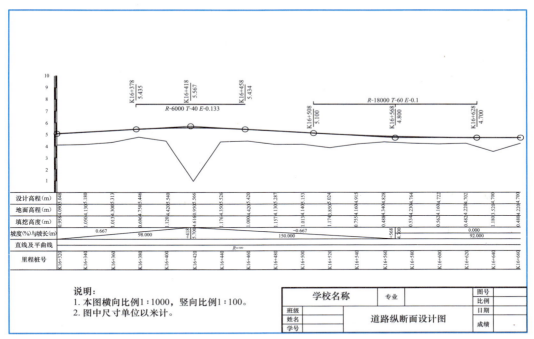

图 14-35　道路纵断面设计图

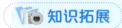

道路建设与经济发展的关系

大家知道路是怎么形成的吗？最为人熟知的当然是鲁迅先生在《故乡》中写道"其实地上本没有路，走的人多了，也便成了路。"从古至今，交通都与经济有着密不可分的联系，经济发达的地区大多是临河或是交通要道，有着极其便利的交通运输条件。丝绸之路，是西汉时张骞出使西域开辟的以长安（今陕西西安）为起点，经关中平原、河西走廊、塔里木盆地，到锡尔河与乌浒河之间的中亚河中地区、大伊朗，并连接地中海各国的陆上通道。在这条具有历史意义的国际通道上，五彩丝绸、中国瓷器和香料络绎于途，为古代东西方之间经济、文化交流作出了重要贡献。作为经济全球化的早期版本，这条贸易通道被誉为全球最重要的商贸大动脉。

进入现代社会，交通对社会经济的影响也就更加明显，尤其是道路交通系统的建设尤其重要。"要想富，先修路"，这句老百姓口口相传的朴素话语，既是对修路致富实践的认可，也是对未来美好生活的向往。

2013 年我国提出的"一带一路"倡议在改善世界经济形势、联通世界市场、塑造世界经济发展新秩序等方面起到重要作用。

任务小结

识读和绘制道路纵断面设计图应注意图样部分与资料表部分的一一对应关系，在理解和掌握识读道路纵断面设计图的基础上，根据图示特点合理选择 AutoCAD 的绘图命令和绘图步骤，以快速正确地绘制道路纵断面图。通过了解道路建设与经济发展的关系，激发学习课程和专业的热情和爱国情怀。

任务 14.4　道路横断面图识读与绘制

任务描述

1. 了解横断面的定义，以及道路的标准横断面和施工横断面。
2. 通过工程实例学会识读道路标准横断面图。
3. 运用 AutoCAD 绘制道路标准横断面图。

学习活动 14.4.1　识读道路标准横断面图

码 14-4　识读道路标准横断面图

学习目标

1. 通过工程实例识读道路标准横断面图，了解道路横断面的基本知识。
2. 识读道路横断面的组成部分、各部分的宽度、路拱、横坡等。

活动描述

识读如图 14-4 所示的道路标准横断面设计图。

任务实施

1. 识读图名及比例

（1）图名

在标题栏内注有工程名称，图 14-4 为道路标准横断面设计图。道路的横断面是指沿垂直于道路中心线方向将道路剖开所作的道路宽度（横）方向的断面图。城市道路横断面图一般有标准横断面图和施工横断面图，标准横断面图是比较有代表性的断面绘成的图，用以表达道路各组成部分的横向布置与相互关系以及宽度设置。

(2)比例

从图形下方标注说明以及标题栏的比例栏可知,本图比例为"1∶200"。城市道路横断面的比例视道路等级而定,一般采用1∶200～1∶100。

2. 识读标准横断面

(1)横断面组成

横断面一般由车行道、人行道、分车带、绿化带、设施带等组成。

1)车行道

车行道是指城市道路上供各种车辆行驶的路面部分,包括机动车道和非机动车道。

一条机动车车道的最小宽度在3.25～3.75m,如表14-12所示。机动车道路面宽度应包括车行道宽度以及两侧路缘带宽度,如图14-4所示。设计道路采用双向八车道,每个车道宽度为3.5m,加上与两边分车带的路缘带宽度,则单向机动车道宽度为15m。

非机动车每条车道宽度一般为1.0～2.0m。非机动车专用道路路面宽度应包括车道宽度及两侧路缘带宽度,单向不小于3.5m,双向不小于4.5m。如图14-4所示,道路两侧各设置1条非机动车专用道,宽度均为3.5m。

一条机动车道最小宽度　　表14-12

车型及车道类型	设计速度(km/h)	
	>60	≤60
大型车或混行车道(m)	3.75	3.50
小客车专用车道(m)	3.50	3.25

2)人行道

人行道的主要功能是满足行人安全顺畅通过的要求,并应设置无障碍设施。各级道路人行道的最小值为2m,一般值为3m,位于商业区、车站等人群集中的地方还应适当加宽。如图14-4所示,人行道宽度为3m。

3)分车带

分车带是分隔车行道的,按其在横断面中的不同位置和功能,分为中央分隔带和机非分隔带。设在路中心,分隔两个不同方向行驶的车辆,称为中央分隔带;设在机动车道和非机动车道之间,分隔两种不同的车行道,称为机非分隔带。分车带最小宽度不宜小于1.5m,如图14-4所示,中央分隔带宽度为3m,机非分隔带宽度为2m。

4)绿化带和设施带

绿化带的主要作用是改善城市生态环境和丰富城市景观。道路红线范围内的带状绿地统称为绿化带,分为分车绿化带、行道树绿化带和路侧绿化带。

设施带的主要作用是设置护栏、照明灯柱、信号灯、埋设地下管线、清洁箱等交通附属设施。

绿化带和设施带可结合设置，但应避免各种设施与树木之间的干扰。如图 14-4 所示，设计道路设置分车带绿化和行道树绿化。

图 14-36 路缘石

5）路缘石

路缘石是设在路面边缘的界石，简称缘石，分立缘石和平缘石，如图 14-36 所示。立缘石宜设置在中间分隔带、两侧分隔带及路侧带两侧。当设置在中间分隔带及两侧分隔带时，立缘石外露高度宜为 15～20cm；当设置在路侧带两侧时，立缘石外露高度宜为 10～15cm。如图 14-4 所示，两侧分隔带的立缘石外露高度为 20cm，人行道立缘石的外露高度为 15cm。

6）路幅宽度

路幅宽度即城市规划红线之间的宽度，它是道路的用地范围，包括车行道、人行道、绿化带、分车带、设施带等所需宽度的总和。如图 14-4 所示，设计道路的路幅宽度为 50m。

（2）城市道路横断面的布置形式

1）单幅路

单幅路又称"一块板"断面，是所有车辆都组织在同一车行道上行驶，规定机动车在中间，非机动车在两侧，如图 14-37 所示。

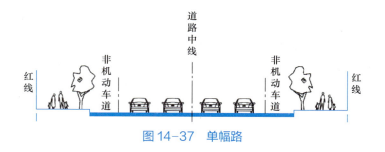

图 14-37 单幅路

2）两幅路

两幅路又称"两块板"断面，是在道路中央设置中央分隔带，使双向交通分离，但同向机动车和非机动车仍组织在同一车行道上行驶，如图 14-38 所示。

3）三幅路

三幅路又称"三块板"断面，是用两条分车带把机动车或非机动车交通分离，把车行道分隔成三块，中间为双向行驶的机动车道，两侧为单向行驶非机动车道，如图 14-39 所示。

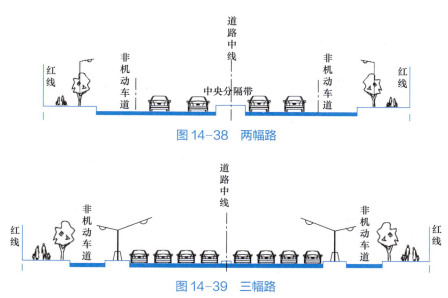

图 14-38 两幅路

图 14-39 三幅路

4）四幅路

四幅路又称"四块板"断面，是在三块板断面的基础上增设一条中央分隔带，使机动车分向行驶，这样，所有的机动车、非机动均为单向行驶，如图 14-40 所示。这种横断面是最理想的道路横断面布置形式。

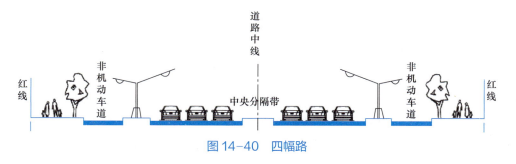

图 14-40 四幅路

城市快速路两侧设置辅路时，可采用四幅路；当两侧不设置辅路时，采用两幅路。主干路一般采用四幅路和三幅路；次干路采用单幅路或两幅路；支路采用单幅路。

如图 14-4 所示的设计道路为主干路，采用的是"四幅路"断面形式，共设 3 个分车带，使所有的机动车、非机动车都单向行驶，保证了行车安全性。

3. 识读路拱大样图

（1）横坡

在道路横向单位长度内坡度升高或降低的数值称为横坡度，用 i 表示，$i=\tan\alpha=h/d$，如图 14-41 所示，横坡值一般以"%"表示，如 2%、1.5% 等。

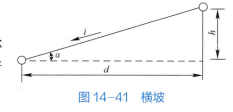

图 14-41 横坡

设置横坡的主要作用是使道路上的雨水能顺畅地流入街沟，横坡大小根据路面宽度、路面类型、纵坡及气候条件设置，一般在1.0%～2.0%。

（2）路拱

为了利于路面横向排水，将路面做成中央高两边低的拱形，称为路拱。单幅路应根据道路宽度采用单向或双向路拱横坡；多幅路采用由路中线向两侧的双向路拱横坡；人行道采用单向横坡。

如图14-42所示设计道路，机动车道、非机动车道及机非分隔带采用双向路拱，横坡为1.5%，人行道采用反向1.5%横坡。

（3）高程变化计算

从图14-42可以看出，通过路面设置横坡，横断面各组成部分之间产生高程变化，从而达到横向排水的作用。各点之间的高程变化可以通过横坡度进行计算，具体计算如下：

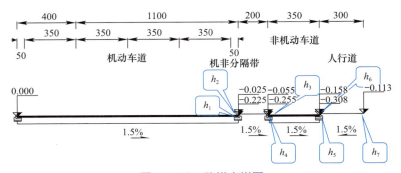

图14-42 路拱大样图

中间带两侧平缘石底部标高设为0.000m；

则机动车道边线处标高 $h_1 = -15 \times 1.5\% = -0.225$m；

（机动车道宽度为15m，横坡为1.5%的降坡）

机非分隔带内侧立缘石顶部的标高 $h_2 = -0.225 + 0.20 = -0.025$m；

（机非分隔带立缘石外露高度为20cm，标高提升）

机非分隔带外侧立缘石顶部的标高 $h_3 = -0.025 - 2 \times 1.5\% = -0.055$m；

（机非分隔带宽度为2m，横坡为1.5%的降坡）

非机动车道内侧边线标高 $h_4 = -0.055 - 0.20 = -0.255$m；

（机非分隔带立缘石外露高度为20cm，标高降低）

非机动车道外侧边线标高 $h_5 = -0.255 - 3.5 \times 1.5\% = -0.3075$m ≈ -0.308m；

（非机动车道宽度为3.5m，横坡为1.5%的降坡）

人行道内侧边线标高 $h_6 = -0.308 + 0.15 = -0.158$m；

（人行道立缘石外露高度为15cm，标高提升）

人行道外侧边线标高 $h_7 = -0.158 + 3 \times 1.5\% = -0.113$m。

（人行道宽度为 3m，横坡为 1.5% 的升坡）

> **注意**：所有标高值都是以设计道路中心线为基准的相对标高值；机动车道、机非分隔带、机动车道的横坡度为 1.5%，人行道为反向 1.5%，在计算时要注意符号的变化。

学习活动 14.4.2　绘制道路标准横断面图

学习目标

1. 通过绘制道路标准横断面，了解道路标准横断面绘制的基本要点和方法。
2. 学会根据横坡度进行横断面标高计算。

码 14-5
绘制道路标准横断面图

活动描述

某道路标准横断面采用"三幅路"形式，规划红线宽度为 40m，横断面布置如下：3m 绿化带＋3m 人行道＋3.5m 非机动车道＋2.5m 机非分隔带＋16m 机动车道＋2.5m 机非分隔带＋3.5m 非机动车道＋3m 人行道＋3m 绿化带＝40m，非机动车道、人行道采用直线坡，机动车道采用抛物线路拱。机动车道采用双向横坡；非机动车道、人行道均采用单向横坡，横坡度均为 2%；分车带、绿化带采用平坡。立缘石外露高度均为 15cm。机动车道的路面结构层厚度为 67cm，非机动车道的路面结构层厚度为 49cm。

运用 AutoCAD 按照 1∶150 比例绘制道路标准横断面图。

任务实施

绘制步骤流程如下：

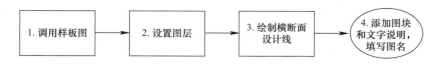

1. 调用样板图

打开项目 13 已绘制的 A3 图幅道路工程制图样板图"dwt"文件，把文件另存为"道路标准横断面图 .dwg"文件。因为之前设置的样板图按照 1∶1 出图，因此绘制横断面时采用按比例缩放的尺寸绘制。

2. 设置图层

可根据道路横断面设计图的特点，设置道路中心线、设计线、尺寸标注、文字、横坡、标高、说明共 7 个图层，并设置相应的线型和颜色等。

3. 绘制横断面设计线

（1）绘制道路中心线

将"中心线"图层设为当前图层，中心线的线型为粗实线，用"直线（line）"命令绘制道路中心线，线型为细点画线。

（2）绘制横断面设计线

将"设计线"图层设为当前图层，调用"多段线（pline）"命令绘制道路中心线右侧的横断面设计线，如图 14-43 所示。

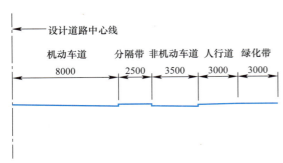

图 14-43　绘制横断面设计线

命令：PLINE　　　　　　　　　　　　　　　　　（调用"多段线"命令）
指定起点：_nea 到
　　（Shift+右键，在弹出框中左键点击最近点，鼠标移至中心线适当位置，左键点击）
当前线宽为 0.0000　　　　　　　　　　　　（地面线为细实线，线宽设为 0）
指定下一个点或 [圆弧（A）/半宽（H）/长度（L）/放弃（U）/宽度（W）]：@8000，-160
（输入机动车道边线与道路中心线的相对水平距离和相对高程，相对水平距离为单向机动车道的宽度 8000mm，高差为 8000×2%=160mm，由于是降坡，所以为 -160mm）
指定下一个点或 [圆弧（A）/半宽（H）/长度（L）/放弃（U）/宽度（W）]：@0，150
（输入机动车道边线立缘石位置的高差，相对高程为立缘石外露高度，比相对原来位置提高，所以为 +150mm）
指定下一个点或 [圆弧（A）/半宽（H）/长度（L）/放弃（U）/宽度（W）]：@2500，0
　　（输入机非分隔带的宽度和分隔带两侧的高差，因分隔带为平坡，所以高差为 0mm）
指定下一个点或 [圆弧（A）/半宽（H）/长度（L）/放弃（U）/宽度（W）]：@0，-150
　　（输入机非分隔带外侧立缘石位置的高差，因相对原来位置降低，所以为 -150mm）
指定下一个点或 [圆弧（A）/半宽（H）/长度（L）/放弃（U）/宽度（W）]：@3500，-70
（输入非机动车道的宽度和非机动车道两侧的高差，高差计算为 3500×2%=70mm，由于是降坡，所以为 -70mm）
指定下一个点或 [圆弧（A）/半宽（H）/长度（L）/放弃（U）/宽度（W）]：@0，150
　　（输入非机动车道外侧立缘石位置的高差，因为相对原来位置提高，所以为 150mm）

> 指定下一个点或 [圆弧（A）/半宽（H）/长度（L）/放弃（U）/宽度（W）]：@3000,60
> （输入人行道的宽度和人行道两侧的高差，高差计算为 3000×2%=60mm，由于是升坡，所以为 60mm）
>
> 指定下一个点或 [圆弧（A）/半宽（H）/长度（L）/放弃（U）/宽度（W）]：@3000,0
> （输入绿化带的宽度和绿化带两侧的高差，由于绿化带为平坡，所以高差为 0mm）
>
> 指定下一个点或 [圆弧（A）/半宽（H）/长度（L）/放弃（U）/宽度（W）]：
> （回车，结束命令）

相对水平距离和相对高程是根据已知条件计算得到，按照横坡的计算公式 $i=h/d$，已知横坡度为 2%，各点之间的水平距离，就可以计算相对高程，即 $h=d \times i$。同时按照升坡和降坡来设置正负号，升坡用"+"，降坡用"-"。

用"缩放"命令，将横断面设计线缩小为原来的 1/150，150 为比例因子。根据图幅尺寸与道路规划红线宽度的关系，为获得较好的绘图效果，将图纸比例设为 1:150。绘制标准横断面图时纵横方向采用同一比例。

（3）标注尺寸

将"尺寸标注"图层设为当前图层，在"标注样式（dismstyle）"命令中将主单位比例因子调整为"150"，用"线性标注（dimlin）""连续标注（dimcont）"命令对机动车道、非机动车道、分隔带、人行道、绿化带的宽度进行标注，如图 14-43 所示。

（4）标注文字

将"文字"图层设为当前图层，在"文字样式"命令中，将文字设为仿宋体，字高为 3mm。用"单行文字（text）"命令书写文字，在道路横断面各组成部分的上方标上相应的文字，用"引线标注（mleader）"命令对道路设计中心线进行标注，如图 14-43 所示。

（5）标注横坡度和标高

将"标高"图层设为当前图层，先绘制好标高图块（见项目 13），用"插入块（insert）"命令插入标高图块，在高程变化位置标注出相应的标高值，如图 14-44 所示。

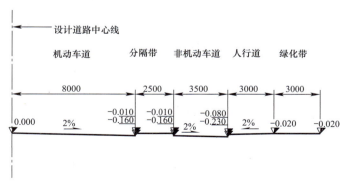

图 14-44 绘制标高和横坡

> **注意：** 所有标高值都是以设计道路中心线为基准的相对标高值。

标高计算如下：

设道路设计中心线标高为 0.000m；

则机动车道边线处标高 $h_1 = -8 \times 2\% = -0.16$m；

机非分隔带内侧立缘石顶部的标高 $h_2 = -0.16 + 0.15 = -0.01$m；

机非分隔带外侧立缘石顶部的标高 $h_3 = -0.01 + 2.5 \times 0\% = -0.01$m；

非机动车道内侧边线标高 $h_4 = -0.01 - 0.15 = -0.16$m；

非机动车道外侧边线标高 $h_5 = -0.16 - 3.5 \times 2\% = -0.23$m；

人行道内侧边线标高 $h_6 = -0.23 + 0.15 = -0.08$m；

人行道外侧边线标高 $h_7 = -0.08 + 3 \times 2\% = -0.02$m；

绿化带外侧边线标高 $h_8 = -0.02 + 3 \times 0\% = -0.02$m。

（6）绘制路面结构层

用"偏移（offset）"命令将横断面设计线，按路面结构层的厚度进行偏移。根据已知条件，机动车道的路面结构层厚度为 67cm，非机动车道的路面结构层厚度为 49cm，如图 14-45 所示。

（7）镜像左侧横断面

用"镜像（mirror）"命令将右侧道路复制到左侧，如图 14-45 所示。

```
命令：mirror                                            （调用"镜像"命令）
选择对象：指定对角点：找到 82 个
              （选择要镜像的图形，除了道路中心线以及中心线标高以外的所有内容）
选择对象：                                        （右键点击，结束选择对象）
指定镜像线的第一点：          （选择道路中心线上任一点作为镜像线的第一点）
指定镜像线的第二点：          （选择道路中心线上任一点作为镜像线的第二点）
要删除源对象吗？［是（Y）/否（N）］<N>：n
                              （输入 n，表示镜像完成后不删除源对象）
```

将"尺寸标注"图层设为当前图层，用"线性标注"标注道路路幅宽度，如图 14-45 所示。

4. 添加图块和文字说明，填写图名

用"插入块"命令，插入外部块"路灯""行道树""灌木""行人""非机动车""机动车""箭头"在横断面的恰当位置，如图 14-46 所示。

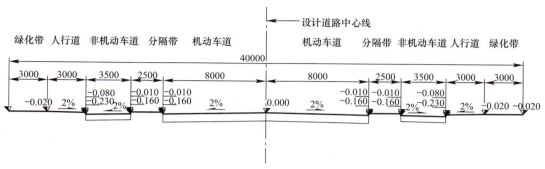

图 14-45 绘制道路标准横断面

在"说明"图层,采用"多行文字(mtext)"命令,字体为仿宋体,字高为 5mm,对图纸采用的比例、尺寸标注单位进行说明,如图 14-46 所示。

将绘制完成的标准横断面图移至样板图框内的适当位置,图名改为"道路标准横断面图",如图 14-46 所示。

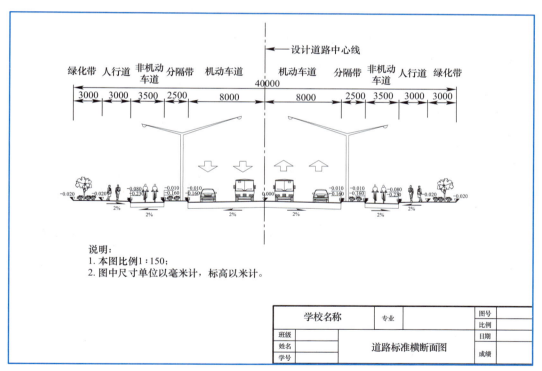

图 14-46 道路标准横断面图

注意:图纸绘制完成之后,观察标高、横坡、图块等之间的位置关系,以保证绘图效果。

知识拓展

道路设计技术的发展

在运用 AutoCAD 软件进行道路平面、纵断面、横断面设计的过程中,有很多重复的工作量,而且在平面、纵断面、横断面设计过程中,很多数据之间存在着关联性,一旦设计发生变更,修改工作非常繁琐。因此,一般设计单位都采用基于 AutoCAD 的道路设计软件,有专注于市政道路设计的、有在公路设计方面优势明显的,还有侧重于立交桥设计的,这些软件无论是从设计计算、自动出图还是工程量计算等方面,都为工程技术人员带来了很大便捷。

近几年,BIM(建筑信息模型)给道路和交通设计提供了全新的设计理念,主要优点有:一是道路设计可视化。通过三维直观的方式将项目整体呈现出来,便于各方沟通,大大改善了交流环境以及工作效率。二是提高工程量计算的准确性。用 BIM 技术将设计数据纳入模型中,从模型中提取工程材料数量,进行项目成本及时分析。三是自动关联减少工作量。通过模型的关联特点可以实现一处动,处处动,大大减少了人力、物力以及时间的浪费,提高了设计品质。四是多领域协作。将通过 BIM 技术所建立的模型数据信息,直接传送给相关专业设计工程师,可做到协同工作,提高效率。

任务小结

会识读道路标准横断面图和路拱大样图,能根据横坡的变化进行路拱大样的标高计算;通过运用 AutoCAD 绘制道路标准横断面图,灵活应用插入外部块、尺寸标注、文字编辑等命令。通过了解道路设计技术发展,知晓道路设计新技术,培养专业视野和进取精神。

任务 14.5　路基路面施工图识读与绘制

任务描述

能识读道路施工横断面图、路面结构设计图,并能运用 AutoCAD 绘制道路施工横断面图和路面结构设计图。

学习活动 14.5.1　识读道路施工横断面图

学习目标

1. 通过工程实例识读道路施工横断面图,了解施工横断面的基本知识。

2. 识读填方路基、挖方路基和半填半挖路基横断面图要素。

 活动描述

识读如图 14-47 所示的道路施工横断面布置图。

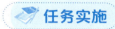 任务实施

1. 识读图名及比例

（1）图名

在标题栏内注有工程名称，图 14-47 为道路施工横断面布置图。城市道路横断面图一般包括标准横断面图和施工横断面图两种，施工横断面图有时也称为路基横断面设计图，主要是按照一定的间距表现道路路基横断面与原地面的标高变化、填挖方情况等，并表示出路基、边沟、边坡坡率及主要尺寸。

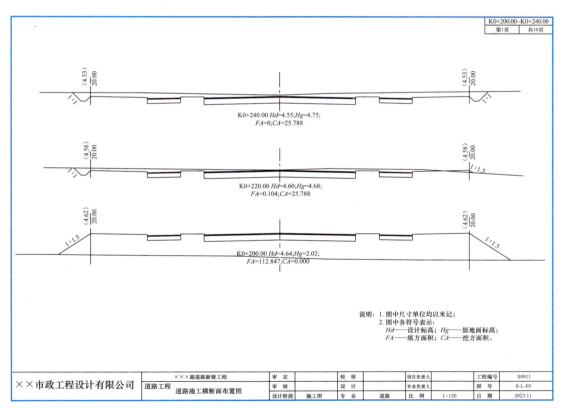

图 14-47 道路施工横断面布置图

1）路基的概念

路基是按照路线位置和横断面要求修筑的带状构造物，它是路面结构的基础，承受由

路面传来的行车荷载。

路基大多是由土石填筑或挖掘而成，路基工程施工工艺简单，但是工程数量大，耗费劳力多，投资大，对环境影响大。

2）路基应满足的基本要求

路基应具有足够的整体稳定性、强度、水稳定性。

（2）比例

从标题栏的比例栏可知，本图比例为"1∶150"。城市道路横断面的比例视道路等级而定，一般采用1∶200～1∶100。

2. 识读施工横断面图

施工横断面图表示道路原地面横断面与道路设计标准横断面之间的关系。一般按一定步长进行绘制，并对原地面标高变化的一些特征断面进行加密。如图14-47所示，横断面间距为20m。

（1）填方路基

施工道路的路基标高高于原地面标高，由填方构成的路基断面形式称为填方路基，即路堤。一般图纸中用细实线表示原地面线，用粗实线表示设计线。当道路设计线标高高于地面线标高时，此路基为路堤。

为保证路基边坡的稳定，防止因路基滑坍、崩坍等引起的病害，保证道路的通畅和行车的安全，应对路基按照一定的坡率设置边坡，边坡坡率一般可根据设计图读出。如图14-47中桩号K0+200处，设计线高于地面线，此路基为填方路基，边坡坡率为1∶1.5。

（2）挖方路基

施工道路的路基标高低于原地面标高，由挖方构成的路基断面形式称为挖方路基，即路堑。当地面线标高高于设计线标高时，此路基为路堑。如图14-47中桩号K0+240处，设计线低于地面线，为挖方路基，边坡坡率为1∶1。

（3）半填半挖路基

半填半挖路基是路堤和路堑的综合形式，也就是既有填方又有挖方的路基断面形式，如图14-47中桩号K0+220处为半填半挖路基，该断面道路中心线左侧为挖方，右侧为填方。

> **注意**：考虑到典型性，本书选用3种不同类型施工横断面图的工程案例。

3. 识读路基施工填挖方量

在每个断面图的下方都注明该断面的标高值，以及该断面的填挖方量。

如图14-47中桩号K0+200处，$Hd=4.64m$，$Hg=2.02m$，$FA=112.847m^2$，$CA=0.000m^2$，表示在桩号为K0+200处，道路中心线的设计标高为4.64m，原地面标高为2.02m，该断

面的填方面积为 112.847m², 挖方面积为 0m²。

识读路基横断面施工图可知道施工路段各桩号位置的填挖方情况，路基施工图可作为道路施工的依据，同时也可作为计算道路土石方工程量的依据。

4. 识读路边界处标高

在施工横断面的规划红线边线处，一般标注该处的设计标高。如图 14-47 中桩号 K0+240 处，竖线的右侧 20.00 表示此处距离道路中心线 20m，竖线的左侧（4.53）表示此处标高为 4.53m。由道路标准横断面图（图 14-46）可知，设计道路中心线与规划红线之间的相对高差为 -0.02m，K0+240 处设计标高为 4.55m，则可计算出路边界处标高为 4.55-0.02=4.53m。

> **说明**：道路工程的平面图、纵断面图、横断面图中的里程桩号是对应的，每个里程桩号的施工横断面标注的设计标高与纵断面图的设计标高是一致的，而施工横断面图中的标准横断面设计线与标准横断面图相对应。因此，在识读道路施工图时不能孤立地看一张图，而是应该将平面、纵断面、横断面图纸对应起来看，才能完整了解道路工程的设计情况。

学习活动 14.5.2 绘制道路施工横断面图

学习目标

根据设计道路原地面测量数据以及道路标准横断面设计资料，绘制道路施工横断面图，了解道路施工横断面图绘制的基本要点和方法。

码 14-6
绘制道路施工横断面图

活动描述

某道路横断面的中心桩号、标高及两侧的相对距离和相对高程如下：

K1+040   3.89

左侧 9.0 0.45，2.0 0.23，1.6 1.20，2.5 0.36，5.0 0.16，3.0 0.08

右侧 4.0 -0.16，2.6 -0.89，2.0 -0.86，4.0 -0.01，4.0 -0.06，2.0 0.34，2.0 0.79，2.0 0.89

> **注意**：以上各组数据表示道路中心两侧各点的相对距离、相对高程。

道路纵断面设计标高为 4.66m，标准横断面设计情况如图 14-47 所示，填方路基的边坡坡率为 1:1.5，挖方路基的边坡坡率为 1:1，该断面处的填方面积 $FA=37.335m^2$，$CA=15.865m^2$。

运用 AutoCAD 按照 1∶150 比例绘制道路施工横断面图。

绘制步骤流程如下：

1. 设置图层

可根据道路横断面设计图的特点，设置道路中心线、设计线、地面线、文字、横坡、标高、说明 7 个图层，并设置相应的线型和颜色。

2. 绘制横断面地面线

（1）绘制道路中心线

将"中心线"图层设为当前图层，中心线的线型为粗实线，用"直线（line）"命令绘制道路中心线，线型为细点画线。

（2）绘制横断面地面线

将"地面线"图层设为当前图层。根据横断面地面线数据资料表，可知在桩号 K1+040 处中心线左侧和右侧的横断面相对距离和相对高程，如左侧 9m 处相对高程为 0.45m，则该点与中心线的相对坐标为 @-9，-0.45。可采用 Excel 快速处理，如图 14-48 所示，地面线桩号点值 ="@" &B2&"，" &C2。

	A	B	C	D
1		x（相对距离）	y（相对高程）	地面线相对坐标
2	左侧	-9	0.45	@-9,0.45
3		-2	0.23	@-2,0.23
4		-1.6	1.2	@-1.6,1.2
5		-2.5	0.36	@-2.5,0.36
6		-5	0.16	@-5,0.16
7		-3	0.08	@-3,0.08
8	右侧	4	-0.16	@4,-0.16
9		2.6	-0.89	@2.6,-0.89
10		2	-0.86	@2,-0.86
11		4	0.01	@4,0.01
12		4	-0.06	@4,-0.06
13		2	0.34	@2,0.34
14		2	0.79	@2,0.79
15		2	0.89	@2,0.89

图 14-48　横断面地面线坐标点换算

根据已换算的横断面地面线相对坐标点，用"多段线（pline）"命令绘制横断面地面线，具体操作可参考纵断面地面线的绘制方法，绘制结果如图 14-49 所示。

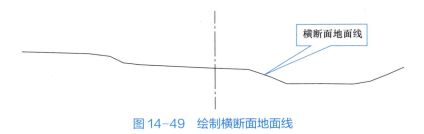

图 14-49　绘制横断面地面线

3. 绘制横断面设计线

将"设计线"图层设为当前图层。调用"构造线（xline）"命令，在道路中心线标高处绘制构造线，再调用"偏移（offset）"命令，偏移设计标高与地面标高的差值，即施工高度 $h = h_d - h_g = 4.66 - 3.89 = 0.77$m，由于设计标高大于地面标高，所以是往上偏移 0.77m。然后用"插入块（insert）"将图 14-46 标准横断面图的设计线作为外部块插入，如图 14-50 所示，这个过程俗称"戴帽子"，最后删除构造线。

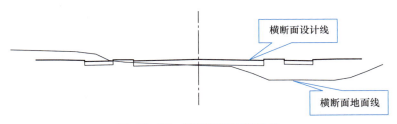

图 14-50　绘制横断面设计线

4. 绘制边坡

由图 14-50 可以明显看出，该断面为半填半挖路基，绘制边坡时，填方路基边坡坡率为 1∶1.5，挖方路基边坡坡率为 1∶1，绘制结果如图 14-51 所示。

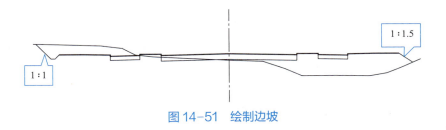

图 14-51　绘制边坡

5. 填写填挖方量及标注横断面边界线

根据桩号 K1+040 处的原地面标高、设计标高、填方量、挖方量，在横断面下进行注写，如图 14-52 所示，其中 Hd 为设计标高，Hg 为原地面标高，FA 为填方数量，CA 为挖方数量。

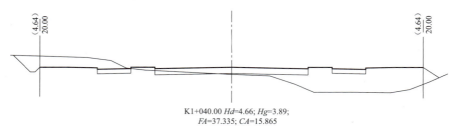

图 14-52　填写填挖方量及标注横断面边界线

在道路横断面规划红线边界处，画一条竖线表示道路边界，并在竖线上方画一短线，短线两端分别标注水平距离和边界处的标高。根据任务 14.4 绘制的标准横断面（图 14-46），可知水平距离为 20m，边界处标高与设计中心线的相对高程为 −0.02m，桩号 K1+040 处的设计标高为 4.66m，则边线处的设计标高为 4.66−0.02=4.64m，如图 14-52 所示。

6. 书写说明

最后书写说明文字，如图 14-53 所示。

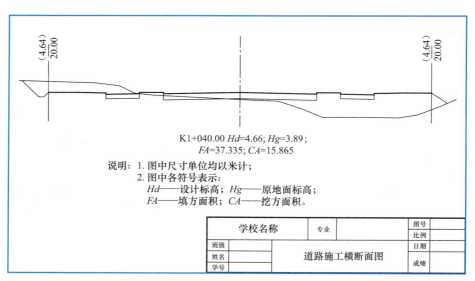

图 14-53　绘制施工横断面图

学习活动 14.5.3　识读路面结构设计图

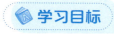

码 14-7
识读路面结构设计图

1. 通过工程实例识读路面结构设计图，了解道路路面结构的基本知识。

2. 知道路面结构的组成以及常用的路面建筑材料。

活动描述

识读如图 14-6 所示的路面结构设计图。

任务实施

1. 识读图名

在标题栏内注有工程名称，图 14-6 为路面结构设计图。路面是指在路基顶面以上行车道范围内，用各种不同材料分层铺筑而成的一种层状构造物。路面结构设计图主要作用是表达行车道、人行道等各结构层的材料与设计厚度。

道路路面可分为沥青路面、水泥混凝土路面和砌块路面三大类。

（1）沥青路面（图 14-54）包括沥青混合料、沥青贯入式和沥青表面处治等类型。沥青混合料适用于各交通等级道路；沥青贯入式与沥青表面处治路面适用于中、轻交通道路。

（2）水泥混凝土路面（图 14-55）包括普通混凝土、钢筋混凝土、连续配筋混凝土、预应力混凝土、装配式混凝土和钢纤维混凝土等类型，适用于各交通等级道路。

（3）砌块路面（图 14-56）适用于支路、广场、停车场、人行道与步行街。

图 14-54 沥青路面

图 14-55 水泥混凝土路面

图 14-56 砌块路面

2. 识读路面交通功能结构图

如图 14-6 所示，左侧图表为设计道路的机动车道、非机动车道、人行道等各部分的路面结构组成的剖面图，右侧为结构层的图例。

道路路面结构由面层、基层、垫层组成。

面层是直接承受车轮荷载反复作用和自然因素影响的结构层，可由一～三层组成。因此，面层应具有足够的结构强度、稳定性、平整、抗滑、耐磨与低噪等表面特性。

基层是设置在面层之下，与面层一起将车轮荷载的反复作用传递到底基层、垫层和土基中。因此，基层应具有足够的强度和扩散应力的能力。

垫层是底基层和土基之间的层次，它的主要作用是加强土基、改善基层的工作条件，垫层应具有一定的强度和良好的水稳定性。

（1）机动车道路面结构

从图14-6中可以看出，机动车道采用沥青混合料路面结构。根据图例可知，新建路段路面结构自上而下分别为4cm改性沥青玛蹄脂混合料（SMA-13，SBS改性）、6cm中粒式沥青混合料（AC-20C，SBS改性）及8cm粗粒式沥青混合料（AC-250）组成的两层式沥青面层、40cm水泥稳定碎石基层、20cm砾石砂垫层，总厚度为78cm。

（2）非机动车道路面结构

从图14-6中可以看出，该道路非机动车道的路面结构自上而下分别为4cm细粒式沥青混合料（AC-13C）及6cm中粒式沥青混合料（AC-20C）组成的两层式沥青面层、20cm水泥稳定碎石基层、15cm砾石砂垫层，总厚度为45cm。

（3）人行道路面结构

从图14-6中可以看出，该道路人行道的路面结构自上而下分别为6cm道板砖、3cm干拌水泥黄砂、10cm的C20细石混凝土、10cm级配碎石，总厚度为29cm。

3. 识读路面材质结构图

（1）沥青玛蹄脂碎石混合料

沥青玛蹄脂碎石混合料（图14-57）是由沥青结合料与少量的纤维稳定剂、细集料以及较多的填料（矿粉）组成的，将沥青玛蹄脂填充于间断级配的粗集料骨架的间隙，形成一体的沥青混合料，简称SMA。SMA的结构组成可概括为"三多一少"，即：粗集料多、矿粉多、沥青多、细集料少。

（2）改性沥青

改性沥青（图14-58）是指掺加橡胶、树脂、高分子聚合物、磨细的橡胶粉或其他填料与外加剂，或采取对沥青轻度氧化加工等措施，使沥青或沥青混合料的性能得到改善的沥青混合料。SBS改性沥青是最成功和用量最大的一种改性沥青。

（3）SMA-13

"-"前表示热拌沥青混合料的类型，"SMA"代表的是沥青玛蹄脂碎石混合料，"-"后数字代表的是集料在关键性筛孔上的通过百分率，10、13为细粒式，16、20为中粒式，13表示公称最大粒径为13.2mm。因此"SMA-13"为细粒式沥青玛蹄脂碎石混合料，公

图 14-57 沥青玛蹄脂碎石路面

图 14-58 SBS 改性沥青

称最大粒径为 13mm。

（4）AC-20C

"AC" 代表的是密级配沥青混凝土，密级配 AC 混合料分为粗型"C"和细型"F"两种，因此"AC-20C"为粗型密级配沥青混凝土，公称最大粒径为 20mm。

4. 基（垫）层材料

（1）水泥稳定碎石

水泥稳定碎石（图 14-59）是在具有一定级配的碎石中，掺入足量的水泥和水，经拌和得到的混合料在压实和养生后，使其强度符合规定的要求。

（2）砾石砂

砾石砂（图 14-60）是指最大粒径应小于 75mm 的垫层材料，颗粒组成符合表 14-13 的要求。

图 14-59 水泥稳定碎石

图 14-60 砾石砂

砾石砂颗粒组成要求　　　　　　　　表 14-13

筛孔尺寸（mm）	75	63	4.75	0.75
通过质量百分率（%）	100	80~100	30~50	≤5

（3）级配碎石

粗、细碎石集料和石屑各占一定比例的混合料，当其颗粒组成符合密实级配要求时，称为级配碎石。

5. 人行道面层材料

人行道面层材料类型可分为混凝土预制砌块路面（图 14-61）和天然石材路面（图 14-62），混凝土预制砌块可分为普通型与连锁型。

图 14-61　混凝土预制砌块路面

图 14-62　天然石材路面

任务小结

能识读道路路基施工横断面图、路面结构设计图，并能运用 AutoCAD 绘制道路路基施工横断面图。通过对图纸的认真识读，树立规范和质量意识。

项目 15 道路排水工程施工图识读与绘制

项目概述

道路排水工程施工图是市政工程施工重要的专业图之一,通过本项目的学习,能识读道路排水工程施工图,并应用 AutoCAD 软件进行道路排水工程平面图和纵断面图的绘制。

本项目的任务:
- 分析道路排水工程施工图的概况
- 道路排水工程平面图的识读及绘制
- 道路排水工程纵断面图的识读及绘制

任务 15.1 分析道路排水工程施工图的概况

任务描述

1. 识读道路排水工程施工图的图纸目录。
2. 读懂道路排水施工图总说明。

学习活动 15.1.1 识读图纸目录

学习目标

识读道路排水工程施工图的图纸目录,知道道路排水工程设计图纸的组成。

活动描述

识读如图 15-1 所示的道路排水工程施工图的图纸目录。

图 15-1 道路排水工程施工图的图纸目录

序号	图号	图名	纸型	张数
		三、排水工程		
1	S-P-01	排水管道施工图设计总说明	A3	1
2	S-P-02	排水管道平面设计图	A3	10
3	S-P-03	东侧雨水管道纵断面设计图	A3	12
4	S-P-04	西侧雨水管道纵断面设计图	A3	15
5	S-P-05	大叶公路雨水管道纵断面设计图	A3	2

图纸目录 工程名称：×××道路新建工程 工程编号：S0910 设计阶段：施工图 专业：排水工程

任务实施

识读道路排水工程施工图的图纸目录的方法和步骤如下：

1. 识读基本信息

道路排水工程施工图设计图纸目录基本信息包括工程名称、工程编号、设计阶段、专业、图号、纸型和张数。道路排水工程施工图的图纸目录识读方法和依据与道路工程施工图的图纸目录是相同的，在项目 14 中已有详细介绍，此处不再赘述。

如图 15-1 所示，从标题栏可知，工程名称为×××道路新建工程，工程编号为 S0910，为施工图设计阶段，专业为排水工程。从目录可知，图 S-P-03 是东侧雨水管道纵断面设计图，共有 12 张 A3 图。

2. 看懂图名

排水工程施工文件一般由设计说明、设计图纸、工程数量表等组成，图名是设计图纸的名称。

（1）设计说明

设计说明是对工程设计标准、设计内容和施工要求的总体说明，包括道路排水工程的工程范围、设计规模、管道布置和设计概要等。如图 15-1 所示，图 S-P-01 是排水管道施工图设计总说明，共有 1 张 A3 图。

（2）设计图纸

道路排水工程的设计图纸一般包含平面设计图、纵断面设计图、构筑物详图。

1）平面设计图

道路排水平面设计图是用来表示排水管道平面位置的工程图。道路排水平面设计图包括管道的位置、检查井的位置及编号、设计管段长度及管径、道路路线及建筑物轮廓线等。图 15-2 为排水管道平面设计图。

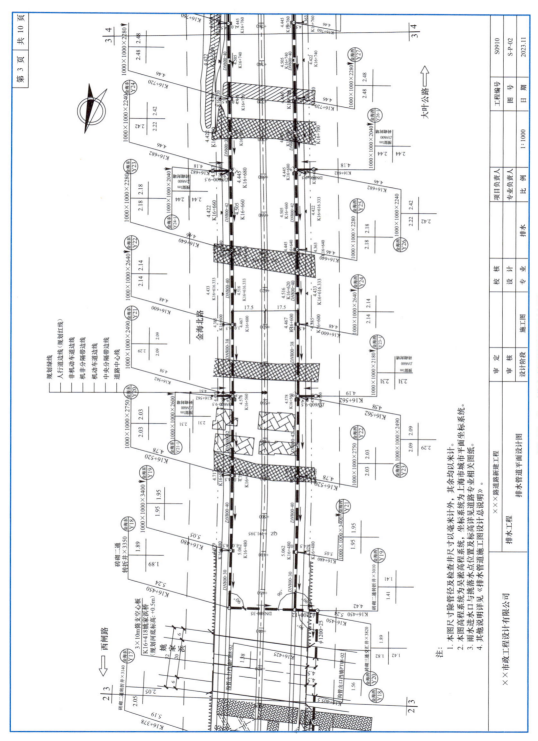

图 15-2 排水管道平面设计图

2）纵断面设计图

道路排水纵断面设计图是沿着管道的轴线由铅垂剖开后所画出的断面图，用来表示管道起伏变化的情况。道路排水纵断面设计图包括设计管道标高、管道敷设的坡度、管道直径、坡度、路面标高、埋深和管道交接等。如图15-3所示为东侧雨水管道纵断面设计图。

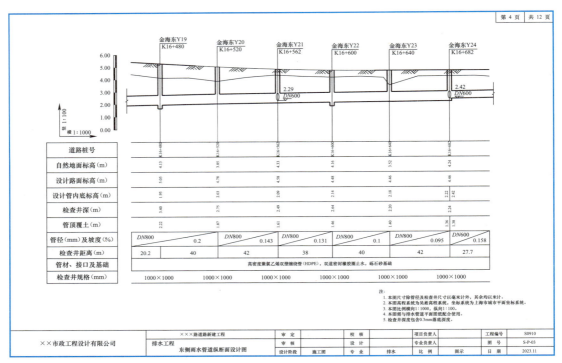

图15-3　东侧雨水管道纵断面设计图

道路排水管道设计图是在道路工程设计图的基础上加上了排水管道的布置情况，平面图和纵断面图都是如此。另外，道路排水管道设计图中的纵断面图中很多数据取自平面图，所以在识读纵断面图时需要与对应的平面图进行对照。

3）构筑物详图

构筑物详图是表现管道结构及其他构件、细部构造的图样。在道路排水工程中主要有检查井和雨水口等道路排水管道附属构筑物结构详图。排水构筑物详图有标准图（国家标准图集和地方标准图集）和非标准图之分，标准构筑物可以采用国家或地方标准图，如图15-4和图15-5分别为国家标准图集中的雨水检查井详图和雨水口详图。

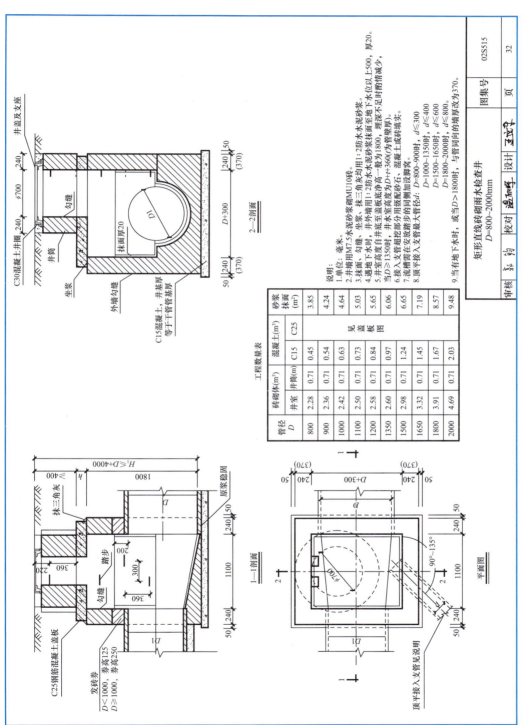

图15-4 雨水检查井详图

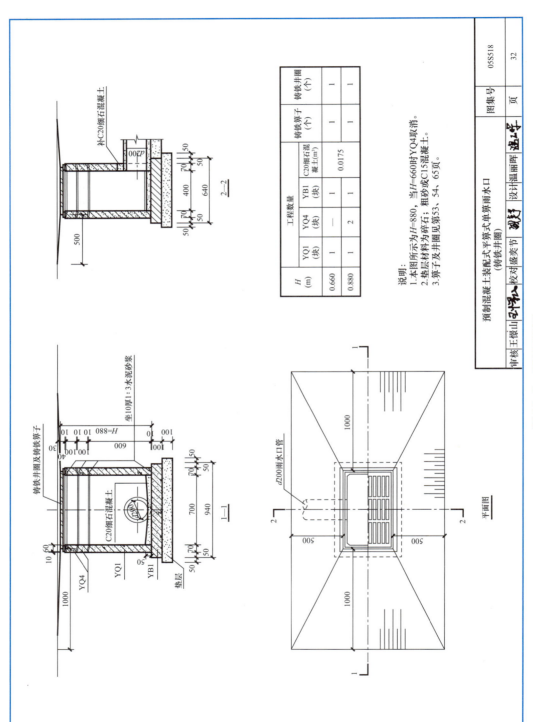

图 15-5 雨水口详图

学习活动 15.1.2　阅读道路排水工程设计总说明

学习目标

识读道路排水工程设计总说明,了解道路排水工程的组成、相关规范和技术标准。

活动描述

识读以下某道路排水工程设计总说明:

一、设计依据

1）区域总体规划

2）区域雨水排水专业规划

3）工程初步设计

4）工程初步设计评审意见

5）工程初步设计的批复

6）工程管线综合规划

7）工程地质勘察报告

二、采用规范

1）《室外排水设计标准》GB 50014—2021

2）《给水排水工程构筑物结构设计规范》GB 50069—2002

3）《给水排水工程管道结构设计规范》GB 50332—2002

4）《给水排水管道工程施工及验收规范》GB 50268—2008

5）《给水排水构筑物工程施工及验收规范》GB 50141—2008

三、设计技术标准

1）雨水汇水范围:考虑道路中心线两侧各100m范围排水,距离河道较近时以河道为界计算汇水面积。

2）暴雨重现期:地面$P=2$年。

3）地面集水时间:地面$t_1=10$min;折减系数$m=1$。

4）径流系数:地面综合$\psi=0.65$。

四、设计说明

1）本工程设计内容:新建地面道路红线范围内道路、绿化带雨水的排除,沿线地块内雨水的排除。

2）本图雨水管道桩号与道路桩号相同,施工前施工单位应对相关水准控制点数据进行测量并复核。

3）雨水管位根据××规划设计有限公司提供的《×××路通道工程管线综合规划》雨水管位进行布置。设计道路横断面中雨水管道设双管，雨水管道布置在机非分隔带下，距离道路中心线两侧各17.5m，渠化段雨水管位置详见排水管道平面图。

4）检查井井盖标高根据道路纵、横断面设计图推算而得，施工时请以道路设计图为准。井盖标高与设计地面接平，若有高低，井盖标高及井深应作相应调整。井深指设计地面至检查井内底深度（包括落底深度），"↓"表示检查井落底0.30m。绿化及隔离带内的新建检查井井盖标高应高出该处绿地10cm。

5）道路雨水口采用Ⅲ型雨水口，雨水连管采用$DN300mm$HDPE双壁缠绕管；局部路段采用双联Ⅲ型雨水口，雨水连管采用$DN400mm$HDPE双壁缠绕管。当雨水连管串联时采用$DN400mm$HDPE双壁缠绕管，连管长度按实际计算，排水坡度应不小于1%。雨水口进水篦采用钢纤维混凝土材质。

6）管道管材、接口、基础

管材及接口：管径小于$\phi1000mm$雨水管道采用HDPE缠绕管，双道密封橡胶圈止水，管道环刚度应不低于SN8；1000mm≤管径≤1200mm时采用承插式钢筋混凝土管，"O"形橡胶圈止水；$\phi1350mm$雨水管道采用企口式钢筋混凝土管，"q"形橡胶圈止水。

管道基础：HDPE缠绕管采用15cm砾石砂基础，上设5cm中粗砂找平；钢筋混凝土管道采用C25混凝土基础，具体形式详见《上海市排水管道通用图》（第一册）。

五、图例（图15-6）

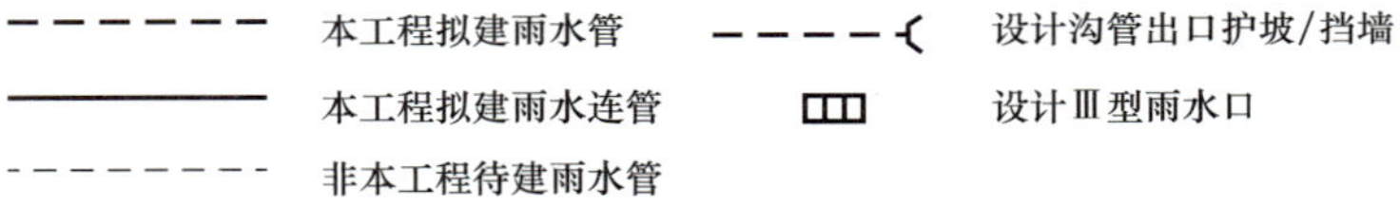

图15-6 管线及雨水口相关图例

任务实施

1. 了解设计依据

道路排水工程施工图的设计依据是指设计该排水工程所要用到的指导性文件和参考资料。本次施工图设计的依据有7个，分别是区域总体规划、区域雨水排水专业规划、工程初步设计、工程初步设计评审意见、工程初步设计的批复、工程管线综合规划、工程地质勘察报告。

2. 知晓相关规范

通常要了解国家及工程所在地通用的现行道路排水工程施工专用规范。本施工图设计执行的规范有：

（1）《室外排水设计标准》GB 50014—2021

本标准适用于新建、扩建和改建的城镇、工业区和居民区的永久性的室外排水设计。

（2）《给水排水工程构筑物结构设计规范》GB 50069—2002

本规范适用于城镇公用设施和工业企业中一般给水排水工程构筑物的结构设计，不适用于工业企业中具有特殊要求的给水排水工程构筑物的结构设计。

（3）《给水排水工程管道结构设计规范》GB 50332—2002

本规范适用于城镇公用设施和工业企业中一般给水排水工程管道结构设计，不适用于工业企业中具有特殊要求的给水排水工程管道结构设计。

（4）《给水排水管道工程施工及验收规范》GB 50268—2008

本规范适用于新建、扩建和改建城镇公用设施和工业企业的室外给水排水管道工程的施工及验收，不适用于工业企业中具有特殊要求的给水排水管道工程的施工及验收。

（5）《给水排水构筑物工程施工及验收规范》GB 50141—2008

本规范适用于新建、扩建和改建城镇公用设施和工业企业的室外给水排水构筑物工程的施工及验收，不适用于工业企业中具有特殊要求的给水排水构筑物工程的施工及验收。

3. 读懂技术标准

（1）雨水汇水范围

雨水汇水范围是指道路上需要排水的面积，需通过计算得到。本设计中是以道路中心线两侧各100m范围排水，遇到河道以河道为界计算汇水面积。

（2）暴雨重现期

某特定暴雨强度的重现期指大于或等于该值的暴雨强度可能出现一次的平均间隔时间，单位是年。设计暴雨强度通过计算得到，雨水管道的设计暴雨重现期，应根据汇水地区性质、地形特点和气候特征等因素确定。重现期应采用1～3年，重要干道、重要地区或短期积水即能引起严重后果的地区，应采用3～5年，并与道路设计协调。本设计总说明中暴雨重现期为2年。

（3）地面集水时间

地面集水时间和折减系数用来计算管道的降雨历时。地面集水时间视距离长短、地形坡度和地面铺盖情况而定，用字母 t_1 表示，一般采用5～15min。折减系数用字母 m 表示，管道折减系数为2，明渠折减系数为1.2，在陡坡地区折减系数为1.2～2，经济条件较好、安全性条件较高地区可取1。本设计总说明中折减系数 $m=1$。

（4）径流系数

径流系数是一定汇水面积内总径流量（毫米）与降水量（毫米）的比值，是任意时段内的径流深度 Y 与造成该时段径流所对应的降水深度 X 的比值。径流系数说明在降水量中有多少水变成了径流，它综合反映了流域内自然地理要素对径流的影响，是用来计算雨水设计流量的一个参数，用符号 ψ 表示。它的取值在《室外排水设计标准》GB 50014—2021 中有明确规定，本设计总说明中径流系数 $\psi = 0.65$。

4. 看懂设计说明

在施工图中，除用图表示构筑物的形状和大小外，还需要采用一些文字和图例符号，将表达不清楚的内容在图纸上表示出来，称为设计说明。

（1）城市道路雨水排水系统的分类与组成

根据构造特点的不同，城市道路雨水排水系统可分为明沟系统、暗管系统。

明沟系统是在街坊出入口、人行过街等地方增设的一些沟盖板、涵管等过水结构物，使雨水沿管道边沟排泄，如图 15-7 所示。

暗管系统是指道路上及其相邻地区的地面水依靠道路的纵、横坡，流向道路两侧的街沟，然后沿街沟的纵坡流向雨水口，再由连接管通向雨水干管，最终排入附近河流或其他水体中去，如图 15-8 所示。其包括街沟、雨水口、连接管、雨水干管、检查井、出水口等。

图 15-7　明沟

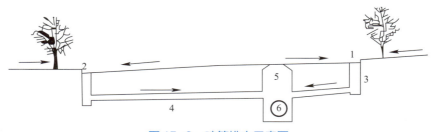

图 15-8　暗管排水示意图

1—街沟；2—雨水口；3—雨水井；4—连接管；5—检查井；6—雨水干管

（2）雨水管道的布置

城市道路的雨水管道应平行于道路的中心线或者规划红线。雨水干管一般设在快车道以外的慢车道或人行道一侧，对于道路红线超过 40m 的城镇干道，宜在道路两侧设置排水管道。

管道纵坡尽可能与街道纵坡一致，雨水管道的最小纵坡一般不小于 0.3%，最大纵坡不大于 4%。

从本设计总说明可知，该设计道路横断面中雨水管道设置双管，布置在机非分隔带下，距离道路中心线两侧各 17.5m。

（3）管道附属构筑物

附属构筑物主要有检查井和雨水口两种。

1）检查井（窨井）

检查井是为了进行管段连接和管道清通而设置的排水管道系统附属构建物。通常设在管道交汇、转弯、管道尺寸或坡度改变、跌水等处以及相隔一定距离的直线管道上。检查井的平面形状一般为圆形、矩形或扇形，如图 15-9 所示。检查井的基本构造可分为基础部分、井身、井口、井盖。检查井的基础一般由混凝土浇筑而成；井身由井室、收口及井筒构成，多为砖砌，内壁须用水泥砂浆抹面，以防渗漏；井口、井盖多由铸铁制成。检查井的井口应能够容纳人进出，井室内也应保证下井操作人员的操作空间。

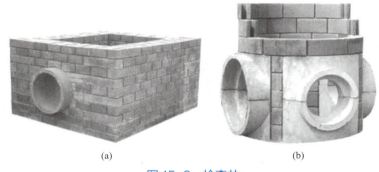

图 15-9　检查井

（a）矩形检查井；（b）圆形检查井

检查井有污水检查井和雨水检查井。污水检查井一般都设有流槽，雨水检查井有落底式和不落底式两种。落底井又叫沉泥井，落底可以让泥沙沉淀在井底，有利于雨水的流动而不会堵塞管道。不落底井设有流槽，也叫流槽井，流槽有导流作用，水流条件要好于落底井，但是不能截留泥沙和杂质。检查井深度是指设计地面至检查井井底深度（包括落底深度），落底井用符号↓表示。

一般在设计总说明中会注明检查井井盖标高和检查井深度。从本设计总说明中可知，检查井井盖标高与设计地面接平，若有高低，井盖标高及井深应做相应调整；并特别注明绿化以及隔离带内新建检查井井盖标高应高出该处绿地 10cm。检查井落底深度为 0.3m。

2）雨水口

雨水口又称进水口，街道地面上的雨水通过雨水口和连接管流入雨水管道。雨水口一般由基础、井身、井口、井箅等部分组成。按照集水方式的不同，雨水口可分为平箅式（图 15-10）、立箅式（图 15-11）与联合式。联合式兼有平箅式和立箅式两种井箅的设置方式，其两井箅呈直角。联合式雨水口又分成单箅式、双箅式。

图 15-10　平箅雨水口

图 15-11　立箅雨水口

本设计总说明中道路雨水口采用的是Ⅱ型雨水口。

（4）管道管材、接口及基础

常用的雨水管道的管材有混凝土管、钢筋混凝土管、塑料管和玻璃钢夹砂管（RPMP）等类型。

本次设计采用 HDPE 缠绕管（管材直径小于 1000mm 时采用），是一种将高密度聚氯乙烯经特殊工艺加工而成的塑钢管道材料，该种管材具有耐腐蚀、质量轻、安装简便、通流量大、寿命长（50 年）等优点，可替代高能耗材质（水泥、铸铁、陶瓷等）制作的管材，属环保型绿色产品。雨水管直径在 1000～1200m 时采用钢筋混凝土管。

不同材质的管道接口形式各不相同，该道路排水采用的橡胶圈止水是可以用于塑料管和钢筋混凝土管道连接的一种常见的接口形式，根据橡胶圈的形状又分为很多种，从设计总说明可知，该道路排水工程采用"O"形和"q"形橡胶圈。

管道基础是由原地基情况和设计管道的类型而定。从设计总说明得知该道路排水管道 HDPE 缠绕管采用 15cm 砾石砂基础，上设 5cm 中粗砂找平；钢筋混凝土管道采用 C25 混凝土基础。具体形式可查《上海市排水管道通用图》（第一册）。

5. 知道质量验收规范

本道路排水管道工程施工、闭水试验和验收，必须按照《给水排水管道工程施工及验收规范》GB 50268—2008 执行。

6. 认识图例

各种图例符号的使用必须遵守国家的统一标准。如标准图例不能满足应用时，可暂用各地区或各单位的惯用图例，并应在图纸的适当位置画出该图例并加以说明。

道路排水管道工程图就是按照《建筑给水排水制图标准》GB/T 50106—2010 绘制的，其管道类别、管道连接及管件、管道附件及设备都是用图例来绘制的。表 15-1 摘录了《建筑给水排水制图标准》GB/T 50106—2010 中常见市政给水排水工程图例。

常见市政给水排水工程图例　　　　　　　　表 15-1

序号	名称	图例	序号	名称	图例
1	给水管道	——— J ———	15	异径管	
2	污水管道	——— W ———	16	乙字管	
3	压力污水管道	——— YW ———	17	短管	承插短管 / 插盘短管 / 双承短管
4	雨水管道	——— Y ———			
5	压力雨水管道	——— YY ———			
6	排水明沟	坡向 ——→	18	自动排气阀	平面　系统
7	排水暗沟	坡向 --→	19	阀门井检查井	
8	法兰连接		20	水表井	
9	承插连接		21	水泵	平面　系统
10	管堵		22	压力表	
11	法兰堵盖		23	消火栓	
12	三通连接		24	雨水口	单口： / 双口：
13	四通连接				
14	管道交叉		25	跌水井	

知识拓展

建设成就——地下综合管廊建设

城市精细化管理必须适应城市发展。路面反复开挖，是城市管理中常被市民诟病的"痼疾"，也是让城市管理者头痛的老大难问题。地下综合管廊也称"共同沟"或"共同管道"，是在城市地下建造一个集约化的隧道空间，将电力、通信、燃气、供热、给水排水等两种以上市政管线集中敷设在该隧道内，并设有专门的检修口、吊装口和监测系统，实施统一规划、设计、施工和维护。

地下综合管廊建设不只是为了现有管线，它为未来发展留足了余量，可解决路面反复开挖问题。综合管廊建设除对改善"马路拉链"，还对消除"空中蜘蛛网"，提升管线安全水平、防灾抗灾能力及提高城市韧性、提升城市品质发挥着重要作用。可以说，综合管廊是保障城市地下管线正常运行和美化城市景观的重要基础设施，也是未来城市的"血管"。

1994年底，国内第一条规模较大、距离较长的综合管廊在上海浦东新区张杨路初步建成，该管廊可以称为我国真正意义的第一条现代化综合管廊，管廊全长约11.125km，埋设在道路两侧的人行道下，综合管廊为钢筋混凝土结构，其断面形状为矩形，由燃气室和电力室两部分组成，该综合管廊还配置了相当齐全的安全配套设施，建成了中央计算机数据采集与显示系统。

2015年8月10日，国务院发布《关于推进城市地下综合管廊建设的指导意见》（国办发〔2015〕61号），提出逐步提高城市道路配建地下综合管廊的比例，全面推动地下综合管廊建设，标志着我国综合管廊建设进入了新阶段。根据统计数据显示：我国地下综合管廊从2015年开始试点建设，到2022年6月底，累计开工建设综合管廊项目1647个、长度5902km。其中尤其值得注意的是雄安新区的综合管廊建设，开创性设置了物流舱，并且综合管廊的建设材料、施工工艺都是世界领先的，采用智能管控手段，从规划设计、施工到后期运维，智能元素无处不在，为我国及世界综合管廊的建设提供了宝贵的经验。

任务小结

通过识读道路排水工程图纸目录，知道道路排水工程设计文件的组成，设计图纸的分类以及相互关系。识读道路排水工程设计总说明，对工程的基本概况有所了解，知道道路排水工程的组成，以及相关的规范和图集，以便更好地掌握工程图的识读方法。

任务 15.2　道路排水工程平面图的识读及绘制

任务描述

1. 知道道路排水工程平面图的图示内容。
2. 通过工程实例识读道路排水工程平面图。
3. 运用 AutoCAD 绘制道路排水工程平面图。

码 15-1
识读道路
排水工程
平面图

学习活动 15.2.1　识读道路排水工程平面图

学习目标

1. 知道道路排水工程平面图的图示内容。

2. 通过工程实例学会识读道路排水工程平面图。

活动描述

识读如图 15-2 所示排水管道平面设计图。

任务实施

1. 阅读图名、比例、方位和角标

（1）图名

在标题栏内注有工程名称和图名，图 15-2 为排水管道平面设计图。道路排水管道平面图是以道路平面图的内容为基础，表明城区、厂区等某一条道路的排水管道平面布置情况。

道路工程排水管道平面设计图包括的内容有：雨水管网干管、主干管的位置；设计管段起讫检查井的位置及其编号；设计管段长度、管径、坡度及管道的排水方向；道路的宽度、道路边线及建筑物轮廓线；还有设计管线在道路上的准确位置，以及与其他原有或拟建地下管线的平面位置关系等。

（2）比例

从图形标题栏的比例栏可知，本图比例为"1∶1000"。城市道路排水管道平面图比例一般为 1∶500 或 1∶1000。

（3）方位和角标

从图 15-2 和图 14-2 可以看出，两张图分别是同一工程同一路段的排水管道平面设计图和道路平面设计图，它们的方位及角标的表示方法是一样的，这里不再另做详细说明。

2. 识读道路平面图

如图 15-2 所示，道路中心线用细点画线表示，道路边线及两侧的地物等均用细实线表示，还标出了道路的里程桩号等内容。有时为了避免与管线重复，道路中心线可以不画出。

3. 识读管线

一般情况下，排水管道中用管道的代号表示不同的管道，污水管用"W"表示、雨水管用"Y"表示。拟建的排水管道线可以用粗实线或者粗虚线绘制，原有的排水管线用中粗实线或者中粗虚线绘制。排水管道的平面定位即是指道路中心线到管道中心线的距离。道路东西两侧各有一条距道路中心线 17.5m 的雨水管道，用粗虚线表示（图 15-12）。雨水连管用中粗实线表示，原有雨水管用中粗虚线表示。

4. 识读附属构筑物

排水管道上的检查井、雨水口等构筑物均用图例画出,并对管线上的检查井编号。雨水口主要收集地面排水,通过支管送到排水检查井中。图 15-13 的附属结构物有沟管挡土墙、雨水检查井、雨水口。检查井的编号如 "Y18" 表示该段管线上的第 18 个雨水检查井。道路两侧的雨水口用连管接入雨水管道检查井,所用图例如图 15-13 所示。

图 15-12　管线所用线型示意图　　　图 15-13　管线所用检查井、雨水口图例

5. 识读标注尺寸

(1)尺寸单位:排水工程图上管道的直径以 "mm" 计,其他都以 "m" 为单位。

(2)标高:室外排水管道的标高应标注管内底的标高。

(3)管道:应在排水工程平面图中标出排水管道的直径、长度、坡度、流向和检查井相连的各管道的管内底标高。

(4)检查井:在平面图上应标注检查井的桩号、编号。检查井的桩号是指检查井到设计道路起点的水平距离,它可以反映出检查井之间的距离和排水管道的长度。工程上排水管道检查井的桩号与道路平面图的里程桩号的表示方法一致,如 K16+450 表示到设计道路起点的水平距离为 16450m。

如图 15-14 所示,5 号雨水检查井长度×宽度×深度为 1000mm×1000mm×1490mm,桩号为 K4+680(距离设计道路起点为 4680m),设计地面标高为 5.01m,管内底两侧标高都为 2.41m,管径 800mm,管长 35m,另外还标出了水流方向。

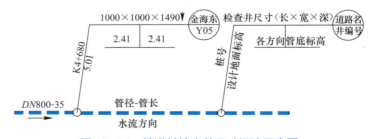

图 15-14　管道某检查井尺寸标注示意图

学习活动 15.2.2　绘制道路排水管道平面图

掌握 AutoCAD 绘制排水管道平面图的方法和步骤。

码 15-2　绘制道路排水管道平面图

项目 15　道路排水工程施工图识读与绘制

活动描述

用 AutoCAD 绘制如图 15-2 所示的排水管道平面设计图。

任务实施

绘制步骤流程如下：

1. 打开底图，设置图层

打开已有底图文件，将文件另存为"排水管道平面设计图 .dwg"。

根据道路排水平面图的特点，建立 3 个图层，分别为排水管线、排水附属构筑物、排水标注，设置相应的图层名称、线型和颜色。

2. 绘制管线（图 15-15）

将"排水管线"图层置为当前，根据设计要求画出拟建排水管线。

调用"多段线"命令，设置为粗虚线，线宽为 450，参照道路中心线和桩号，绘制拟建排水管线。

调用"偏移"命令，把拟建排水管线移动至道路东西两侧相应位置。

调用"直线"和"修剪"命令，在桩号 K16+450 处修剪拟建排水管线。

调用"多段线"命令，绘制拟建排水管线连接。

说明：本图拟建排水管线位于道路东西两侧，距道路中心线 17.5m。

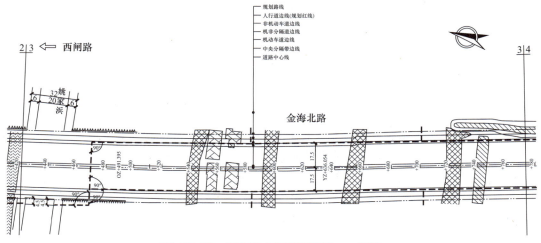

图 15-15　道路排水管道平面图——管线

3. 绘制附属构筑物（图 15-16）

把"排水附属构筑物"设置为当前图层，根据设计要求画出检查井、雨水连管等构筑物。

调用"画圆"命令，绘制直径为 500 的检查井。

调用"复制"和"移动"命令，调整检查井到拟建排水管线的相应位置。

调用"修剪"命令，绘制检查井与排水管线的连接管线。

调用"多段线"命令，设置为粗实线，线宽为 200，绘制图中每个雨水口和检查井之间的雨水连管。

> 说明：本图拟建排水管线为雨水管道，主要附属构筑物有雨水检查井、雨水口和雨水连管。

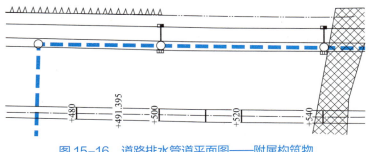

图 15-16　道路排水管道平面图——附属构筑物

4. 添加标注（图 15-17）

把"排水标注"设置为当前图层，对管径、管线长度、水流方向、检查井等进行标注。

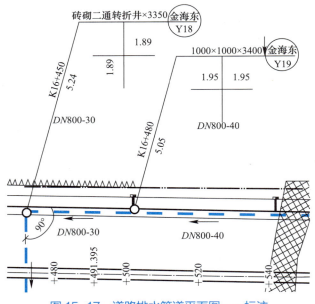

图 15-17　道路排水管道平面图——标注

调用"画圆""直线""单行文字"命令,绘制检查井标注样例。

调用"复制"和"移动"命令,调整检查井标注样例到拟建排水管线的相应位置。

调用"文字编辑"命令,编辑完成每个检查井标注内容。

调用"直线""多段线"和"单行文字"命令,绘制管线标注样例。

调用"文字编辑"命令,编辑完成管线标注内容。

> **说明:** 检查井标注主要包括检查井编号、规格、桩号、设计地面标高、管内底标高,管线标注主要包括管径、管线长度和水流方向。

5. 保存成图

任务小结

通过本任务的学习,掌握识读道路排水管道平面图的方法,读出管道平面图中管线位置、规格、坡度,附属构筑物如检查井、雨水口的位置、数量等内容。在理解排水管道平面图的基础上,应用 AutoCAD 正确地绘制道路排水管道平面图。

任务 15.3　道路排水工程纵断面图的识读及绘制

任务描述

1. 掌握道路排水工程纵断面图的图示内容;
2. 通过工程实例识读道路排水工程纵断面图;
3. 运用 AutoCAD 绘制道路排水工程纵断面图。

学习活动 15.3.1　识读道路排水工程纵断面图

学习目标

1. 掌握道路排水工程纵断面图的组成;
2. 通过某工程案例图纸,识读道路排水工程纵断面图。

活动描述

识读如图 15-3 所示东侧雨水管道纵断面设计图。

码 15-3　识读
道路排水工程
纵断面图

任务实施

1. 识读图名及比例

（1）纵断面图的组成

本图为东侧雨水管道纵断面设计图。道路排水管道纵断面图是通过管道的轴线用假想的铅垂剖切面进行纵向剖切，然后展开绘制出的图形，用来表示路面起伏变化、管道敷设的坡度、管道直径、坡度、路面标高、埋深和管道交接等情况。道路排水管道分为雨水、污水管道，本教材以雨水管道为例进行介绍。

道路排水管道纵断面图由图样和资料表两部分组成，读图时应将图样部分和资料表部分结合起来识读，并与管道平面图对照识读，最后得出图样中所表示的管道的实际情况，如图15-3所示。

（2）比例

断面图是与平面图相互对应并互为补充的，平面图着重反映设计管线在道路上的平面位置，断面图则重点突出设计管道在道路路面以下的状况。为了突出纵断面图的特点，一般将纵断面图绘成沿管线方向的比例与竖直方向（挖深方向）的比例不同的形式，沿管线方向的比例一般应与平面图比例相同，而纵向通常采用的比例为1∶50或1∶100。这样使管道的断面加大，位置也变得更明显。由图15-3可知，本图比例为"横向1∶1000，竖向1∶100"。

2. 识读纵断面图样

（1）线形

图15-3上半部分的图样中用不规则细折线表示原有地面线，用比较规则的中粗实线表示设计地面线，用两条粗实线表示管道。

（2）检查井

图中用两条平行的竖线表示检查井。竖线连设计地面线，接地面的检查井盖处，竖线下接管道顶部。

纵断面图应在检查井图示的位置上方标出井的编号和井的位置。以图15-3中左侧第3个检查井为例，检查井上方的标注"金海东Y21"表示检查井的名称为东侧编号为21的雨水检查井，"K16+562"表示该检查井的位置距离管道起点16562m；根据该检查井两条竖线未延伸至管内底可以判断它为不落底井。

（3）管道

与检查井相连的上、下游的管道，应根据设计的管内底标高画管道纵断面图，并注明各管段的衔接情况。一般的管道连接方式有两种：管顶平接、水面平接。管径变大用管顶平接，管道不变用水面平接，接入检查井的支管，按管径及其管内底高画出其横断面，并需标出接入的支管管径及管内底标高。

如图 15-3 所示，编号 Y21 的雨水检查井上下游干管采用的连接方式为管顶平接，接入的支管管径为 600mm，管内底标高为 2.29m。

3. 识读纵断面图资料表

道路排水管道纵断面图的资料表设在图样下方，并与图样对应。

（1）道路桩号

道路桩号一栏是管道沿线各检查井中心点的里程桩号，与检查井上方标注的里程桩号是一致的。

（2）自然地面标高、设计路面标高和设计管内底标高

自然地面标高是指检查井盖处原地面点所对应的标高值。

设计路面标高是指检查井井盖处的地面标高。当检查井位于道路中心线上时，此高程即为检查井所在桩号的路面设计标高；当检查井不在道路中心线上时，此高程应根据该横断面所处桩号的设计路面标高、道路横坡及检查井中心距道路中心线的距离推算而定。

设计管内底标高是指检查井进、出口管道内底标高。如两者相同，只需填写一个标高；否则，应在该栏纵线两侧分别填写进、出口管道内底标高。

如图 15-3 所示，以编号为 Y21 的雨水检查井为例，此处的自然地面标高为 4.33m，设计路面标高为 4.58m，设计管内底标高为 2.09m。

（3）检查井深及管顶覆土

检查井深是指井底至路面之间的高度。

对于不落底井，检查井深＝设计路面标高－设计管内底标高；对于落底井，检查井深＝设计路面标高－设计管内底标高＋落底深度。

管顶覆土是指管顶至道路顶面之间的高度。管顶覆土＝设计地面标高－管内底标高－管道内径－管道壁厚＝设计地面标高－管外顶标高。

图 15-3 中，编号为 Y21 的雨水检查井的检查井深＝4.58（设计地面标高）－2.09（设计管内底标高）＝2.49m；管顶覆土＝4.58（设计地面标高）－2.09（设计管内底标高）－0.8（管道内径）－0.08（管道壁厚）＝1.61m。

（4）管径及坡度

管径是指两检查井之间管道的直径，管道坡度是指两相邻检查井之间管道的坡度。该栏应根据设计数据填写。图 15-3 中管道直径为 800mm，用 *DN*800 来表示；编号为 Y20 与 Y21 的雨水检查井之间管道坡度为 0.143%。

（5）检查井距离和规格

检查井距离是指两个相邻检查井之间的水平距离，为两个检查井所在里程桩号之差。检查井规格为检查井的横截面尺寸。

图 15-3 中，编号 Y20 与编号 Y21 的雨水检查井之间的检查井距离＝16562（编号

Y21 的雨水检查井的里程桩号）-16520（编号 Y20 的雨水检查井的里程桩号）=42m；本段管道检查井的规格为 1000（长）×1000（宽），单位为"mm"。

（6）管材、接口及基础

管材、接口及基础一栏给出了管道所用材料、接口和基础类型。通常在道路排水施工图总说明中对此栏内容有详细的介绍，纵断面图中仅为简单说明。

图 15-3 中，管材采用高密度聚氯乙烯双壁缠绕管（HDPE），接口采用双道密封橡胶圈止水，采用砾石砂基础。

学习活动 15.3.2　绘制道路排水工程纵断面图

码 15-4 绘制道路排水工程纵断面图

学习目标

掌握 AutoCAD 绘制排水管道纵断面图的方法和步骤。

活动描述

用 AutoCAD 绘制如图 15-3 所示的东侧雨水管道纵断面设计图。

任务实施

绘制步骤流程如下：

1. 打开底图，设置图层（图 15-18）

打开已有底图文件，将文件另存为"东侧雨水管道纵断面设计图 .dwg"。

根据排水管道纵断面图的特点，建立 3 个图层，分别为资料表、管线、标注，并设置相应的图层名称、线型和颜色。

2. 填写资料表（图 15-19）

将"资料表"设置为当前图层，填写资料表。

调用"单行文字"命令，填写资料表第一列的数据。

说明：每个检查井的每一列数据，包括道路桩号、自然地面标高、设计路面标高、设计管内底标高、检查井深、管顶覆土、管径及坡度、检查井距离、管材、接口及基础和井规格。

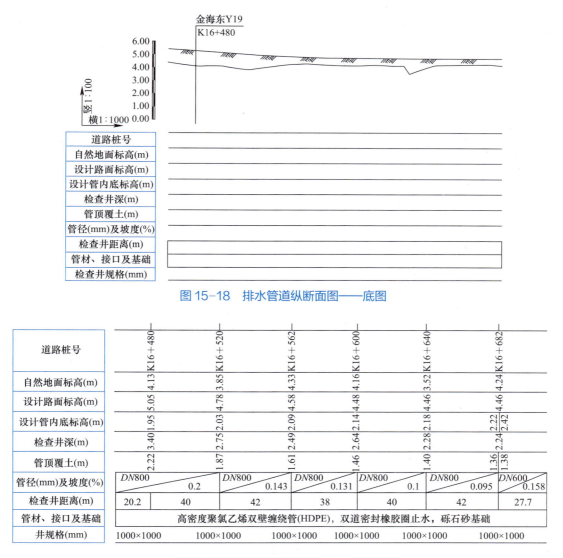

图 15-18　排水管道纵断面图——底图

图 15-19　排水管道纵断面图——资料表

调用"复制"和"移动"命令，把第 2~6 行数据调整至相应位置。

调用"文字编辑"命令，编辑完成第 2~6 行数据。

3. 绘制图样的管线（图 15-20）

把"管线"设置为当前图层，根据图例和已知数据绘制检查井及其管段连接。

调用"多段线""延伸""偏移"和"修剪"命令，绘制第 1 个和第 2 个检查井。

调用"多段线""延伸""偏移""修剪"命令，绘制第 1 个和第 2 个检查井的管段连接。

依次绘制其余检查井及其管段连接。

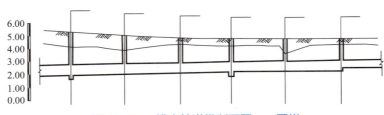

图 15-20　排水管道纵断面图——图样

> **说明**：图样与资料表的数据一一对应，绘制管段连接时注意管段衔接情况，选用管顶平接或水面平接。

4. 添加标注（图 15-21）

把"标注"设置为当前图层，绘制标注说明。

调用"椭圆""单行文字"和"直线"命令，绘制接入检查井的支管，并对支管的管径和标高进行标注说明，完成标注样例。

调用"复制"和"移动"命令，把标注样例调整至相应位置。

调用"文字编辑"命令，完成相应的标注编辑。

> **说明**：标注说明，包括管段起点和终点、管径、标高等。

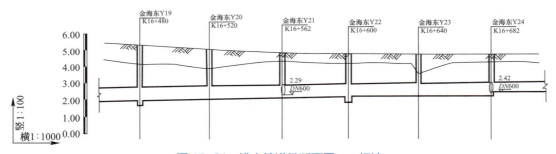

图 15-21　排水管道纵断面图——标注

5. 保存成图

任务小结

通过本任务的学习，读懂道路排水管道纵断面图，进一步理解排水系统的知识，掌握位于道路下方的排水管道的位置、坡度、连接等内容。平面图和纵断面图应结合起来识读，在理解和掌握识读道路排水管道纵断面图的基础上，应用 AutoCAD 正确地绘制道路排水管道纵断面图。

项目 16 桥梁工程图识读与绘制

项目概述

桥梁施工图是桥梁工程施工的依据，参与工程施工的技术和管理人员都应读懂桥梁施工图，了解桥梁工程的设计要求，以保证工程施工技术人员能进行按图施工。通过本项目的学习，基本知道桥梁工程施工图的组成，看懂桥梁总体布置图、构件施工图，并运用 AutoCAD 绘制简单板梁钢筋结构图。

本项目的任务：
- 分析桥梁施工图的概况
- 桥梁总体布置图识读
- 桥梁钢筋结构图识读与绘制
- 桥梁构件施工图识读

任务 16.1　分析桥梁施工图的概况

任务描述

1. 识读某桥梁工程施工图设计图纸目录，掌握桥梁工程设计图纸的组成。
2. 识读桥梁工程设计总说明，明确桥梁工程的等级和对应的技术标准，知道桥梁工程的相关规范。
3. 能识读桥位平面图。

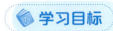

学习活动 16.1.1　识读图纸目录

学习目标

识读某桥梁工程施工图图纸目录，掌握桥梁工程设计图纸的组成。

活动描述

识读如图 16-1 所示的桥梁工程施工图设计图纸目录。

序号	图号	图名		纸型	张数	备注	序号	图号	图名		纸型	张数	备注
		桥涵工程											
1	SⅢ-01	支河一桥	施工图设计总说明	A3	1		26	SⅢ-26	支河一桥	板底预埋钢板结构图	A3	1	
2	SⅢ-02	支河一桥	全桥主要材料数量表	A3	1		27	SⅢ-27	支河一桥	防震锚栓布置大样图	A3	1	
3	SⅢ-03	支河一桥	桥位平面图	A3	1		28	SⅢ-28	支河一桥	支座垫石顶面高程图	A3	2	
4	SⅢ-04	支河一桥	桥梁总体布置图	A3	3								
5	SⅢ-05	支河一桥	桩位坐标表	A3	1								
6	SⅢ-06	支河一桥	桥面标高示意图	A3	1								
7	SⅢ-07	支河一桥	桥台一般构造图	A3	1								
8	SⅢ-08	支河一桥	桥台钢筋结构图	A3	3								
9	SⅢ-09	支河一桥	桥台挡块钢筋结构图	A3	1								
10	SⅢ-10	支河一桥	桥台承台钢筋结构图	A3	2								
11	SⅢ-11	支河一桥	桥台桩基钢筋结构图	A3	1								
12	SⅢ-12	支河一桥	桥墩一般构造图	A3	1								
13	SⅢ-13	支河一桥	桥墩盖梁钢筋结构图	A3	1								
14	SⅢ-14	支河一桥	桥墩挡块钢筋结构图	A3	1								
15	SⅢ-15	支河一桥	桥墩桩基钢筋结构图	A3	1								
16	SⅢ-16	支河一桥	8m预制板一般构造图	A3	1								
17	SⅢ-17	支河一桥	8m预制板中板钢筋结构图	A3	1								
18	SⅢ-18	支河一桥	8m预制板边板钢筋结构图	A3	1								
19	SⅢ-19	支河一桥	桥面铺装钢筋结构图	A3	1								
20	SⅢ-20	支河一桥	人行道板钢筋结构图	A3	1								
21	SⅢ-21	支河一桥	桥面连续钢筋结构图	A3	1								
22	SⅢ-22	支河一桥	人行道栏杆构造图	A3	1								
23	SⅢ-23	支河一桥	伸缩装置及预埋件构造图	A3	1								
24	SⅢ-24	支河一桥	桥台搭板钢筋结构图	A3	3								
25	SⅢ-25	支河一桥	支座垫石钢筋结构图	A3	1								

图 16-1　桥梁工程施工图设计图纸目录

学习支持

桥梁是道路跨越障碍的结构物。当道路路线遇到江河、湖泊、山谷、深沟以及其他线路（公路或铁路）等障碍时，为了保证道路上的车辆连续通行，也为保证桥下水流的宣泄、船只的通航或车辆的运行，就需要建造桥梁。

1. 桥梁的组成

桥梁一般由上部结构（桥跨结构）、下部结构和附属结构三部分组成，如图 16-2 所示。

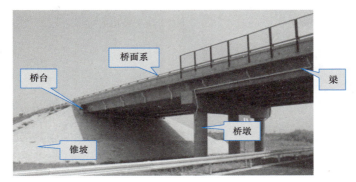

图 16-2　桥梁组成的示意图

上部结构，也称桥跨结构，包括承重结构和桥面系，是在线路遇到中断时跨越障碍的主要承载结构。它的作用是承受结构自重、车辆、行人等荷载，并通过支座传给墩台。

下部结构，包括桥墩、桥台和基础，其作用是支承上部结构，并将结构重力和车辆荷载等传给地基，桥台设在两端，除了有支承桥跨结构的作用外，还要与路堤衔接抵御路堤土压力，防止路堤滑塌。

附属结构，包括桥头锥形护坡、挡土墙、护岸以及导流结构物等。它的作用是抵御水流的冲刷，防止路堤填土坍塌。

2. 桥梁的分类

（1）按结构受力体系分

桥梁按结构受力体系划分，有梁式桥、拱桥、刚架桥、悬索桥和组合体系桥。

1）梁式桥

梁式桥的主要承重构件是梁（板），如图 16-3 所示。梁式桥在竖向荷载作用下，梁（板）以受弯为主，墩台仅承受竖向压力。

2）拱桥

拱桥的主要承重结构是拱圈或拱肋，如图 16-4 所示。在竖向荷载作用下，拱桥的承重结构以受压为主，墩台承受较大的水平推力。拱桥外形美观，可采用抗压能力强的建筑材料，如砖、石、混凝土等来建造。

3）刚架桥

刚架桥主要承重结构是梁（或板）和墩台的立柱或竖墙整体结合在一起的刚架结构，如图 16-5 所示。在竖向荷载作用下，梁（板）主要受弯，而在柱脚处则承受弯矩、轴力

图 16-3 梁式桥

图 16-4 拱桥

和水平反力,梁和柱的连接处具有很大的刚性,其受力状态介于梁桥与拱桥之间。对于同样的跨径,在相同的荷载作用下,刚架桥跨中的建筑高度比梁桥要小。

4)悬索桥

悬索桥的主要承重构件是悬挂在两边塔架,并锚固在桥台后面的锚锭上的缆索,如图 16-6 所示。在竖向荷载作用下,通过吊杆使缆索承受很大的拉力,而塔架则要承受竖向力的作用,同时还承受一定的水平拉力和弯矩。

图 16-5 刚架桥

图 16-6 悬索桥

5)组合体系桥

根据结构的受力特点,由几个不同体系的结构组合而成的桥梁称为组合体系桥。组合体系主要是利用梁、拱、吊三者的不同组合,上吊下撑以形成新的结构。图 16-7 为梁和拱组合而成的系杆拱桥,其中梁和拱都是主要承重构件。图 16-8 为梁和拉索组成的斜拉桥,它是一种由梁受弯与斜缆受拉共同承受荷载的组合体系。

(2)按跨径分

桥梁按其多孔跨径总长或单孔跨径的长度,可分为特大桥、大桥、中桥和小桥四类,桥梁分类应符合表 16-1 的规定。

图 16-7 系杆拱桥

图 16-8 斜拉桥

桥梁按总长或跨径分类　　　　　　　　　　表 16-1

桥梁分类	多孔跨径总长 L（m）	单孔跨径 L_0（m）
特大桥	$L>1000$	$L_0>150$
大桥	$100 \leqslant L \leqslant 1000$	$40 \leqslant L_0 \leqslant 150$
中桥	$30<L<100$	$20 \leqslant L_0<40$
小桥	$8 \leqslant L \leqslant 30$	$5 \leqslant L_0<20$

注：1. 单孔跨径系指标准跨径，梁式桥、板式桥以两桥墩中线之间桥中心线长度或桥墩中线与桥台台背前缘线之间桥中心线长度为标准跨径；拱式桥以净跨径为标准跨径；
　　2. 梁式桥、板式桥的多孔跨径总长为多孔标准跨径的总长；拱式桥为两岸桥台起拱线间的距离；其他形式的桥梁为桥面系的行车道长度。

任务实施

1. 识读工程名称、工程编号、设计阶段和图别

如图 16-1 所示，工程名称是×××路复线道路新建工程，工程编号为 Y2023S016，处于施工图设计阶段，专业为桥涵。

2. 识读图号、纸型和张数

如图 16-1 所示，本套图纸均采用 A3 图。图号为 SⅢ-04 的是桥梁总体布置图，共有 3 张 A3 图。

3. 看懂图名

一般桥梁工程图由设计说明和设计图纸组成。

（1）设计说明

设计说明是对工程设计和施工要求的总体说明，主要包括桥梁工程设计依据、工程规模及主要工程内容、设计技术标准、桥梁结构物设计、附属构筑物设计、施工方案及注意事项、施工质量验收标准等。如图 16-1 所示，图号为 SⅢ-01 的是施工图设计总说明，共有 1 页。

（2）设计图纸

桥梁工程的设计图纸一般包含桥位平面图、桥位地质纵断面图、总体布置图、构件施工图和钢筋布置图等。

1）桥位平面图

桥位平面图是在地形图上画出的桥梁水平投影，它表达了桥梁的平面位置、桥位附近地形、河流流向、桥头接线等。如图16-9所示，图号为SⅢ-03的是桥位平面图。

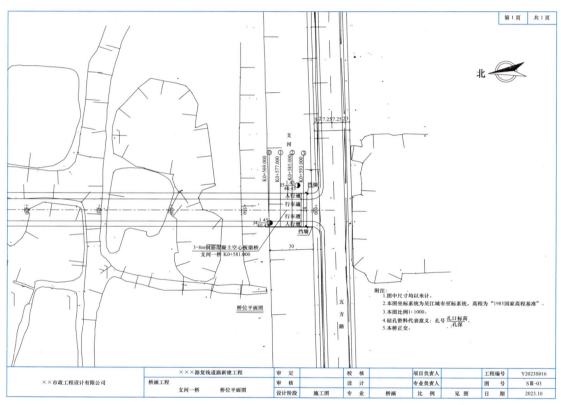

图16-9　桥位平面图

2）桥位地质断面图

根据水文调查和钻探所得的地质水文资料，绘制出桥位所在河床位置的地质断面图，包括河床断面线、最高水位线、常水位线，可作为设计桥梁、桥台、桥墩和施工时计算土石方工程数量的依据。桥位地质断面图也可绘制于总体布置图的立面图中，如图16-10所示。

3）总体布置图

总体布置图包括桥梁的立面图、横断面图以及平面图。它主要表明桥梁主要结构（桥梁全长、跨度、桥宽、桥高、基础、墩台、梁等）控制尺寸，各部分的主要标高、坡度，

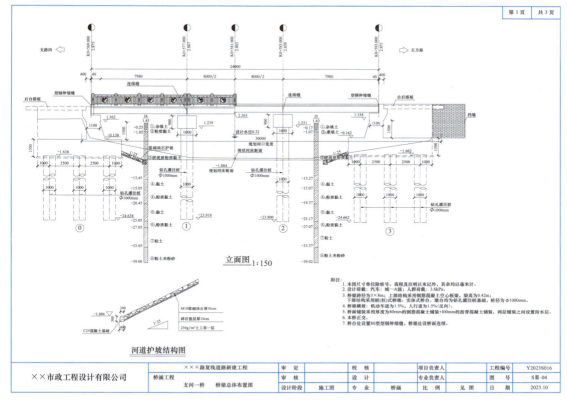

图 16-10　桥梁总体布置图

各主要构件的相互位置关系、使用材料及总的技术说明等,作为施工时确定墩台位置、安装构件和控制标高的依据,如图 16-10 所示。

4）构件施工图

构件施工图是对桥梁各部分构件进行详细的设计、计算,绘制施工详图,供施工使用。由于总体布置图的比例较小,桥梁的构件没有详细完整地表达出来,因此单凭总体布置图不能进行制作和施工,还必须采用较大的比例把构件的形状、大小完整地表达出来,才能作为施工的依据,这种图称为构件结构图,也称为详图,如桥台图、桥墩图、主梁图和栏杆图等。如图 16-11 所示为桥墩一般构造图。

5）钢筋布置图

由钢筋混凝土制成的板、梁、桥墩和桩等构件组成的结构物,称为钢筋混凝土结构。为了把钢筋混凝土结构表达清楚,需要绘制钢筋结构图,称为钢筋布置图。钢筋布置图表示了钢筋的布置情况,是桥梁工程施工中钢筋下料、加工、绑扎、焊接和工程施工及质量检验的重要依据,其包含钢筋布置图、钢筋编号、尺寸、规格、根数、钢筋成型图和钢筋数量表及技术说明等。如图 16-12 所示为桥墩盖梁钢筋结构图。

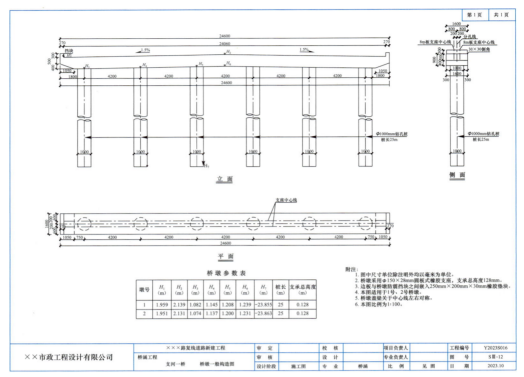

图 16-11　桥墩一般构造图

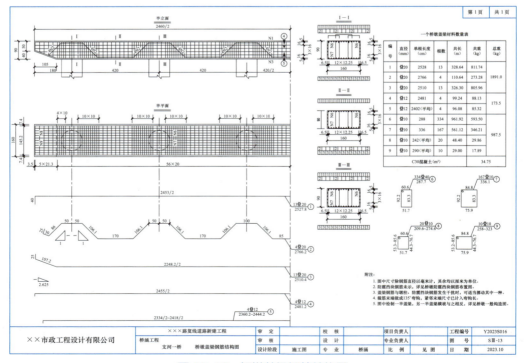

图 16-12　桥墩盖梁钢筋结构图

4. 识读桥梁施工图的方法

识读桥梁施工图的方法是"形体分析法",即用形体分析的方法来分析桥梁图。在读图时先由整体到局部,就是先看总体布置图,再对照构件的细部尺寸、详图、钢筋图等进行识读,看完细部之后,再对照总体图进行检查和复核,运用投影规律,互相对照,弄清整体。

学习活动 16.1.2　识读桥梁工程设计总说明

学习目标

识读桥梁工程设计总说明,明确桥梁工程的等级和对应的技术标准,知道桥梁工程的相关规范。

活动描述

识读如图 16-13 所示的桥梁工程设计总说明。

设 计 总 说 明

一、设计依据
1.《公路桥涵设计通用规范》　　　　　　　　　　JTG D60-2015
2.《公路钢筋混凝土及预应力混凝土桥涵设计规范》　JTG 3362-2018
3.《公路桥涵施工技术规范》　　　　　　　　　　JTG/T 3650-2020
4.《公路桥涵地基与基础设计规范》　　　　　　　JTG 3363-2019
5.《城市桥梁设计规范》　　　　　　　　　　　　CJJ 11-2011
6.《城市桥梁抗震设计规范》　　　　　　　　　　CJJ 166-2011
7.《吴江市支路三新建工程地质详细勘察报告》　　（西北综合勘察设计研究院）

二、设计标准
1.设计荷载：汽车荷载：城—A级。
　　　　　　人群荷载：按《城市桥梁设计规范》CJJ 11-2011计算取值为3.6。
2.跨径组合：（8+8+8）m。
3.本桥正交。
4.桥梁横坡：机动车道为1.5%,人行道为1.5%（反向）。
5.抗震设防烈度7度,桥梁抗震设防类别为丙类。
6.桥梁结构设计安全等级：二级,结构重要性系数r_0=1.0。
7.设计基准期为100年。
8.结构设计使用年限为30年。

三、结构说明
1.本桥上部结构采用8m钢筋混凝土空心板梁,运营状态下主梁应力考虑了预制板、铰缝及整体化现浇桥面铺装共同计算,桥墩处结构简支后桥面连续,梁高为42cm。
2.桥梁下部结构为桩（柱）式墩,重力式U形桥台。
3.桥墩、轿台桩基均采用直径100cm钻孔灌注桩。
4.桥台处设80型钢伸缩缝,桥墩处桥面采用桥面连续。
5.本桥支座采用GYZΦ150×28mm圆板式橡胶支座。

四、施工注意事项
1.桥梁位置系根据道路路线确定,施工单位在放线之前,必须对设计道路的走向、现状河道情况作综合考虑,定出桥位,对设计标高等数据进行复核计算,若发现计算结果与设计不符,应及时通知设计单位复查。
2.基础施工前,应首先探明各种地下管线位置及高程,对桩附近的地下管线应采取可靠措施,确保安全。如施工前桩基与地下管线有干扰时,应及时通知建设单位和设计单位,以钢酌情处理。
3.灌注桩的桩顶标高应按规范要求预加一定的高度,预加高度可在基坑开挖后删除。其中桩伸入盖梁、承台的混凝土强度必须达到设计强度。钻孔灌注桩沉渣厚度不大于100mm。
4.基桩应进行100%的完整性检测,高应变动测法抽检每个墩台至少各1根,共5根。
5.钢筋混凝土空心板采用胶囊为内膜,施工时必须采取定位措施以防浮动,一般可用箍筋或加定位钢筋焊定。
6.构件堆放和运输时,垫木支承位置应与支座位置一致。各层垫木应放在同一条垂直线上,一般两层为宜,不得超过三层。
7.预制空心板起吊和搬运应在混凝土达到设计强度的90%后方能进行。构件安装完后,应在混凝土达到设计强度后才允许浇筑桥面铺装混凝土。
8.架梁时一定要对称架设,为使板面铺装与预制板紧密结合成整体,预制板顶面必须拉毛,为加强预制板梁的横向连接,以免板梁横向位移和桥面纵向裂缝,预制板梁顶面的外伸钢筋应与桥面铺装钢筋扎成一体,不得将外伸钢筋压平至梁面与铺装钢筋互不相连。
9.运营状态下主梁应力考虑了预制板、铰缝及整体化现浇混凝土共同受力进行计算,施工时现浇混凝土厚度最小处不得小于10cm。
10.栏杆施工应在混凝土铺装施工完成后进行。
11.板梁预制时,应注意人行道基座钢筋和伸缩缝钢筋的埋设。
12.其他未尽事宜均应按照《公路桥涵施工技术规范》JTG/T 3650—2020 规定执行,施工中遇到问题应及时与建设单位与设计单位沟通。

图 16-13　桥梁工程设计总说明

任务实施

1. 了解设计依据

施工图设计的依据主要是相关设计规范以及桥位的工程地质勘察报告等。

2. 知道相关规范

现行城市道路桥梁工程设计的相关规范有:

(1)《城市桥梁设计规范》CJJ 11—2011

该规范由中华人民共和国住房和城乡建设部于 2011 年颁布,适用于城市道路上的新建、改建永久性跨河桥梁、高架道路桥梁、立体交叉桥梁和地下通道设计。

(2)《公路桥涵设计通用规范》JTG D60—2015

该规范由中华人民共和国交通部于 2015 年颁布,适用于新建和改建的各等级公路桥涵的结构设计。

3. 看懂技术标准

(1)设计荷载

我国城市桥梁设计荷载中的汽车荷载分为城 −A 级和城 −B 级两个等级。应根据道路的功能、等级和发展要求等具体情况选用设计汽车荷载等级,具体见表 16−2。如图 16−13 所示,本桥梁采用城 −A 级。

桥梁设计汽车荷载等级　　　　　　　　　　　表 16−2

城市道路等级	快速路	主干路	次干路	支路
设计汽车荷载等级	城 −A 级或城 −B 级	城 −A 级	城 −A 级或城 −B 级	城 −B 级

(2)跨径组合

一座桥梁可以采用不同跨径和孔数的组合方式。在同样情况下,单孔跨跨径越大,要求上部结构跨越能力就越大,则造价越高,但是孔数可减少,所需的桥墩数也相应减少,则下部结构的造价会降低。桥梁的分孔与诸多因素有关,如是否应考虑通航要求、地质条件、结构类型、施工难易程度等,应尽可能选择分孔后上下部结构总造价最经济的跨径组合。

如图 16−13 所示,该桥梁采用(8+8+8)m 的设计,表示桥梁采用三跨形式,共设 2 个桥墩,每跨的标准跨径为 8m。

(3)正交桥与斜交桥的区别

正交桥指的是纵轴线与其跨越的河流流向或路线轴向垂直的桥梁,如图 16−14 所示;斜交桥指的是纵轴线与其跨越的河流流向或路线轴向不相垂直的桥梁,如图 16−15 所示。特大桥、大桥的桥位应选择在河道顺直、河床稳定、河滩较窄、河槽能通过大部分设计流量且地质良好的河段;中小桥桥位宜按道路的走向进行布置。从图 16−9 桥位平面图可以看出,本设计桥梁纵轴线与其跨越的河流流向 90°正交,所以为正交桥。

(4)抗震设防烈度

桥梁应进行抗震设计,应按国家现行标准《中国地震动参数区划图》GB 18306、《城市

图 16-14　正交桥

图 16-15　斜交桥

道路设计规范》CJJ 37 和《公路工程技术标准》JTG B01 规定进行抗震设计。由图 16-13 设计总说明可知，本桥梁抗震设防烈度 7 度，桥梁抗震设防类别为丙类。

（5）设计使用年限

设计使用年限是设计规定的结构或结构构件不需进行大修即可按预定目的使用的年限。一般桥梁的设计使用年限应按表 16-3 的规定采用。本设计桥梁单孔跨径为 8m，多孔跨径总长为 24m，按表 16-1 规定，符合多孔跨径总长为 8m$\leqslant L \leqslant$30m，单孔跨径 5m$\leqslant L_0 <$ 20m 的要求，所以为小桥，则设计使用年限为 30 年。

桥梁结构的设计使用年限　　　　　表 16-3

类别	设计使用年限（年）	类别
1	30	小桥
2	50	中桥、重要小桥
3	100	特大桥、大桥、重要中桥

4. 知道结构设计情况

（1）梁式桥承重结构的截面形式

梁式桥承重结构的截面形式分为板桥、肋梁桥和箱梁桥。

1）板桥

板桥的承重结构就是矩形截面的钢筋混凝土或预应力混凝土板，为了达到减轻自重和加大适用跨径的目的，可将横截面部分挖空，形成空心板桥，如图 16-16 所示。其主要特点是构造简单，施工方便，而且建筑高度较小，适用于中小跨径桥梁。

2）肋梁桥

在横截面内形成明显肋形结构的梁桥称为肋梁桥，如图 16-17 所示。由于肋与肋之间处于受拉区域的混凝土得到很大程度的挖空，显著减轻了结构自重，同时也具有更大的抵抗荷载弯矩的能力。目前，中等跨径的梁桥通常多采用肋梁桥。

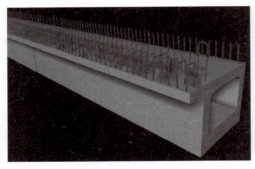

图 16-16　板桥

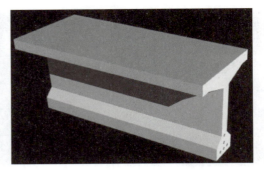

图 16-17　肋梁桥

3）箱梁桥

横截面是一个或几个封闭的箱形结构的梁桥称为箱梁桥，如图 16-18 所示。箱梁的抗扭刚度大，适用于曲线桥及承受较大偏心荷载的直线桥，多用于较大跨度的连续梁桥。

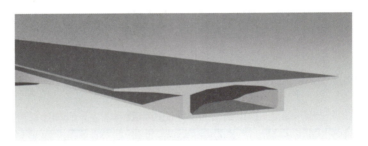

图 16-18　箱梁桥

（2）钢筋混凝土结构和预应力混凝土结构

钢筋混凝土结构是用钢筋和混凝土制成承重构件的一种结构。钢筋承受拉力，混凝土承受压力。钢筋混凝土结构具有坚固、耐久、防火性能好、比钢结构节省钢材和成本低等优点。

预应力混凝土结构是使混凝土在荷载作用前预先受压的一种结构。预应力用张拉高强度钢筋或钢丝的方法产生，预应力能提高混凝土承受荷载时的抗拉能力，防止或延迟裂缝的出现，并增加结构的刚度，节省钢材和水泥。

张拉预应力钢筋的方法有两种：

1）先张法

即先张拉钢筋，后浇灌混凝土，待混凝土达到规定强度时，放松钢筋两端，如图 16-19 所示。

2）后张法

即先浇灌混凝土，达到规定强度时，再张拉穿过混凝土内预留孔道中的钢筋，并在两端锚固。

本设计桥梁上部结构采用 8m 钢筋混凝土空心板梁，梁高为 42cm。

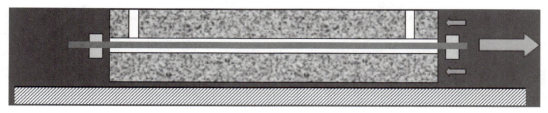

图 16-19　先张法预应力混凝土张拉示意图

学习活动 16.1.3　识读桥位平面图

学习目标

识读桥位平面图，了解桥位平面布置的基本情况。

活动描述

识读如图 16-9 所示的桥位平面图。

任务实施

1. 识读图名及比例

图 16-9 为桥位平面图。桥位平面图一般采用较小的比例，如 1∶500、1∶1000、1∶2000 等，本图的比例为 1∶1000。

2. 识读桥梁平面位置

桥位平面图主要表示桥梁与路线连接的平面位置。通过地形测量绘出桥位处的道路、河流、水准点、钻孔及附近的地形和地物（如房屋、原有桥梁等），作为设计桥梁、施工定位的依据。

（1）指北针

图中指北针表示桥梁的方位，可以看出桥梁沿道路走向，桥纵向基本为南北方向。

（2）钻孔资料

桥位平面图中显示有 2 个取样孔，分别是 J4 和 J5，J4 的孔口高程为 1.45m，钻孔深度为 40.45m；J5 的孔口高程为 1.43m，钻孔深度为 40.45m。

（3）桥位平面布置

支河一桥中心线桩号为 K0+581.000，该桥横跨支河，与支河为正交。桥梁采用 3 跨形式，每跨分别以 8m 钢筋混凝土空心板梁为承重结构，桥宽为 24m。桥梁南侧因与相交道路距离较近，因此设置挡墙。

工匠轶事——桥梁大师林元培与南浦大桥

黄浦江孕育了上海，但是也把浦东和浦西分隔，20世纪80年代前，上海浦东还没有林立的高楼，市区黄浦江两岸相隔近400m，摆渡仍是来往通行的唯一途径。1982年，党中央和上海市委决定在黄浦江上建造大桥。由于上海作为世界级的港口，需要有一定的通航要求，所以首选方案就是能一跨过江，也就是单孔跨径达400m以上。

修建当时中国最大跨度的跨江大桥，考虑到技术难度，上海市政府原已接受日本提出的免费设计并提供低息贷款的建设建议。同济大学桥梁系老师项海帆得到消息，给当时的市长写信：中国的桥梁工程界完全有能力自己设计和建造像黄浦江大桥这样规模和技术难度的大跨度桥梁，中国工程界需要实践的机会来提高自己的水平。1987年9月27日，时任上海市市长江泽民到同济大学调研后批示："我看主意应该定了，就以中国人为主设计，集思广益。"这一英明和果断的决策，体现了党和政府对中国专家的无比信赖，同时也给了专家们巨大的精神力量。

1988年12月15日，打桩机打下了建桥的第一根钢管桩。南浦大桥总投资8.2亿元人民币，总长8346m，其中主桥全长846m，为一跨423m过江的双塔双索面叠合梁结构斜拉桥，每座桥塔两侧各有22对钢拉索连接主梁，索面呈扇形布置。

林元培是中国桥梁专家，南浦大桥的总设计师。林元培于1954年毕业于上海土木工程学校，后进入上海市政工程设计研究院工作；2003年担任上海市政工程设计研究院总工程师；2005年当选为中国工程院院士。作为南浦大桥的总设计师，林元培至今还记得，时任上海市市长朱镕基把他叫到办公室，问他有没有把握。他坦诚作答："有80%的把握，但是我们会用120%的努力，将20%的风险降到最低程度。"林元培曾说"我赶上了好时代，新中国发展带来的机遇，让我们有了施展才华的机会和舞台，实现了几代工程师的造桥梦。"

1991年6月20日，南浦大桥铺上了最后一块桥面板。建成后，汽车从浦西驶到浦东，只需7分钟，浦江两岸一桥飞越。南浦大桥建成带来了浦东的腾飞，促进了整个上海的经济发展。

南浦大桥，不是中国最古老的桥梁，也不是中国最大的桥梁，却是真正意义上的中国第一桥，因为它是中国人第一次依靠自己的力量设计施工的第一座现代化的大跨径桥梁。然而，这个"第一"来之不易，它体现了中国经济的飞速发展，汇聚了中国工程技术人员的爱国心、民族志气和智慧，也记载了中国桥梁工程师们的责任、梦想和光荣，在面对机遇和挑战时的敢于承担责任的勇气和信心。

> **任务小结**

通过识读某桥梁工程施工图设计图纸目录、桥梁工程设计总说明和桥位平面图，总体了解桥梁工程的基本情况，明确桥梁工程的等级和对应的技术标准，知道桥梁工程的相关规范。同时通过桥梁大师林元培建造南浦大桥的故事，知晓桥梁建设者树立工匠精神的重要性。

任务 16.2　桥梁总体布置图识读

> **任务描述**

1. 知道桥梁总体布置图的组成，能分析桥梁施工图的基本情况。
2. 通过工程实例学会识读桥梁总体布置立面图。
3. 通过工程实例学会识读桥梁总体布置平面图。
4. 通过工程实例学会识读桥墩、桥台横断（剖）面图。

学习活动 16.2.1　识读桥梁总体布置立面图

> **学习目标**

1. 知道桥梁总体布置图的组成，能分析桥梁施工图的基本情况。
2. 通过工程实例学会识读桥梁总体布置立面图。

> **活动描述**

识读如图 16-10 所示的桥梁总体布置图的立面图。

> **任务实施**

1. 识读图名及比例

（1）图名

在标题栏内注有工程名称，图 16-10 为桥梁总体布置图。桥梁总体布置图的内容包括桥梁的立面图、横断面图以及平面图，主要表明桥梁的形式、跨径、孔数、总体尺寸、各主要构件的相互位置关系、桥梁各部分的标高、使用材料及总的技术说明等，作为施工时确定墩台位置、安装构件和控制标高的依据。

桥梁总体布置图中的桥梁立面图、平面图和横断面图,相当于一般工程图的三视图展开。

(2)比例

从图形下方标注说明可知,总体布置图中立面图比例为"1∶150"。

(3)角标

图 16-10 右上角角标显示"第 1 页　共 3 页",表示该桥梁工程的总体布置图共有 3 页,此图为第 1 页。

2. 识读桥位地质断面图

桥位地质断面图是表明桥位所在河床位置的地质断面情况的图样,是根据水文调查和实地钻探所得到的地质水文资料绘制的。如地质情况不复杂的河床,也可将地质情况用柱状图直接绘制在桥梁总体布置图中的立面图中,如图 16-10 所示。

(1)识读地质断面情况

地质断面资料包含各层地质情况、钻孔位置、孔口标高、钻孔深度等。在任务 16.1 学习活动 16.1.3 识读桥位平面图中,已经知道桥位平面图中有 2 个取样孔,分别是 J4 和 J5,J4 的孔口高程为 1.45m,钻孔深度为 40.45m;J5 的孔口高程为 1.43m,钻孔深度为 40.45m。如图 16-10 所示,桥梁总体布置图中的立面图中,标出了 J4、J5 钻孔的地质情况,分别用不同图例表示了不同土层的土质名称,以及土层顶与底部的标高。如 J4 孔,④$_1$ 层为黏土层,顶部标高为 -13.45m,底部标高为 -15.05m。

> **说明:** 立面图中为节省图幅空间,沿深度方向桩基础采用了折断画法,因此地质断面图中各土层厚度并未完全根据比例绘制,只是作为示意图来表示,但是土层标高与桩底标高之间的关系要一致。如⑥$_2$ 粉质黏土层的层顶标高为 -25.05m,应在 1 号桥墩钻孔灌注桩底标高 -23.918m 的下方。

(2)识读水文地质资料

水文地质资料包含桥位所在河床位置的河床断面线、河床的形状、水位线高度等。如图 16-10 所示,规划河床断面的河底标高为 -1.884m,规划河口宽度为 30m,设计水位为 0.32m。

3. 识读桥梁立面图

桥梁立面图主要表达桥梁的总长、各跨跨径、纵向坡度、施工放样和安装所必需的桥梁各部分的标高、河床的形状及水位高度。

由于桥梁沿纵向对称布置,因此立面图通常采用纵剖面图的形式表示,剖切线为道路中心线。

一般桥梁沿横向也具有对称性,为了更好地反映出桥梁的特征,立面图一般采用半立面图和半纵剖面图形。如图 16-10 所示，桥中心线左侧为半立面图，右侧为半纵剖面图。桥梁立面图是桥梁纵断面设计的结果，因而立面图可反映出桥梁的结构形式、总跨径、桥梁的分孔等。同时，立面图还应反映桥位起始点、终点、桥梁中心线的里程桩号、桥梁各主要构件的立面形式和主要尺寸，以及各构件立面的控制位置的高程和相互关系。桥梁的纵剖面图可清晰地表示出桥梁立面的上部结构、桥墩、桥台与基础的内部尺寸等。

（1）桥梁的总跨径及分孔

如图 16-10 所示桥梁总体布置的立面图，该桥全桥总长为 24m，上部结构分 3 孔，每孔跨径为 8m。下部结构采用桩（柱）式桥墩，实体式桥台，墩台均采用钻孔灌注桩基础。

（2）桥梁上部结构形式

根据图 16-10 附注说明可知，桥梁上部结构为梁式桥，承重结构为钢筋混凝土空心板，梁高为 0.42m。半立面图绘出了上部结构空心板边梁的轮廓线以及栏杆的形式。桥中桩号为 K0+581.00，桥面标高为 2.863m，梁底标高为 2.263m，差值部分为桥面铺装层以及空心板的厚度 0.600m（100mm 沥青混凝土铺装、80mm 钢筋混凝土调平层、420mm 钢筋混凝土空心板）。半纵剖面图表达了上部结构空心板中梁的剖切线、桥面铺装的情况。

> **注意**：桥中桩号 K0+581.00 处标高 2.863m，为道路纵断面设计的成果。一般可根据桥梁所在道路纵断面设计图，查到桥梁各位置桩号对应的标高值。如 1 号桥墩 K0+577.00 处标高值为 2.867m。

（3）桥梁下部结构形式

从图 16-10 左侧的半立面图可知：0 号桥台台背前缘中线桩号为 K0+569.00，标高为 2.875m，桥台侧墙台帽底部标高为 1.362m，承台顶部标高为 -0.138m，承台底部标高为 -1.638m。基础采用钻孔灌注桩，桩径为 1000mm，桩底标高为 -24.638m。1 号桥墩中线桩号为 K0+577.00，标高为 2.867m，盖梁高度为 900mm，盖梁底部标高为 1.239m，桥墩基础采用钻孔灌注桩，桩径为 1000mm，桩底标高为 -23.918m。由于桩埋置较深，为节省图幅采用了折断画法。

由右侧半纵剖面图可知 2 号桥墩和 3 号桥台桩号、标高以及桩等各构件之间的关系，学生可根据立面图的识读方法自行识读。

> **注意**：各桥墩、桥台的桩底标高值可根据桥墩盖梁高度、台身高度、桩长度等数据计算得到，具体计算可参看任务 16.4 中学习活动 16.4.1 识读桥墩构造图和学习活动 16.4.2 识读桥台构造图。

学习活动 16.2.2　识读桥梁总体布置平面图和横断面图

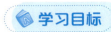 **学习目标**

1. 通过工程实例学会识读桥梁总体布置平面图。
2. 通过工程实例学会识读桥墩、桥台横断（剖）面图。

活动描述

识读如图 16-20 所示桥梁总体布置图—平面图和如图 16-21 所示桥梁总体布置图—横断面图。

任务实施

1. 识读图名及比例

图 16-20 右上角角标显示"第 2 页，共 3 页"，图 16-21 右上角角标显示"第 3 页，共 3 页"，表示该桥梁工程的总体布置图共有 3 页，此两图分别为第 2 页和第 3 页，为

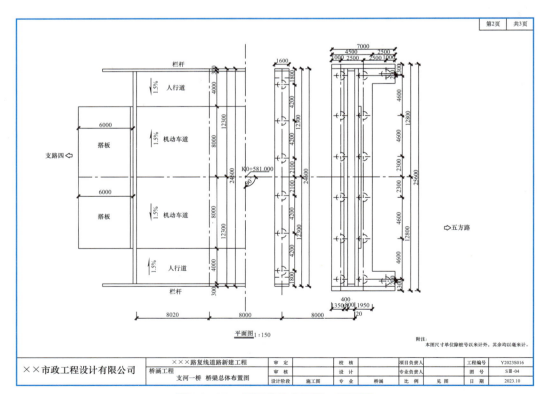

图 16-20　桥梁总体布置图—平面图

某桥梁总体布置图，其中图16-20为平面图，图16-21为横断面图，图纸比例均为"1∶150"。

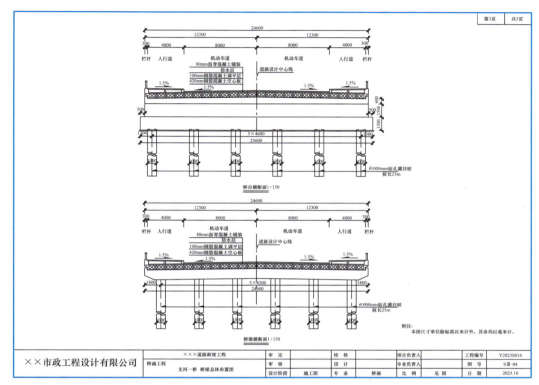

图16-21 桥梁总体布置图—横断面图

2. 识读平面图和横断面图

桥梁平面图主要表达桥梁的平面线形、桥跨结构横断面布置、桥墩和桥台在平面位置的关系等。平面图一般采用半平面图和半墩台桩柱平面图。半平面图部分图示出桥面构造情况，如车行道、人行道、栏杆、道路边坡及锥坡、变形缝及各部分的平面尺寸等。半墩台桩柱平面图采用分段揭层画法来表达，就是在不同的墩台处假想揭去不同高度以上部分的结构后画出投影的方法，可更好地图示出下部结构各组成部分的平面布置情况。通常绘制平面图时，把桥台背后的回填土揭去，两边的锥形护坡也省略不画，目的是使桥台平面图更清晰。

桥梁横断面图主要表达桥跨结构横断面布置以及桥墩、桥台侧面方向的形状和尺寸，一般包括桥台横断面图和桥墩横断面图。桥台横断面图表示桥面尺寸布置、横坡度、桥面铺装层构造、人行道、栏杆的布置和尺寸、主梁的布置情况、桥台及桩柱立面图样、构造尺寸、桩径位置及深度、桩柱间距、桩柱深度等。桥墩横断面图除表示桥墩位置横断面的上部结构布置情况以外，还表示桥墩及桩柱立面图样、构造尺寸、桩径、位置及深度、桩柱间距、桩柱深度等。

（1）桥梁上部结构的总体布置

图 16-20 和图 16-21 分别从平面和横断面表示了桥跨结构横断面的布置情况，桥面机动车道宽度为 16m，采用双向横坡，横坡度为 1.5%；人行道宽两边各为 4m，为了排除人行道上的雨水，将人行道做成倾向于行车道的 1.5% 横坡；栏杆宽度为 0.3m；桥面总宽度为 24.6m。桥梁纵横向中心线、墩台中心线均用细点画线表示，纵向与横向中心线的交角为 90°，该桥为正交桥。从图 16-21 中可以看出，桥面铺装从上而下分别为 80mm 沥青混凝土铺装、防水层、100mm 钢筋混凝土调平层，总厚度约为 180mm，承重结构为高度 420mm 钢筋混凝土空心板。空心板沿桥横向对称布置，共有 24 块，其中 22 块中板、两侧 2 块边板，板与板之间采用铰缝形式相连，以确保板块之间的共同受力，如图 16-22 所示。虽然比例较小，但还是画出了空心部分圆截面。

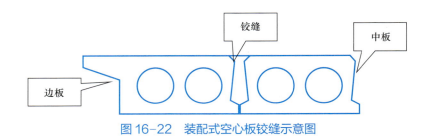

图 16-22　装配式空心板铰缝示意图

（2）桥梁下部结构的总体布置

如图 16-20 所示，桥墩采用桩（柱）式墩，盖梁平面尺寸为 24600mm×1600mm。从图 16-23 的桥墩横断面图中可以看出，桥墩基础采用钻孔灌注桩，桩径为 1000mm，桩长为 25m。平面图和桥墩横断面图都表示桥墩下部桩基础共有 6 根桩，单排布置，沿桥纵向对称分布，横向间距为 4200mm。

如图 16-20 所示，桥台采用重力式 U 形桥台，桥台在平面呈 "U" 形，平面图中标注了各部分的尺寸，可根据图纸自行识读。从图 16-23 的桥台横断面图中可以看出，桥台下部桩基础共有 14 根桩，桩径为 1000mm，桩长为 23m。图 16-20 显示了 14 根桩的平面布置形式，沿桥纵向轴向对称分布，纵向间距为 2500mm，横向间距为 4600mm，纵向排列成 3 排。

3. 总体布置图的识读方法

桥梁总体布置图是反映桥梁总体面貌的工程图。看总体图，首先要先弄清各投影图的关系，如剖面图、断面图，则要找出剖切线的位置和观察方向。识图时，应先看立面图（包括纵剖面图），了解桥型、孔数、跨径大小、墩台数目、总长、总高，及河床断面及地质情况等。之后，再对照平面图和立面面、横断面图等投影图，了解桥的宽度、人行道尺寸、主梁的断面形式等，这样，可对桥梁的全貌有一个初步了解。

任务小结

通过识读桥梁总体布置图，知道桥梁总体布置图的组成，能分析桥梁总体的布置情况，了解桥型、孔数、跨径大小、桥梁墩台、基础的形式以及上部结构的基本情况等，学会识读桥梁总体布置图的方法。仔细看图、反复观察，养成耐心细致、一丝不苟的看图习惯，是成为一名成功工程建设者的起点。

任务 16.3　桥梁钢筋结构图识读与绘制

任务描述

1. 知道桥梁上部结构的组成，了解钢筋混凝土梁式桥的类型。
2. 理解钢筋的作用和分类。
3. 通过工程实例学会识读钢筋结构图，了解钢筋结构图的组成。
4. 能运用 AutoCAD 绘制简单钢筋混凝土空心板梁结构施工图。

学习活动 16.3.1　识读钢筋结构图

学习目标

1. 知道桥梁上部结构的组成，了解钢筋混凝土梁式桥的类型。
2. 理解钢筋的作用和分类。
3. 通过工程实例学会识读钢筋结构图，了解钢筋结构图的组成。

活动描述

识读如图 16-23 所示的 8m 预制板中板钢筋结构图。

学习支持

1. 桥梁上部结构的组成

桥梁上部结构由承重结构和桥面系组成。

（1）承重结构

承重结构桥梁是承受车辆、行人荷载和结构自身荷载的结构物，梁式桥的承重结构为梁或板。

（2）桥面系

桥面系是指供车辆行驶的桥面铺装层、伸缩缝装置、栏杆（护栏）、人行道、灯柱、排水设施等，如图16-24所示。

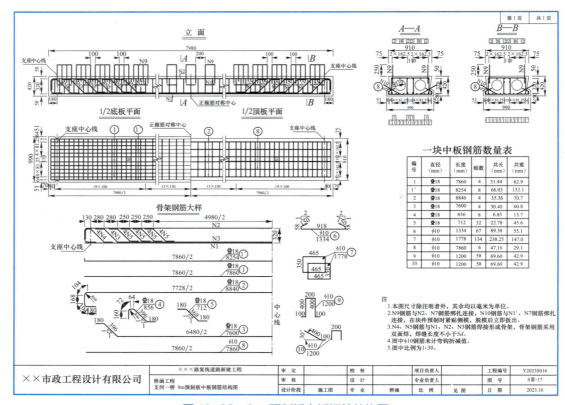

图16-23　8m预制板中板钢筋结构图

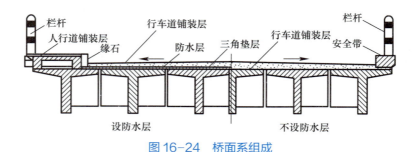

图16-24　桥面系组成

2. 钢筋的作用和分类

（1）钢筋的作用

钢筋在结构中主要承受拉力，如图16-25所示。

（2）钢筋的分类

1）按机械性能、加工条件与生产工艺的不同分类

钢筋按机械性能、加工条件与生产工艺的不同一般可分为热轧钢筋、冷拉钢筋、热处理钢筋、冷拔钢丝四大类型。桥梁钢筋混凝土结构工程常用的钢筋种类、符号、公称直径及抗拉强度标准值 f_{sk} 见表16-4。

2）按作用的不同分类

按作用的不同钢筋一般分为受力钢筋（也称主筋）、弯起钢筋、箍筋、架立钢筋、分布钢筋、构造钢筋，如图16-26所示。

图16-25　钢筋

常用钢筋的种类和符号　　　　　　　　　　表16-4

钢筋种类		符号	公称直径 d（mm）	f_{sk}（MPa）
HPB300		Φ	6～22	300
HRB400		Φ	6～50	400
HRBF400		Φ^F		
RRB400		Φ^R		
HRB500		Φ	6～50	500
钢绞线	1×7	Φ^S	9.5、12.7、15.2、17.8	1720、1860、1960
			21.6	1860
消除应力钢丝	光面螺旋肋	Φ^P Φ^H	5	1570、1770、1860
			7	1570
			9	1470、1570
预应力螺纹钢筋		Φ^T	18、25、32、40、50	785、930、1080

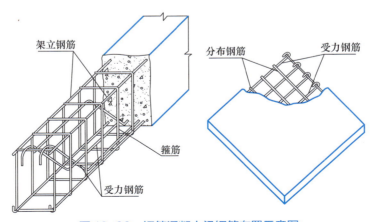

图16-26　钢筋混凝土梁钢筋布置示意图

受力钢筋有受拉和受压 2 种。一般梁内可在受拉区设置受拉主筋。当梁的高度受到限制，受压区混凝土不足以承受压力时，可在梁的受压区布置承受压力的受压主筋。

弯起钢筋大多由受拉钢筋弯起而成。弯起钢筋在跨中附近和主筋一样可以承受正弯矩；在支座附近弯起后，其弯起段可以承受弯矩和剪力共同产生的主拉应力；弯起后的水平段有时还可以承受支座处的负弯矩。

箍筋是构件中承受剪力或扭矩的钢筋，在构造上还兼有固定主筋位置，形成钢筋骨架的作用。

架立钢筋是为构造上的要求而设置的钢筋，其作用是架立箍筋，固定主筋间距。

分布钢筋在板中将荷载分布给受力钢筋，并防止混凝土收缩和温度变化出现裂缝。

（3）钢筋的弯钩和转弯

为了增加钢筋与混凝土的黏结力，保证钢筋与混凝土共同工作，将光圆钢筋的端部做成弯钩。弯钩的形式有半圆钩、斜弯钩和直角钩三种，如图 16-27 所示。

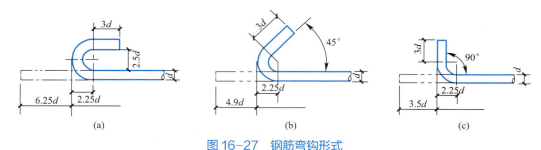

图 16-27　钢筋弯钩形式

（a）半圆钩；（b）斜弯钩；（c）直角钩

受力钢筋中有一部分需要在构件内部弯起，这时弧长比两切线长之和短，因此在钢筋下料时应注意减去折减数值，如图 16-28 所示。

（4）钢筋的保护层

为了保证钢筋与混凝土的黏结力以及钢筋防火、防腐蚀，钢筋的外边缘与构件表面应保持一定的厚度，这部分混凝土为保护层。

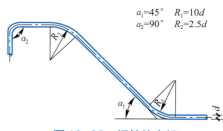

图 16-28　钢筋的弯起

任务实施

1. 识读图名及比例

图 16-23 为 8m 预制板中板钢筋结构图，比例为"1∶30"。

2. 识读钢筋结构图

桥梁构件大部分是钢筋混凝土构件，钢筋混凝土构件图主要表明构件的外部形状及内部钢筋布置情况，所以桥梁构件图包括构件构造图和钢筋结构图。

构件构造图只画构件形状、不画内部钢筋。当构件外形简单时可省略构造图。

钢筋结构图主要表示构件内部的钢筋布置情况，一般应包括表示钢筋布置情况的投影图（立面图、平面图、断面图）、钢筋详图（钢筋成型大样图）、钢筋数量表等。因为把混凝土视为透明体，结构构件的外轮廓线用细实线表示，钢筋用粗实线表示，以突出表现钢筋布置。在断面图中，被剖切后的钢筋用实心小圆点表示。

（1）确定混凝土构件的形状

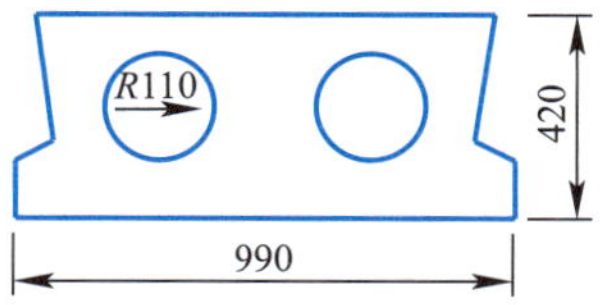

如图 16-23 所示，根据各投影中给出的细实线绘制的构件轮廓线，确定钢筋混凝土空心板梁的形状和尺寸。图示空心板梁中板长度为 7980mm，宽度为 990mm，高度为 420mm。为减轻梁自重，板横断面挖空 2 个圆形，半径为 110mm，如图 16-29 所示。

图 16-29 钢筋混凝土空心板中板横断面

注意：一般板的计算宽度为 1000mm，但装配式预制板梁的实际宽度为 990mm，在板与板之间预留 10mm 宽度，与横断面两侧的铰缝、桥面铺装层连成整体，增加板块之间的横向刚度。

（2）总体了解钢筋结构图

通过查看整张图纸，了解图中采用了立面、平面和横断面三面投影，而平面图分为 1/2 顶面和 1/2 底面，以清晰表示不同位置的配筋情况。由于空心板较长，而板中部配筋无变化，所以立面图和平面图一般采用折断画法，以节省图纸空间。横断面分为跨中 A-A 断面和梁端 B-B 断面，表达了空心板中不同位置钢筋的断面分布情况及主要钢筋的定位尺寸等。

（3）确定钢筋的种类和数量

如图 16-23 所示，N1 钢筋为受力钢筋，从钢筋骨架大样图中看出，N1 钢筋分成不设弯钩和设置直角钩 2 种，不设弯钩的长度为 7860mm，设弯钩的长度为 8254mm。从 1/2 底板平面图可知，不设弯钩的 N1 钢筋共有 4 根，设弯钩的 N1′ 钢筋有 8 根，都分布在空心板梁的底部。从 A-A、B-B 断面图中可看出其定位尺寸和各根钢筋之间的间距为 64mm + 4 × 81.25mm + 110mm + 4 × 81.25mm + 64mm。

N2、N8 钢筋为架立钢筋，从钢筋骨架大样图中看出，N2 钢筋从顶部开始，分别设置 2 个直角钩之后，弯至底部，每根长度为 8840mm。从 1/2 顶板平面图可知，N2 钢筋共有 4 根，分布在空心板梁的顶部。从 A-A、B-B 断面图中可看出其定位尺寸和各根钢筋之间的间距。依此方法，从图中读出 N8 钢筋的总长度、根数、横断面位置等。

N3、N4、N5 钢筋为弯起钢筋，从钢筋骨架大样图中看出，N3 钢筋布置在梁底 N1 钢筋上部，在距梁端部 130mm+280mm+280mm 处，设置 135°弯钩，弯至梁顶部 N2 架立钢筋，距梁端部距离 130mm+280mm 处，再设置 135°弯钩，之后与 N2 架立钢筋焊接固定。N3 钢筋每根长度为 7600mm。从 A—A 断面图中可看出其在横断面中的位置和根数，N3 在 N1 的上部，共 4 根。依此方法，分别从图中读出 N4、N5 钢筋的弯起情况、总长度等。从图中附注说明可知，N4、N5 钢筋与 N1、N2、N3 钢筋焊接形成骨架，骨架钢筋采用双面焊，焊缝长度不小于 5d。

N6、N7 钢筋为箍筋，从 A—A、B—B 断面图中可看出 N6 和 N7 的形状，N6 布置在板底部，并弯起⟨⎯⎯⟩形状，N7 设置在 2 个圆孔边，为矩形，交错布置。从钢筋骨架大样图中看出，N6、N7 的弯制情况和长度。N6、N7 箍筋在立面图中重叠在一起，其分布情况与定位尺寸可在立面图与平面图中看出，从 1/2 底板平面图可以看出，N6 在板端部，在板梁端部第一与第二道箍筋的间距为 80mm，其余在 19×100mm 范围内每隔 100mm 分布一道，在板梁中部 13×150mm 的范围内每隔 150mm 分布一道，全板梁中 N6 钢筋形成 66(=1+19+13+13+19+1)个间距，也就是全板共有 67 根 N6 钢筋。同样方法，从 1/2 顶部平面图可以推算出，N7 共有 134 根。

N9 钢筋为竖向连接钢筋，N9 钢筋与 N2、N7 钢筋绑扎连接，并伸出梁顶部 250mm，与桥面铺装整平层的钢筋相连，保证梁板与铺装层的共同受力。从立面图可看出，在梁端 2 个 N9 交错布置，间距为 100mm，在跨中则单个布置，间距为 200mm，共有 58 根。从钢筋骨架大样图中看出，N9 钢筋的弯制形状为⌐⌐，长度为 1200mm。

N10 钢筋为横向连接钢筋（预埋铰缝钢筋），N10 钢筋与 N1′、N7 钢筋绑扎连接，在块件预制时紧贴侧模，脱模后立即扳出。学生自行识读 N10 的布置情况与间距、长度等。

> **注意**：钢筋的长度一般在大样图中用数字标注在钢筋的左侧或上部，如图 16-30 所示。图中⑨表示 N9 钢筋，$\phi 10$ 表示 HPB300 钢筋，直径为 10mm，1200 表示钢筋的下料长度为 1200mm，100、200 等数字标注分别表示对应的段长。

除 N1、N2、N3、N4、N5 钢筋为 HRB400 钢筋外，其余钢筋均为 HPB300 钢筋。

3. 识读钢筋数量表

钢筋数量表的主要作用：一是将各钢筋按序排列，表明各钢筋的直径、规格、长度、根数，以便与钢筋结构图对照校核；二是计算工程数量，以便安排生产、材料供应以及作为工程计价的依据。

图 16-23 给出了一块中板钢筋数量表。钢筋用量计算如下：以 N1 钢筋为例：N1 单根长度为 7860mm，共有 4 根，则 N1 总长度为 7.86×4=31.44m。根据圆钢规格表，见表 16-5，N1 是直径

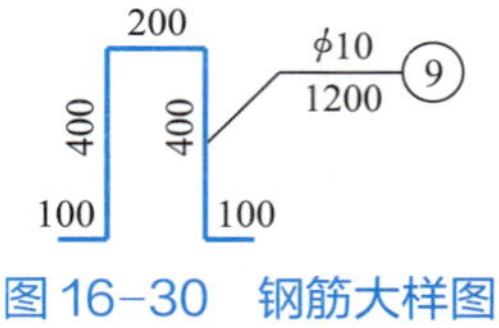

图 16-30 钢筋大样图

18mm 的钢筋，每米长度质量为 2kg，则 N1 的总质量为 31.44×2＝62.88kg≈62.9kg。依此方法，可复核每种钢筋的工程数量值。

公称横截面与理论质量计算表　　　　　　　　　　表 16-5

公称直径（mm）	公称横截面积（mm^2）	理论质量（kg/m）
10	78.54	0.617
12	113.1	0.888
14	153.9	1.21
16	201.1	1.58
18	254.5	2.00
20	314.2	2.47
22	380.1	2.98

注：表中理论质量按密度为 7.85g/cm^3 计算得到。

4. 钢筋结构图的识读方法

钢筋结构图重点表现钢筋混凝土构件钢筋布置情况，一般可以通过立面图、平面图、断面图进行识读。由断面图可分析主筋和架立钢筋在构件断面中的分布情况、箍筋的组成及形状，而由立面图、平面图可分析主筋和架立钢筋的形状、箍筋沿构件长度方向的分布情况等。

各种钢筋的详细尺寸与形状可通过识读钢筋骨架大样图和钢筋数量表获得，钢筋骨架大样图将每根钢筋的形状及尺寸表示清楚，并注明各根钢筋的长度、直径、根数、编号等。识读时可结合钢筋数量表及相关注释，并比对平面面、立面面和横断面图，看懂钢筋结构图的钢筋布置情况。

学习活动 16.3.2　绘制钢筋结构图

码 16-1
钢筋结构
图绘制

学习目标

运用 AutoCAD 绘制钢筋混凝土空心板钢筋结构图。

活动描述

抄绘如图 16-31 所示的 8m 预制板中板钢筋结构图。

任务实施

如图 16-31 所示，8m 预制板中板钢筋结构图包括立面图、平面图、横断面图、钢筋数量表等。绘制的方法和步骤如下：

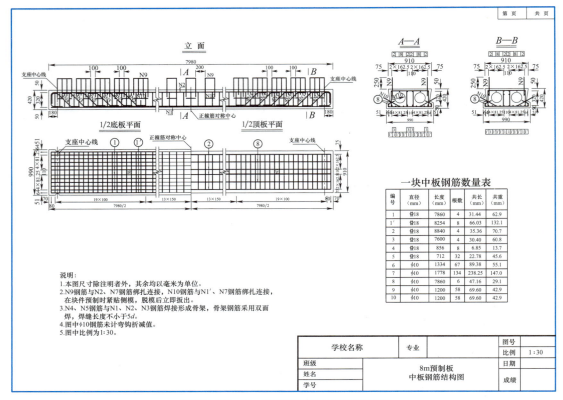

图 16-31　8m 预制板中板钢筋结构图

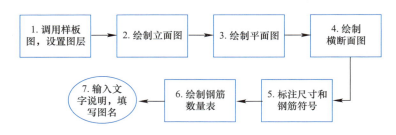

1. 调用样板图，设置图层

打开项目 13 已绘制的 A3 图幅道路工程制图样板图文件，把文件另存为 "8m 预制板中板钢筋结构图.dwg" 文件。因为之前设置的样板图按照 1∶1 出图，因此绘图横断面时按图纸比例 1∶30 缩放的尺寸绘制。

钢筋结构图的图层设置一般应包括构件轮廓线、钢筋、尺寸标注、文字说明等，并设置相应的线型和颜色等。

2. 绘制立面图

（1）绘制空心板立面图的轮廓线

调用 "直线（line）" 命令，绘制空心板立面图的轮廓线。考虑绘图空间和图形重复性，可在靠近跨中位置使用折断画法。

（2）绘制钢筋

将"钢筋"图层设为当前图层，调用"多段线（pline）"命令，绘制钢筋，线型宽度设为0.30mm。为提高绘图速度，可使用"复制（copy）""偏移（offset）"或"阵列（array）"等命令。由于梁的钢筋布置具有对称性，绘制左半部分之后，如图16-32所示，可用"镜像（mirror）"完成有右半部分的绘制。立面图中绘制的钢筋有主筋N1，架立钢筋N2，弯起钢筋N3、N4、N5，箍筋N6、N7、N8（未标注），构造钢筋N9、N10，绘制时注意各钢筋之间的位置关系。

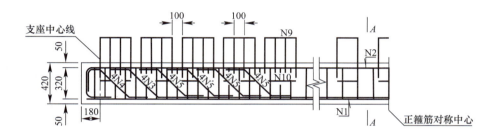

图16-32　8m钢筋混凝土空心板中板钢筋结构左半跨立面图

注意： 钢筋弯钩和净距的尺寸都比较小，画图时不能严格按比例来画，以免重叠。要考虑适当放宽尺寸，以清晰为度，此方法称为夸张画法。

3. 绘制平面图

（1）绘制空心板平面图的轮廓线、中心线

绘制空心板平面图的轮廓线、1/2顶板与1/2底板的分界线、支座中心线、跨中位置折断线等。

（2）绘制钢筋

平面图包括空心板的顶板和底板钢筋，如图16-33、图16-34所示。

绘制顶板、底板钢筋时按照中板的一般构造图，结合立面图和横断面图进行，可调用"偏移（offset）""直线（line）""修剪（trim）""延伸（extend）"和"陈列（array）"等命令完成绘制。平面图中绘制的钢筋有主筋N1、N1'，架立钢筋N2，箍筋N6、N7、N8。

4. 绘制横断面图

（1）绘制空心板横断面图的轮廓线

调用"直线（line）""圆（circle）"命令绘制空心板横断面轮廓线。

（2）绘制钢筋

横断面图共有2个，分别是A—A跨中横断面（图16-35）和B—B梁端横断面

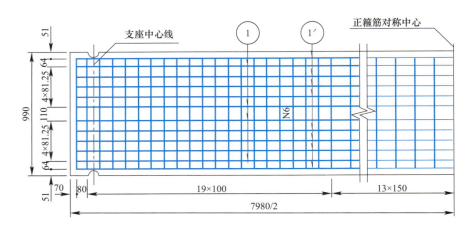

图 16-33　8m 预制板中板 1/2 顶板钢筋结构平面图

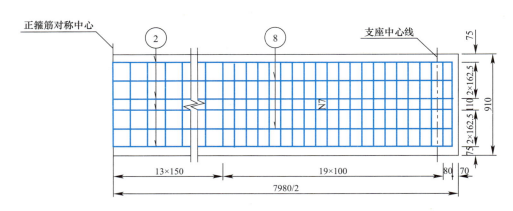

图 16-34　8m 预制板中板 1/2 底板钢筋结构平面图

（图 16-36），由于受力特点不同，2 个截面的钢筋布置也有所不同。

在"钢筋"图层内绘制钢筋的横断面，可以使用"创建块（block）"命令定义块，绘图过程中随时可以在图形内使用"插入块（insert）"命令调用。横断面图中绘制的钢筋有主筋 N1，架立钢筋 N2，弯起钢筋 N3，箍筋 N8，构造钢筋 N9、N10。

> 提示：绘制立面、平面和横断面图时，可利用投影原理"长对正、高平齐、宽相等"的对应关系，调用"构造线（xline）"辅助绘图。

5. 标注尺寸和钢筋符号

在先设置好的"标注样式"中选择需要的样式，在"标注"图层内进行标注。在标注时注意使用"连续标注（dimcont）""基线标注（dimbaseline）""标注更新（dimregen）"和"编辑标注文字（dimedit）"命令。

对立面图、平面图和横断面图中的钢筋进行标注，一般钢筋编号可以从 1 号开始，可

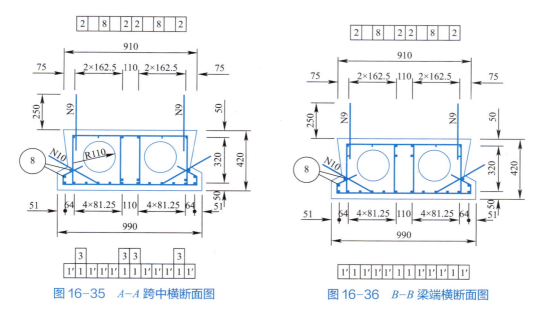

图 16-35 *A—A* 跨中横断面图　　　　　图 16-36 *B—B* 梁端横断面图

用 N1 表示，同种钢筋在不同图中的编号应相同。

6. 绘制钢筋数量表

用图表命令"插入表格（table）"绘制出需要的表格，使用前先设置表格样式。

7. 输入文字，填写图名

首先定义好文字样式，从中选择需要的式样，用"多行文字（mtext）"命令输入文字即可。

绘制完成的钢筋结构图调用"移动（move）"命令移至样板图框内的适当位置，将图名改为"8m 预制板中板钢筋结构图"，比例为 1∶30，如图 16-31 所示。

任务小结

通过工程实例识读钢筋结构图，了解钢筋结构图的组成，学会识读的方法，运用 AutoCAD 绘制钢筋结构图，灵活应用"offset""copy""array""mirror""mtext""block""xline"等命令，并通过绘图过程加深对投影原理和钢筋结构图的理解。学以致用、融会贯通，当学会绘图之后，熟练使用 CAD 命令，加快绘图速度，是提高工作效率的有效方法。

任务 16.4　桥梁构件施工图识读

任务描述

1. 识读桥墩构造图，知道桥墩的基本类型和组成部分。

2. 识读桥台构造图，知道桥台的基本类型和组成部分。

3. 识读基础施工图，知道桥梁基础的基本类型。

4. 能运用 AutoCAD 绘制简单桥梁基础施工图。

学习活动 16.4.1　识读桥墩构造图

学习目标

1. 知道桥墩的基本类型和组成部分。
2. 通过工程实例学会识读桥墩构造图。

活动描述

识读如图 16-11 所示的桥墩一般构造图。

学习支持

1. 桥墩的作用

桥墩是指多跨桥梁的中间支承结构物。桥墩的主要作用是承受上部结构传来的荷载，并将荷载及本身自重传递到地基上。除了承受上部结构的荷载外，对于跨河桥，还要承受流水压力，可能出现的冰荷载、船只或漂浮物等的撞击力，对于跨线桥，还要承受可能出现的车辆撞击力，所以桥墩在结构上必须有足够的强度和稳定性。

2. 桥墩的类型与组成

桥墩分为实体墩、空心墩、桩（柱）式墩和轻型桥墩等。

（1）实体墩

实体墩由一个实体结构组成，按其截面尺寸及重量的不同可分为实体重力式桥墩和实体轻型桥墩。

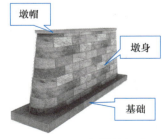

图 16-37　桥墩的组成

实体重力式桥墩采用圬工材料，整体刚度大，抗倾覆性能以及承重性能都很好，但是自重大。重力式桥墩由墩帽、墩身和基础组成，如图 16-37 所示。实体重力式桥墩（图 16-38）主要靠自身的重量来平衡外力，从而保证桥墩的强度和稳定。

实体轻型桥墩（图 16-39）采用混凝土、浆砌块石或钢筋混凝土等材料砌筑，可减轻桥墩自重，但是桥墩的抗冲击力较实体重力式桥墩减弱。

图 16-38　实体重力式桥墩

图 16-39　实体轻型桥墩

（2）空心墩

一些高大的桥墩，为减轻自重，节约材料，而将墩身内部做成空腔体，就是空心墩（图 16-40）。这种桥墩在外形上与实体墩并无大的差别，但相比实体墩的自重减小，节省圬工材料，缺点是经不起漂浮物撞击。

（3）桩（柱）式墩

柱式墩一般由基础、承台、立柱和盖梁组成，如图 16-41 所示，是目前桥梁中广泛采用的桥墩形式之一。其优点是能减轻墩身自重，美观，既节省材料数量又方便施工，且刚度和强度都较大。柱式桥墩可以是单柱，也可以是双柱或多柱形式，视结构需要而定。

图 16-40　空心墩

桩式墩是将钻孔桩基础向上延伸作为桥墩的墩身，在桩顶浇筑盖梁，如图 16-42 所示。其优点是材料用量减少，施工简便，适合平原地区建桥使用，其缺点是跨度不宜做得太大，且在有漂流物和流速过大的河流中不宜采用。

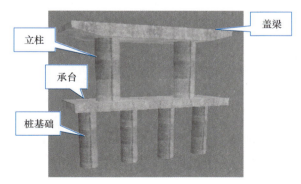

图 16-41　柱式墩

图 16-42　桩式墩

（4）轻型桥墩

城市桥梁对下部结构造型美观的要求比一般公路桥梁更高。近年来，国内外出现了各种造型的轻型桥墩，图16-43为V形桥墩，图16-44为Y形桥墩。

图16-43　V形桥墩

图16-44　Y形桥墩

任务实施

1. 识读图名及比例

在标题栏内注有工程名称，图16-11为桥墩一般构造图。桥墩构造图采用立面、平面和侧面三个投影面，图示出桥墩的基本构造及细部尺寸，作为施工时制作桥墩构件的依据。从图形下方标注说明可知，桥墩一般构造图比例为"1∶100"。图16-11右上角角标显示"第1页，共1页"，表示桥墩一般构造图共有1页，此图为第1页。

2. 识读桥墩构造

桥墩立面图表示桥墩盖梁的构造与细部尺寸、盖梁的横向坡度分布、桩径及桩长、桥墩各部分的标高情况等。桥墩平面图是把主梁移去，表示桥墩的平面构造与尺寸、支座的布置以及桩的排列等。桥墩侧面图图示出桥墩侧面盖梁、桩等各部分的构造及细部尺寸以及支座中心线的位置等。

（1）桥墩盖梁构造

如图16-11所示，从桥墩的平面、立面和侧面图中可以看出，此桥墩采用桩（柱）式墩，桥墩盖梁的平面尺寸为24600mm×1600mm，高度为900mm；盖梁两侧各设置高为300mm，宽为270mm的混凝土防震挡块；为混凝土拆模方便，在下部做了1050mm×400mm的承托；为保证桥面设置横坡的需要，盖梁做成中间高两边低的坡度，横坡为1.5%；桥墩支座中心线的位置距离桥墩中心线200mm。

（2）桥墩桩基构造

如图16-11所示，平面图表示出了桥墩下部6根钻孔灌注桩与盖梁之间的关系。桥墩采用桩径为 1000mm、桩长为 25m 的钻孔灌注桩，以桥中线为中心对称布置，桩间距为 4200mm。

（3）桥墩支座

根据图纸右下角的附注说明可知，桥墩采用 ϕ150mm × 28mm 圆板式橡胶支座，支承总高度为 12.8cm，边板与桥墩防震挡块之间嵌入 250mm × 200mm × 30mm 橡胶垫块。

3. 识读桥墩平面图

桥梁桥墩构造图立面图中标注了多个标高控制点的高程，一般在识读图纸时应对各高程点进行复核，具体计算方法如下：

以 1 号桥墩为例：

由图 16-10 桥梁总体布置图的立面图可知，1 号桥墩桥中线桩号 K0+577.000 处，标高为 2.867m，根据桥面铺装层厚度为 0.18m，梁高为 0.42m，支承总高度为 0.128m，可计算出 1 号中线位置盖梁顶部的标高 H_2 为：

$$H_2 = 2.867 - 0.600 - 0.128 = 2.139 \text{m}$$

盖梁高度为 0.9m，则盖梁中线底部标高 H_6 为：

$$H_6 = H_2 - 0.9 = 2.139 - 0.9 = 1.239 \text{m}$$

盖梁设置 1.5% 横坡，可计算出盖梁顶部两侧标高 H_1 为：

$$H_1 = H_2 - (24.6 \div 2 - 0.27) \times 1.5\% = 2.139 - 0.180 = 1.959 \text{m}$$

则盖梁底部与各桩顶中线位置的标高 H_5、H_4、H_3 分别为：

$$H_5 = H_6 - (4.2 \div 2 \times 1.5\%) = 1.239 - 0.0305 = 1.208 \text{m}$$

$$H_4 = H_5 - (4.2 \times 1.5\%) = 1.208 - 0.063 = 1.145 \text{m}$$

$$H_3 = H_4 - (4.2 \times 1.5\%) = 1.145 - 0.063 = 1.082 \text{m}$$

各桩底的标高可根据桩顶标高进行计算，H_7 计算如下：

$$H_7 = H_4 - 25 = 1.145 - 25 = -23.855 \text{m}（其中 25m 为桩的长度）$$

1 号桥墩桥中线桩号 K0+577.000 处，标高为 2.867m，为道路纵断面设计的成果。

学生可根据以上计算方法，复核图中 2 号桥墩各标高值。

学习活动 16.4.2　识读桥台构造图

学习目标

1. 知道桥台的基本类型和组成部分。
2. 通过工程实例学会识读桥台构造图。

活动描述

识读如图 16-45 所示的桥台一般构造图。

学习支持

1. 桥台的作用

桥台是桥梁两端连接道路的衔接构造物,桥台的主要作用是承受上部结构传来的荷载,并将该荷载及本身自重传递到地基上,同时还应挡土护岸,承受台后填土及填土上荷载产生的侧向土压力。因此桥台必须有足够的强度,并能避免在荷载作用下发生过大的水平位移、转动和沉降。

2. 桥台的类型和组成

桥台分为重力式桥台、埋置式桥台和轻型桥台等。桥台一般由台帽、台身和基础三部分组成,如图 16-46 所示。台帽顶面设置支座,并在一侧砌筑挡住路堤填土的背墙,台身由前墙和侧墙构成。

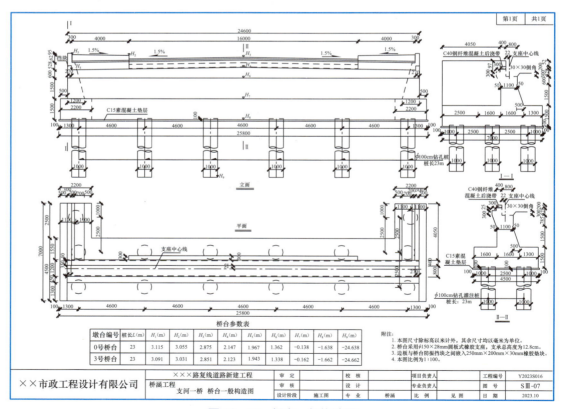

图 16-45 桥台一般构造图

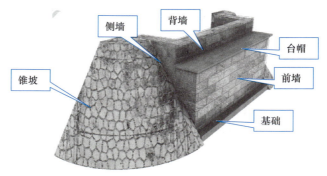

图 16-46 桥台的组成

（1）重力式桥台

常用的重力式桥台为 U 形桥台，由于台身是由前墙和两个侧墙构成的 U 形结构，故而得名为 U 形桥台（图 16-46）。U 形桥台的优点是构造简单，可以用混凝土或片石、块石砌筑，它适用于填土高度在 8～10m 以下或跨度稍大的桥梁。缺点是桥台体积和自重较大，增加了对地基的要求。此外，桥台的两个侧墙之间填土容易积水，结冰后冻胀，使侧墙产生裂缝，所以宜用渗水性较好的土夯填，并做好台后排水措施。

（2）埋置式桥台

埋置式桥台（图 16-47）是将台身埋在锥形护坡中，只露出台帽在外以安置支座及上部构造。这样，桥台所受的土压力大为减少，桥台的体积也就相应减少。但由于锥坡伸入桥孔，压缩了河道，有时需增加桥长。

（3）轻型桥台

轻型桥台体积轻巧、自重小，它借助结构物的整体刚度和材料强度承受外力，从而可节省材料，降低对地基强度的要求。按照翼墙（侧墙）的形式和布置方式，可分为八字形轻型桥台、耳墙式轻型桥台（图 16-48）。

图 16-47 埋置式桥台

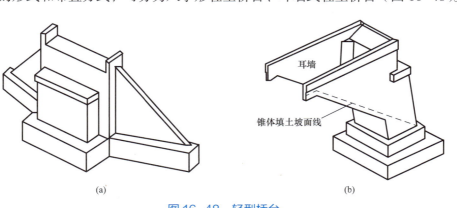

图 16-48 轻型桥台
（a）八字形轻型桥台；（b）耳墙式轻型桥台

任务实施

1. 识读图名及比例

在标题栏内注有工程名称,图 16-45 为桥台一般构造图。桥台构造图采用立面、平面和侧(剖)面三个投影面,图示出桥台的基本构造及细部尺寸,作为施工时制作桥台构件的依据。从图形下方标注说明可知,桥台一般构造图比例为"1∶100"。图 16-45 右上角角标显示"第 1 页,共 1 页",表示桥台一般构造图共有 1 页,此图为第 1 页。

2. 识读桥台构造

桥台立面图表示桥台的构造与细部尺寸、桩径及桩长、桥台各部分的标高情况等。桥台平面图是假设主梁尚未安装,台后尚未填土时桥台的平面投影图,表示桥台的平面构造与细部尺寸、支座的布置以及桩的排列等。为了清晰表达桥台侧面的构造,图中用Ⅰ-Ⅰ桥台侧面与Ⅱ-Ⅱ桥台中线位置剖面图进行图示。桥台侧面图图示出桥台侧面的构造、桩等各部分的构造、细部尺寸以及支座中心线的侧向位置等。

(1)台身构造

如图 16-45 所示,平面图显示桥台的平面为 U 形布置,为重力式 U 形桥台。从平面、立面和侧面图综合分析,横桥向总宽度为 25800mm,纵桥向总宽度为 7000mm,侧墙宽度为 2200mm,台帽宽度为 800mm。从立面图中可以看出,为保证桥面设置横坡的需要,台帽做成中间高两边低的坡度,横坡为 1.5%。双向车行道宽度为 16m,两侧人行道各宽 4m,人行道为反向 1.5% 的横坡,栏杆宽度为 0.3m。从Ⅰ-Ⅰ和Ⅱ-Ⅱ剖面图中可看出,支座中心线与背墙前缘相距 22mm,背墙位置设置 C40 钢纤维混凝土后浇带,宽度为 400mm;桩顶承台底部设置 C15 素混凝土垫层,宽出台身边缘 100mm。

(2)桩基础构造

如图 16-45 所示,平面图表示出了桥台下部 14 根钻孔灌注桩的平面位置关系,纵桥向背墙位置设置 2 排桩,横向间距为 4600mm,前墙位置设置 3 排桩,间距为 2500mm。侧面图显示,钻孔灌注桩桩顶 100mm 伸入垫层,之后再伸入承台 100mm。从立面图可看出,钻孔灌注桩桩径为 1000mm,桩长为 23m,以桥中线为中心对称布置。

(3)桥墩支座

从附注中可以了解到,桥台采用 ϕ150mm×28mm 圆板式橡胶支座,支承总高度为 12.8cm,边板与桥台防震挡块之间嵌入 250mm×200mm×30mm 橡胶垫块。

3. 复核桥台立面各点的高程

桥梁桥台构造图立面图中标注了多个标高控制点的高程,一般在识读图纸时应对各高程点进行复核,具体计算方法如下:

以 0 号桥台为例:

由图 16-10 的立面图可知，0 号桥台桥中线桩号 K0+569.000 处，标高 H_3 为 2.875m，根据桥面铺装层厚度为 0.18m，梁高为 0.42m，支承总高度为 0.128m，可计算出 0 号桥台中线位置台帽顶部的标高 H_4 为：

$$H_4 = H_3 - 0.18 - 0.42 - 0.128 = 2.147\text{m}$$

台帽高度为 0.785m、台身背墙高度为 1.5m、支承总高度为 1.5m，则可得 H_6、H_7、H_8 值为：

$$H_6 = H_4 - 0.785 = 2.147 - 0.785 = 1.362\text{m}$$

$$H_7 = H_6 - 1.5 = 1.362 - 1.5 = -0.138\text{m}$$

$$H_8 = H_7 - 1.5 = -0.138 - 1.5 = -1.638\text{m}$$

盖梁设置 1.5% 横坡，可计算出人行道内侧侧石顶部标高 H_2 为：

$$H_2 = H_3 - 16 \div 2 \times 1.5\% + 0.30 = 2.875 - 0.120 + 0.30 = 3.055\text{m}$$

> **注意**：《城市桥梁设计规范》CJJ11—2011 规定：对主干路、次干路、支路的桥梁，桥面为混合行车道或专用机动车道时，人行道或检修道缘石宜高于车行道路面 0.25～0.40m。此处按 0.30m 设计。

人行道外侧顶部标高 H_1 为：

$$H_1 = H_2 + 4 \times 1.5\% = 3.055 + 0.06 = 3.115\text{m}$$

由 0 号桥台中线位置台帽顶部的标高 H_4，计算出台帽边缘的标高 H_5 为：

$$H_5 = H_4 - 12 \times 1.5\% = 2.147 - 0.18 = 1.967\text{m}$$

由台身中线底部标高 H_8，桥台钻孔灌注桩的桩长 23m，可得桩底标高 H_9 为：

$$H_9 = -1.638 - 23 = -24.638\text{m}$$

根据以上计算方法，复核图中 3 号桥台各标高值。

学习活动 16.4.3　识读和绘制基础施工图

学习目标

1. 知道桥梁基础的基本类型。
2. 通过工程实例学会识读基础施工图。
3. 运用 AutoCAD 绘制简单桥梁基础施工图。

码 16-2　桩基钢筋结构图绘制

活动描述

识读如图 16-49 所示的桥墩桩基钢筋结构图并进行抄绘。

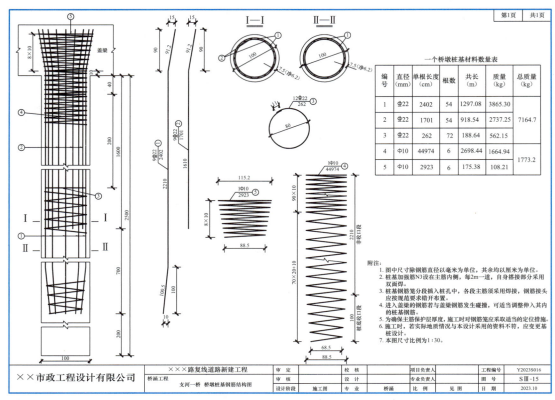

图 16-49 桥墩桩基钢筋结构图

> **学习支持**

1. 桥梁基础的作用

桥梁基础是桥梁下部结构与地基接触部分的结构，主要作用是承受上部结构传来的全部荷载，并把它们和下部结构荷载传递给地基。因此，为了全桥的安全和正常使用，要求地基和基础须有足够的强度、刚度和整体稳定性，使其不产生过大的水平变位或不均匀沉降。

2. 桥梁基础的类型

按构造和施工方法不同，桥梁基础类型一般可分为明挖基础、桩基础、沉井基础等。

（1）明挖基础

明挖基础也称扩大基础，系由块石或混凝土砌筑而成的大块实体基础，其埋置深度可较其他类型基础浅，如图 16-50 所示。明挖基础适用于浅层土较坚实，且水流冲刷不严重的浅水地区。由于它的构造简单，埋深浅，施工容易，加上可以就地取材，故造价低廉，广泛用于中小桥梁。建造这种基础多用明挖基坑的方法施工，在水中开挖则应先筑围堰。

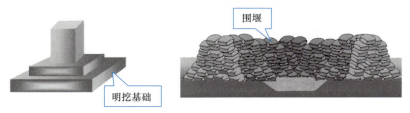

图 16-50 明挖基础

（2）桩基础

桩基础是由许多根打入或沉入土中的桩和连接桩顶的承台所构成的，如图 16-51 所示，属于深基础。在所有深基础中，它的结构最轻，施工机械化程度较高，施工进度较快，是一种较经济的基础结构。

按施工方式的不同，桩基础主要有沉入桩和灌注桩；按材料不同，常见的有钢筋混凝土桩、PH 管桩、钢桩。

（3）沉井基础

沉井是一个无底无盖的井筒，通过在沉井内挖土使其下沉，达到设计标高后，进行混凝土封底、填心、修建顶盖，构成沉井基础，如图 16-52 所示。沉井既是基础，又是施工时的挡土和挡水围堰结构物。其施工工艺简便，技术稳妥可靠，无需特殊专业设备，同时具有埋深较大，整体性好，稳定性好，承载面积较大，能承受较大的垂直和水平荷载的特点。

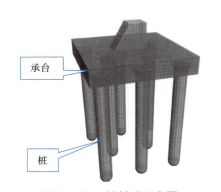

图 16-51 桩基础示意图

图 16-52 沉井基础

任务实施

1. 识读方法和步骤

桥墩桩基钢筋构造图包含立面图、断面图、钢筋大样图、工程数量及附注。

（1）识读基础构件尺寸

因为将混凝土构件视为透明体，细实线表示构件的外轮廓线。从图 16-49 可以看出，桩基直径为 1m，桩长为 25m，桩顶直接与盖梁相接。由于桩长较长，而部分长度范围钢筋布置无变化，因此，桩基钢筋结构图采用部分折断画法。

（2）识读基础钢筋图

如图 16-49 所示，桥墩桩基钢筋结构图共有 5 种钢筋。其中，N1 和 N2 钢筋为桩基础的受压主筋，从立面图可以看出，N1 钢筋底部深入到距桩底 200cm 处，顶部伸入盖梁部分做成微喇叭形。N2 钢筋基本为半桩长，在桩身部分长度为 1610cm，顶部同样伸入盖梁部分做成微喇叭形。N1 钢筋沿圆周均匀分布，该圆周半径＝100-15＝85cm。从钢筋数量表中可知，一根桩中共有 9 根 N1 钢筋，9 根 N2 钢筋。

N3 钢筋为加强箍筋，焊接成圆形，设在主筋内侧，每隔 2m 焊接 1 根，每根桩共有 12 根。

N4 和 N5 钢筋为螺旋分布筋，1 根桩中各只有 1 根，分布在整个桩。N4 分布于整根桩的长度，桩顶部分螺旋间距为 10cm，螺旋高度为 90×10cm，其余部分螺旋间距为 20cm，螺旋高度为（70×20+10）cm，上部螺旋直径为 88.5cm，下部螺旋直径为 68.5cm，N4 螺旋筋总长度为 44974cm。N4 分布在盖梁位置，可自行识读。

从立面图中可见在桩基础底部有 200cm 混凝土保护层。

从附注中可知，桩基钢筋笼分段插入桩孔中，各段主筋须采用焊接，钢筋接头应按规范要求错开布置。

N1、N2、N3 钢筋为 HRB400 钢筋，N4、N5 钢筋为 HPB300 钢筋。

图中包括一个桥墩的桩基钢筋数量表，根据图 16-11 桥墩一般构造图可知，一个桥墩共有 6 个桩基，因此，数量表中给出了 6 个桩基的钢筋用量值。

2. 抄绘方法和步骤

（1）调用样板图、设置图层

打开项目 13 已绘制的 A3 图幅道路工程制图样板图文件，把文件另存为"桥墩桩基钢筋结构图 .dwg"文件。因为之前设置的样板图按照 1∶1 出图，因此绘制桩基钢筋结构图时按图纸比例 1∶30 缩放的尺寸绘制。

钢筋结构图的图层设置一般包括构件轮廓线、钢筋、尺寸标注、文字说明等，并设置相应的线型和颜色等。

（2）绘制立面图

绘制钢筋混凝土桩轮廓线，桩径为 100cm，由于桩长较长，采用部分折断画法，在适当绘制折断线。

钢筋立面图包括受压钢筋、箍筋，用"直线（line）"或"多段线（pline）"命令绘制钢筋。

(3）绘制横断面图

由于钢筋混凝土桩的上部受压钢筋和下部的数量不同，Ⅰ-Ⅰ断面图、Ⅱ-Ⅱ断面图需分别表示。

用"圆（circle）"或"多段线（pline）"命令绘制箍筋，钢筋断面可以使用"创建块（block）"命令定义块，绘图过程中随时可以在图形内使用"插入块（insert）"命令调用，或者用"圆环（donut）"命令，绘制时圆环的内径设定为"0"。

（4）绘制钢筋大样图

使用"直线（line）"或"多段线（pline）"命令将每根钢筋单独画出来，并详细注明加工尺寸。

（5）材料数量表

用图表命令"插入表格（table）"绘制出需要的表格，使用之前设置的表格样式。

（6）输入文字、填写图名

首先定义好文字样式，从中选择需要的式样，用"多行文字（mtext）"命令输入文字即可。

将绘制完成的钢筋结构图调用"移动（move）"命令移至样板图框内的适当位置，将图名改为"桥墩桩基钢筋结构图"，比例为1∶30。

工程案例——港珠澳大桥

2018年10月，一条全程55km，双向六车道高速公路，总投资额1269亿元，被称为世界上最长的跨海"长龙"，实现了海与天之间的珠联璧合。港珠澳大桥因其超大的建筑规模、空前的施工难度和顶尖的建造技术而闻名世界，是中国交通史上技术最复杂、建设要求及标准最高的工程之一，被英国《卫报》誉为"新世界七大奇迹"之一，也是中国桥梁建设跨入世界强国的重要标志。

任务小结

通过工程实例识读桥梁下部结构桥墩、桥台构造图以及桩基钢筋结构图、钢筋混凝土构件施工图和钢筋结构图，灵活应用AutoCAD的命令，绘制桩基钢筋结构图，通过绘图加深对图纸的理解。通过了解中国典型工程桥梁案例，增强作为未来工程建设者的民族自豪感。

第四部分

图纸打印与图形输出

项目 17 图纸打印与图形输出

项目概述

AutoCAD 提供了图形的输入与输出接口。不仅可以将其他应用程序中处理好的数据传送给 AutoCAD，还可以将在 AutoCAD 中绘制好的图形输出、打印出来，本项目主要学习如何配置打印设备，并将模型空间和图纸空间的图形打印出图。

本项目的任务有：
- 图形的输入和输出
- 图纸空间打印出图

任务 17.1 图形的输入和输出

任务描述

AutoCAD 除了可以打开和保存 dwg 格式的图形文件外，还可以导入或导出其他格式的图形。在 AutoCAD 中输出图形，可以用软件的自带功能输出为电子档的图纸，也可以从打印机上输出为纸质的图纸。在输出、打印的过程中，参数的设置十分关键。

学习支持

1. 导入图形

打开"输入文件"对话框的方式："文件"下拉菜单→"输入"。打开"输入文件"对话框，如图 17-1 所示。在其中的"文件类型"下拉列表框中可以看到，系统允许输入 ACIS、3D Studio 及图元文件等文件。

图 17-1 "输入文件"对话框

2. 插入 OLE 对象

OLE（对象链接与嵌入）是在 Windows 环境下实现不同实用程序之间共享数据和程序功能的一种方法。

打开"插入对象"对话框的方式："插入"下拉菜单→"OLE 对象"。打开"插入对象"对话框，如图 17-2 所示，可在"对象类型"框中选择要插入的对象类型。

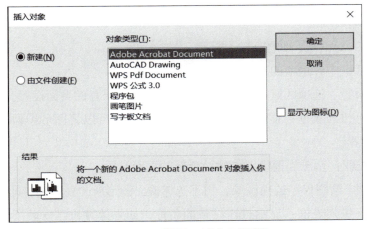

图 17-2 "插入对象"对话框

3. 输出电子文档

把图形输出为电子文档的方式："文件"下拉菜单→"输出"。打开"输出数据"对话框，如图 17-3 所示。在其中的"文件类型"下拉列表框中可以看到，AutoCAD 的输出文件有十余种，都为图形工作中常用的文件类型，用于与其他软件的交流。

图 17-3 "输出数据"对话框

4. 打印参数设置

调用打印命令对话框的 3 种方式：

- 功能区：单击"输出"选项卡→"打印"面板→"打印"按钮 。
- 下拉菜单："文件"→"打印"。
- 命令行：输入 plot。

打开"打印"对话框，如图 17-4 所示。

"打印"对话框中各选项的功能如下：

（1）"页面设置"选项区域，列出图形中已命名或已保存的页面设置。

- "名称"下拉列表框：显示当前页面设置的名称。可以将图形中保存的命名页面设置为当前页面设置。
- "添加"按钮：基于当前设置创建一个新的页面设置。

（2）"打印机/绘图仪"选项区域，用于选择输出图形所要使用的打印设备。

- "名称"下拉列表框：显示打印设备的名称，如果计算机已安装了一台打印机，则可以选择此打印机；如果没有安装打印机，则可以选择 AutoCAD 提供的一个虚拟的电子

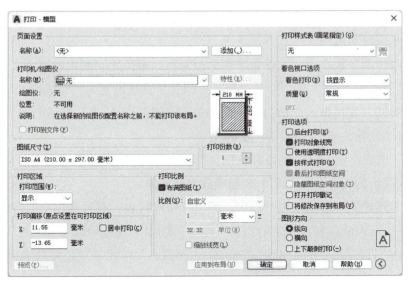

图 17-4 "打印"对话框

打印机"DWF ePlot.pc3"。

• "特性"按钮：可以打开"绘图仪配置编辑器"对话框，可以查看或修改当前绘图仪的配置、端口、设备和参数设置。

• "打印到文件"复选框：设置是否打印输出到文件而不是绘图仪或打印机。如果"打印到文件"选项已打开，单击"打印"对话框中的"确定"将显示"打印到文件"对话框（标准文件浏览对话框）。

（3）"图纸尺寸"选项区域，下拉列表框中将显示所选打印设备可用的标准图纸尺寸。

（4）"打印区域"选项区域，指定要打印的图形部分。

"打印范围"下拉列表框：可以选择要打印的图形区域。

• 窗口：打印指定的图形部分。如果选择"窗口"，"窗口"按钮将成为可用按钮。单击"窗口"按钮以使用鼠标指定要打印区域的两个角点，或输入坐标值。

• 范围：当前空间中的所有图形将被打印。打印之前，可能会重新生成图形以重新计算范围。

• 布局/图形界限：打印布局时，将打印指定图纸尺寸的可打印区域内的所有内容，其原点从布局中的（0，0）点计算得出。从"模型空间"打印时，将打印栅格界限定义的整个绘图区域。如果当前窗口不显示平面视图，该选项与"范围"选项效果相同。

• 显示：打印"模型空间"当前视图状态下的所有图形对象，可以通过"zoom"命令调整视图状态，从而调整打印范围。在布局中，打印当前图纸空间视图。

（5）"打印偏移"选项区域，指定打印区域相对于可打印区域左下角或图纸边界的偏移。通过在"X"和"Y"框中输入正值或负值，可以偏移图纸上的几何图形。"居中打印"复选框，自动计算 X 偏移和 Y 偏移值，在图纸上居中打印。当"打印区域"设定为"布局"时，此选项不可用。

（6）"打印比例"选项区域，设置图形单位与打印单位之间的相对尺寸。打印布局时，默认缩放比例设置为 1∶1。从"模型空间"打印时，默认设置为"布满图纸"。

- "布满图纸"复选框：缩放打印图形以布满所选图纸尺寸，根据图纸尺寸，"比例"项中将显示自动计算的缩放比例因子。
- "比例"选项：定义打印的精确比例。"自定义"为用户定义的比例。可以通过输入与图形单位数等价的英寸（或毫米）来创建自定义比例。

（7）"打印样式表"选项区域，设定、编辑打印样式表，或者创建新的打印样式表。

- 名称下拉列表框：显示指定给当前"模型"选项卡或布局选项卡的打印样式表，并提供当前可用的打印样式表的列表。"monochrome.ctb"样式选项是将所有颜色的图线都打印成黑色。
- 编辑按钮：显示打印样式表编辑器，从中可以查看或修改当前指定的打印样式表中的打印样式。

学习活动　打印 A4 图框

学习目标

熟练设置打印参数，能够输出图形，把图形打印到 pdf 文件中。

活动描述

绘制 A4 图框线，如图 17-5 所示，图中尺寸不需标注。将该图形输出为"A4 图框－横向.bmp"文件，打印到"A4 图框－横向.pdf"文件中。

任务实施

1. 新建一文件，按图 17-5 的尺寸绘制图框线，尺寸不需标注。

2. 输出该图形为"A4 图框－横向.bmp"文件。

（1）"文件"下拉菜单→"输出"。打开"输出数据"对话框。

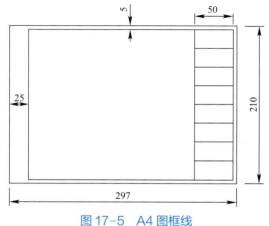

图 17-5　A4 图框线

（2）"文件类型"下拉列表框中选择"位图（*.bmp）"。

（3）在"文件名"下拉列表框中输入"A4图框－横向"。

（4）单击"保存"按钮回到绘图窗口。

（5）鼠标框选图形，回车确认。

3. 打印该图形到"A4图框－横向.pdf"文件中。

（1）在命令行输入"plot"，打开"打印"对话框。在"打印机/绘图仪"选项区域的"名称"下拉列表框中选择"DWG To PDF.pc3"，如图17-6所示。

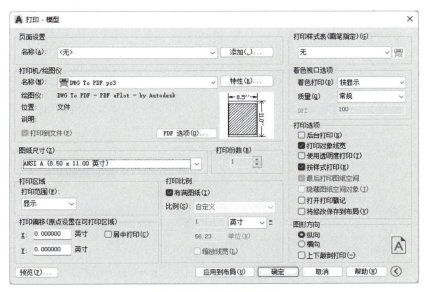

图17-6　打印到PDF

（2）单击"特性"按钮，打开"绘图仪配置编辑器"对话框。单击"用户定义图纸尺寸与校准"的"修改标准图纸尺寸（可打印区域）"。在"修改标准图纸尺寸（Z）"区域，找到ISO A4（297.00×210.00），如17-7所示。

（3）单击"修改"按钮，打开"自定义图纸尺寸－可打印区域"对话框，修改可打印区域的"上、下、左、右"值为"0"，如图17-8所示。

（4）单击"下一步"按钮→"完成"按钮。回到"绘图仪配置编辑器"对话框，单击"确定"按钮，回到"打印"对话框。在"图纸尺寸"选项区域的下拉列表框中选择"ISO A4（297.00×210.00毫米）"。在"打印比例"选项区域，去掉勾选"布满图纸"复选框。在"比例"下拉列表框，选择"1∶1"。在"打印偏移"选项区域，调整"X"和"Y"偏移为"0"。在"图形方向"选项区域，选择"横向"，如图17-9所示。

（5）在"打印区域"选项区域的"打印范围"下拉列表框中选择"窗口"，回到绘图窗口，利用"对象捕捉"选择图形的左上角和右下角点。回到"打印"对话框，单击"预

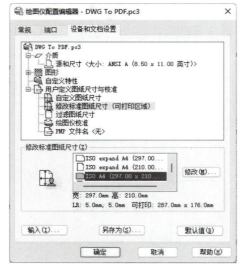

图 17-7 选择要修改可打印区域的标准图纸尺寸

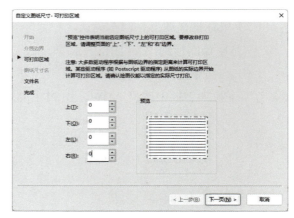

图 17-8 修改 A4 图纸的可打印区域

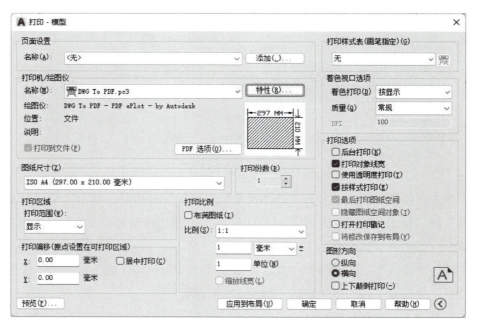

图 17-9 "图纸尺寸"和"打印比例"设置

览"按钮,按"Esc"键返回"打印"对话框,单击"确定"按钮,打开"浏览打印文件"对话框,在"保存于"下拉列表框中选择要保存文件的位置,在"文件名"下拉列表框中输入"A4 图框 - 横向",如图 17-10 所示,单击"保存"按钮。

4. 在保存位置处双击"A4 图框 - 横向 .pdf"文件名,如图 17-11 所示。

5. 保存图形文件名为"A4 图框 - 横向 .dwg"。

项目 17　图纸打印与图形输出

图 17-10　保存 A4 图框－横向 .pdf 文件

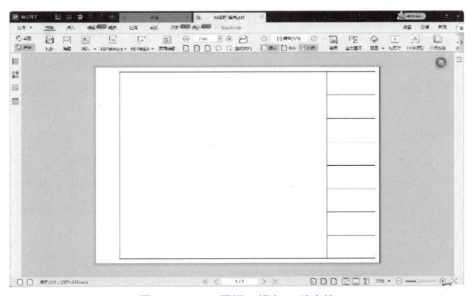

图 17-11　A4 图框－横向 .pdf 文件

任务小结

　　图形的输入与输出是 AutoCAD 的基本功能，要把模型空间的图形按要求打印出来，关键是理解"打印"对话框中各参数的含义并进行合理设置。

任务 17.2　图纸空间打印出图

任务描述

从图纸空间打印可以更直观地看到最后的打印状态，即所见即所得。图纸空间（布局）适合任意情形出图，可以是单一比例的图，可以是多比例的图，也可以是有复杂布局的套图。

码 17-1　模型空间打印出图

学习支持

1. 模型空间

模型空间主要用于建模，是 AutoCAD 默认的显示方式。当打开一幅新图时，系统将自动进入模型空间中工作，在绘制图形时，一般都在模型空间进行。模型空间是一个无限大的绘图区域，可以直接在其中创建二维或三维图形，以及进行必要的尺寸标注和文字说明。

码 17-2　图纸空间（布局）打印出图

在模型空间绘制完图形后，可以通过打印机或绘图仪将图形输出到图纸。

2. 图纸空间（布局）

图纸空间又称为布局，主要用于出图。模型建立后，需要将模型打印到图纸上形成图样。使用图纸空间可以方便地设置打印设备、纸张、比例尺、图样布局，并预览实际出图效果。

在同一个 AutoCAD 文档中可以创建多个不同的布局，单击工作区左下角的各个布局按钮，可以从模型空间切换到布局。当需要将多个视图放在同一张图纸上输出时，使用布局就可以很方便地控制图形的位置、输出比例等。

3. 空间管理

右击绘图窗口下"模型"或"布局"选项卡，在弹出的快捷菜单中选择相应的命令，可以进行新建布局、删除、重命名、移动或复制等操作，如图 17-12 所示。

（1）空间的切换

在模型空间绘制完图形后，如果需要进行布局打印，可以单击绘图区左下角的"布局"选项

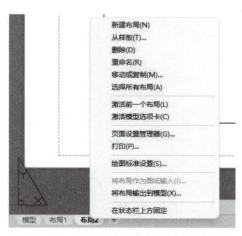

图 17-12　通过"布局"选项卡新建布局

卡，即"布局1"或"布局2"进入布局空间，对图形打印输出的布局效果进行设置。设置完成后，单击"模型"选项卡可返回到模型空间。

（2）创建新布局

当默认的"布局"选项卡不能满足绘图要求时，可以创建新的布局空间。其创建方法有以下3种：

1）右击绘图窗口下的"模型"或"布局"选项卡，在弹出的快捷菜单中，选择"新建布局"。

2）在绘图窗口下的"模型"或"布局"选项卡右侧单击"+"。

3）下拉菜单："工具"→"向导"→"创建布局"。

执行该命令后，将打开"创建布局-开始"对话框，如图17-13所示。通过上面3种方法都可以创建新的布局，不同的是：前两种方法创建的布局，其页面大小是系统默认的（A4），而通过布局向导创建的布局，在其创建的过程中就可以进行页面大小的设置。

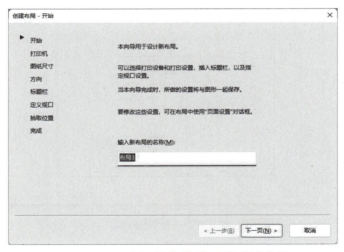

图17-13　通过下拉菜单"工具"创建布局

（3）插入样板布局

在AutoCAD中，提供了多种样板布局供用户使用。其创建方法有以下2种：

1）右击绘图窗口下的"布局"选项卡，在弹出的快捷菜单中，选择"从样板"。

2）下拉菜单："插入"→"布局"→"来自样板的布局"。

执行该命令后，将打开"从文件选择样板"对话框，如图17-14所示，可以在其中选择需要的样板创建布局。

（4）布局的组成

如图17-15所示，布局中存在着3个边界：

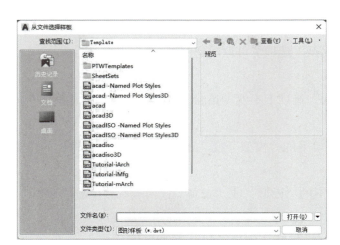

图 17-14　插入样板布局

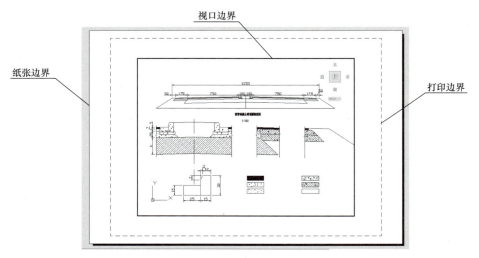

图 17-15　布局的组成

1）最外层的是纸张边界，它是由"页面设置"中的图纸尺寸和图形方向确定。

2）中间的虚线框是打印边界，其作用如同 Word 中的页边距一样，只有位于打印边界内的图形才会被打印出来。打印边界大小和位置是可以设置的。

3）位于图形对象四周的实线线框为视口边界，边界内部的图形就是模型空间中的图形。视口边界的大小和位置是可调的。

> **提醒**：通过在"视口边界"内或"纸张边界"外双击鼠标，可在不同的视口中切换，鼠标中间的滚轮用于缩放视口。

4. 新建视口

调用新建视口命令的 3 种方式为：

（1）功能区："布局"选项卡→"布局视口"面板。

（2）下拉菜单："视图"→"视口"→"新建视口"。

（3）命令行：输入"vports"。

打开"视口"对话框，如图17-16所示。单击"标准视口"区域各选项，在右侧"预览"区域有相应的视口配置显示，如图17-17所示。

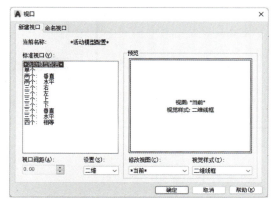

图17-16 新建"视口"对话框　　　　图17-17 "三个：左"视口

学习活动　打印某道路排水边沟断面图

学习目标

1. 能熟练使用"页面设置"对话框来进行布局的页面设置。
2. 能熟练使用"视口"对话框设置视口的比例、是否锁定。
3. 能在布局（即图纸）上进行文字、尺寸标注等。

活动描述

绘制某道路排水边沟，在布局空间完成如图17-18所示的页面设置、边框绘制、新建视口、文字和尺寸标注。

任务实施

1. 绘制边沟、截水沟和排水沟

根据图17-18左视口中尺寸，分别绘制边沟、截水沟和排水沟，图中尺寸和文字先不标注。

调用"直线（line）""偏移（offset）"命令绘制、编辑各部分，绘制过程略。

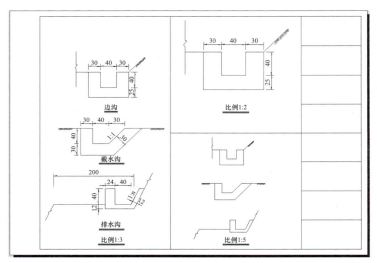

图 17-18　某道路排水边沟

2. 在布局的页面设置中，设置可打印区域、图纸大小和方向

（1）进入布局 1 空间

单击绘图区左下角的"布局 1"选项卡，进入布局 1 空间，如图 17-19 所示。

（2）打开"页面设置管理器"对话框

右击绘图窗口下"布局 1"选项卡，在弹出的快捷菜单中选择"页面设置管理器"，打开"页面设置管理器"对话框，如图 17-20 所示。

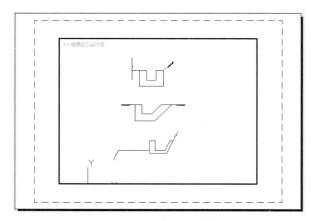

图 17-19　布局 1 空间

图 17-20　"页面设置管理器"对话框

（3）选择打印机

单击"修改"按钮，进入"页面设置 - 布局 1"对话框，在"打印机/绘图仪"区域的"名称"下拉列表框中选择可用的打印机。如果电脑中没有安装打印机，此处打印机的名称可以选择"DWG To PDF. pc3"，如图 17-21 所示。

项目 17　图纸打印与图形输出　463

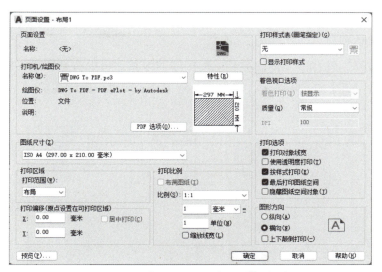

图 17-21　"页面设置 – 布局 1"对话框

（4）选择图纸尺寸

在"图纸尺寸"选项区域的下拉列表框中选择"ISO A4（297.00×210.00 毫米）"，如图 17-21 所示。单击"确定"按钮，返回"页面设置 – 布局 1"对话框，单击"关闭"按钮，回到布局空间，如图 17-22 所示。

（5）设置可打印区域

单击"特性"按钮，打开"绘图仪配置编辑器"对话框。在"设备和文档设置"选项卡的"用户定义图纸尺寸与校准"中选择"修改标准图纸尺寸"的"ISO A4（297.00×210.00 毫米）"，修改可打印区域的"上、下、左、右"值为"0"。

3. 复制 A4 图框

打开 A4 图框 – 横向 .dwg，选中图框线，用"Ctrl+C"命令复制。切换到"布局 1"中，用"Ctrl+V"命令粘贴，指定插入点为"0.0"，如图 17-23 所示。

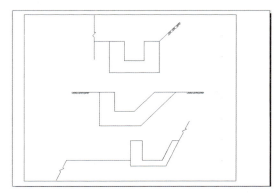

图 17-22　调整了"可打印区域"值的布局

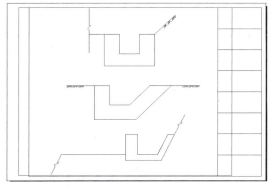

图 17-23　粘贴 A4 图框的布局 1

4. 新建布局视口

（1）删除默认视口

在"纸张边界"外双击鼠标，滑动鼠标中间的滚轮，可以看到图纸的缩放。单击或窗选"视口边界"，如图 17-24 所示，点击"删除 Delete"键，删除视口。

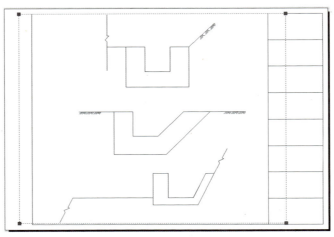

图 17-24　选中"视口边界"

（2）新建 3 个视口

下拉菜单："视图"→"视口"→"新建视口"→选择"三个：左"。

命令：_+vports

选项卡索引<0>：0

指定第一个角点或［布满（F）］<布满>：　　　（鼠标捕捉 A 点，如图 17-25a 所示）

指定对角点：正在重生成布局。　　　（鼠标捕捉 B 点，布局显示如图 17-25b 所示）

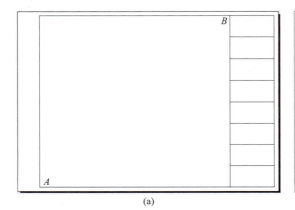
(a)

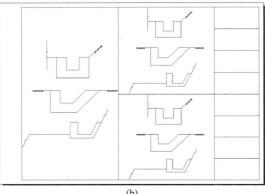
(b)

图 17-25　新建 3 个视口

5. 调整视口比例并锁定视口

（1）调整视口比例

在"纸张边界"外双击鼠标，单击左视口的"视口边界"，在状态栏将显示该视口的比例 ，点击右侧下拉按钮，单击"自定义"，打开"编辑图形比例"对话框，单击"添加"按钮，在"添加比例"对话框的"比例名称""比例特性"区域进行修改，如图 17-26 所示。

> **提醒**：如果设定了"自定义比例"后，在视口中图形显示的位置不合适，可以在"视口边界"内双击，进入视口，按住鼠标滚轮平移图形。如果是滚动滚轮，就是在视口中进行缩放，"自定义比例"就会失效。

(a)

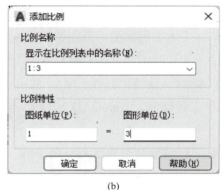
(b)

图 17-26　调整视口比例

（2）锁定视口

通过在状态栏将"选定视口未锁定"点击切换为"选定视口已锁定"，在该视口就不能再对图形进行缩放。

（3）在"布局（即图纸）"上进行文字和尺寸标注

在"纸张边界"外双击鼠标，在布局（即图纸）上进行文字和尺寸的标注。

> **提醒**：在布局上进行的绘图、文字和尺寸的标注等，在模型空间是不存在的。

（4）重复上述步骤完成右侧另外 2 个视口的设置。

任务小结

布局空间更适于打印出图，布局的"页面设置"对话框是进行布局页面设置的主要工具，可以使用它来选择打印机、设置打印区域、选择图纸等。"视口"对话框主要用于设置视口比例、是否锁定等。

参 考 文 献

［1］ 汤建新．建筑识图与 AutoCAD 绘图［M］．北京：机械工业出版社，2012．

［2］ 赵云华．土木工程识图（道路桥梁类）［M］．北京：机械工业出版社，2011．

［3］ 邢国清．工程制图与 AutoCAD［M］．北京：中国电力出版社，2009．

［4］ 杨谆．AutoCAD 培训教程［M］．北京：清华大学出版社，2010．

［5］ 王建华，程绪琦．AutoCAD 2014 标准培训教程［M］．北京：电子工业出版社，2014．

［6］ 阮志刚．AutoCAD 公路工程制图［M］．成都：西南交通大学出版社，2008．

［7］ 程和美．市政工程识图［M］．上海：华东师范大学出版社，2012．

［8］ 杨岚．市政工程基础［M］．北京：化学工业出版社，2013．

［9］ 岳翠珍．市政工程施工图识读快学快用［M］．北京：中国建材工业出版社，2011．

［10］ 刘俊芳．市政工程快速识图及实例解读［M］．北京：中国电力出版社，2014．

［11］ 杨玉衡．土木工程图识图［M］．北京：中国建材工业出版社，2010．

［12］ 中华人民共和国交通运输部．公路桥涵设计通用规范：JTG D60—2015［S］．北京：人民交通出版社，2015．

［13］ 国家技术监督局，中华人民共和国建设部．道路工程制图标准：GB 50162—92［S］．北京：中国标准出版社，1992．

［14］ 中华人民共和国住房和城乡建设部．城市道路路线设计规范：CJJ 193—2012［S］．北京：中国建筑工业出版社，2012．

［15］ 中华人民共和国住房和城乡建设部．城市道路工程设计规范（2016 年版）：CJJ 37—2012［S］．北京：中国建筑工业出版社，2012．

［16］ 中华人民共和国住房和城乡建设部．城镇道路路面设计规范：CJJ 169—2012［S］．北京：中国建筑工业出版社，2012．

［17］ 中华人民共和国住房和城乡建设部．城市道路路基设计规范：CJJ 194—2013［S］．

北京：中国建筑工业出版社，2013.

[18] 中华人民共和国住房和城乡建设部. 室外排水设计标准：GB 50014—2021［S］. 北京：中国计划出版社，2021.

[19] 中华人民共和国建设部. 给水排水工程构筑物结构设计规范：GB 50069—2002 ［S］. 北京：中国建筑工业出版社，2002.

[20] 中华人民共和国建设部. 给水排水工程管道结构设计规范：GB 50332—2002［S］. 北京：中国建筑工业出版社，2002.

[21] 中华人民共和国住房和城乡建设部. 城市桥梁设计规范（2019年版）：CJJ 11—2011［S］. 北京：中国建筑工业出版社，2011.

[22] 汤建新，程群. 市政工程识图与CAD［M］. 2版. 北京：中国建筑工业出版社，2020.

"十四五"职业教育国家规划教材

住房和城乡建设部"十四五"规划教材
全国住房和城乡建设职业教育教学指导委员会规划推荐教材

市政工程识图与CAD习题集

（第二版）

汤建新　程　群　主编

中国建筑工业出版社

第三版前言

本习题集是汤建新、程群主编的《市政工程识图与CAD（第三版）》的配套用书。本习题集根据最新版本AutoCAD软件及配套教材进行修订，并对第二版中的问题进行了修改。习题集的编写顺序与教材一致。习题集主要内容包括AutoCAD的基本操作、基本图形的绘制、编辑、对象特性及图层设置、创建文字（数字）、尺寸标注、图块的创建与编辑、查询功能的应用、投影的基本知识、形体投影图识读与绘制、轴测图的识读与绘制、剖面图和断面图的识读与绘制、市政CAD绘图环境的设置、道路工程图识读与绘制、桥梁工程图识读与绘制。习题集中将教材项目2基本图形的绘制和项目3基本图形的编辑、项目5创建文字（数字）和项目6尺寸标注分别合并在一起。项目9~项目12的训练可在习题集中进行，也可使用AutoCAD来完成。

第三版习题集中，增加了"CAD绘图基本技能综合实训"模块，包括3个综合实训任务，综合实训任务的设计体现课程思政、操作技巧灵活运用、技能水平综合提高、团队交流与合作、"岗课赛证"融通等训练要素。

本习题册由上海建设管理职业技术学院汤建新、程群主编，北京财贸职业学院孔玲提供了CAD绘图的部分习题。

由于编者水平有限，书中难免有不妥之处，敬请读者指正。

编 者

第二版前言

本习题集是汤建新、程群主编的《市政工程识图与CAD（第二版）》的配套用书。本习题集根据最新的标准、规范及配套教材进行修订，并对第一版中的问题进行了修改。习题集的编写顺序与教材一致。习题集的主要内容包括AutoCAD的基本图形的绘制，并对第一版中的问题进行了修改。习题集的编写顺序与教材一致。习题集的主要内容包括AutoCAD的基本操作，基本图形的绘制，编辑，线型、线宽、颜色及图层设置，创建文字（数字）、尺寸标注，图块的创建与编辑，查询功能的应用，投影的基本知识，形体投影图识读与绘制，轴测图识读与绘制，剖面图和断面图的识读与绘制，市政CAD绘图环境设置，道路工程图识读与绘制，道路排水工程施工图识读与绘制，桥梁工程图识读与绘制。为便于练习，习题集中将教材项目2基本图形的绘制和项目3基本图形的编辑，项目5创建文字（数字）和项目6尺寸标注分别合并在一起。项目9~项目12的训练可在练习册中进行，也可使用AutoCAD来完成。

本习题集由上海市城市建设工程学校（上海市园林学校）汤建新主编，程群参编，北京财贸职业学院孔羚提供了AutoCAD的部分习题。

由于编者水平有限，书中难免有不妥之处，敬请读者指正。

编　者

第一版前言

本习题集是汤建新主编的《市政工程识图与CAD》的配套用书。习题集的编写顺序与教材基本一致。习题集的主要内容包括AutoCAD的基本操作、基本图形的绘制、图块的创建与编辑、图形的创建与编辑,查询功能的应用、投影的基本知识、形体投影图识读与绘制,市政CAD绘图环境设置、颜色及图层设置,创建文字(数字)、尺寸标注,轴测图识读与绘制,剖面图与断面图的识读与绘制,道路工程图识读与绘制,道路排水工程图识读与绘制,桥梁工程图识读与绘制。习题集中将教材项目2基本图形的绘制和项目3基本图形的编辑,项目5(创建文字数字)和项目6(尺寸标注)分别合并在一起。项目9~项目12的训练可在练习册中进行,也可使用AutoCAD来完成。

本习题集由上海市城市建设工程学校(上海市园林学校)汤建新主编,程群参编,北京城市建设学校孔铃提供了AutoCAD的部分习题。

由于编者水平有限,书中难免有不妥之处,敬请读者指正。

编 者

目录

项目 1　AutoCAD 的基本操作 ·············· 1

项目 2,3　基本图形的绘制、编辑 ·············· 4

项目 4　对象特性及图层设置 ·············· 12

项目 5,6　创建文字（数字）、尺寸标注 ·············· 13

项目 7　图块的创建与编辑 ·············· 14

项目 8　查询功能的应用 ·············· 15

CAD 绘图基本技能综合实训 ·············· 16

项目 9　投影的基本知识 ·············· 23

项目 10　形体投影图识读与绘制 ·············· 34

项目 11　轴测图识读与绘制 ·············· 44

项目 12　剖面图和断面图的识读与绘制 ·············· 47

项目 13　市政 CAD 绘图环境设置 ·············· 52

项目 14　道路工程图识读与绘制 ·············· 53

项目 15　道路排水工程施工图识读与绘制 ·············· 64

项目 16　桥梁工程图识读与绘制 ·············· 69

1. 问答题

(1) 如何启动和退出 AutoCAD？

(2) 如何保存图形文件？

(3) 什么是"透明命令"？哪些命令是常用的透明命令？

(4) 列举出 10 个常用简化命令别名。

(5) 如何设置图形界限？

(6) AutoCAD 可以在图形界限外绘制图形吗？

(7) 默认的 AutoCAD 测量角度方向是顺时针还是逆时针？

2. 单选题

(1) 当启动向导时，如果选"使用样板"选项，每一个 AutoCAD 的样板图形的扩展名应为（ ）。

(A) dwg　　　　　(B) dwt　　　　　(C) dwk　　　　　(D) tem

(2) 重新执行上一个命令的最快方法是（ ）。

(A) 按 Enter 键　　(B) 按空格键　　　(C) 按 Esc 键　　　(D) 按 F1 键

(3) 取消命令执行的键是（ ）。

(A) 按 Enter 键　　(B) 　　　　　　(C) 按 Esc 键　　　(D) 按 F1 键

(4) 可以利用（ ）来调用命令。

(A) 按 Enter 键　　(B) 单击工具栏上的按钮　(C) 选择下拉菜单中的菜单项　(D) 三者均可

(5) 在十字光标处被调用的菜单，称为（ ）。

(A) 鼠标菜单　　　(B) 十字交叉菜单　(C) 快捷菜单　　　(D) 此处不出现菜单

(6) 在 AutoCAD 中，要打开或关闭栅格，可按（ ）键。

(A) F12　　　　　(B) F2　　　　　　(C) F7　　　　　　(D) F9

| 项目 1 | AutoCAD 的基本操作 | 班级 | | 姓名 | |

（7）精确绘图的特点是（　　）。

(A) 精确的颜色　(B) 精确的线宽　(C) 精确的几何数量关系　(D) 精确的文字大小

（8）绘制辅助工具栏中部分模式（如"极轴追踪"）的设置在（　　）对话框中进行自定义。

(A) 草图设置　(B) 图层管理器　(C) 选项　(D) 自定义

（9）要快速显示整个图限范围内的所有图形，可使用（　　）命令。

(A) "视图"/"缩放"/"窗口"　(B) "视图"/"缩放"/"动态"

(C) "视图"/"缩放"/"范围"　(D) "视图"/"缩放"/"全部"

（10）"缩放（zoom）"命令在执行过程中改变了（　　）。

(A) 图形的界限范围大小　(B) 图形的绝对坐标　(C) 图形在视图中的位置　(D) 图形在视图中显示的大小

（11）在 AutoCAD 中，使用交叉窗口选择对象时，所产生选择集（　　）。

(A) 仅为窗口内部的实体　(B) 仅为与窗口相交的实体（不包括窗口内部的实体）

(C) 同时与窗口四边相交的实体加上窗口内部的实体　(D) 以上都不对

3. 填空题

（1）AutoCAD 的命令输入方式主要有 _____、_____、_____ 三种。

（2）AutoCAD 中可以通过 _____、_____、_____ 三种常见的选择方式选择对象。

（3）在下表中填写 AutoCAD 相应功能的快捷键。

功能	快捷键
"对象捕捉"开关	
"正交"状态切换	
"极轴追踪"开关	
"对象捕捉追踪"开关	
"动态输入"切换	

项目 1　AutoCAD 的基本操作

（4）在图中空框内填入 AutoCAD 2021 工作界面中各部应的名称。

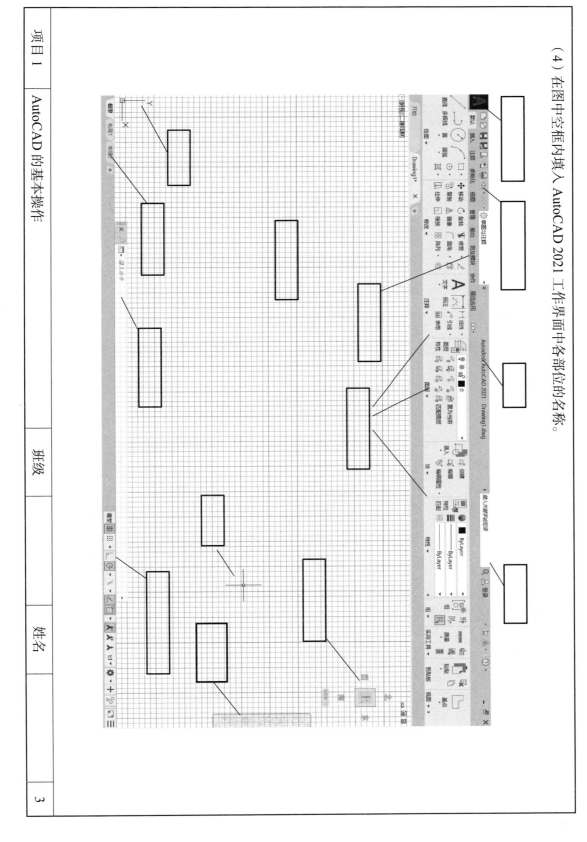

| 项目 1 | AutoCAD 的基本操作 | 班级 | 姓名 |

项目 2、3　基本图形的绘制、编辑

1. 单选题

（1）用相对直角坐标绘图时以（　　）为参照点。

（A）上一指定点或位置　（B）坐标原点　（C）屏幕左下角点　（D）任意一点

（2）极坐标中的距离是基于（　　）的距离。

（A）给定角度的上一指定点或位置
（B）坐标原点
（C）屏幕左下角点
（D）显示中心

（3）在 AutoCAD 中，下列坐标中使用相对极坐标的是（　　）。

（A）（@32，18）　（B）（@32<18）　（C）（32，18）　（D）（32<18）

（4）以下（　　）是绝对坐标输入方式。

（A）@10，10，0　（B）10，10，0　（C）@10<0　（D）10

（5）如果从起点为（5，5），要画出与 X 轴正方向成 30°夹角，长度为 50 的直线段可输入（　　）。

（A）50，30　（B）@30，50　（C）@50<30　（D）30，50

（6）运用"正多边形"命令绘制的正多边形可以看作是一条（　　）。

（A）多段线　（B）构造线　（C）样条曲线　（D）直线

（7）（　　）命令可以绘制由若干直线和圆弧连接而成的不同宽度的曲线或折线，且它们是一个实体。

（A）pline　（B）line　（C）rectangle　（D）polygon

（8）（　　）命令以等分长度的方式在直线、圆弧等对象上放置点或图块。

（A）measure　（B）point　（C）divide　（D）split

（9）（　　）命令用于绘制指定内外直径的圆环或填充圆。

（A）椭圆　（B）圆　（C）圆弧　（D）圆环

班级　　　　　姓名

(10) 一组同心圆可由一个已画好的圆用（　　）命令来实现。

(A) extend　　　　（B) move　　　　（C) offset　　　　（D) stretch

(11)（　　）命令用于等分一个选定的实体，并在等分点处设置点标记符号或图块，用户输入的数值是等分段数，而不是设置点的个数。

(A) 单点　　　　（B) 定距等分　　　　（C) 定数等分　　　　（D) 多点

(12) 当使用"矩形阵列"时，若将图形对象向上向左进行阵列，则行间距列间距的取值为（　　）。

(A) 行间距为正值，列间距为正值

(B) 行间距为负值，列间距为正值

(C) 行间距为正值，列间距为负值

(D) 行间距为负值，列间距为负值

(13) 在一个大的封闭区域内存在的一个独立的小区域称为（　　）。

(A) 孤岛　　　　（B) 面域　　　　（C) 选择集　　　　（D) 已创建的边界

(14) 图案填充操作中（　　）。

(A) 只能单击填充区域中任意一点来确定填充区域

(B) 所有的填充样式都可以调整比例和角度

(C) 图案填充可以与原来轮廓线关联或者不关联

(D) 图案填充只能一次性生成，不可以编辑修改

(15) 以下关于移动（move）和平移（pan）命令的说法，正确的是（　　）。

(A) 移动和平移都是移动命令，效果一样

(B) 移动的速度快，平移的速度慢

(C) 图案的对象是视图，平移的对象是物体

(D) 移动的对象是物体，平移的对象是视图

(16) 改变图形实际位置的命令是（　　）。

(A) zoom　　　　（B) move　　　　（C) pan　　　　（D) offset

2. 多选题

(1) 图形对象编辑中选择对象的方法有（　　）。

(A) 窗口选择　　　　（B) 窗交选择　　　　（C) 栏选

| 项目 2, 3 | 基本图形的绘制、编辑 | 班级 | 姓名 |

(D) 圏交　　　　　(E) 合并

(2) 结束某绘图命令的方法有（　　）。
(A) 在右键快捷菜单中选择"确定"　　(B) 按"回车"键　　(C) 按"Esc"键
(D) 按"Delete"键　　(E) 按"Tab"键

(3) 使用定数等分点，可以按指定分段数分为（　　）。
(A) 圆弧　　(B) 样条曲线　　(C) 圆
(D) 圆环　　(E) 多段线

(4) 使用"多边形"命令，当采用通过中心点方式绘制时，系统提供了（　　）。
(A) 边长方式　　(B) 内接于圆　　(C) 外切于圆　　(D) 角度方式
(E) 边长、角度方式

(5) 夹点编辑模式可分为（　　）。
(A) stretch 模式　　(B) move 模式　　(C) rotate 模式　　(D) mirror 模式
(E) offset 模式

(6) 图形的复制命令主要包括（　　）。
(A) 直接复制　　(B) 镜像复制　　(C) 阵列复制　　(D) 偏移复制
(E) 旋转复制

| 项目 2、3 | 基本图形的绘制、编辑 | 班级 | 姓名 |

3. 绘图题

(1) 完成如图排水沟大样图（不标注尺寸）。

操作提示：可使用"直线"命令，相对直角坐标、正交、极轴追踪等方法。

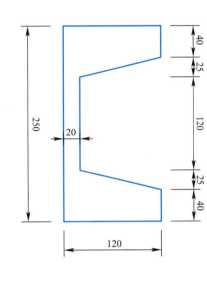

(2) 绘制如图所示图形（不标注尺寸）。

操作提示：可使用"矩形""圆角""捕捉自""复制"等命令。

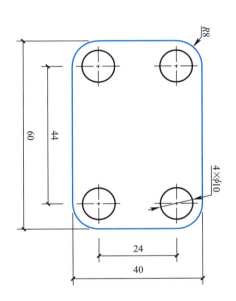

(3) 绘制如图所示图形（不标注尺寸）。

操作提示：可利用"直线""圆弧""圆""捕捉自""连续画法""正交""直角坐标""极坐标"等命令和方法。

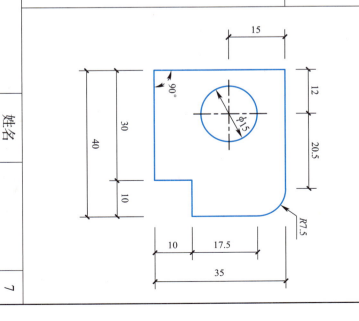

(5) 绘制下图（不标注尺寸）。

操作提示：利用"圆""圆弧""多边形""旋转"等命令。

操作技巧：绘制六边形输入半径时，使用极坐标"16<-42°"，可以实现多边形旋转效果。

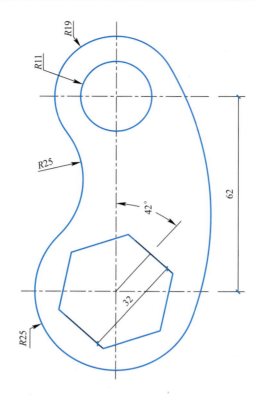

(4) 绘制下图（不标注尺寸）。

操作提示：可利用"矩形""椭圆""圆角""偏移"等命令。

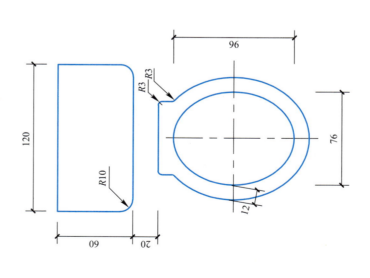

项目 2、3　　基本图形的绘制、编辑

（6）按图（a）、（b）、(c) 所示，绘制某桥中板、边板及桥面铺装横断面图（不标注尺寸）。

操作提示：图（a）、(b) 的绘制，可采用"直线""圆""倒角"等命令；

图（c）的绘制，可采用"复制""镜像"命令。

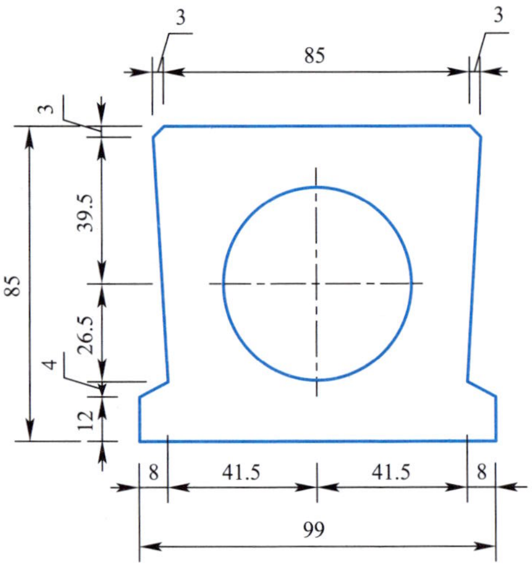

（a）中板

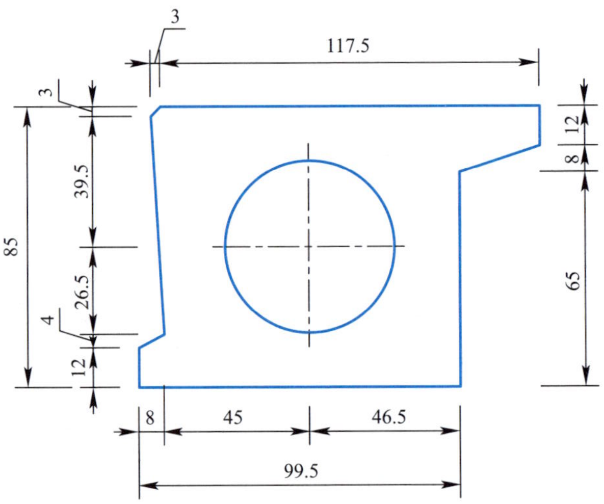

（b）边板

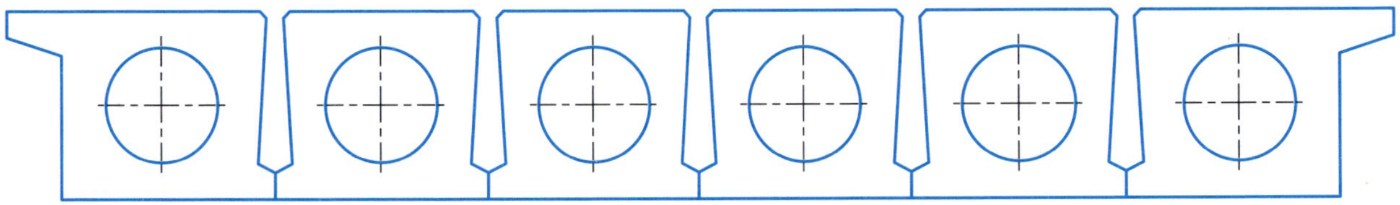

（c）桥面铺装横断面图

| 项目2、3 | 基本图形的绘制、编辑 | 班级 | 姓名 |

（8）绘制如图所示的钢筋混凝土圆管涵钢筋构造横断面图（图中尺寸无需标注）。

操作提示：使用"圆""偏移""圆环""环形阵列"等命令。

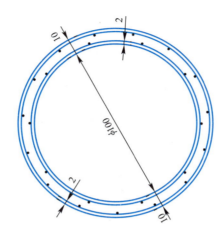

（7）绘制如图所示的某桥承台桩基平面布置图（不标注尺寸）。

操作提示：可使用"矩形""圆""捕捉自""复制—阵列"或"矩形阵列"等命令。

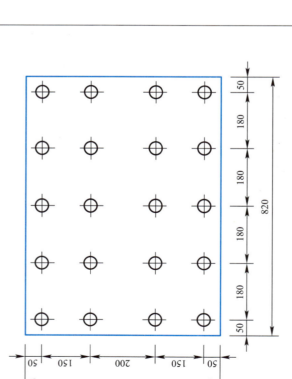

项目2、3　基本图形的绘制、编辑

(9) 绘制下图（不标注尺寸）。

操作提示：使用"直线""点的等分""多段线""延伸"或"修剪"等命令。"箭头"绘制使用"多段线"命令。

(10) 使用"圆""直线""偏移""剪切"等命令完成如图所示某立交桥平面示意图（不标注尺寸）。

(11) 绘制如图所示圆端形墩帽断面图（不标注尺寸）。

操作提示：采用"直线""圆弧""矩形""填充"等命令。

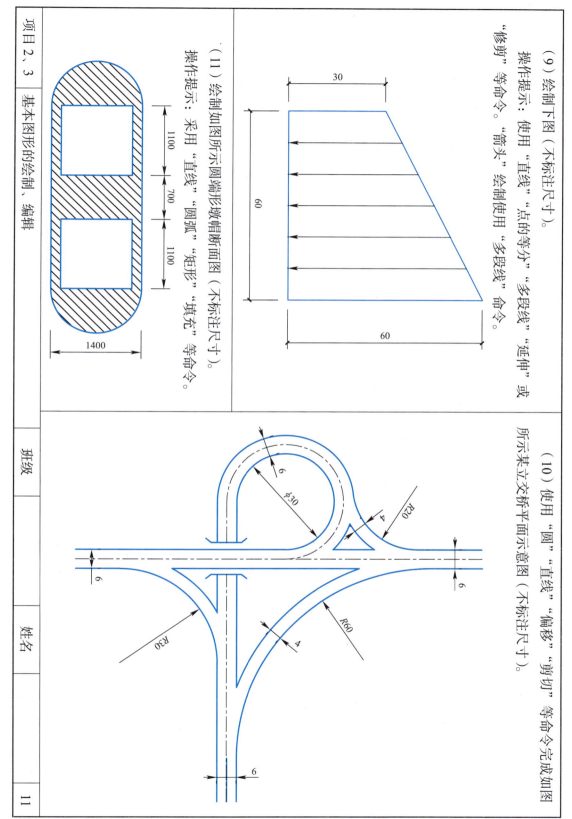

项目 4　对象特性及图层设置

1. 单选题

（1）（　　）的名称不能被修改或删除。

(A) 未命名的层　(B) 标准层　(C) 0 层　(D) 缺省的层

（2）当前图层（　　）被关闭，（　　）被冻结。

(A) 可以　(B) 可以　不能　(C) 不能　可以　(D) 不能　不能

2. 多选题

（1）不能删除的图层是（　　）。

(A) 0 图层　(B) 当前图层　(C) 含有实体的层　(D) 外部引用依赖层

（2）图层的特性及优点有（　　）。

(A) 一个图形中可以设置任意数量的图层

(B) 每个图层可单独命名

(C) 一个图层只能是一种线型、颜色及线宽，且不能改变

(D) 每个图层都有控制图层可见和锁定等控制开关

3. 问答题

（1）对象特性中"随层 ByLayer"是什么含义？

（2）什么图层不会被重新命名或被删除？

（3）可以冻结当前图层吗？

（4）如何改变一个对象的所在图层？

（5）可以在锁定的图层里创建新对象吗？

（6）冻结图层里的对象可以被修改吗？

（7）在对象特性工具栏上将颜色设置为黄色，线型设置为 Continuous，再在图层特性管理器中设置某图层颜色为红色，线型为 Center，并将其置为当前层，则新绘制对象的颜色和线型是什么？

（8）如何改变线型比例？

4. 根据表中要求完成图层设置

图层设置要求

图层名称	颜色	线型	线宽	备注
粗实线	白色	Continuous	0.70	图层的其他属性特征为默认状态
中实线	蓝色	Continuous	0.35	
细实线	绿色	Continuous	0.18	
虚线	黄色	Dash	0.18	
单点长画线	红色	Center	0.18	

1. 单选题

(1) 在 AutoCAD 中创建文字时，圆直径的表示方法是（　）。
(A) %%c　　(B) %%d　　(C) %%p　　(D) %%r

(2) 多行文本标注命令是（　）。
(A) text　　(B) mtext　　(C) qtext　　(D) wtext

(3) 在进行文字标注时，若要插入"度数"符号，则应输入（　）。
(A) d%%　　(B) %d　　(C) d%　　(D) %%d

2. 多选题

(1) 创建文字样式可利用的方法为（　）。
(A) 在命令行中输入 style 后按下 Enter 键，在打开的对话框中创建
(B) 选择"格式"|"文字样式"命令后，在打开的对话框中创建
(C) 直接在文字输入时创建
(D) 可以随时创建

(2) 在"格式"|"多线样式"命令对话框中单击"元素特性"按钮，在弹出的对话框中，（　）。
(A) 可以改变多线的线数量和偏移
(B) 可以改变多线的颜色
(C) 可以改变多线的线型
(D) 可以改变多线封口方式

3. 问答题

(1) 尺寸标注数值的精度怎样设置？
(2) "基线间距"是什么含义？
(3) 如何在标注样式中应用设置好的文字样式？
(4) 标注角度单位 45°25′30″，应该如何设置？

4. 绘图题

(1) 根据图中尺寸绘制标题栏，并填写标题栏内容。

1) 文字标注

根据工程制图规范设置文字样式。"××建设工程学校"为 7 号字，"桥梁总体平面图"为 10 号字，其余为 5 号字。

2) 尺寸标注

根据建筑制图规范设置尺寸标注样式，给标题栏标注尺寸。

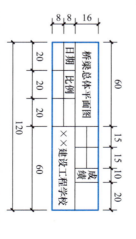

(2) 绘制如图所示钢筋标准弯钩大样图并根据图示进行标注（绘图时钢筋的直径 d 可取为 25）。

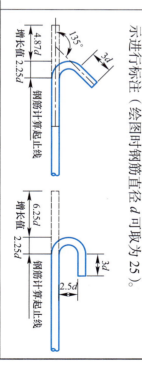

项目 5、6　创建文字（数字）、尺寸标注　13

3. 创建并插入"指北针"图块

（1）根据下图中尺寸绘制指北针符号，并定义为"指北针"图块（不标注尺寸）。

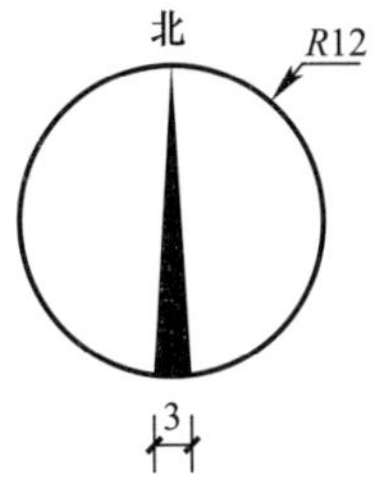

（2）根据下图中要求插入"指北针"图块（不标注尺寸）。

1. 单选题

在创建块时，在块定义对话框中必须确定的要素为（　　）。

(A) 块名、基点、对象
(B) 块名、基点、属性
(C) 基点、对象、属性
(D) 块名、基点、对象、属性

2. 多选题

（1）编辑块属性的途径有（　　）。

(A) 单击属性定义进行属性编辑
(B) 双击包含属性的块进行属性编辑
(C) 应用块属性管理器编辑属性
(D) 只可用命令进行编辑属性

（2）关于块的属性的定义，以下说法正确的是（　　）。

(A) 块必须定义属性
(B) 一个块中最多只能定义一个属性
(C) 多个块可以共用一个属性
(D) 一个块中可以定义多个属性

（3）在创建块和定义属性及外部参照过程中，"定义属性"（　　）。

(A) 不能独立存在
(B) 不能独立使用
(C) 能独立存在
(D) 能独立使用

（4）使用块的优点有（　　）。

(A) 建立图形库
(B) 方便修改
(C) 节约存储空间
(D) 节约绘图时间

| 项目 7 | 图块的创建与编辑 | 班级 | 姓名 | 14 |

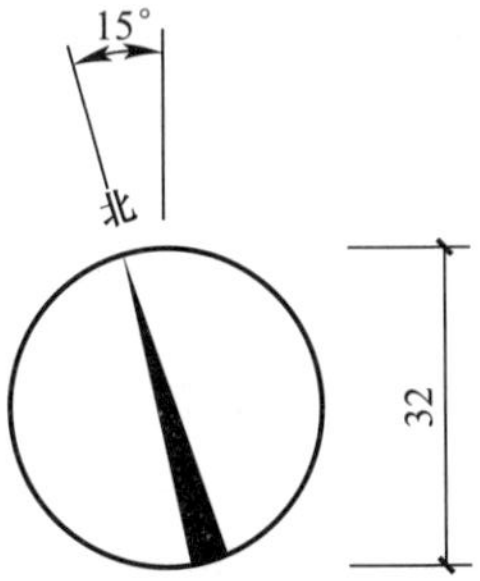

将绘图单位设置为精确到小数点后三位，绘制下图，并完成以下选择题。

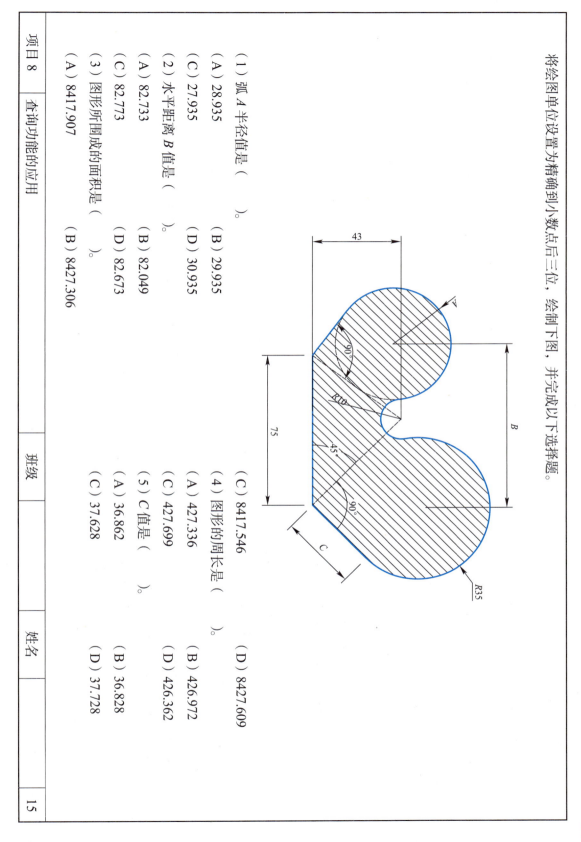

(1) 弧 A 半径值是（　　）。
(A) 28.935   (B) 29.935   (C) 27.935   (D) 30.935

(2) 水平距离 B 值是（　　）。
(A) 82.733   (B) 82.049   (C) 82.773   (D) 82.673

(3) 图形所围成的面积是（　　）。
(A) 8417.907   (B) 8427.306   (C) 8417.546   (D) 8427.609

(4) 图形的周长是（　　）。
(A) 427.336   (B) 426.972   (C) 427.699   (D) 426.362

(5) C 值是（　　）。
(A) 36.862   (B) 36.828   (C) 37.628   (D) 37.728

| 项目 8 | 查询功能的应用 | 班级 | 姓名 | | 15 |

CAD 绘图基本技能综合实训

一、实训目的

本实训是在完成 AutoCAD 基本绘图知识和技能学习后，围绕"德技融合、知能并重"，对接"1+X"建筑工程识图职业技能等级标准的相关要求，进行的 CAD 绘图技能综合实训，开展"做、学、教"一体化学习，将课程思政元素融入实训，实现"岗课赛证"相融通。

二、实训目标

根据课程标准、"1+X"建筑工程识图职业技能等级标准的相关要求，综合训练目标为：

知识目标：

1. 能合理有效地绘制 CAD 图形绘制的方案，比较不同方法的绘图效率；
2. 掌握 CAD 绘图命令、编辑命令的功能；
3. 掌握绘图工具命令的使用方法；
4. 掌握图层、线型、线宽、颜色设置方法；
5. 掌握国家建筑制图标准关于文字、尺寸标注、图线的相关规定；
6. 掌握图块的应用及创建方法。

技能目标：

1. 综合应用、熟练调用 CAD 绘图命令、编辑命令、精确绘图工具命令等，正确、高效绘制图形；
2. 根据国家建筑制图标准的有关规定，熟练设置文字样式、创建文字；
3. 根据国家建筑制图标准的有关规定，熟练设置尺寸标注样式、标注尺寸；
4. 能合理设置图层管理图形，熟练加载线型，设置线宽、颜色；
5. 熟练创建图块，插入图块。

CAD 绘图基本技能综合实训

素养目标：

1. 培养爱国精神；
2. 树立岗位成才意识；
3. 培养自主探究、勤于学习、继续学习的精神；
4. 养成严谨求实、规范作图、精益求精的工匠意识；
5. 培养自主学习、自主探索、合作学习、观察及总结归纳的能力。

三、实训内容与要求

使用 AutoCAD 绘图软件快速、准确地绘制和编辑各种工程图样，是市政工程专业技术人员必备的基本技能。通过本次实训，学生综合使用 AutoCAD 软件的绘图命令、编辑命令，按照要求完成图样绘制。实训内容与要求如下表，具体任务见《实训任务单》。

班级	姓名

任务名称	主要知识和技能	要求
任务一 绘制"国旗"图案	1. 绘图命令：点（定数等分）、直线、圆、矩形、多边形、填充等； 2. 编辑命令：复制、阵列、旋转（参照）、对齐（参照）、移动、缩放、修剪、合并、删除、偏移等； 3. 图层设置（打开与关闭）：线型、线宽、颜色； 4. 精确绘图命令：捕捉、极轴追踪、对象捕捉追踪、正交； 5. 绘图方案的编制与比较	通过团队协作和独立工作的方式，以严谨的工作态度、树立"质量第一"的意识，在确保"国旗"图样绘制正确的情况下，推进绘图速度
任务二 设置CAD环境	根据制图标准进行： 1. 文字样式设置与标注； 2. 尺寸样式设置与标注； 3. 图层设置（线型、线宽、颜色）； 4. 带属性的图块创建与应用、属性字段的设置	依据制图标准相关文字、尺寸标注、图线的相关设定，独立完成CAD绘图环境设置（文字、尺寸标注、图层、图块）
任务三 绘制工程图样	1. 文字样式设置与标注（不同绘图比例的文字缩放）； 2. 尺寸样式设置与标注（不同绘图比例的全局比例设置）； 3. 绘图命令：直线、圆弧、多段线及其编辑、图案填充等； 4. 编辑命令：复制、偏移、修剪、延伸、旋转（角度）、缩放等； 5. 线型的加载与设置； 6. 图层设置； 7. 制图标准关于"指北针"的画法规定； 8. 图块的创建及调用（插入、旋转、比例）	具有依据制图标准准确绘制工程图样，进行文字与尺寸标注的能力及团队协作等综合能力

CAD绘图基本技能综合实训　　　　班级　　　　姓名

实训任务单

任务一 绘制"国旗"图案

（1）根据资料"国旗（五星红旗）的画法"，完成"国旗"图案（2880mm×1920mm）的绘制，如下图左所示。

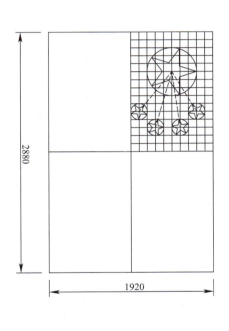

（2）资料：国旗（五星红旗）的画法，如上图右所示。

旗面为红色，长方形，其长与高之比为3∶2，旗面左上方缀黄色五角星五颗。一星较大，其外接圆直径为旗高的3/10，居左；四星较小，其外接圆直径为旗高的1/10，环拱于大星之右。国旗通用尺度定为五种：2880mm×1920mm，2400mm×1600mm，1920mm×1280mm，1440mm×960mm，960mm×640mm。

大五角星的中心点在该长方形上五下五、左五右十之处，其画法为：以此点为圆心，以三等分为半径作一圆。四颗小五角星的中心点，第一点在该长方形上二下八、左十右五之处，第二点在上四下六、左十二右三之处，第三点在上七下三、左十二右三之处，第四点在上九下一、左十右五之处。其画法为：以以上四点为圆心，各以一等分为半径，分别作四个圆。四颗小五角星各有一尖正对大五角星的中心。

任务二 设置绘图环境

新建文件,文件名为"基本设置",按照下列要求设置绘图环境。

1. 设置文字样式

设置两个文字样式,分别用于"汉字"和"数字和字母"的注释,所有字体均为直体字,宽度因子为0.7。

(1) 用于"汉字"的文字样式

文字样式命名为"HZ",字体名选择"仿宋",语言为"CHINESE_GB2312"。

(2) 用于"数字和字母"的文字样式

文字样式命名为"XT",字体名选择"simplex.shx",大字体选择"HZTXT"。

2. 设置尺寸标注样式

尺寸标注样式名为"BZ",其中文字样式用"XT",其他参数请根据国家制图标准的相关要求进行设置。

3. 绘制带属性的标题栏图块

(1) 按如图所示绘制标题栏,在0层中绘制,标注尺寸。"(图名)"、"(SCALE)"和"(TH)"均为属性,"2021年6月18日4:42:56"为属性字段(保存日期)。字高:(图名)为7,其余文字为5,所有属性和文字均在指定格内居中。

(2) 将标题栏连同属性(不包括尺寸标注)一起定义为块,块名为"BTL",基点为标题栏右下角点。

4. 绘制图框并插入标题栏图块

绘制如图所示图框,插入图块"BTL"于图框的右下角,分别将属性"(图名)"和"(图号)"的值改为"底层平面图"和"建施02"。

任务三 绘制工程图样

1. 根据如图所示给定的尺寸，绘制建筑平面图（注：楼层平面从低到高均匀旋转和缩小）。

（此题为中国图学学会土木与建筑类 CAD 技能一级考试试题）

要求：

（1）设置适当的图层，并进行相关设置。

（2）按照图中所示，根据国家制图标准和图中比例，设置文字样式，尺寸标注样式，并进行文字和尺寸的标注。

（3）创建"指北针"图块，并按图中比例及旋转角度（北偏西15°）插入图块。

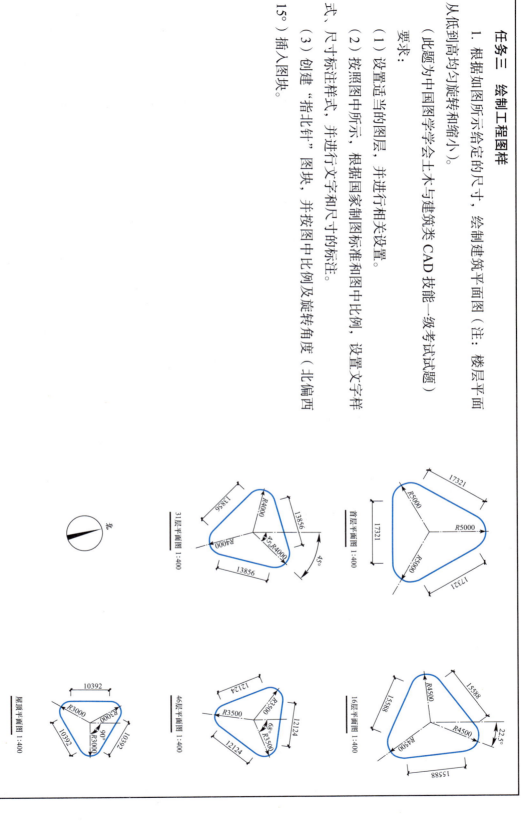

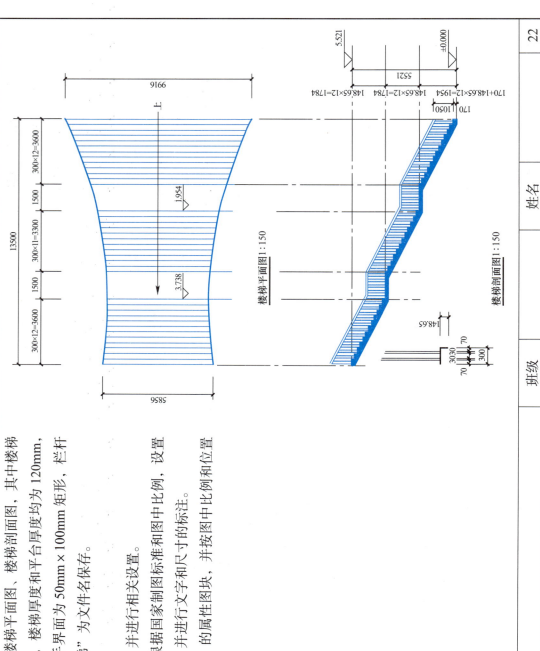

楼梯平面图 1:150

楼梯剖面图 1:150

2. 如右图所示，绘制楼梯平面图、楼梯剖面图，其中楼梯边缘弧形半径为 2375mm，楼梯厚度和平台厚度均为 120mm，楼梯扶手高 1050mm，扶手界面为 50mm×100mm 矩形，栏杆柱间距如图所示。以"楼梯"为文件名保存。

要求：
(1) 设置适当的图层，并进行相关设置。
(2) 按照图中所示，根据国家制图标准和图中比例，设置文字样式、尺寸标注样式，并进行文字和尺寸的标注。
(3) 创建名为"标高"的属性图块，并按图中比例和位置插入图块。

CAD 绘图基本技能综合实训

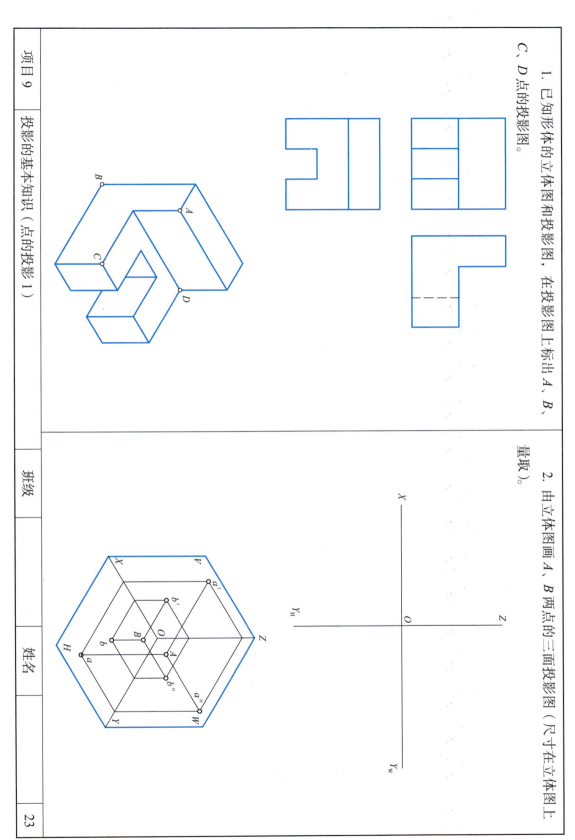

3. 已知各点的两面投影，求作第三面投影。

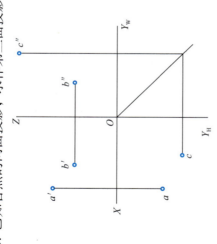

4. 已知 A 点的坐标为（30，10，20），B 点在 A 点右方 20mm，前方 15mm，下方 10mm，求 A、B 两点的三面投影，并画出它们的直观图。

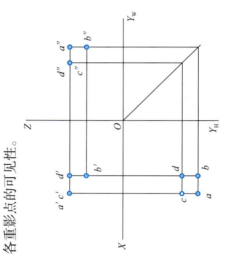

5. 已知 B 点的三面投影，A 点在 B 点之前、下、右各 10mm，求作 A 点的三面投影。

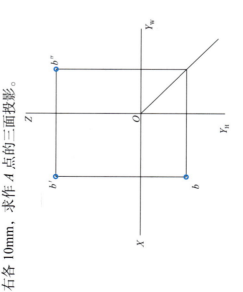

6. 已知 A、B、C、D 各点的三面投影，试判断其相对位置，并表示各重影点的可见性。

在以下括号内填写前、后、上、下、左、右。

A 点在 B 点之（　　）
B 点在 D 点之（　　）
D 点在 C 点之（　　）
C 点在 A 点之（　　）

项目 9　投影的基本知识（点的投影 2）　　班级　　　　姓名　　　　24

7. 已知 A、B、C 三点的两面投影，求第三投影，并在表中填入各点到投影面的距离（从图中量取）。

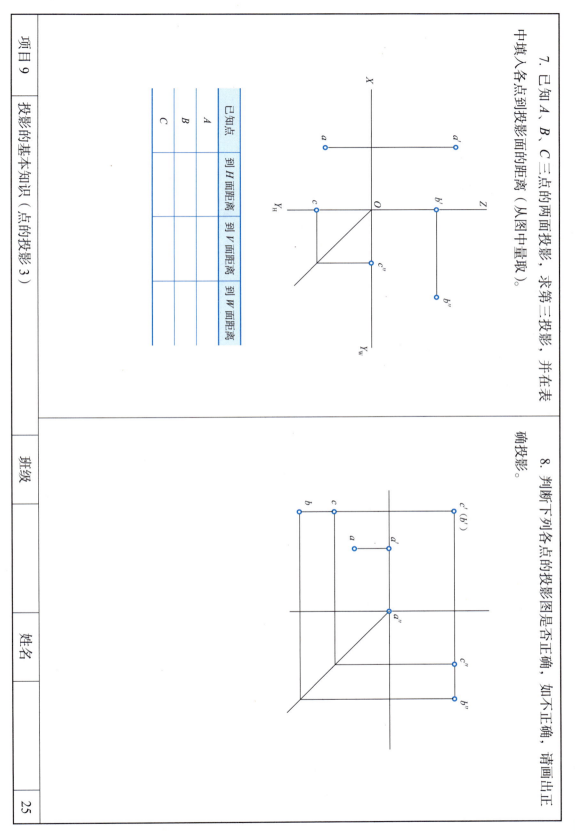

已知点	到 H 面距离	到 V 面距离	到 W 面距离
A			
B			
C			

8. 判断下列各点的投影图是否正确，如不正确，请画出正确投影。

项目 9 投影的基本知识（直线的投影 1）

1. 已知直线 AB 的 H、V 面投影，求 W 面投影。

2. 在投影图中标出立体图上相应点的三面投影，然后判断指定的直线与投影面的相对位置。

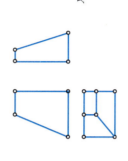

AB 是（　　）、GE 是（　　）
（　　）、BE 是（　　）、EF 是（　　）、AG 是（　　）

3. 指出三棱锥各个棱线的空间位置及投影中反映实长的线段或积聚的线段。

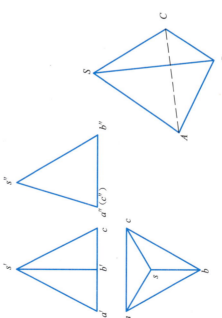

AB ——（水平线）（ab 为实长）
AC ——（　　）（　　）
BC ——（　　）（　　）
SA ——（　　）（　　）
SB ——（　　）（　　）
SC ——（　　）（　　）

4. 已知铅垂线 AB 端点 A 的投影，AB 长 20mm，B 点在 A 点的正下方，求其三面投影图。

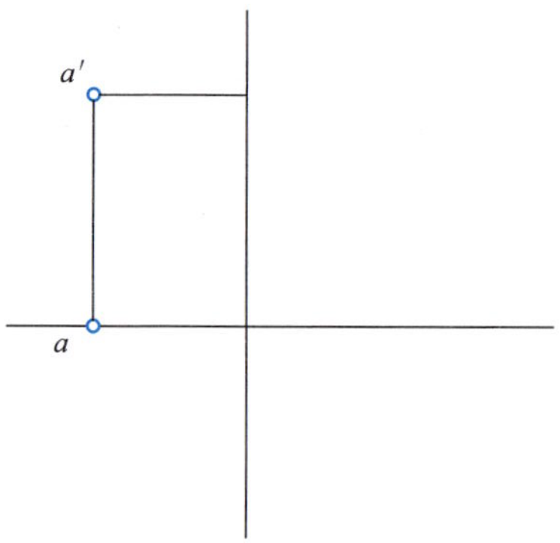

5. 已知直线 CD//V 面，点 C、D 距 H 面的距离分别为 5mm 和 15mm，求其投影图。

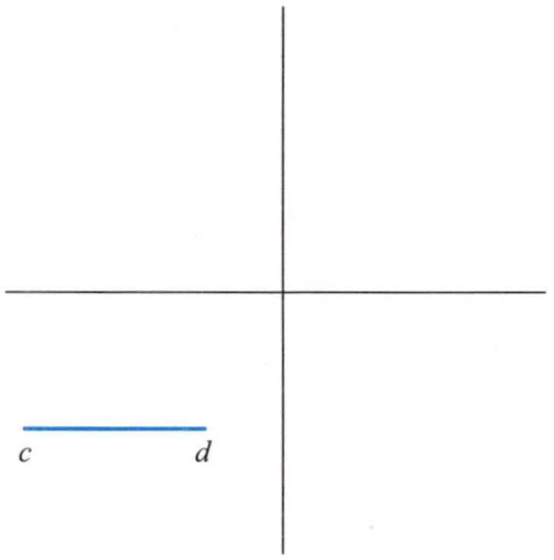

6. 已知直线 GH 垂直于 K 面，距 H 面 15mm，长为 20mm，G 点的 H 面投影如图所示，G 点在 H 点的左边，求直线 GH 的三面投影图。

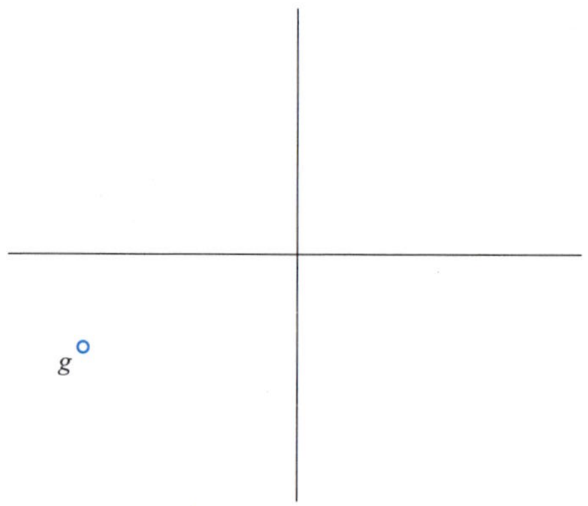

7. 已知点 K 在直线 AB 上，求直线及点的其他投影。

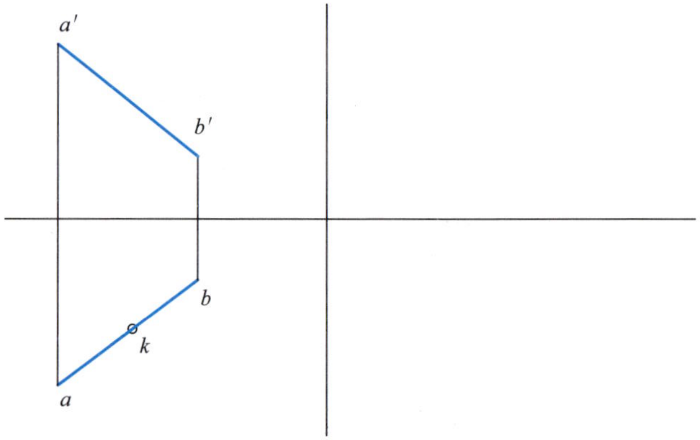

项目 9　投影的基本知识（直线的投影 2）

8. 求下列各直线的第三面投影，并判断各直线对投影面的相对位置。

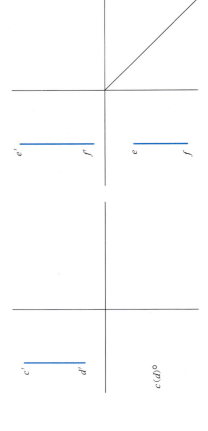

AB是_____ CD是_____ EF是_____

AB是_____ CD是_____ EF是_____

9. 判断点 K 是否在直线上。

10. 根据直观图和投影图，在投影图中标出直线 CD 的三面投影，在直观图中标出直线 AB 的位置。

11. 判断下列两直线的相对位置（平行、相交、交叉）。

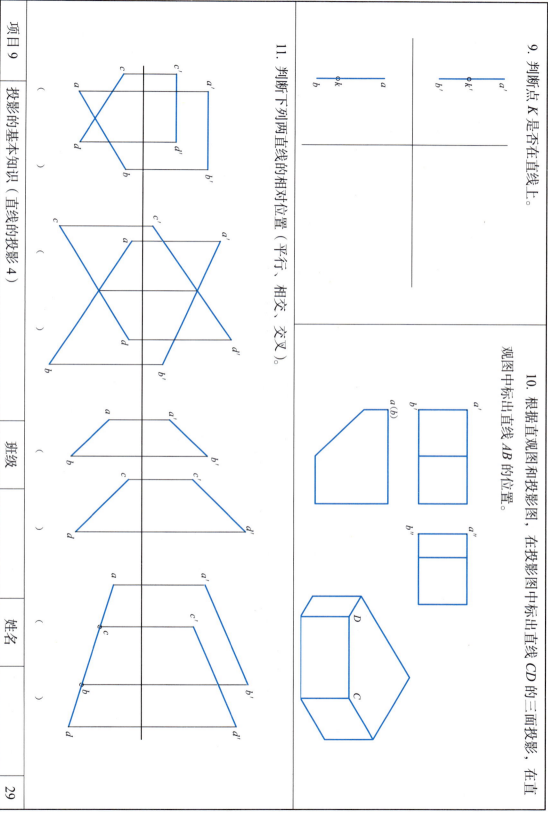

| 项目 9 | 投影的基本知识（直线的投影 4） | 班级 | 姓名 | 29 |

1. 根据各立体图及投影方向，判断指定平面对于投影面的相对位置。

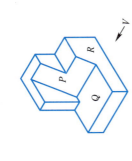

平面	对于投影面的相对位置
P	面
Q	面
R	面

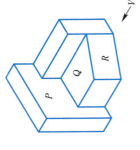

平面	对于投影面的相对位置
P	面
Q	面
R	面

平面	对于投影面的相对位置
P	面
Q	面
R	面

2. 根据立体图，在投影图上找出△ABC、△ACD、△ADE、△CDF 三面投影图及其对于投影面的相对位置。

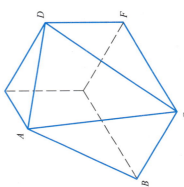

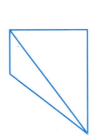

平面	对于投影面的相对位置
△ABC	面
△ACD	面
△ADE	面
△CDF	面

项目 9　投影的基本知识（平面的投影 1）

3. 指出三棱锥各个棱面的空间位置及反映实形的投影或积聚的投影。

△SAB ___（一般位置图）（无实形）
△ABC ___（　　）（　　）
△SAC ___（　　）（　　）
△SBC ___（　　）（　　）

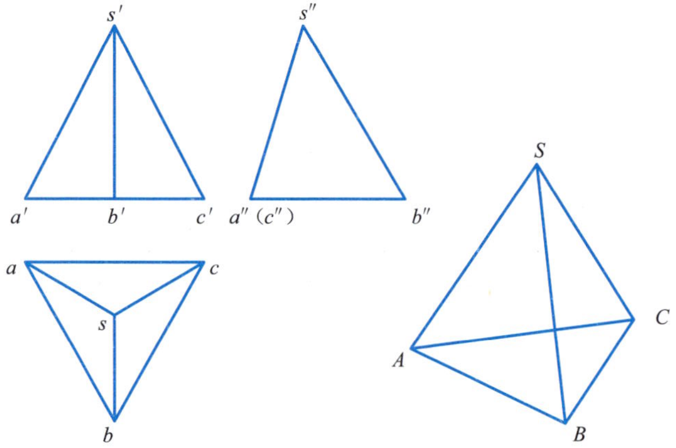

4. 根据平面的两面投影，作第三面投影，并判断其对于投影面的相对位置。

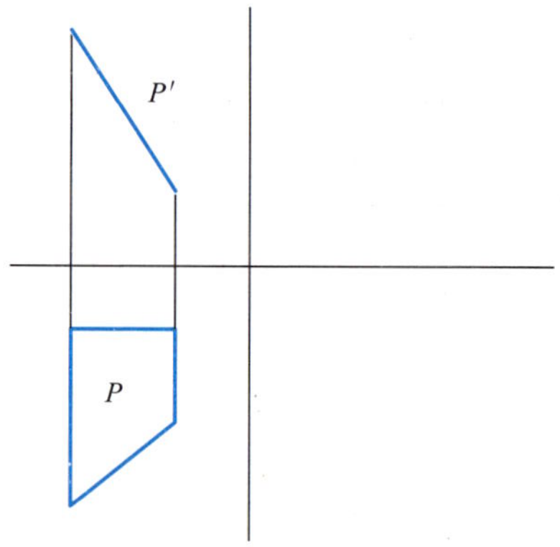

P是 ___ 面

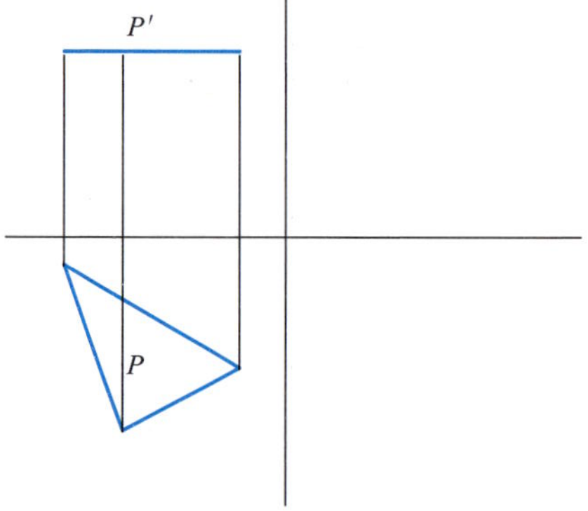

P是 ___ 面

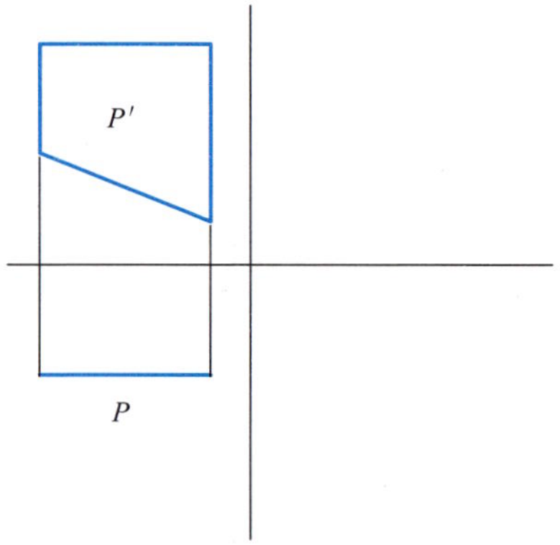

P是 ___ 面

| 项目 9 | 投影的基本知识（平面的投影 2） | 班级 | 姓名 | 31 |

5. 根据平面的两面投影，作第三面投影，并判断其对于投影面的相对位置。

ABCD是_____面

ABC是_____面

ABCD是_____面

CBD是_____面

P是_____面

P是_____面

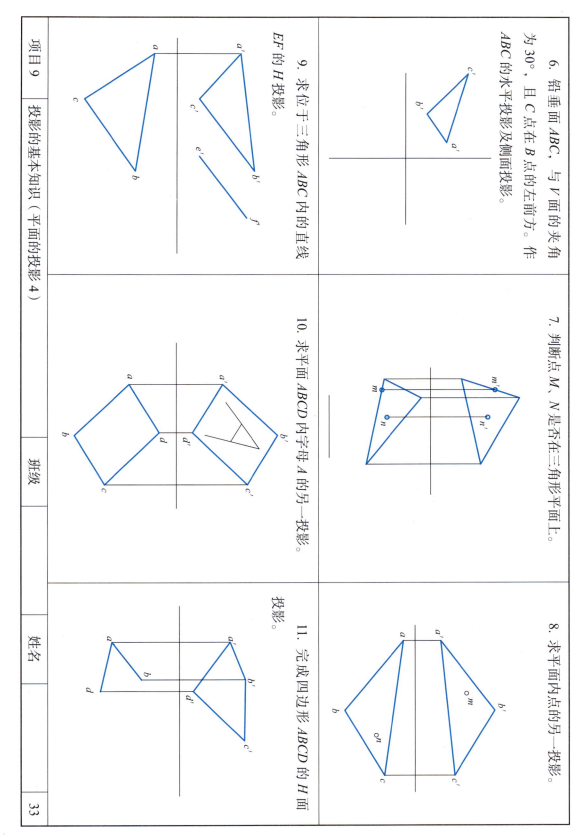

1. 补全形体的第三面投影。

(1) (2) (3) (4)

项目 10　形体投影图识读与绘制

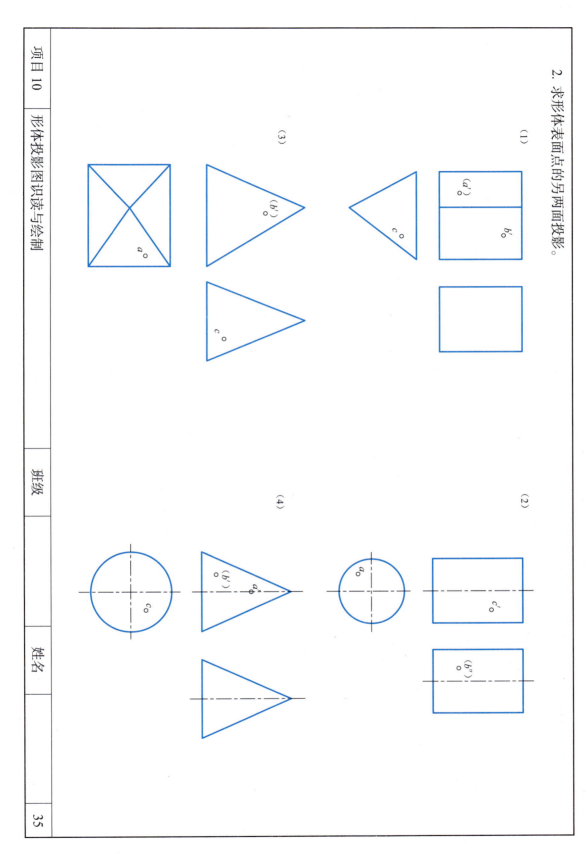

3. 根据形体的立体图，补画其第三面投影图。

(1)

(2)

(3)

(4)

项目 10　形体投影图识读与绘制

4. 根据立体图作形体的三面正投影图（尺寸在立体图中量取）。

(1)

(2)

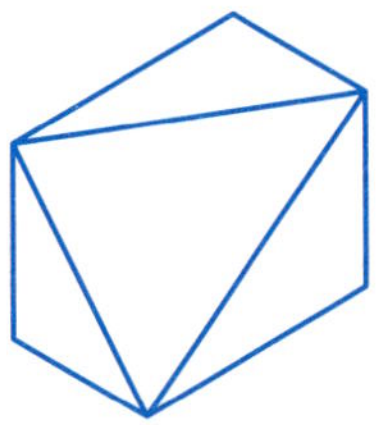

(3)

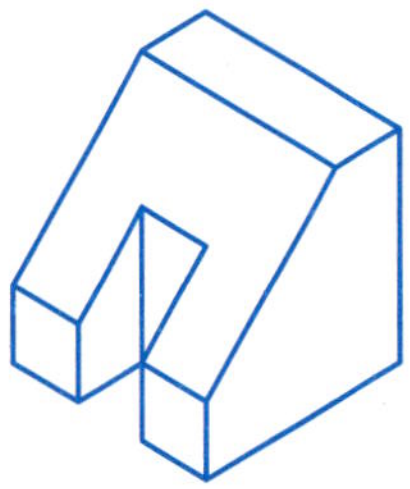

(4)

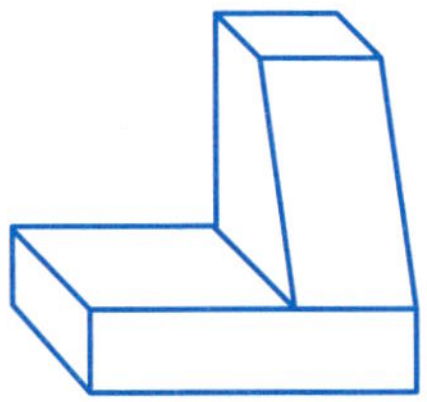

| 项目 10 | 形体投影图识读与绘制 | 班级 | 姓名 | 37 |

(5)　　　　　　　　　　　　　　(6)

(7)　　　　　　　　　　　　　　(8)

项目 10　形体投影图识读与绘制

项目 10　形体投影图识读与绘制

(9)

(10)

(11)

(12)

(13)

(14)

(15)

(16)

项目 10　形体投影图识读与绘制

5. 根据形体的两面投影，绘制其第三面投影。

(1)

(2)

(3)

(4)

6. 求平面与平面立体相交的截交线，并补画第三面投影。

(1)

(2)

7. 求平面与回转体相交的截交线，并补画第三面投影。

(1)

(2)

8. 求两平面体相交的相贯线。

(1)

(2)

9. 求两圆柱体相贯线。

1. 画出形体的正等测投影图（尺寸在图中量取）。

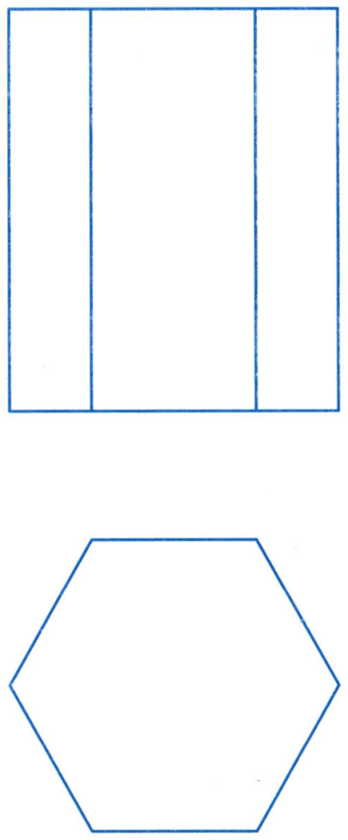

| 项目 11 | 轴测图识读与绘制 | 班级 | 姓名 | 44 |

2. 画出形体的正等测投影图（尺寸在图中量取）。

3. 画出形体的正面斜二测投影图（尺寸在图中量取）。

1. 画出下列形体的剖面图。

(1)

(2)

(3)

(4)

2. 画出形体的断面图。

3. 画出形体的断面图。

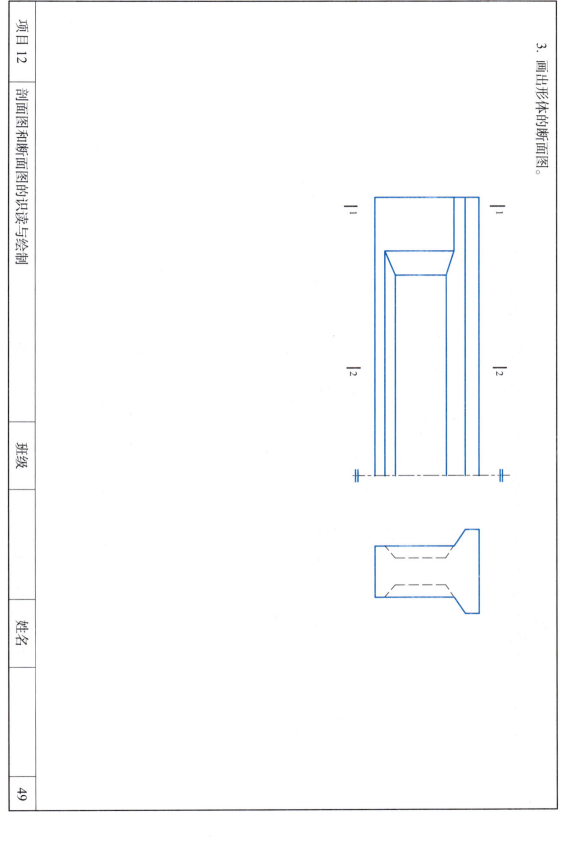

提高篇（根据教学要求选做）：

1. 采用 1:1 的比例用 CAD 抄绘组合体的两面投影图，并在侧面投影的位置绘制 1—1 剖面图，断面材料为混凝土（不标注尺寸）。

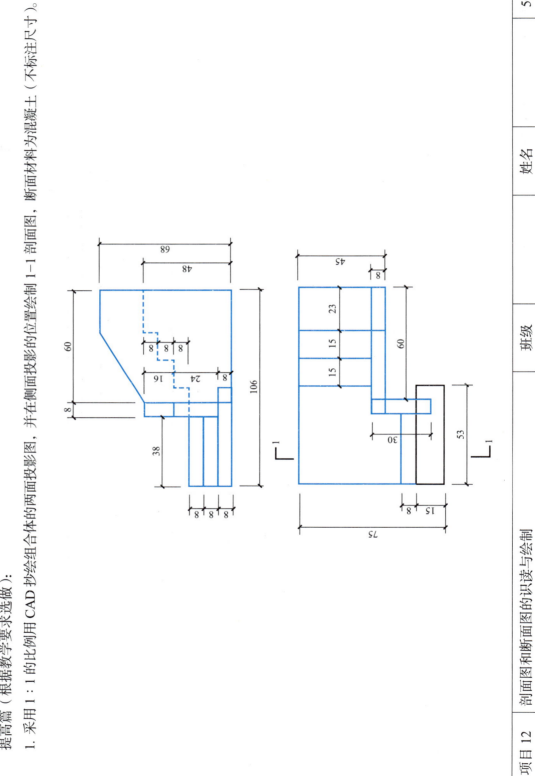

项目 12　剖面图和断面图的识读与绘制

2. 采用1:1的比例用CAD抄绘组合体的三面投影图,并绘制1—1剖面图,断面材料为普通砖(不标注尺寸)。

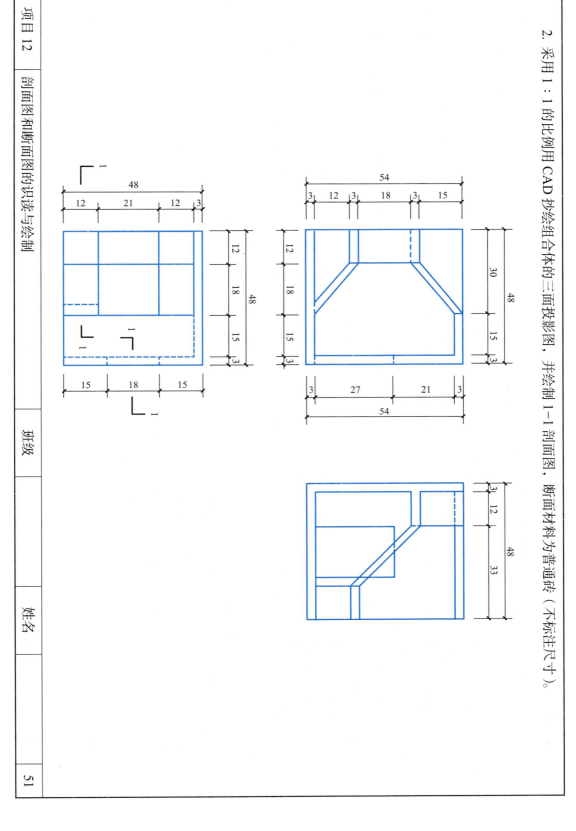

项目 13　市政 CAD 绘图环境设置

填空题

（1）A4 图纸的尺寸是_____，A3 图纸的尺寸是_____。

（2）在每张正式的工程图纸上都应有设计单位、_____、_____、_____等内容，把它们以表格形式放在图纸的右下角，就是图纸的"_____"，简称"_____"。图标外框线线宽宜为_____mm，图标内分格线线宽宜为_____mm。

（3）绘图比例就是图纸上_____与_____相对应的线性尺寸比之比；出图比例就是 AutoCAD 打印图纸时设置的_____比例。

（4）如果平面图采用的绘图比例为 1∶100，在 AutoCAD 中按实际尺寸绘制图形，若出图比例也采用为 1∶100，图中的文字、符号、图框等则必须放大_____倍绘制，如 5 号字的字高应设置为_____。

（5）一般情况下，一个图样应选用_____种比例。根据专业制图需要，同一图样可选用_____种比例。

（6）比例宜注写在图名的_____侧或_____方，字高可为图名字高的_____倍（即_____号）。

（7）AutoCAD 图形文件和样板文件的扩展名分别是_____和_____。

（8）指北针宜用_____线绘制，圆的直径为_____mm，指针尾部的宽度为_____mm；指针端部应注写"_____"或"_____"。

（8）标高是表示工程物各部位_____的一种尺寸形式，它反映工程物中某部位与确定的基准点的_____。标高符号应采用_____线绘制的_____三角形表示，高为_____mm，底角为_____。顶角应至被注的高度，顶角向上、向下均可。标高数字宜标注在三角形的_____边。负标高应加"-"号，正标高（包括零标高）前不加"+"号。当图形复杂时，也可以采用引出线形式标注。标高数字以_____为单位，注写到小数点后第_____位。

填空题

(1) 一般工程设计分为_____、_____和_____3个阶段。市政工程分成_____工程、_____工程和_____工程等。

(2) 道路工程施工标示工程所处的设计阶段和专业类别。

(3) 一般应在图签上标示工程所采用的图幅为_____，尺寸为_____mm×_____mm，有时考虑道路工程狭长形的特点，也可采用_____，是对_____边加长_____。

(4) 道路工程设计文件由_____和_____组成。

(5) 根据所在位置，功能特点及构造组成不同，道路可分为_____和_____两种。

(6) 城市道路按道路在交通网中的地位，交通功能以及对沿线建筑物的服务功能分为_____、_____、_____和_____四个等级。

(7) 《城市道路工程设计规范（2016年版）》CJJ 37—2012规定的城市道路最高的设计速度为_____km/h。

(8) 我国城市道路选用道路轴载中所占比例较大，对路面影响较大的_____轴载100kN为标准轴载，以_____表示。

(9) 公路根据功能分为_____、_____、_____和_____5个等级。

(10) 我国目前将标准层级分为_____、_____和_____四级。GB表示的是_____标准，CJJ表示的是_____标准。

(11) CJJ 37—2012，CJJ表示由_____颁布的，37表示_____，2012表示_____。

1. 填空题

(1) 道路工程平面图包括_____、_____和_____3个部分。

(2) 道路平面图是在地形图上绘制的道路_____投影，它表达了道路在_____中的位置。

2. 识读本习题集第 55 页的道路平面图，完成以下填空。

(1) 本图是_____工程的道路平面设计图，道路平面图的比例为_____，工程编号为_____。

(2) 该道路平面图共有_____页，此页为第_____页，桥长为_____m。

(3) 道路的红线宽度为_____，用_____线表示，道路中心线用_____线表示，道路基本走向为_____走向。在桩号_____处有一座桥梁，为_____桥梁，跨_____。设计阶段为_____。

(4) 图中 JD2 的坐标 X=_____，Y=_____，其圆曲线要素分别为 T=_____，L=_____，E=_____，R=_____，α=_____。

项目 14 道路工程图识读与绘制（2）

（图纸：道路平面设计图 — ××市政工程设计研究院有限公司，××通道工程）

图例说明：
- 规划红线
- 人行道边线（规划红线）
- 非机动车道边线
- 机非分隔带边线
- 中央分隔带边线
- 道路中心线
- 道路边线

交点坐标表：

交点号	交点坐标		交点桩号	转角值
	X(N)	Y(E)		
JD2	-2929.312	841.219	K17+728.316	13°20′09.8″(Y)

曲线元素表：

半径	缓和曲线长度	曲线要素值(m)			
		切线长度	曲线长度	外距	校正值
2000		233.815	465.517	13.621	2.113

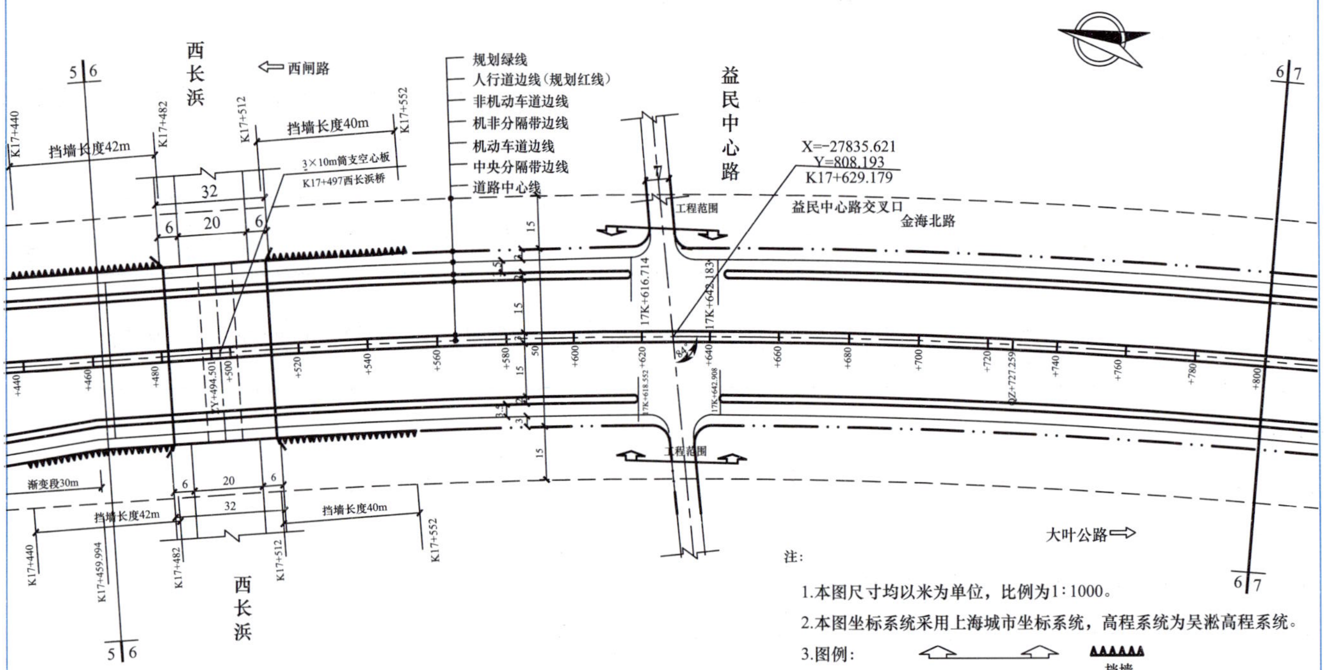

注：
1. 本图尺寸均以米为单位，比例为1:1000。
2. 本图坐标系统采用上海城市坐标系统，高程系统为吴淞高程系统。
3. 图例：
   - ⇐⇒ 工程范围
   - ▲▲▲▲▲ 挡墙

图中标注：
- 西长浜
- 西闸路
- 益民中心路
- 金梅北路
- 大叶公路
- 益民中心路交叉口 X=-27835.621 Y=808.193 K17+629.179
- 17K+618.552 17K+616.714
- 17K+642.908 17K+642.183
- QZ+727.259
- K17+440 挡墙长度42m
- K17+459.994 浜宽度30m
- K17+482
- K17+497 西长浜桥
- 3×10m 简支空心板
- K17+512
- K17+552 挡墙长度40m

项目工程：道路工程
图名：道路平面设计图
设计阶段：施工图
审定：　校核：　专业负责人：
审核：　设计：　项目负责人：
专业：道路
比例：1:1000
工程编号：S0910
图号：S-L-02
日期：2023.11

第6页　第10页

根据道路平面资料绘制道路平面图

(1) 目的

熟悉道路平面图的图示内容和方法，掌握 AutoCAD 绘制道路平面图的步骤和方法。

(2) 道路平面图资料

某道路工程平面直线、曲线及转角见下表。根据条件绘制道路中心线，设起点桩号为 K0+000，沿道路前进每隔 20m 设置里程桩号，40m 宽度设置道路规划红线。

点号	坐标点		偏角	R (m)	T (m)	L (m)	E (m)
	X (N)	Y (E)					
BP	−37235.1814	12346.8978					
JD1	−37550.0469	13013.4208	12°56′25″（左偏）	6500	737.152	1468.032	41.666
EP	−37745.9384	13908.4262					

(3) 绘图要求

1) 图幅：A3。
2) 比例：1∶500。
3) 图线：中心线和规划红线根据规范要求绘制。
4) 字体：汉字用长仿宋体书写。图名用 7 号字，平面图中各部分名称用 5 号字。轴线圆圈内的数字或字母用 5 号字，尺寸数字用 3.5 号字。
5) 标题栏的格式和大小见教材的图 13-6。
6) 作图应准确，图线粗细分明，尺寸标注无误，字体端正整齐，图面布置合理。

绘图操作步骤提示：

调用样板图→设置图层→绘制道路中心线及规划红线→设置桩号→图纸分幅→插入指北针→复制曲线要素表→添加图纸说明

项目 14　道路工程图识读与绘制（3）

1. 填空题

（1）下图中横坐标表示_____，纵坐标表示_____，用细实线绘制的不规则折线表示设计中心线处的_____，用粗实线绘制的直线与曲线组成的线为_____。

（2）该路段起点桩号为_____，终点桩号为_____，起点处原地面标高为_____ m，设计标高为_____ m，填挖高度为_____ m。

（3）该纵断面图中共有_____个凸型竖曲线，_____个凹型竖曲线，凹曲线的变坡点桩号为_____，设计标高为_____，曲线要素 R=_____，T=_____，E=_____。

（4）该图在桩号_____处有一座桥梁，该桥梁共_____跨，跨径组合为_____。

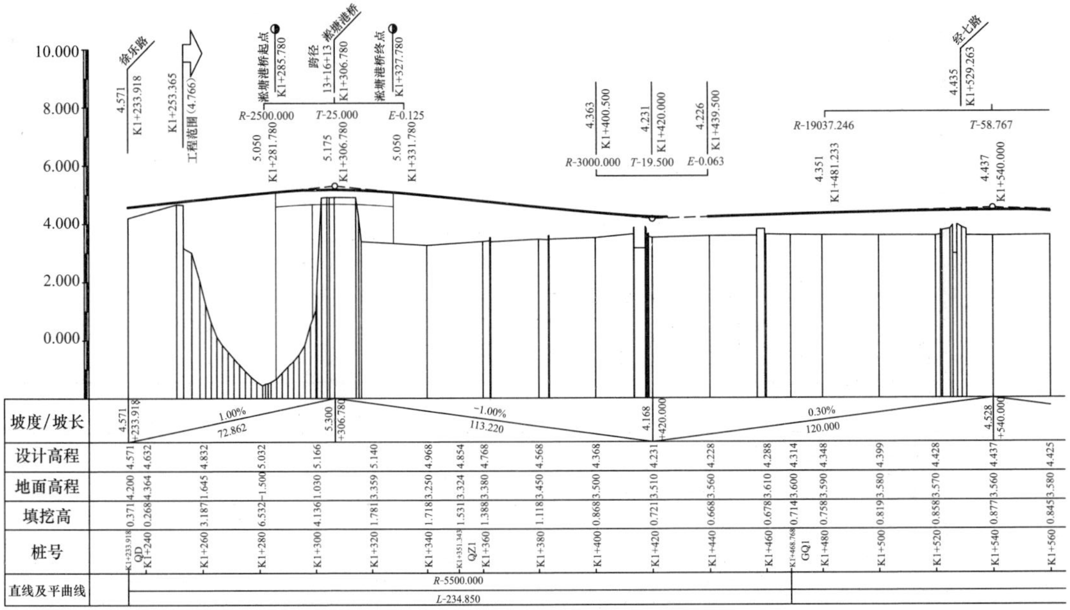

| 项目 14 | 道路工程图识读与绘制（3） | 班级 | 姓名 |

2. 补全道路纵断面图

（1）目的

熟悉道路纵断面图的图示内容和方法，掌握 AutoCAD 绘制道路平面图的步骤和方法。

（2）绘图要求

1) 补全纵断面设计线和填挖高度。

2) 作图应准确，图线粗细分明，尺寸标注无误，字体端正整齐。

（3）操作步骤提示：绘制纵断面设计线导线→绘制竖曲线→计算部分桩号位置的填挖高度并填写完成

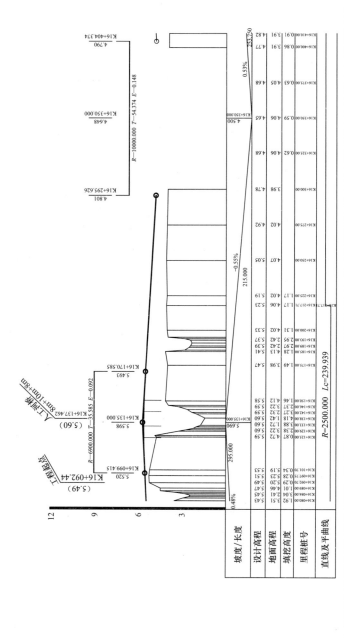

项目 14　道路工程图识读与绘制（4）

1. 填空题

（1）道路的横断面是指沿_____方向将道路剖开所作的断面图。

（2）下图中横断面由_____组成，各部分宽度分别为_____，道路红线宽为_____。

（3）该道路横断面布置形式采用"_____块板"布置形式，机动车道拱采用_____形式，横坡为_____，人行道侧石高度为_____。道路中心线与道路边线的高差为_____。

项目 14　道路工程图识读与绘制（5）

2. 绘图题

（1）目的

熟悉道路标准横断面图的图示内容与方法，掌握 AutoCAD 绘制道路标准横断面图的步骤和方法。

（2）绘图要求

某道路标准横断面采用"四幅路"形式，规划红线宽度为 33m，横断面布置如下：2m 人行道 +3.5m 非机动车道 +1.5m 机非分隔带 +16m 机动车道 +1.5m 机非分隔带 +3.5m 非机动车道 +2m 人行道 =30m。非机动车道、人行道采用直线坡，人行道采用抛物线路拱。机动车道采用双向横坡，非机动车道、人行道均采用单向横坡，横坡度均为 1.5%；分隔带、立缘石外露高度均为 15cm。机动车道的路面结构层厚度为 67cm，非机动车道的路面结构层厚度为 49cm。

（3）作图应准确，图线粗细分明，尺寸标注无误，字体端正整齐。

（4）绘制操作步骤提示：绘制道路中心线→绘制横断面设计线→标注文字→标注横坡度和标高→绘制路面结构层→镜像左侧横断面

1. 填空题

（1）道路的横断面是指沿_____方向将道路剖开所作的断面图。

（2）路基是_____带状构造物，其应满足的基本要求有_____。

（3）下图中桩号 K2+020 处为_____路基，原地面标高为_____，设计标高为_____，该断面的填方面积为_____；K2+300 路中心线处的填挖高度为_____，路边界处标高为_____，可推算出标准横断面道路中心线与规划红线之间的相对高差为_____。道路横断面宽度为_____。

K2+300　Hd=4.84　Hg=4.85
FA=4.88　CA=16.26

距离：15.00
高程：4.86

距离：15.00
高程：4.62

1:1.5

1.5%　1.5%　1.5%　1.5%　1.5%　1.5%　1.5%　1.5%

K2+020　Hd=4.60　Hg=3.22
FA=24.01　CA=0.00

距离：15.00
高程：4.86

距离：15.00
高程：4.62

1:1.5

1.5%　1.5%　1.5%　1.5%　1.5%　1.5%　1.5%　1.5%

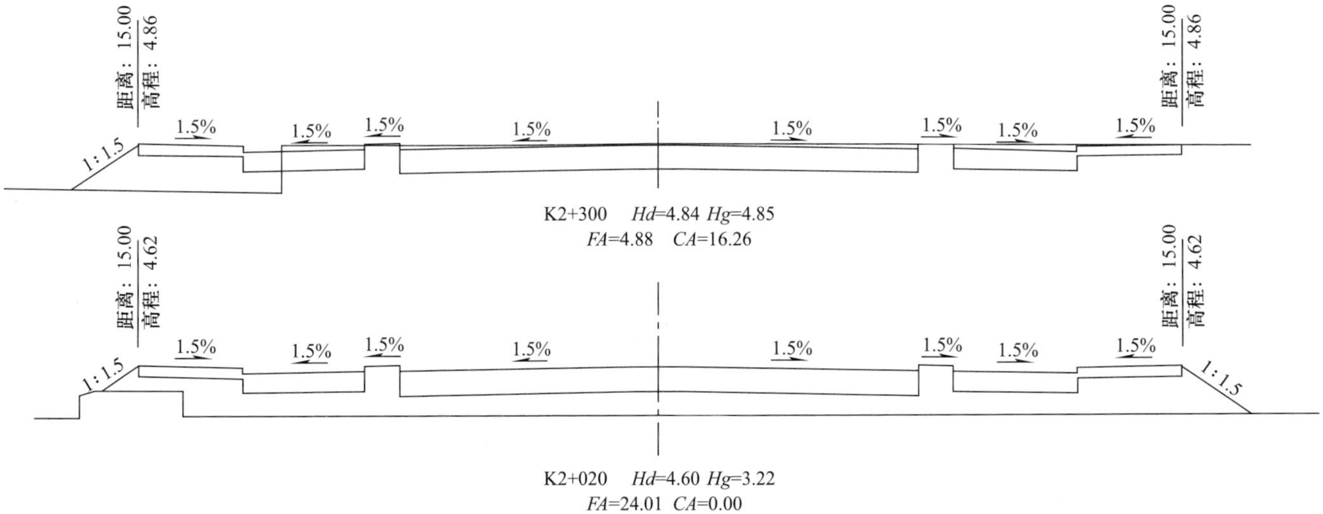

说明：1. 图中尺寸单位以米计；
2. 图中各符号表示：
Hd——设计标高；
Hg——原地面标高；
FA——填方面积；CA——挖方面积。

| 项目 14 | 道路工程图识读与绘制（6） | 班级 | 姓名 | 61 |

（4）道路路面可分为_____三大类。

（5）道路路面结构由_____组成。

（6）下图中机动车路道采用_____路面结构,路面结构自上而下分别为_____,总厚度为_____。

（7）下图中非机动车路面结构自上而下分别为_____,总厚度为_____。

（8）下图中人行道路面结构自上而下分别为_____,总厚度为_____。

2. 绘图题

（1）目的

熟悉道路施工横断面图的图示内容和方法，掌握 AutoCAD 绘制道路施工横断面图的步骤和方法。

（2）绘图要求

某道路横断面的中心桩号、标高及两侧的相对距离和相对高程如下：

K0+340 4.00

左侧 7 −0.17, 0 0.25, 2 −0.01, 0 0.23, 3.5 −0.06, 0 −0.2, 5 0

右侧 7 −0.14, 0 0.25, 2 0, 0 −0.25, 3.5 −0.07, 0 −0.22, 5 0

注：以上各组数据表示道路中心两侧各点的相对距离和相对高程。

道路纵断面设计标高为 4.86m，标准横断面设计见本习题集第 58 页，填方路基的边坡坡率为 1:1.5，挖方路基的边坡坡率为 1:1。

（3）作图应准确，图线粗细分明，尺寸标注无误，字体端正整齐。

（4）绘制操作步骤提示：绘制道路中心线→绘制横断面地面线→绘制横断面设计线→绘制边坡→填写填挖方量及标注横断面边界线。

| 项目 14 道路工程图识读与绘制（6） | 班级 | 姓名 |

1. 填空题

（1）道路排水工程设计图纸目录基本内容包括_____、_____和_____的总体说明。

（2）道路排水工程设计说明是对_____和_____纸型和张数。

（3）道路排水工程设计图纸包括_____和_____。

（4）道路排水平面图是用来表示_____的工程图。

（5）道路排水纵断面图是沿着_____所画出的断面图，用来表示_____的情况。道路排水纵断面图包括_____、_____和_____等。

（6）构筑物详图是表示_____的图样。

（7）雨水汇水范围是指_____。

（8）暴雨重现期是指_____某特定暴雨强度可能出现一次的_____，单位为_____，一般采用_____表示，_____折减系数用字母_____表示，在陡坡地区折减系数为_____。

（9）地面集水时间用字母_____表示，一般采用_____。

经济条件较好、安全性条件较高地区可取_____。

（10）径流系数是_____与_____的比值，用符号_____表示。

（11）暗管系统包括_____、_____和_____等部分。

（12）城市道路雨水管道应平行于_____设置。

（13）管道的附属构筑物主要有_____和_____两种。

（14）检查井的构造可分为_____、_____和_____等部分组成。

（15）检查井深度是指_____，用符号_____表示落底深度。

（16）雨水口构造一般由_____、_____和_____等部分组成。按照集水方式的不同，雨水口可分为_____和_____等类型。

（17）常用的雨水管道的管材有_____和_____等。

(18) 城市道路排水管道平面图比例一般为_____或_____。

(19) 排水管道中用管道的代号表示不同的管道，污水管用_____，雨水管用_____。

(20) 绘制排水管道平面图时，拟建的排水管道线可以用_____或者_____绘制，原有的排水管线用_____或者_____绘制。

(21) 排水管道图上管道的直径以_____为单位，其他单位都以_____计。

(22) 道路排水管道纵断面图由_____和_____两部分组成。

(23) 检查井与上、下游管道的连接方式有_____和_____两种。

2. 识图题

识读本习题集第66页某城市道路雨水管道平面设计图，回答以下问题。

(1) 拟建雨水管道位于道路的_____侧，距离道路中心线_____m。

(2) 在K17+680~K17+720段，DN800-40表示此段雨水管直径为_____mm。

(3) 图中Y54号检查井尺寸为1000×1000×2250，表示检查井长宽尺寸为_____mm×_____mm，深度为_____mm。桩号为_____，设计地面标高为_____m，管内底左侧标高为_____m，右侧标高为_____m。由_____桩号_____流向_____桩号_____。

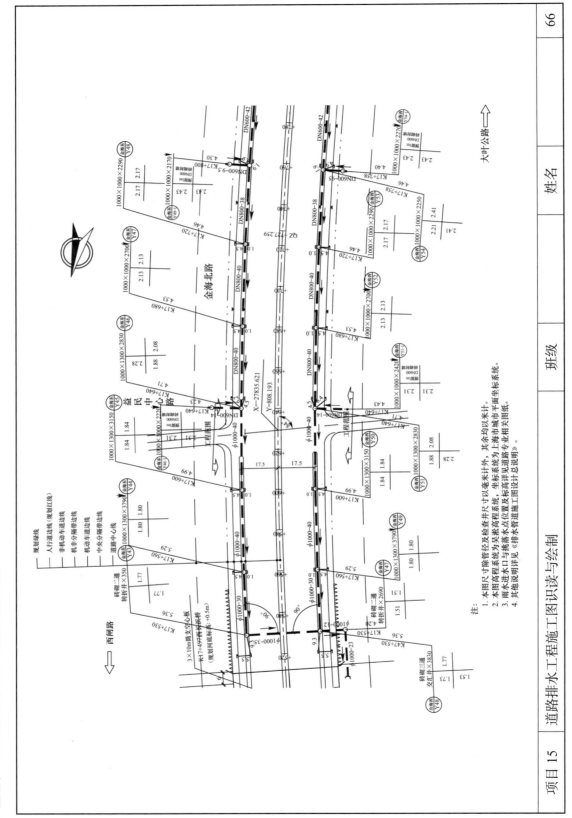

3. 识读本习题集第 68 页某城市道路雨水管道纵断面设计图，并回答以下问题。

(1) 该雨水管道纵断面图横向比例为_____，纵向比例为_____。

(2) 该雨水管道纵断面图图样中不规则细折线表示_____，比较规则的中粗实线表示_____，表示管道。

(3) 金海东 Y27 号检查井所处的里程桩号为_____，自然地面标高为_____ m，设计路面标高为_____ m；该处有支管接入，连接方式为_____，管径为_____ mm，管内底标高为_____ mm；该处检查井深度为_____ m，管顶覆土厚度为_____ m，检查井长宽尺寸为_____ mm × _____ mm；该处有支管接入，连接方式为_____。

(4) 根据该检查井两条竖线延伸情况判断，金海东 Y27 号检查井为_____（选填"落底井"或"不落底井"），金海东 Y28 号检查井为_____（选填"落底井"或"不落底井"）。

(5) 金海东 Y27 号与金海东 Y28 号检查井之间的距离为_____ m，管径为_____ mm，坡度为_____。

项目 15　道路排水工程施工图识读与绘制

纵 1:1000
横 1:100

道路桩号	金海东Y25 K16+720	金海东Y26 K16+760	金海东Y27 K16+802	金海东Y28 K16+840	金海东Y29 K16+880	金海东Y30 K16+918
自然地面标高(m)	4.10	4.18	4.16	4.17	4.16	4.29
设计路面标高(m)	4.46	4.46	4.46	4.46	4.46	4.46
设计管内底标高(m)	2.48	2.52	2.56	2.52	2.48	2.42
检查井深(m)	2.28	1.94	1.90	2.24	1.98	2.22
管顶覆土(m)	1.32	1.28	1.24	1.28	1.32	1.36
管径(mm)及坡度(%)	DN600 0.158	DN600 0.1	DN600 0.095	DN600 0.158	DN600 0.1	DN600 0.095
检查井距离(m)	10.3	40	42	38	40	38	41.7
管材、接口及基础	高密度聚乙烯双壁缠绕管(HDPE)，双道密封橡胶圈止水，砾石砂基础					
井规格(mm)	1000×1000	1000×1000	1000×1000	1000×1000	1000×1000	1000×1000

注：
1. 本图尺寸除管径及检查井尺寸以毫米计外，其余均以米计。
2. 本图高程系统为吴淞高程系统，坐标系统为上海市城市平面坐标系统。
3. 本图比例横向1:1000，纵向1:100。
4. 本图需与排水管道平面图纸配合使用。
5. 检查井深度包含0.3m落深度。

1. 填空题

（1）桥梁工程设计图纸一般包含＿＿＿＿＿＿＿＿，＿＿＿＿＿＿＿＿，＿＿＿＿＿＿＿＿，＿＿＿＿＿＿＿＿，＿＿＿＿＿＿＿＿。

（2）桥梁按结构体系不同分为＿＿＿＿＿＿＿＿，＿＿＿＿＿＿＿＿，＿＿＿＿＿＿＿＿，＿＿＿＿＿＿＿＿。

（3）根据规范规定城市主干路桥梁设计汽车荷载等级为＿＿＿＿＿＿＿＿。

（4）梁式桥承重结构的截面形式分为＿＿＿＿＿＿＿＿，＿＿＿＿＿＿＿＿。

2. 识图题

识读本习题集第 70 页某桥梁桥位平面图，回答以下问题。

（1）桥位平面图显示有＿＿＿＿＿＿＿＿个取样孔，GK26 的孔口高程为＿＿＿＿＿＿＿＿，钻孔深度为＿＿＿＿＿＿＿＿。

（2）桥位布置图显示，该桥为＿＿＿＿＿＿＿＿（截面形式）桥梁，跨径组合＿＿＿＿＿＿＿＿，全桥总长＿＿＿＿＿＿＿＿。桥中心线桩号为＿＿＿＿＿＿＿＿，该桥横跨＿＿＿＿＿＿＿＿河，与之呈＿＿＿＿＿＿＿＿（正交、斜交），桥面宽度为＿＿＿＿＿＿＿＿m。

（3）图中指北针方向显示桥梁沿道路纵向，桥纵向基本为＿＿＿＿＿＿＿＿方向。

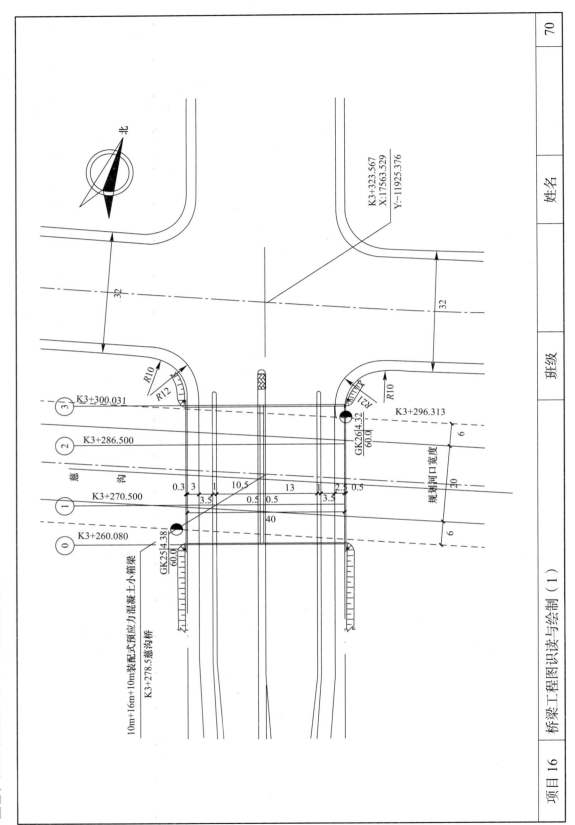

识读本习题集第 72~74 页，回答以下问题。

(1) 桥梁总体布置图显示桥梁起点桩号为_____，终点桩号为_____，桥中心位于_____号处。

(2) 全桥共_____跨，分别是_____m，桥全长为_____m。

(3) 河床断面线显示规划河底标高为_____m，规划河口宽度为_____m，最高水位线为_____m，常水位线为_____m。

(4) 地质断面情况显示，J25 的孔口高程为_____m，底部标高为_____m。J25 钻孔位置的钻孔情况显示：①层为_____层，顶部标高为_____m，钻孔深度为_____m。

(5) 该桥上部结构为_____，承重结构为_____。

(6) 该桥下部结构为_____，梁底标高为_____m。

(7) 该桥桥面机动车道宽度为_____m，人行道两边各为_____m，人行道横坡为_____；桥面总宽度为_____m。

(8) 桥面铺装从上面下分别为_____，总厚度为_____mm。

(9) 桥墩采用_____桥墩，盖梁平面尺寸为_____mm×_____mm，桥墩基础采用钻孔灌注桩，桩径为_____mm。桥墩下部桩基础共有_____根桩，（单，双）排布置。

(10) 桥台采用_____桥台，基础采用_____，桩径为_____mm，桥台下部桩基础共有_____根桩，纵向排列成_____排。

| 项目 16 桥梁工程图识读与绘制（2） | 班级 | 姓名 | 71 |

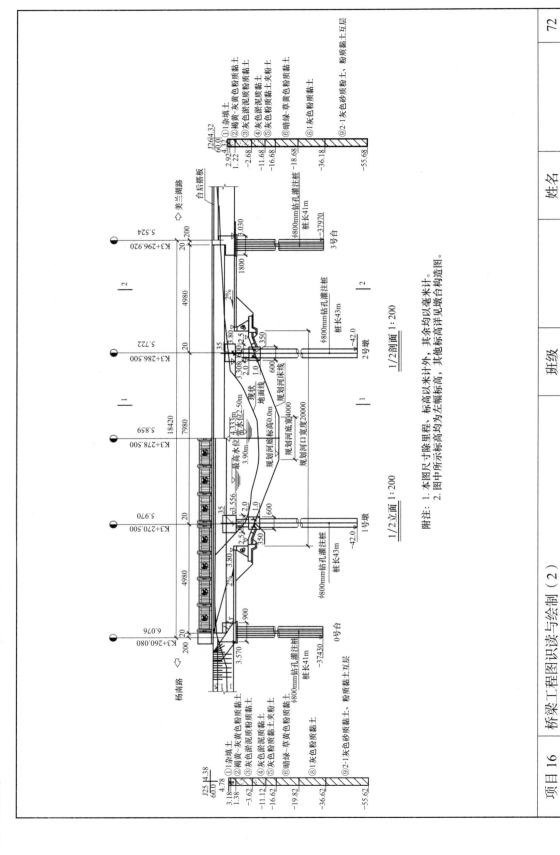

平面
1:200

附注：本图尺寸除里程、标高及注明以米计外，其余均以毫米计。

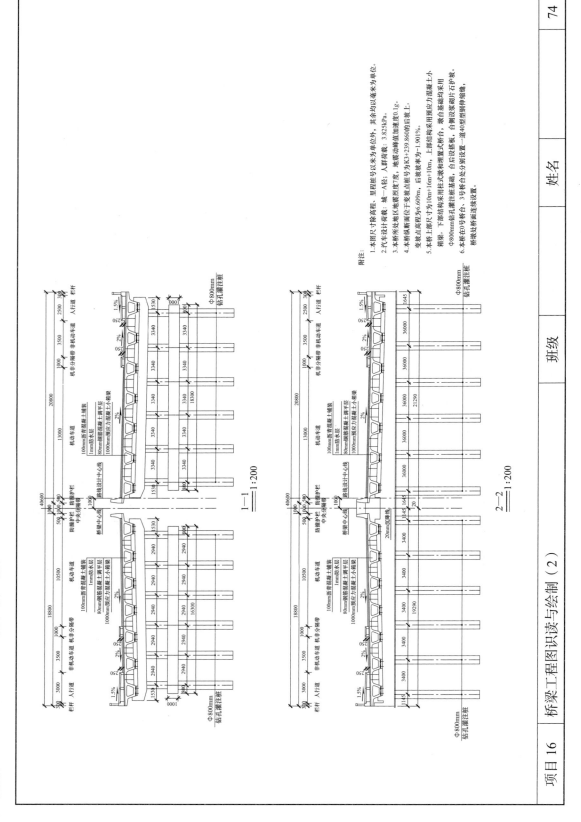

1. 填空题

(1) 常用的钢筋的种类有五种，分别为_____、_____、_____、_____和_____。

(2) 钢筋在结构中所起的作用各有不同，一般把混凝土视为_____，结构构件的外轮廓线用_____表示，钢筋用_____表示，在断面图中由于剖切平面将钢筋切断，被切断的钢筋用_____表示。

(3) 配筋图一般把混凝土视为_____，结构构件的外轮廓线用_____表示，钢筋用_____表示。

2. 识图题

识读本习题集第76页，回答以下问题。

(1) 空心板梁中板长度为_____mm，宽度为_____mm，高度为_____mm。

(2) 8m 预制空心板边板钢筋构造图共有_____种钢筋。N1 钢筋为受力钢筋，板横断面挖空 2 个圆形，半径为_____mm，N1 和 N1' 都分布在板梁的_____，共_____根，长度为_____mm，设弯钩 N1' 共_____根，长度为_____mm。

(3) N4 钢筋_____根，每根长度为_____mm，布置在_____位置，共_____根，分布在_____范围内每隔_____分布一道，在板梁中部_____的范围内每隔_____分布一道，全板梁中共有_____道，其余在_____范围内每隔_____分布一道。

(4) N7 钢筋为_____根，每根长度为_____mm，布置在_____位置，间距为_____mm，布置情况为：在板梁端部第一道与第二道的间距为_____mm，共有_____根 N6 钢筋。

3. 绘图题

抄绘本习题集第77页10m预制空心板中板钢筋结构图。

(1) 目的

熟悉钢筋结构图的图示内容和方法，掌握 AutoCAD 绘制道路平面图的步骤和方法。

(2) 绘图要求

1) 图幅：A3。
2) 比例：1∶30。
3) 字体：汉字用长仿宋体书写，平面图中各部分名称用 5 号字，轴线圆圈内的数字或字母用 5 号字，尺寸数字用 3.5 号字。
4) 作图应准确，图线粗细分明，尺寸标注无误，字体端正整齐，图面布置合理。

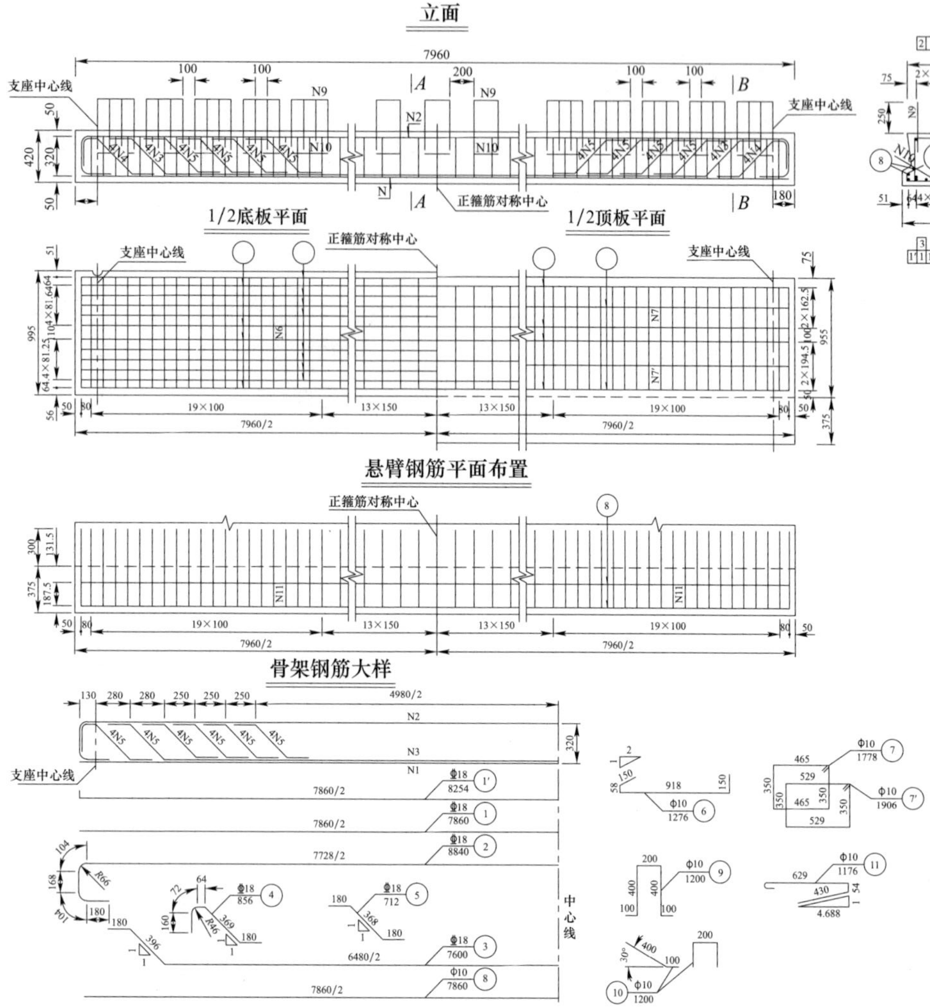

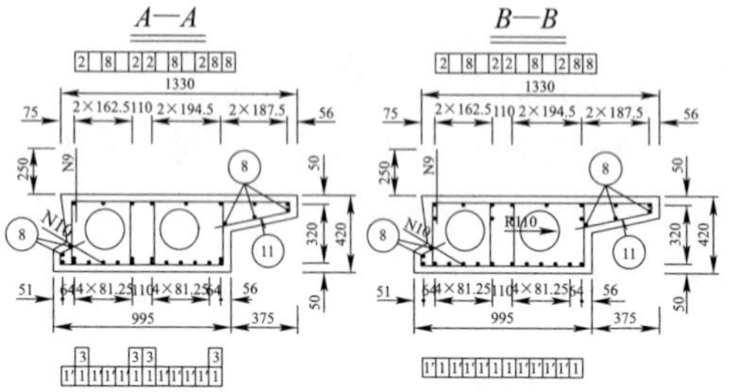

一块边工程数量表

编号	直径(mm)	长度(mm)	根数	共长(m)	共质量(kg)
1	Φ18	7860	4	31.44	62.9
1'	Φ18	8254	8	66.03	132.1
2	Φ18	8840	4	35.36	70.7
3	Φ18	7600	4	30.40	60.8
4	Φ18	856	8	6.85	13.7
5	Φ18	712	32	22.78	45.6
6	Φ10	1276	67	85.49	52.7
7	Φ10	1778	67	119.13	73.5
7'	Φ10	1906	67	127.70	78.8
8	Φ10	7860	9	70.74	43.6
9	Φ10	1200	29	34.80	21.5
10	Φ10	1176	67	78.79	48.6
C30混凝土(m³)				3.06	

注：
1. 本图尺寸除注明者外，其余均以毫米为单位。
2. N9钢筋与N2、N7钢筋预制时绑扎贴侧模，N10钢筋与N2'、N7'钢筋绑扎连接，在块件预制时紧贴侧模，脱模后立即扳出。
3. 1/2顶板平面中未示出悬臂钢筋。
4. N4、N5钢筋与N1、N2、N3钢筋焊接成骨架，骨架钢筋采用双面焊，焊缝长度不小于5d。
5. 图中Φ10钢筋未计弯钩折减值。

项目 16　桥梁工程图识读与绘制（3）

市政工程识图与CAD习题集（第三版）

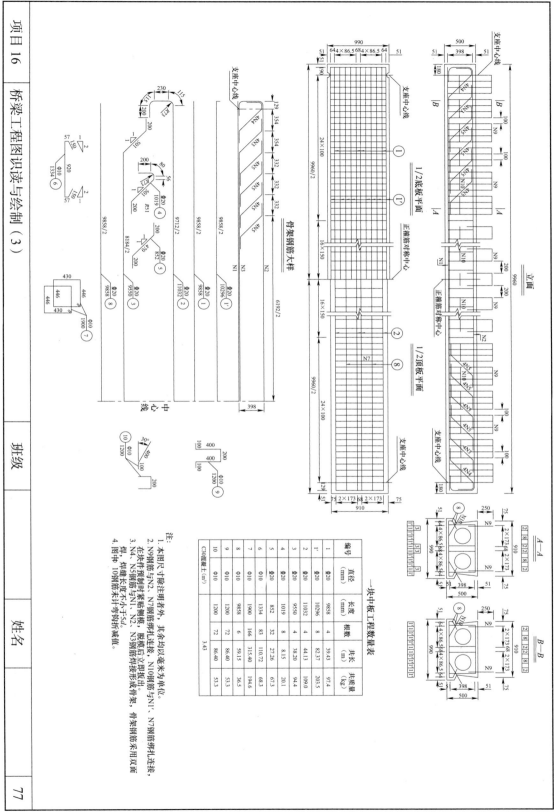

识图题

(1) 常用的桥墩形式有_____、_____等。

(2) 识读下图，此桥墩采用_____墩，由_____、_____和_____组成。桥梁盖梁的平面尺寸为_____×_____，高度为_____；盖梁两侧各设置_____混凝土防震挡块，每墩各_____块；为保证桥面设置横坡的需要，盖梁做成_____坡度，横坡值为_____%。桥墩采用_____圆板式橡胶支座，支承总高度_____。

(3) 每个桥墩设置_____个立柱，平面尺寸为半径_____的圆，横向间距为_____。系梁平面尺寸为_____×_____，高度为_____，共设置_____个。桥墩采用桩径为_____的钻孔灌注桩，以桥中线为中心对称布置，桩间距为2940mm。

(4) 常见的桥台形式有_____、_____、_____等，桥台一般由_____、_____、_____3部分组成。

(5) 按构造和施工方法不同，桥梁基础一般可分为_____和_____2种。桥墩桩基钢筋构造图共有_____种钢筋，其中，受压主筋是_____钢筋。桩长为43m时，①钢筋每根长度为_____根，总长为_____。

(6) 本习题集第80页的桩基直径为_____，桩长有_____和_____共有_____种类型。

(7) ⑦钢筋直径为_____，焊接成_____形，设在主筋_____侧，每隔_____焊接1根，43m长的桩共有_____根，41m长的桩共有_____根。

43m桩基材料数量表

编号	直径(mm)	每根长(mm)	根数	总长(m)	单位质量(kg/m)	总质量(kg)	合计
1	Φ22	15825	5	79.13	2.984	236.12	钢筋总量1481.63kg；C30水下混凝土21.6m³
2	Φ22	30825	5	154.13	2.984	459.92	
3	Φ22	29492	5	147.46	2.984	440.02	
4	Φ10	102708	1	102.71	0.617	63.37	
5	Φ10	272838	1	272.84	0.617	168.34	
6	Φ10	25447	1	25.45	0.617	15.70	
7	Φ16	2182	15	32.73	1.580	51.71	
8	Φ16	490	60	29.40	1.580	46.45	

41m桩基材料数量表

编号	直径(mm)	每根长(mm)	根数	总长(m)	单位质量(kg/m)	总质量(kg)	合计
1	Φ22	15825	5	79.13	2.984	236.12	钢筋总量1416.14kg；C30水下混凝土20.6m³
2	Φ22	28825	5	144.13	2.984	430.08	
3	Φ22	28158	5	140.79	2.984	420.12	
4	Φ10	102708	1	102.71	0.617	63.37	
5	Φ10	257901	1	257.90	0.617	159.12	
6	Φ10	25447	1	25.45	0.617	15.70	
7	Φ16	2182	14	30.55	1.580	48.27	
8	Φ16	490	56	27.44	1.580	43.36	

项目16	桥梁工程图识读与绘制（4）	班级	姓名

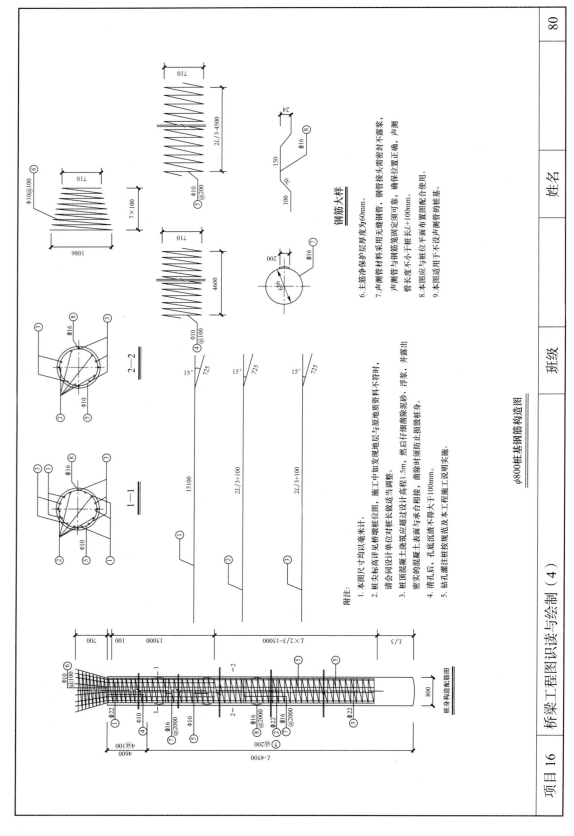